Thomas Dyer

Durabilidade do Concreto

Tradução: Angelo Giuseppe Meira Costa (angico)

Revisão Técnica: Gilberto Carlos Nunes, Amilton Silva de Carvalho e Aleksandros El Áurens Meira de Souza

Do original:
Concrete Durability

Authorised translation from the English language edition published by CRC Press, a member of the Taylor & Francis Group. Portuguese-language edition for Brazil Copyright © 2015 by Editora Ciência Moderna. All rights reserved.
Todos os direitos para a língua portuguesa reservados pela EDITORA CIÊNCIA MODERNA LTDA.
De acordo com a Lei 9.610, de 19/2/1998, nenhuma parte deste livro poderá ser reproduzida, transmitida e gravada, por qualquer meio eletrônico, mecânico, por fotocópia e outros, sem a prévia autorização, por escrito, da Editora.

Editor: Paulo André P. Marques
Produção Editorial: Aline Vieira Marques
Capa: Carlos Arthur
Diagramação: Daniel Jara
Tradução: Angelo Giuseppe Meira Costa (angico)
Revisão Técnica: Gilberto Carlos Nunes, Amilton Silva de Carvalho e Aleksandros El Áurens Meira de Souza
Assistente Editorial: Dilene Sandes Pessanha

Várias **Marcas Registradas** aparecem no decorrer deste livro. Mais do que simplesmente listar esses nomes e informar quem possui seus direitos de exploração, ou ainda imprimir os logotipos das mesmas, o editor declara estar utilizando tais nomes apenas para fins editoriais, em benefício exclusivo do dono da Marca Registrada, sem intenção de infringir as regras de sua utilização. Qualquer semelhança em nomes próprios e acontecimentos será mera coincidência.

FICHA CATALOGRÁFICA

DYER, Thomas.

Durabilidade do Concreto

Rio de Janeiro: Editora Ciência Moderna Ltda., 2015.

1. Engenharia Civil
I — Título

ISBN: 978-85-399-0608-6   CDD 624

Editora Ciência Moderna Ltda.
R. Alice Figueiredo, 46 – Riachuelo
Rio de Janeiro, RJ – Brasil   CEP: 20.950-150
Tel: (21) 2201-6662/ Fax: (21) 2201-6896
E-mail: lcm@lcm.com.br
www.lcm.com.br

Autor

Dr. Thomas Dyer é cientista de materiais trabalhando no campo da Engenharia Civil. É professor da Division of Civil Engineering na Universidade de Dundee, na Escócia, e membro da Concrete Technology Unit dessa universidade.

Seus interesses de pesquisa centram-se em torno das interações químicas do cimento com outros constituintes do concreto e substâncias do ambiente externo, e o uso de materiais reciclados como constituintes do concreto. Ele já publicou mais de 30 artigos em jornais acadêmicos e contribuiu para uma série de capítulos em livros nas áreas de construção de concreto e sustentabilidade.

Prefácio

A crescente importância posta no desempenho de vida inteira de estruturas implica em haver uma crescente demanda por vidas úteis longas com mínimas necessidades de manutenção. Além do mais, a operação de infraestrutura além da vida útil originalmente pretendida está se tornando um cenário cada vez mais comum. Assim, a durabilidade de materiais de construção é mais do que nunca de preocupação para os engenheiros civis.

O concreto é um material altamente durável, que também é capaz de atribuir proteção ao aço embutido nele. No entanto, estruturas de concreto frequentemente precisam funcionar numa ampla faixa de ambientes agressivos por longos períodos de vida útil. Além do mais, medidas para otimizar o desempenho da durabilidade de estruturas de concreto muitas vezes se encontram em conflito com as exigências estruturais e de design estético.

Ao longo da última década, a introdução de novos padrões europeus e do Reino Unido procurou voltar para a questão da durabilidade de estruturas de concreto de uma maneira abrangente. Contudo, a discussão do corpo de padrões e diretrizes resultante pode ser uma tarefa assustadora para quem quer que não esteja familiarizado com seu conteúdo.

Este livro examina individualmente todos os principais mecanismos físicos e químicos que ameaçam a durabilidade do concreto e dá atenção às opções disponíveis para se conseguir a durabilidade apropriada, com ênfase nas abordagens focadas pelos padrões. Ele também oferece uma cobertura abrangente dos procedimentos para avaliação da durabilidade, teste de estruturas, e métodos de reparo e reabilitação.

Este livro foi escrito tendo-se em mente um público alvo de estudantes graduados e jovens profissionais.

Sumário

Capítulo 1

Introdução 1
Referências 7

Capítulo 2

Mecanismos físicos de degradação do concreto 9
  2.1 Introdução 9
  2.2 Retração 10
    2.2.1 Retração plástica 10
      2.2.1.1 Evitando fissuras por retração plástica 16
      2.2.1.2 Evitando fissuras por assentamento plástico 17
    2.2.2 Retração por secagem 18
      2.2.2.1 Pressão de capilaridade 19
      2.2.2.2 Efeitos das partículas de gel 20
      2.2.2.3 Retração de agregado 21
      2.2.2.4 Retração em função do tempo 22
      2.2.2.5 Fatores de controle da retração por secagem 25
      2.2.2.6 Fissuras resultantes da retração 32
    2.2.3 Retração autógena 41
    2.2.4 Reduzindo o problema de fissuras resultantes de retração 44
  2.3 Fissuras térmicas 47
    2.3.1 Expansão e contração térmicas 47
    2.3.2 Fissuras resultantes de contração térmica 50
    2.3.3 Fatores que influenciam a contração térmica inicial 52
      2.3.3.1 Condições ambientais 52
      2.3.3.2 Práticas de construção 53
      2.3.3.3 Composição do concreto 55
    2.3.4 Evitando fissuras térmicas 63
  2.4 Ataque de congelamento–degelo 66

2.4.1 Mudanças de volume de água 66
2.4.2 Ação de formação de gelo no concreto 67
    2.4.2.1 Scaling 73
    2.4.2.2 D-cracking 76
    2.4.2.3 Pipocamentos (pop-outs) 79
2.4.3 Evitando danos do ataque de congelamento–degelo 79
    2.4.3.1 Misturas de incorporação de ar 79
    2.4.3.2 Efeitos da incorporação de ar 81
    2.4.3.3 Perda de ar incorporado 85
    2.4.3.4 Fatores que afetam o conteúdo de ar e os parâmetros de espaços de ar 89
    2.4.3.5 Outras estratégias 93
2.5 Abrasão e erosão 95
    2.5.1 Mecanismos de abrasão e erosão 96
    2.5.2 Fatores que influenciam a resistência à abrasão e erosão 103
    2.5.3 Desenvolvendo resistência à abrasão 107

Capítulo 3

Mecanismos químicos de degradação do concreto 125

3.1 Introdução 125
3.2 Ataque de sulfatos 125
    3.2.1 Sulfatos no meio ambiente 125
        3.2.1.1 Água do mar 125
        3.2.1.2 Solo e água do subsolo 126
        3.2.1.3 Outras fontes 128
    3.2.2 Ataque de sulfato convencional 128
    3.2.3 Fatores que influenciam na resistência do concreto ao ataque de sulfato convencional 132
        3.2.3.1 Concentração do sulfato 132
        3.2.3.2 Temperatura 133
        3.2.3.3 Composição do cimento 133
        3.2.3.4 Propriedades de permeação 137
        3.2.3.5 Conteúdo de cimento 138
    3.2.4 Ataque de sulfato de magnésio 138

3.2.5 Fatores que influenciam na resistência do concreto ao ataque de sulfato de magnésio 139
    3.2.5.1 Concentração do sulfato 140
    3.2.5.2 Temperatura 140
    3.2.5.3 Composição do cimento 141
3.2.6 Formação de taumasita 141
3.2.7 Fatores que influenciam a formação da taumasita 143
    3.2.7.1 Temperatura 143
    3.2.7.2 Condições de água do subsolo 143
    3.2.7.3 Composição do cimento 145
3.2.8 Evitando o ataque de sulfato 146
3.2.9 Formação retardada de etringita 150
    3.2.9.1 Evitando a formação retardada de etringita 151
3.3 Reações álcali-agregados 152
    3.3.1 Reação álcali–sílica 152
    3.3.2 Reação álcali–carbonato 153
    3.3.3 Reação álcali–silicato 154
    3.3.4 Expansão e fissura causada por reações álcali-agregado 154
        3.3.4.1 Conteúdo alcalino 155
        3.3.4.2 Temperatura 158
        3.3.4.3 Tamanho e forma das partículas 159
        3.3.4.4 Umidade 163
        3.3.4.5 Fator A/C 163
        3.3.4.6 Escala de tempo para fissuras 164
    3.3.5 Fontes de álcalis 170
        3.3.5.1 Cimento Portland 170
        3.3.5.2 Outros constituintes do cimento 170
        3.3.5.2.1 Cinza volante 170
        3.3.5.2.2 Escória granulada de alto-forno 172
        3.3.5.2.3 Fumo de sílica 173
        3.3.5.2.4 Água 173
        3.3.5.2.5 Agregados 175
        3.3.5.2.6 Ingredientes químicos 176
        3.3.5.2.7 Fontes externas 176
    3.3.6 Reatividade dos agregados 176
        3.3.6.1 Reação álcali-sílica 176

    3.3.6.1.1 Quartzo (SiO_2) 177
    3.3.6.1.2 Opala 177
    3.3.6.1.3 Vidro vulcânico 178
    3.3.6.1.4 Vidro artificial 178
   3.3.6.2 Reação álcali–silicato 178
   3.3.6.3 Reação álcali-carbonato 179
    3.3.6.3.1 Dolomita ($CaMg(CO_3)_2$) 179
    3.3.6.3.2 Magnesita ($MgCO_3$) 179
  3.3.7 Identificando reações álcali-agregados 179
  3.3.8 Evitando a reação álcali-agregado 182
   3.3.8.1 Limitando a exposição à umidade 182
   3.3.8.2 Limitando os níveis de álcalis 183
   3.3.8.3 Ingredientes 183
   3.3.8.4 Materiais pozolânicos e hidráulicos latentes 185
    3.3.8.4.1 Cinza volante 186
    3.3.8.4.2 Escória granulada de alto-forno 186
    3.3.8.4.3 Fumo de sílica 187
    3.3.8.4.4 Metacaulim 187
3.4 Ataque de ácido 187
 3.4.1 Percolação do concreto por água 188
 3.4.2 Ambientes ácidos 189
 3.4.3 Mecanismos de ataque de ácidos 191
 3.4.4 Fatores que influenciam as taxas de ataque de ácido 195
  3.4.4.1 Fatores ambientais 195
  3.4.4.2 Fatores materiais 198
 3.4.5 Ação de ácidos específicos 201
  3.4.5.1 Ácido nítrico (HNO_3) 201
  3.4.5.2 Ácido sulfúrico (H_2SO_4) 202
  3.4.5.3 Ácido acético (CH_3COOH) 203
  3.4.5.4 Ácido oxálico 203
  3.4.5.5 Resorcinol 203
 3.4.6 Identificando o ataque de ácidos 204
 3.4.7 Conseguindo resistência a ácidos 205
  3.4.7.1 Padrões 205
  3.4.7.2 Resistência melhorada a ácidos pelo planejamento da mistura 206

   3.4.7.3 Concreto modificado com polímero 207
   3.4.7.4 Coberturas protetoras 208
 Referências 210

Capítulo 4

Corrosão do reforço de aço no concreto 229
 4.1 Introdução 229
 4.2 Corrosão do aço no concreto 230
  4.2.1 Corrosão de metais 230
  4.2.2 Química da corrosão galvânica 230
  4.2.3 Passivação 233
  4.2.4 Corrosão do aço no concreto reforçado 233
 4.3 Infiltração de cloretos no concreto 240
  4.3.1 Cloretos no meio ambiente 240
  4.3.2 Mecanismos de ingresso 241
   4.3.2.1 Difusão 241
   4.3.2.2 Fluxo 249
   4.3.2.3 Ação capilar 251
  4.3.3 Ligação de cloretos 254
  4.3.4 Papel do cloreto na corrosão 259
  4.3.5 Proteção contra a corrosão induzida por cloretos 263
   4.3.5.2 Inibidores de corrosão e outros ingredientes de
    misturas 267
   4.3.5.3 Materiais alternativos de reforço 269
   4.3.5.4 Cobrimento de reforço 273
   4.3.5.5 Fibras 275
   4.3.5.6 Coberturas de superfície 275
 4.4 Carbonatação 276
  4.4.1 Reação de carbonatação 276
  4.4.2 Fatores que influenciam as taxas de carbonatação 280
  4.4.3 Mudanças nas propriedades físicas 289
  4.4.4 Evitando a carbonatação 292
 Referências 297

Capítulo 5

Especificação e planejamento de concreto durável 305
    5.1 Introdução 305
    5.2 Concreto como meio permeável 306
        5.2.1 Porosidade 306
        5.2.2 Fissuras 311
        5.2.3 Absorção 311
        5.2.4 Fluxo 312
        5.2.5 Difusão 313
    5.3 Cimento 315
        5.3.1 Cimento Portland 318
        5.3.2 Escória granulada de alto-forno 322
        5.3.3 Cinza volante 324
            5.3.3.1 CV de silício 324
            5.3.3.2 CV calcária 326
        5.3.4 Fumo de sílica 327
        5.3.5 Calcário 328
        5.3.6 Pozolanas 328
    5.4 Agregados 329
        5.4.1 Agregado natural 329
        5.4.2 Agregado reciclado 333
        5.4.3 Escória de alto-forno resfriada a ar 335
        5.4.4 Agregados leves 336
    5.5 Ingredientes de misturas 338
        5.5.1 Superplastificantes e redutores de água 338
        5.5.2 Agentes incorporadores de ar 340
        5.5.3 Seladores de umidade 340
        5.5.4 Inibidores de corrosão 343
        5.5.5 Ingredientes redutores de expansão de álcali-agregados 343
    5.6 Fibras 344
    5.7 Especificando concreto durável 345
        5.7.1 Concreto designado 346
        5.7.2 Concreto planejado 347
        5.7.3 Concreto prescrito, prescrito por norma e proprietário 348
        5.7.4 Especificação para durabilidade: concreto designado 348

    5.7.4.1 Carbonatação 349
    5.7.4.2 Ataque de congelamento-degelo 352
    5.7.4.3 Ataque químico 352
  5.7.5 Especificação para durabilidade: concreto planejado 353
    5.7.5.1 Cloretos e carbonatação 356
    5.7.5.2 Ataque de congelamento-degelo 357
    5.7.5.3 Ataque químico 358
  5.7.6 Especificação para RA 359
  5.7.7 Especificação para o controle de reação álcali-sílica 361
  5.7.8 Especificação para controle de encolhimento por secagem 361
5.8 Planejamento de mistura de concreto 361
5.9 Concreto especial 366
  5.9.1 Concreto auto-adensável 366
  5.9.2 Concreto de alta resistência 367
  5.9.3 Concreto espumoso 368
  5.9.4 Concreto leve e pesado 369
Referências 371

Capítulo 6

Construção de estruturas de concreto duráveis 377
 6.1 Introdução 377
 6.2 Superfície de concreto 377
  6.2.1 Fôrmas de permeabilidade controlada 378
  6.2.2 Acabamento de superfície 381
 6.3 Cura 382
 6.4 Sistemas de proteção de superfícies 392
  6.4.1 Camadas de película para superfícies 392
  6.4.2 Seladores de superfícies 395
  6.4.3 Impregnantes hidrofóbicos 396
  6.4.4 Screeds 399
  6.4.5 Películas protetoras 403
 6.5 Proteção catódica 404
  6.5.1 Proteção catódica por corrente impressa 405
    6.5.1.1 Anodos 407

6.5.1.2 Operação 408
6.5.1.3 Monitoramento 409
6.5.2 Proteção catódica galvânica 412
Referências 414

Capítulo 7

Utilização, reparo e manutenção de estruturas de concreto 419
7.1 Introdução 419
7.2 Utilização de estruturas 420
    7.2.1 Estados limites 420
    7.2.2 Aspectos da durabilidade que influenciam a utilização 423
    7.2.3 Durabilidade e desempenho 423
    7.2.4 Reparos para manutenção da utilização 426
7.3 Avaliação de estruturas 426
    7.3.1 Processo de avaliação 427
    7.3.2 Prevendo a deterioração futura 435
7.4 Testes *in situ* 449
    7.4.1 Medição de cobrimento 450
    7.4.2 Absorção à superfície 452
    7.4.3 Permeabilidade 458
    7.4.4 Potencial de meia célula 459
    7.4.5 Resistência de polarização linear 461
    7.4.6 Resistividade 464
    7.4.7 Resistência à abrasão 465
7.5 Testes em laboratório 466
    7.5.1 Análise química 466
        7.5.1.1 Cloretos 471
        7.5.1.2 Sulfatos 475
        7.5.1.3 Álcalis (sódio e potássio) 476
        7.5.1.4 Carbonatação 476
    7.5.2 Características de vazios de ar 477
    7.5.3 Teste de expansão latente 478
7.6 Produtos de reparo do concreto 479
7.7 Métodos de reparo 482

    7.7.1 Proteção contra ingresso 483
    7.7.2 Controle de umidade 484
    7.7.3 Restauração do concreto 484
    7.7.4 Reforço estrutural 485
    7.7.5 Aumento da resistência física e química 485
    7.7.6 Preservando ou restaurando a passividade 485
  7.7.7 Aumentando a resistividade 486
    7.7.8 Controle catódico e proteção catódica 486
    7.7.9 Controle de áreas anódicas 487
    7.7.10 Planejando estratégias para reparo e reabilitação 487
7.8 Reabilitação de estruturas de concreto 487
    7.8.1 Extração eletroquímica de cloretos 488
    7.8.2 Realcalinização 493
    7.8.3 Inibidores migratórios de corrosão 496

Índice **505**

Capítulo 1

Introdução

Dentre as muitas coisas fabricadas pelos homens, o ambiente construído é notável na magnitude de longevidade exigida. Embora o leitor possa pensar em muitos artigos funcionais que sobreviveram por centenas ou mesmo milhares de anos, esta não foi, na maioria dos casos, a intenção. Tais artigos, normalmente, não são mais usados agora, mas são guardados para fins de exibição, possivelmente em museus, sob condições propícias para preservá-los.

Ao contrário, muitas estruturas sobreviveram a tais períodos de tempo e, em muitos casos, ainda estão em uso hoje. Certamente, a maioria dessas estruturas passou por reparos e renovação, e podem estar sujeitas a medidas destinadas a preservá-las. Como quer que seja, a raça humana investe esforços incomuns para assegurar que as estruturas que nós construímos durem por períodos que frequentemente excedem o tempo de vida daqueles que as projetaram e construíram.

Parte disso é dirigida por considerações práticas – o gasto, o esforço e a inconveniência de construir uma estrutura (e os mesmos fatores associados à demolição e substituição) tornam indesejável um tempo de vida útil breve. Do ponto de vista da sustentabilidade, um tempo de vida útil longo maximiza o benefício obtido dos materiais usados numa estrutura com consequências positivas em relação ao uso de recursos. Além disso, uma estrutura pode se estabelecer na consciência coletiva de uma população como componente fundamental de uma região, cidade ou cercania, deixando as pessoas reticentes sobre perdê-la. O argumento de que tal sentimentalismo representa uma barreira ao progresso e, possivelmente, a uma melhor qualidade de vida não é, em alguns casos, de todo desprovido de base. Por outro lado, certamente deve ser o objetivo de todos os arquitetos, designers e engenheiros criar estruturas que despertem esses sentimentos, porque eles são evidência de sucesso.

O fim da vida útil de uma estrutura é alcançado quando ela não mais satisfaz sua função – ela deixa de ser útil. Embora isso possa ser corrigível por meio de reparos, substituição ou adaptação de componentes, eventualmente chega um momento em que isso se torna antieconômico ou impraticável, ou o desejo de prolongar a vida da estrutura é perdido. O tempo de serviço de projeto – o período em que uma estrutura deve permanecer útil – depende muito de sua natureza e função. *EN 1990: Eurocode – Basis of Structural Design* fornece tempos de serviço sugeridos para uma faixa de diferentes estruturas, como mostrado na tabela 1.1.

Tabela 1.1 - Tempos de serviço de projetos indicativos em *EN 1990* [1], com modificações feitas em consonância com o *U.K. annex* (entre parênteses) [2]

Categoria	Tipo de Estrutura	Tempo de Serviço do Projeto (anos)
1	Estruturas temporárias, não incluindo estruturas ou partes de estruturas que podem ser desmontadas com vistas a reutilização	10
2	Partes estruturais substituíveis, por exemplo, barras e rolamentos de guindastes (10 – 25 anos)	10 – 25 (30)
3	Prédios de agricultura e similares	15 – 30 (25)
4	Estruturas prediais e outras comuns	50
5	Estruturas prediais monumentais, pontes e outras estruturas de engenharia civil	100 (120)

Incontáveis introduções a livros sobre concreto questionam o caso da importância do material no ambiente de construção moderno. Não é a intenção do autor incomodar o leitor com a reafirmação desses pontos, mas basta dizer que o concreto é onipresente na construção moderna, e que ele conquistou essa posição por características que nenhum outro material de construção possui.

O concreto e os materiais que nós usamos em combinação com ele não são exceção. Um dos principais fatores na evolução das tecnologias de construção tem sido orientado pela necessidade de usar materiais que sejam capazes de perdurar longo tempo – que sejam duráveis. Essa é uma das razões para o sucesso do concreto – ele é um material forte e quimicamente muito inerte, que pode durar por séculos. Entretanto, a relativa imaturidade da construção de concreto como tecnologia tem implicado em boa parte do conjunto de prédios de concreto ter experimentado problemas inesperados com o inadequado desempenho de durabilidade dentro do tempo útil de projeto. Além disso, tem havido uma crescente tendência, entre governos e operadores de estruturas, de estender o tempo útil das estruturas por questões práticas e econômicas: a emergência de problemas inesperados de durabilidade tem implicado nas últimas décadas se configurando como um processo de aprendizado para engenheiros envolvidos na construção de concreto: foi estimado que o custo anual do reparo de estruturas de concreto na Europa tem um excesso de 20 bilhões de dólares [3].

Este livro pretende fornecer um entendimento de como os elementos de concreto em estruturas se deterioram, do que deve ser feito para proteger as estruturas da inaceitável rápida deterioração, e de como os problemas de durabilidade existentes podem ser identificados e corrigidos.

No Reino Unido, a *BS 7543* fornece diretrizes sobre a durabilidade de prédios e seus componentes. Ela destaca que, quando da determinação do tempo útil, não basta simplesmente definir quanto tempo uma estrutura deve ser útil – é essencial reconhecer que diferentes componentes vão permanecer úteis por diferentes períodos de tempo. Assim, uma definição de utilidade deve também deixar clara a programação de manutenção que seria necessária para sustê-la, e os critérios que vão ser usados para decidir quando um componente deixou de funcionar corretamente e precisa de reparo ou substituição. Embora seja razoável esperar, por exemplo, que um material de pavimentação possa se tornar obsoleto ou não mais manutenível, dentro do tempo útil de projeto de uma estrutura, a regra é esperar que os componentes que participam das subestrutura e superestrutura fundamentais (incluindo os elementos estruturais de concreto) permaneçam manuteníveis pela vida útil do projeto.

A BS 7543 destaca os principais agentes que podem causar deterioração:[1]

---

[1] No Brasil, a ABNT NBR 6118:2003 trata do mesmo assunto

- Temperatura;
- Radiação: infravermelha, visível, ultravioleta e térmica;
- Água: tanto no estado sólido quanto nos fluidos;
- Constituintes normais do ar: oxigênio, dióxido de carbono e maresia;
- Contaminantes do ar;
- Congelamento/descongelamento;
- Vento;
- Fatores biológicos: ataques de bactérias, insetos e fungos, roedores e pássaros, crescimentos de superfície, e plantas e árvores;
- Fatores de estresse: estresses sustentados e intermitentes;
- Incompatibilidade química: removedores, solventes, terra contaminada e materiais expansivos;
- Fatores de uso: desgaste normal ou abuso pelo usuário.

O concreto é afetado por muitos desses agentes, e, portanto, é melhor eliminar, primeiro, aqueles que são menos relevantes, ou cuja influência esteja fora do escopo deste livro.

O concreto não é vulnerável aos tipos de radiação listados no padrão. Outras formas de radiação podem causar danos mais significativos, tais como os induzidos por exposição a altos fluxos de nêutrons em reatores nucleares [5]. Porém, este aspecto está fora do domínio deste livro. A mudança de temperatura é induzida pela exposição à radiação infravermelha, e isso pode ter implicações para o concreto, com relação a mudanças de volume que ela induz. Aspectos disso são discutidos no capítulo 2, que examina os mecanismos de deterioração física, incluindo fissuras consequentes de mudança de volume.

O projeto de estruturas para superar os estresses diferenciais que podem ser induzidos pela ação do vento é uma questão muito estrutural, que não pode ser trabalhada aqui. No entanto, o vento pode atuar como meio de levar a água da chuva a entrar em contato com superfícies de concreto, e também pode impelir partículas sólidas contra uma estrutura, levando à abrasão. A abrasão é outro processo físico discutido no capítulo 2.

A maioria dos fatores biológicos listados no padrão é de preocupação limitada para uma estrutura de concreto, embora seja consenso que crescimentos de superfície, como musgos e líquens, podem apresentar problemas relacionados com aparência, em alguns casos, e que o crescimento de raízes de árvores podem causar danos significativos. A atividade bacteriana, porém, pode danificar o concreto através da produção de derivados que podem causar ataques por sulfatos e outros tipos de ataques químicos, que são discutidos no capítulo 3.

Estresses numa estrutura podem assumir muitas formas: contínuo ou intermitente, cíclico ou aleatório por natureza. Os estresses são significativos, do ponto de vista da durabilidade, porque levam a fissuras, quer sejam estas causadas por sobrecarga de um elemento estrutural, por arrastamentos sob carga contínua (que leva à formação de microfissuras) ou fadiga sob carga cíclica. Essas fissuras oferecem um caminho para substâncias danosas chegarem ao interior do concreto com relativa facilidade. Este aspecto da deterioração do concreto não é visto em detalhes aqui (com exceção das fissuras resultantes de mudanças de volume). Contudo a influência de fissuras na infiltração de água e gases e o impacto na durabilidade são abordados.

A água desempenha provavelmente o papel mais importante na deterioração de estruturas de concreto. O contato com água em movimento pode levar à erosão pela interação de partículas de sedimento ou por um processo conhecido como 'cavitação'. Uma característica incomum da água – sua expansão quando congela – é a razão porque a exposição a ciclos de congelamento e descongelamento pode ter sérias implicações na durabilidade do concreto, a menos que medidas apropriadas sejam tomadas, assunto abordado no capítulo 2. A água permeia os poros do concreto, levando com ela substâncias que podem produzir a deterioração do concreto ou, no caso de íons de cloreto, corrosão do reforço de aço. A presença de água pode ser necessária para permitir que processos danosos, tais como a reação álcali-sílica, progridam. Além do mais, a umidade desempenha papéis importantes em outros processos que podem levar à deterioração, tais como a retração por secagem e plástica, e a carbonatação. Portanto, aspectos da influência da água na durabilidade do concreto aparecem por todo este livro. De fato, embora o autor não tenha feito tal análise, é provável que a palavra 'água' se apresente quase tão frequentemente quanto a palavra 'concreto'.

O concreto não reage com os dois principais gases de nossa atmosfera – nitrogênio e oxigênio. Mas a presença de oxigênio desempenha um papel fundamental na corrosão do reforço de aço. Além disso, a reação entre constituintes da matriz de cimento do concreto e o dióxido de carbono da atmosfera – a carbonatação – pode levar a uma alteração no ambiente químico em torno do reforço de aço, o que deixa o aço consideravelmente mais exposto à corrosão. A maresia transportada pelo ar em ambientes marinhos também ameaça o aço pela introdução de íons de cloreto. Todos esses processos são examinados no capítulo 4, que aborda a corrosão do reforço do concreto. Os poluentes do ar também têm o potencial de danificar o concreto, principalmente onde esses poluentes são ácidos por natureza, aspecto visto no capítulo 3.

A incompatibilidade química também é uma questão importante para o concreto. A matriz de cimento endurecida do concreto é, até uma muito limitada extensão, solúvel em água, o que significa que alguns dos constituintes vão ser gradualmente removidos da superfície do concreto com o tempo. Esse processo é exacerbado quando espécies químicas agressivas, particularmente as ácidas, estão dissolvidas na água. Além disso, íons de sulfato em solução podem levar à deterioração progressiva da superfície do concreto. Em muitos solos, tanto condições ácidas quanto sulfatos estão presentes, criando um ambiente hostil para fundações de concreto, e em terra contaminada, tais condições podem atingir até mesmo níveis maiores de agressão. Esses problemas também são vistos no capítulo 3.

Do capítulo 2 ao capítulo 4, uma estratégia foi adotada para examinar os mecanismos que causam deterioração, quais fatores (tanto em termos de condições ambientais quanto de características de materiais) influenciam na deterioração, e, assim, o que é necessário para minimizar a taxa de deterioração.

O capítulo 5 examina a durabilidade com que o concreto pode ser especificado e projetado, com ênfase nos padrões europeus sobre este tópico.

O capítulo 6 examina os aspectos do processo de construção que podem influenciar a durabilidade, e as tecnologias que podem ser empregadas no início do tempo útil de uma estrutura para melhorar a resistência à deterioração.

Por fim, o capítulo 7 examina a questão do tempo de manutenibilidade, e de quando ele cessa. Depois, ele passa ao exame de como os problemas de durabilidade numa estrutura podem ser identificados, e sugere como a deterioração futura pode ser prevista e como o concreto deteriorado pode ser reparado.

Referências

1. British Standards Institution. 2002. BS EN 1990:2002: *Basis of Structural Design*. London: British Standards Institution, p. 118.

2. British Standards Institution. 2004. *U.K. National Annex for Eurocode: Basis of Structural Design*. London: British Standards Institution, p.. 18.

3. Raupach, M. 2006. Concrete Repair According to the New European Standard *EN 1504*. In M. Alexander, H. D. Beushausen, F. Dehn, and P. Moyo (eds.), *Concrete Repair, Rehabilitation, and Retrofitting*. Abingdon, United Kingdom: Taylor and Francis.

4. British Standards Institution. 2003. *BS 7543:2003: Guide to Durability of Buildings and Building Elements, Products, and Components*. London: British Standards Institution, p. 34.

5. Dubrovskii, V. B., S. S. Ibragimov, M. Y. Kulakovskii, A. Y. Ladygin, e B. K. Pergamenshchik. 1967. Radiation damage in ordinary concrete. *Soviet Atomic Energy*, v. 23, p.s. 1053–1058.

Capítulo 2
Mecanismos físicos de degradação do concreto

2.1 Introdução

O concreto exposto ao ambiente pode experimentar condições que podem causar sua deterioração por processos completamente mecânicos. Esses processos normalmente envolvem ou a perda de material da superfície do concreto, ou fissuras, ou uma combinação de ambas.

A perda de material pode ser problemática por duas razões. Primeiro, uma perda de área seccional cruzada vai comprometer a capacidade de suporte de carga de um elemento estrutural. Ela também vai reduzir a profundidade da camada que protege o reforço de aço contra agentes externos que provavelmente aceleram a corrosão e que, possivelmente, oferece proteção contra fogo.

Fissuras podem também comprometer o desempenho estrutural. Entretanto, a formação de fissuras também vai fornecer passagem pelo concreto para espécies químicas danosas chegarem ao reforço de aço.

Muitos dos mecanismos físicos de deterioração são o resultado de alterações de volume. Esses mecanismos incluem várias formas de retração resultantes da evaporação de água tanto num estado líquido quanto num sólido, a remoção de água livre como resultado de reações de hidratação do cimento, e contração térmica. Eles também incluem expansão, resultante do congelamento da água nos poros do concreto, e várias e às vezes complexas formas de atrito mecânico do concreto, que são normalmente incluídas nas categorias de 'abrasão' e 'erosão'. Todos esses mecanismos são examinados neste capítulo. A abordagem geral usada é descrever cada mecanismo antes, e depois examinar os fatores (em termos tanto de características materiais quanto de condições ambientais) que influenciam a habilidade do concreto de oferecer resistência. A partir daí, meios de melhorar a resistência ao ataque são delineados, com referência a padrões e diretrizes relevantes.

2.2 Retração

A redução do volume do concreto pode ocorrer através de uma série de mecanismos. A contração do concreto, à medida que sua temperatura cai, pode ser categorizada como retração, e seu mecanismo é discutido na seção 2.3. Além disso, a reação do concreto com o dióxido de carbono da atmosfera leva a uma redução no volume, o que é abordado no capítulo 4. A abordagem da retração nesta seção vai se concentrar nos mecanismos de retração causados por alterações nos níveis de umidade no concreto. Esses mecanismos são a retração plástica, a retração por secagem e a retração autógena, que são discutidos individualmente abaixo. As estratégias para evitar ou reduzir os efeitos desses processos são, então, examinadas.

2.2.1 Retração plástica

Depois que um elemento de concreto com uma superfície horizontal exposta é disposto e compactado, dois processos vão acontecer simultaneamente na superfície. Primeiro, os constituintes sólidos vão tender a assentar, levando à formação de uma camada de água na superfície – 'suando'. Segundo, ocorre evaporação da água livre da superfície.

Quando a taxa de evaporação excede a taxa de transpiração, chega um momento em que as partículas de cimento na superfície do concreto não estão mais cobertas pela água e, como resultado da tensão de superfície, meniscos de água se formam entre os grãos (figura 2.1c). Isso causa uma pressão de capilaridade atrativa (p) entre as partículas, que é descrita pela equação de Gauss–Laplace:

$$p = -\gamma \left(\frac{1}{R_1} + \frac{1}{R_2} \right)$$

onde γ é a tensão de superfície na interface ar-água (N/m), e R_1 e R_2 são os raios principais da curvatura da superfície do menisco (m).

Conforme a água evapora progressivamente, os raios principais da curvatura, que são usados para descrever a forma do menisco, se tornam menores. Eventualmente, chega um momento em que os raios principais de alguns meniscos são pequenos demais para preencherem a brecha entre partículas, ponto em que a superfície de água deve se rearranjar mais abaixo da superfície, com consequente penetração de ar (figura 2.1d). A pressão de capilaridade em que isso acontece é conhecida como 'valor de incorporação de ar', e a ocorrência demarca o início de um período em que o risco de fissuras está em seu ponto mais alto [1]. Isso se dá porque as áreas abaixo da superfície em que os meniscos estão presentes vão se submeter a deformações relativamente grandes, como resultado da pressão de capilaridade, enquanto as áreas com porosidade preenchidas por ar vão exibir deformações muito menores.

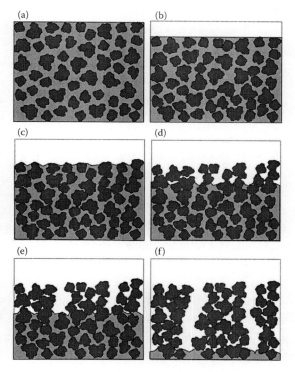

Figura 2.1 Início de fissuras por retração plástica resultante da evaporação da água de uma superfície de concreto fresco.

Essa discrepância na magnitude de deformações localizadas tem o potencial de iniciar fissuras no cimento imaturo.

Fissuras por retração plástica podem assumir várias formas, incluindo a fissura de mapa e fissuras diagonais em arestas de placas [2]. Essas fissuras são relativamente rasas. No entanto, a continuidade de processos de retração de longo prazo – discutidos em seções subsequentes – vai levar ao desenvolvimento de mais estresses, e as fissuras por retração plástica vão atuar como pontos de início para fissuras que se estendam mais profundamente.

Fatores ambientais que influenciam a retração plástica são aqueles que influenciam a taxa de evaporação. Esses incluem a temperatura ambiente, a umidade relativa do ar e a velocidade do vento. A influência desses parâmetros na taxa de evaporação é discutida em maiores detalhes no capítulo 6, em relação à cura do concreto.

Foi proposto que a taxa crítica de evaporação está geralmente em torno de 1,0 kg/h/m^2, acima da qual as fissuras se tornam prováveis [3]. Contudo, na realidade, a taxa crítica vai depender não só da taxa de evaporação, mas também da taxa e duração da transpiração e da taxa em que o cimento se hidrata e desenvolve resistência. A transpiração é influenciada predominantemente pela fração de cimento do concreto. A influência das características da mistura de concreto na transpiração e na retração plástica é resumida na tabela 2.1. Embora essa tabela apresente apenas um meio aproximado de avaliação da probabilidade de fissura, os parâmetros mais prováveis de causar problemas com relação à retração plástica são os que tanto reduzem a transpiração quanto aumentam a probabilidade de fissura por retração. Assim, o uso de cimento mais fino, de conteúdo mais elevado de cimento, baixo fator água/cimento (A/C) e o uso de agregados leves são todos prováveis de aumentar o risco de fissuras por retração plástica à máxima extensão. A influência da espessura das partículas na retração plástica é mostrado na figura 2.2, que considera um menisco formado entre apenas duas partículas. A inclusão de partículas mais finas leva a poros mais finos, e os meniscos que se formam entre as partículas têm menores raios principais de curvatura. O resultado é maiores pressões de capilaridade e, portanto, o desenvolvimento de maiores estresses de tensão.

Esse efeito é observado onde cimento Portland mais fino é usado ou onde materiais mais finos, tais como cinzas volantes (CV), escória granulada de alto forno (GGBS, no acrônimo em inglês) e fumo de sílica (ou sílica de fumo, como se encontra em algumas obras) são usados em combinação com cimento Portland. O risco de fissuras é mais pronunciado quando esses outros constituintes estão presentes. Isso se deve ao fato de suas reações serem mais lentas, resultando numa taxa reduzida de evolução da força de tensão e uma maior probabilidade de formação de fissuras.

A figura 2.2 também mostra o efeito da redução da taxa de A/C. Novamente, os diâmetros dos poros são reduzidos juntamente com os raios de curvatura dos meniscos.

A retração plástica é exibida pela fração de pasta de cimento do concreto. Assim, um conteúdo mais elevado de cimento (e um conteúdo menor de agregado) leva a um aumento na retração plástica. A natureza do agregado usado também pode ter impacto na retração plástica. Em particular, a absorção de água aumenta a taxa de retração.

O uso de agregado leve pode também reduzir a transpiração e aumentar a retração plástica com relação a misturas similares de concreto usando agregados de peso normal. É tentador supor que isso é o resultado da absorção de água pelo agregado. No entanto, a razão principal parece ser que, para alcançar a mesma resistência que o concreto de agregado de peso normal, um conteúdo mais alto de cimento é necessário.

Embora uma baixa taxa de transpiração possa resultar em problemas com fissuras por retração plástica, uma alta taxa pode ser igualmente problemática. Isso porque a transpiração rápida indica uma alta taxa de assentamento de sólidos, que pode causar fissuras por assentamento plástico.

Tabela 2.1 Influência de várias características de constituintes de concreto na transpiração e em fissuras por retração plástica

	Influência		
Parâmetro	*Transpiração*	*Retração plástica*	*Referência(s)*
Tipo de cimento	Inclusão de CV e fumo de sílica reduz a transpiração.	Taxa mais elevada de evaporação quando fumo de sílica e CV estão presentes. Densidade mais elevada de fissuras plásticas quando CV e fumo de sílica estão presentes.	[6]
	Inclusão de GGBS leva a uma taxa de transpiração aumentada.	Taxa mais elevada de evaporação quando GGBS está presente. Densidade mais elevada de fissuras plásticas quando GGBS está presente.	[5]

Espessura do cimento	Distribuição de tamanho mais fino de partículas leva a taxas mais baixas de transpiração.	Tamanho fino de partículas leva a maior risco de fissuras.	[4, 7]
Teor do cimento	Teor elevado de cimento reduz a transpiração.	Taxa reduzida de evaporação com teor de cimento mais elevado. Magnitude de retração aumentada com teor de cimento mais elevado.	[4, 5, 9]
Fator A/C	Correlação direta entre A/C e taxa de transpiração.	Taxa reduzida de evaporação num baixo A/C. Maior risco de fissuras num baixo A/C.	[4, 8]
Misturas	Entradas de ar reduzem a transpiração. Redutores de água de entrada sem ar aumentam a transpiração.	Misturas retardantes aumentam o risco de retração plástica. Misturas aceleradoras reduzem o risco. Misturas com incorporação de ar parecem reduzir o risco.	[2, 10, 11]
Agregados	Agregados leves reduzem a transpiração.	Agregados leves aumentam a taxa de retração plástica.	[12, 13]

Fissuras por assentamento plástico ocorrem quando o assentamento acontece rapidamente e, consequentemente, antes do endurecimento, em partes de elementos estruturais onde diferentes magnitudes de movimento podem ocorrer em grande proximidade. Exemplos de partes de elementos que pode exibir fissuras são mostrados na figura 2.3. Na figura 2.3a, a extensão do assentamento diretamente sobre o reforço é limitado com relação ao assentamento de cada lado. A magnitude do assentamento é maior na superfície, e isso pode produzir fissuras em elementos em que haja uma alteração em sua profundidade (figura 2.3b).

Nas colunas em que a área da seção cruzada aumenta para cima, o assentamento do concreto na região exterior da parte mais larga vai ser limitado com relação às demais (figura 2.3c), levando à fissuras horizontais.

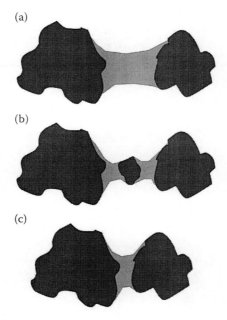

Figura 2.2 Formação de meniscos de água entre as partículas de cimento (a) numa pasta de cimento com alta taxa de A/C; (b) com tamanhos de partículas notadamente diferentes; e (c) numa pasta de cimento com baixo fator A/C.

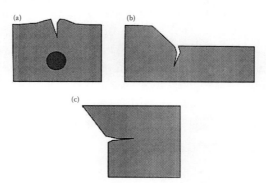

Figura 2.3 Configurações nos elementos estruturais do concreto que podem causar fissuras por assentamento plástico.

2.2.1.1 Evitando fissuras por retração plástica

O meio mais simples de reduzir o risco de fissuras por retração plástica é simplesmente curar apropriadamente o concreto, uma vez que isso vai limitar a taxa de evaporação. A cura é discutida em maiores detalhes no capítulo 6. Uma estratégia interessante para evitar a retração plástica em concreto leve foi proposta recentemente na forma de 'cura interna' – o uso de agregado leve saturado de água – que subsequentemente libera água na matriz de cimento à medida que a umidade é perdida através da evaporação [14].

Embora seja evidente que fissuras por retração plástica podem ser evitadas por meio da seleção e proporção apropriadas dos constituintes do concreto, ao tomar uma visão mais ampla da durabilidade do concreto, essa estratégia provavelmente é limitada por outras exigências do material. Como vai ser visto em capítulos subsequentes, muitos problemas relacionados com a durabilidade são minimizados pela especificação do concreto com mínimo conteúdo de cimento e máximas taxas de A/C, e pela inclusão de materiais como CV e escória. Assim, outras estratégias para redução da retração plástica podem ser necessárias. De qualquer forma, a seleção de misturas convenientes (isto é, misturas que retardem menos a hidratação) e o uso de misturas especificamente para reduzir a retração podem ser uma opção.

Entradas de ar parecem limitar a extensão em que fissuras por retração plástica ocorrem [2]. Além disso, há uma série de misturas de redução de retração comercialmente disponíveis. Tudo funciona pelo mesmo mecanismo – reduzindo a tensão de superfície da água [15]. Isso tem como efeito reduzir o ângulo de contato entre a água e as superfícies de cimento, que, com relação à equação de Gauss–Laplace previamente discutida, vai reduzir a pressão de capilaridade. A maioria das misturas de redução é baseada em compostos de poliéter. Normalmente, há efeitos colaterais do uso das misturas, incluindo reduções na força e possíveis incompatibilidades entre outras misturas, tais como agentes de incorporação de ar.

A inclusão de fibras no concreto também vai controlar as fissuras. As fibras funcionam, nesse caso, fornecendo um meio para que o estresse seja transferido através das fissuras – 'ligando fissuras' – o que evita o crescimento das fissuras [16].

Essas fibras podem ser de aço, de vidro, de carbono, e de uma série de diferentes polímeros, embora o polipropileno seja o mais comum. Microfibras que têm um diâmetro menor que 0,3 mm (e muito frequentemente dez vezes menor que isso) e um comprimento menor que 20 mm são as mais eficazes, sendo as fibras mais estreitas e mais longas tipicamente superiores [17]. O máximo controle de fissuras é normalmente conseguido em frações de volume de aproximadamente 0,2% até 0,3%, embora deva-se enfatizar que a presença desses níveis de fibra tenham um efeito significativo na maneabilidade, e o projeto da mistura precisa levar isso em conta. Além do mais, foi proposto que, para evitar problemas com a maneabilidade, um limite de 0,25% por volume deve ser observado [18].

Combinações de fibras de aço de diâmetro mais alto (0,5 mm) com microfibras também foram vistas como benéficas [18].

2.2.1.2 Evitando fissuras por assentamento plástico

Microfibras também podem ser usadas para evitar fissuras por assentamento plástico. Além de qualquer efeito da ligação de fissuras, a prevenção da formação de fissuras também é resultado de taxas reduzidas de transpiração. A razão para redução na taxa de transpiração disso tem sido atribuída ao umedecimento das superfícies da fibra, reduzindo a quantidade de água livre disponível. Contudo, essa explicação não é de todo adequada, já que a redução na transpiração é desproporcional à superfície adicional introduzida. Ao invés, parece mais provável que as fibras atuem para endurecer a matriz de cimento, reduzindo a magnitude do assentamento diferencial que pode levar a fissuras [16]. Diâmetros menores de fibra e frações mais altas de volume de fibras aumentam, ambos, a redução do assentamento.

O aumento da área de superfície dos constituintes sólidos numa mistura de concreto é, de qualquer forma, eficaz na redução da transpiração e, portanto, do assentamento plástico. O uso de cimento Portland com um tamanho de partícula mais fino ou a inclusão de materiais mais finos, tais como o fumo de sílica, vai reduzir a transpiração. Da mesma forma, as taxas de transpiração podem ser reduzidas pela inclusão de mais agregado fino, em relação ao grosso.

Tanto o fator A/C quanto o conteúdo de cimento influenciam nas taxas de transpiração. Taxas reduzidas de transpiração são observadas em baixas razões de A/C. Como discutido previamente, em virtude de taxas máximas de A/C serem especificadas para durabilidade, a redução do assentamento plástico pela manipulação desse parâmetro é provavelmente possível.

O assentamento plástico é menos pronunciado onde conteúdos elevados de cimento são usados, porque um conteúdo elevado de cimento produz uma superfície umidificável maior no concreto fresco. O aumento do conteúdo de cimento de uma mistura de concreto também é compatível com as abordagens atuais para especificação para durabilidade. Mas, deve-se destacar que, tanto para a razão de A/C quanto para o conteúdo de cimento, o que é bom para a redução do assentamento plástico é ruim para a redução da retração plástica. Desta forma, a manipulação de ambos os parâmetros para controlar fissuras no estado fresco pode ter um efeito oposto, e, onde é essencial evitar tais problemas, outras abordagens podem ser mais indicadas.

O uso de misturas de incorporação de ar tem por efeito melhorar a coesividade e reduzir a transpiração, e é, portanto, um meio útil de controlar fissuras plásticas, uma vez que isso tem efeito favorável tanto no assentamento quanto na retração.

2.2.2 Retração por secagem

O grau de umidade do concreto enrijecido tem uma influência potencialmente significativa no volume que ele ocupa, com um aumento no nível de umidade produzindo um aumento no volume. O grau de umidade é controlado pela umidade relativa do ambiente em torno, como mostrado na figura 2.4. Dependendo da umidade relativa externa, diferentes mecanismos influenciam o volume. O melhor meio de entender esses mecanismos é considerar o concreto que é completamente saturado e os processos que ocorrem, à medida que essa água evapora. Embora haja uma série de maneiras pelas quais o volume de concreto possa ser modificado por suas interações com a água, os dois principais mecanismos derivam do desenvolvimento de pressão de capilaridade e dos efeitos resultantes da secagem do gel de hidrato de silicato de cálcio (CSH, no acrônimo em inglês), um produto de reação formado durante a fixação e o endurecimento do cimento.

2.2.2.1 Pressão de capilaridade

Uma diferença de pressão surge quando dois fluidos imiscíveis estão presentes num capilar, e apenas um é capaz de molhar a superfície. Essa atraente pressão de capilaridade (p_c) é descrita pela equação de Young–Laplace:

$$p_c = \frac{2\gamma \cos\theta}{r}$$

onde y é a tensão de superfície (N/m), $\emptyset$ é o ângulo de contato entre o fluido umedecedor e a superfície capilar e r é o raio de capilaridade (m).

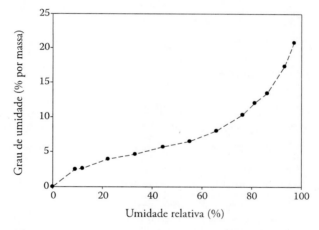

Figura 2.4 Teor de umidade do concreto com fator A/C de 0,4 (De Houst, Y. F. e F. H. Wittmann. Cement and Concrete Research, 24, 1994, 1165–1176.)

Num poro do concreto, os dois fluidos são água e ar. A razão pela qual a retração aumenta à medida que o teor de umidade do concreto declina (isto é, à medida que ele seca) é que, conforme a umidade relativa no concreto cai, a água em poros progressivamente menores evapora, fazendo com que o valor de r na equação anterior diminua.

Este fenômeno é descrito pela equação de Kelvin:

$$\ln\frac{p}{p_0} = \frac{2\gamma V_m}{rRT}$$

onde p é a pressão de vapor do fluido (N/m²), p_0 é a pressão de vapor saturado (N/m 2), V_m é o volume molar do fluido (m³/mol), R é a constante universal de gases (J/mol·K) e T é a temperatura (K).

A umidade relativa é p/p_0 nesta equação, e os menores poros no concreto normalmente vão ser de aproximadamente 2 nm de diâmetro. De acordo com a equação, a 10°C esses poros vão estar vazios de toda a água condensada abaixo de uma umidade relativa de aproximadamente 33% – deve-se notar que a convenção é usar um valor negativo de r para um poro que contenha vapor de água, em vez de água condensada. No entanto, a retração ainda é observada a níveis de umidade relativa abaixo desse ponto, o que indica que ao menos um mecanismo adicional é eficaz. Em geral se concorda que este mecanismo está relacionado com a forma pela qual as partículas de gel CSH interagem com a água.

2.2.2.2 Efeitos das partículas de gel

O principal produto da reação do cimento Portland é o gel CSH, que tipicamente compreende de 50% a 60% por volume de uma massa de cimento Portland (PC) maduro. O gel é um agregado de partículas coloidais (partículas que têm ao menos uma dimensão entre 1 nm e 10 μm). Cada partícula de gel é composta de camadas de lâminas de silicato de cálcio, que são distorcidas e arranjadas umas sobre as outras de forma desordenada (figura 2.5). A natureza dessa configuração implica que há muito espaço entre as camadas, o qual pode ser ocupado pela água 'entre camadas'.

Como muitas substâncias desse tipo, a absorção de água pelo gel leva ao intumescimento, e a evaporação da água leva à retração. Várias teorias têm sido propostas para explicar por que isso se dá com o gel CSH. Uma dessas teorias se relaciona com a energia da superfície, e propõe que, como as partículas do gel da superfície possuem uma energia livre de superfície e a tensão de superfície vai atuar para reduzir o máximo possível esse valor, isso tem o efeito de pôr o interior da partícula em compressão. Essas forças de compressão levam a uma redução no volume da partícula. A adsorção de moléculas de água na superfície atua para reduzir a energia de superfície e, então, quando a umidade relativa aumenta, o volume das partículas aumenta, e vice-versa [20].

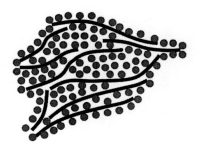

Figura 2.5 Modelo da microestrutura de uma partícula de gel CSH. As linhas distorcidas são camadas de cristalite, enquanto os círculos são água, seja adsorvida nas superfícies de cristalite, seja presa como água 'entre camadas', entre as camadas de cristalite.

Embora este mecanismo proposto seja cientificamente válido, foi estimado que, se ele fosse o efeito principal, só poderia ser responsável por uma pequena quantidade da retração total observada entre 40% e 0% de umidade relativa [21]. Uma explicação alternativa, que produziria magnitudes apropriadas de alteração de volume, é que a retração ocorre como resultado da perda de água entre camadas.

2.2.2.3 Retração de agregado

A maioria dos materiais agregados encolhe um pouco menos, com relação à pasta de cimento e, embora a fração de cimento participe com um volume muito menor que a do agregado, ele normalmente tem a maior influência na retração. Como se verá, posteriormente, o módulo mais elevado de elasticidade da maioria dos agregados com relação à pasta de cimento tem um efeito restritivo que limita a retração.

Há algumas exceções a esta observação geral. Por exemplo, descobriu-se que algumas fontes de agregados da Escócia tendem a níveis mais altos de retração [22]. Contaminantes como argila e madeira também tendem à retração. Percebeu-se que a diorite, o basalto, o lamito e o grauvaque, todos exibem retração, embora apenas de certas fontes.

Um gráfico que demonstra a típica influência geral da umidade relativa na retração é mostrado na figura 2.6.

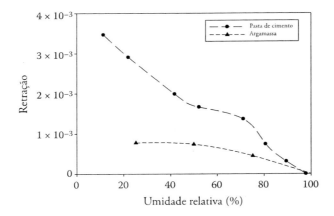

Figura 2.6 Retração por secagem de pasta de cimento e argamassa (razão de areia/cimento = 4:1) versus umidade relativa. (De Wittmann, F. H. The structure of hardened cement paste: A basis for a better understanding of the material's properties. In Paul V. Maxwell Cook, ed., Hydraulic Cement Pastes: Their Structure and Properties. Slough, United Kingdom: Cement and Concrete Association of Great Britain, 1976, pp. 96–117; and Verbeck, G. J. Carbonation of hydrated Portland cement. American Society for Testing Materials. Special Technical Publication 205, 1958, pp. 17–36.)

2.2.2.4 Retração em função do tempo

Se a água nos poros de concreto saturado, ou parcialmente saturado, não estiver em equilíbrio com o ar envolvente, ele vai perder água por evaporação ou absorver vapor d'água da atmosfera. Esse movimento de vapor d'água é o resultado da difusão e, portanto, a retração não é instantânea. A figura 2.7 mostra um gráfico típico de retração versus o tempo. A razão de difusão de vapor d'água pelo concreto é dependente da quantidade de água restante e, portanto, da umidade relativa nos poros. Esse relacionamento pode ser descrito usando-se a seguinte equação:

$$D = D_1 \left(\alpha_0 + \frac{1-\alpha_0}{1+\left(\frac{1-H}{1-H_c}\right)^n} \right)$$

onde D é o coeficiente de difusão (m²/s), D_1 é o valor máximo do coeficiente de difusão (m²/s), $α_0$ é a razão entre os valores máximo e mínimo de D, H é a umidade relativa nos poros do concreto, H_c é a umidade relativa em torno da qual o coeficiente de difusão muda e n é uma constante [25].

Os valores de n e D_1 são dependentes do concreto, enquanto H_c e $α_0$ têm valores de aproximadamente 0,75 e 0,05, respectivamente. A natureza desse relacionamento é mostrada na figura 2.8 – acima de uma umidade relativa de 75%, o coeficiente de difusão é alto, enquanto que abaixo desse nível de umidade, ele é muito baixo.

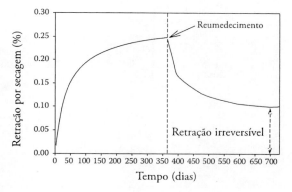

Figura 2.7 Gráfico típico de retração por secagem em função do tempo.

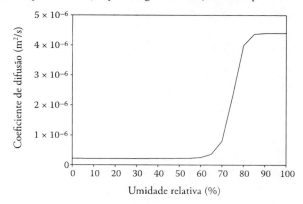

Figura 2.8 Dependência do coeficiente de difusão de vapor d'água pelo concreto como função da umidade relativa, calculado usando-se um valor de n de 10 e um coeficiente máximo de difusão (D_1) de 4,40 × 10⁻¹⁰ m²/s.

A razão para a mudança radical no coeficiente de difusão em umidades relativas menores foi atribuída à maneira pela qual as moléculas de água interagem com a superfície dos poros do concreto. Em níveis baixos de umidade relativa, onde o número de moléculas de água é baixo, as moléculas são atraídas por forças intermoleculares para uma zona estreita na superfície dos poros. Nesta zona, essas forças intermoleculares atuam para retardar o movimento da água. À medida que o número de moléculas de água aumenta, embora uma camada de moléculas ainda esteja presente na superfície dos poros, essa camada não é capaz de acomodar toda a água presente, deixando as moléculas de água mais próximas ao meio do poro se moverem com relativa liberdade [25]. Esse fenômeno é ilustrado na figura 2.9.

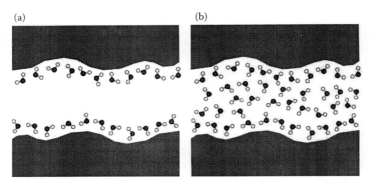

Figura 2.9 Moléculas de água num poro de concreto idealizado. Numa umidade relativa baixa (a), as moléculas de água são todas retidas próximo às paredes do poro por forças intermoleculares, resultando numa mobilidade reduzida. Numa umidade relativa alta (b), a mesma camada de moléculas de água está presente, mas a densidade mais elevada das moléculas implica nessas moléculas de água também estarem presentes no interior do poro. Essas moléculas são muito menos influenciadas por interações com as paredes do poro e são, portanto, mais móveis.

Na situação em que a superfície de concreto saturado é exposta ao ar, o processo de difusão leva ao desenvolvimento de um perfil de umidade relativa, como mostrado na figura 2.10.

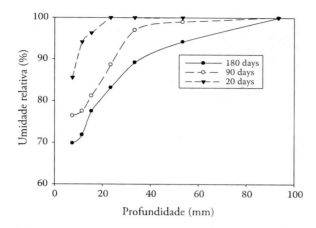

Figura 2.10 Perfis de umidade num prisma de massa de cimento Portland com um teor A/C de 0,59 exposto a um ambiente de umidade relativa de 60%. (De Parrot, L. J., Advances in Cement Research, 1, 1988, 164–170.)

Outra característica da retração por secagem é que uma proporção dela é irreversível – se o concreto voltar à sua condição de saturação da água depois de seco, o concreto não volta por completo a suas dimensões originais. Isso também é ilustrado na figura 2.7. Ainda há muito debate relacionado com o mecanismo por trás desse efeito. Uma sugestão é que, à medida que o gel CSH passa pela retração, suas partículas se reorientam de uma maneira que não pode ser de todo recuperada [21].

2.2.2.5 Fatores de controle da retração por secagem

Uma série de fatores influencia a retração por secagem do concreto. Esses incluem as condições ambientais a que uma estrutura está exposta, a composição do concreto e a configuração de um elemento estrutural. Quando da discussão da retração por secagem, é importante saber que o processo pode ser afetado tanto em termos da taxa em que a retração ocorre, quanto da magnitude máxima da retração. A retração máxima é importante porque, como veremos posteriormente, a magnitude da deformação causada pela retração determina os estresses desenvolvidos dentro do concreto. A taxa de retração pode, em alguns casos, ser menos significativa. Porém, ela é de grande importância quando a retração por secagem está ocorrendo em concreto imaturo, onde a rigidez ainda está se desenvolvendo.

Em termos de fatores ambientais que influenciam a retração por secagem, os principais parâmetros são a umidade relativa (como discutido anteriormente), a temperatura e o movimento do ar. Um aumento da temperatura leva a uma taxa mais rápida de retração por secagem. Isso se deve a uma taxa mais rápida de evaporação e difusão do vapor d'água.

O movimento do ar em torno de uma estrutura normalmente assume a forma de vento, e velocidades maiores do vento removem mais rapidamente o vapor d'água.

As principais características materiais que influenciam a retração por secagem são o tipo de agregado, a razão agregado/cimento, a razão A/C e o tipo de cimento. Normalmente há uma boa correlação entre a capacidade do agregado de absorver água e a magnitude da retração por secagem observada no concreto que o contém (figura 2.11). Instintivamente, pode ser tentador pensar que isso está relacionado com as pressões de capilaridade, como anteriormente discutido. Entretanto, a razão é bem mais simples: agregados normalmente não tendem a encolher e têm um módulo de elasticidade maior, em comparação com a pasta de cimento. Como resultado, sua presença no concreto atua para restringir internamente a retração. A razão para a correlação entre absorção de água e retração é o resultado da forte relação entre a porosidade do agregado e sua rigidez.

Portanto, o volume de agregado presente, em relação à massa do cimento, também desempenha papel importante, com um volume maior causando uma redução na retração máxima do concreto, considerando-se um agregado com uma rigidez maior que a massa de cimento. No entanto, esse relacionamento não é linear e é dependente do módulo da elasticidade do agregado com relação ao cimento. Isso é ilustrado na figura 2.12.

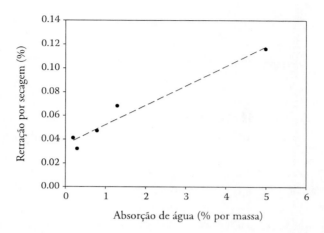

Figura 2.11 Absorção de água pelo agregado versus retração por secagem em 1 ano no concreto. (From Carlson, R. W. Drying shrinkage of concrete as affected by many factors. Proceedings of the 41st Annual Meeting of the ASTM, v. 38 (Parte 2), 1938, pp. 419–437.)

A relação entre retração (S) e fração de volume de agregado (V_a) é descrita pela seguinte equação:
$$S = S_c (1 - V_a)^\alpha$$

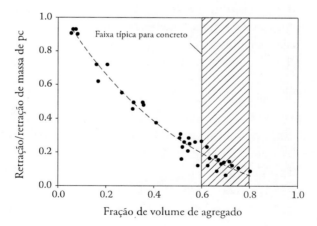

Figura 2.12 Retração de misturas de massa de cimento e agregado de proporções variáveis. (De Hobbs, D. W. and L. J. Parrot., Concrete, 13, 1979, 19–24.)

onde

$$\alpha = \frac{3(1-\mu_c)}{1+\mu_c + 2(1-2\mu_a)\frac{E_c}{E_a}}$$

e S_c é a retração da massa de cimento (%), µ é a razão de Poisson de cimento (c) ou agregado (a) e E é o módulo de Young do cimento ou agregado [27].

Cimento não hidratado também atua como material restritivo, e uma equação ligeiramente mais complexa foi desenvolvida para incluir esse efeito [28].

Às vezes se diz que a retração aumenta com o conteúdo de água. Embora isso seja verdade, o que é realmente testemunhado é, mais uma vez, uma alteração na razão agregado/cimento – onde a razão A/C é fixa, um aumento no conteúdo de água implica num aumento do volume da massa de cimento e, portanto, uma diminuição no volume de agregado.

Conforme a razão A/C é reduzida, o módulo de elasticidade da massa de cimento enrijecida aumenta, apresentando uma maior resistência à retração (figura 2.13). A composição química do cimento Portland tem alguma influência sobre a retração por secagem. Em particular, um elevado conteúdo de álcali e aluminato tricálcio leva a maiores magnitudes de retração. Porém, o conteúdo de sulfato do cimento atua para limitar esse efeito [32,33].

A figura 2.14 mostra curvas de retração obtidas de argamassas contendo uma combinação de cimento Portland e várias frações de tamanho de CV. Em todos os casos, a CV tem o efeito de reduzir a retração, com frações mais finas produzindo a menor quantidade de alteração de comprimento. O motivo desse efeito é que as frações mais finas de CV permitem maiores reduções no conteúdo de água para se conseguir uma dada consistência, o que significa que as argamassas com frações mais finas de cinzas têm menores razões de A/C. No entanto, pode haver outros mecanismos eficazes, porque mesmo a cinza mais grossa, que é mais grossa que o PC e exige uma razão de A/C mais alta, produz menor retração que a argamassa de controle.

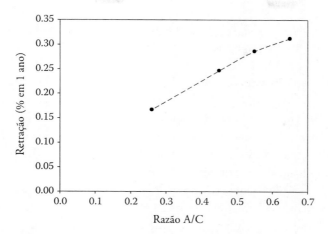

Figura 2.13 Influência da razão A/C na retração por secagem em 1 ano em massas de cimento. (De Soroka, I. Portland Cement Paste and Concrete. London: Macmillan, 1979.)

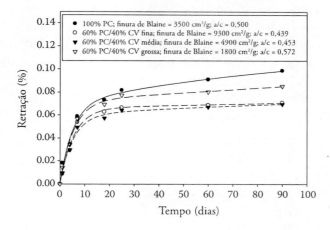

Figura 2.14 Retração de argamassas de cimento Portland (PC)/CV de igual consistência, contendo frações de CV separadas da mesma fonte usando-se técnicas de separação por ar. (De Chindaprasirta, P. et al., Cement and Concrete Research, 34, 2004, 1087–1092.)

Uma revisão da literatura relacionada com a pesquisa conduzida sobre o desempenho de concreto contendo GGBS identificou uma variedade de resultados com respeito à retração por secagem, com aumentos e reduções na retração observada [35]. Onde a retração foi vista como maior que os controles de PC, muito do efeito poderia ser atribuído ao conteúdo mais elevado de massa necessária quando o GGBS é usado. A magnitude da diferença entre as misturas de controle de PC e o concreto de GGBS é tipicamente pequena.

O fumo de sílica tem tipicamente o efeito de aumentar muito levemente a retração nos primeiros momentos. Depois, conforme a retração máxima se aproxima, a retração é menor em níveis mais elevados de fumo de sílica. Contudo, como ilustrado na figura 2.15, o efeito geral na retração é mínimo. Percebeu-se que a retração do concreto é reduzida com níveis aumentados de metacaulim [36]. Essa retração foi composta tanto por retração autógena (veja a seção 2.2.3) quanto por retração por secagem. Uma vez que os dois tipos de retração foram resolvidos separadamente, ficou evidente que a retração por secagem teve uma contribuição relativamente pequena para a retração, e que ele foi independente do conteúdo de metacaulim.

Misturas aceleradoras, na forma de cloreto de cálcio, metanoato de cálcio, e trietanolamina, todas têm o efeito de aumentar a taxa, e possivelmente a magnitude, da retração (figura 2.16). Certamente, no caso do cloreto de cálcio, este é o caso, a despeito das menores razões de perda de água por evaporação.

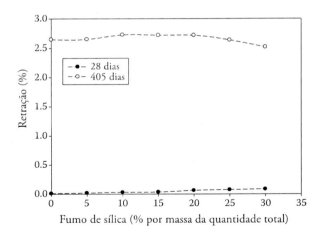

Figura 2.15 Retração por secagem de amostras de argamassa contendo uma faixa de níveis de fumo de sílica. (De Rao, G. A., Cement and Concrete Research, 28, 1998, 1505–1509.)

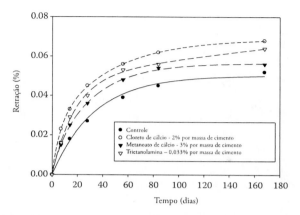

Figura 2.16 Retração por secagem de amostras de concreto contendo misturas aceleradoras. (De Bruere, G. M. et al., A laboratory investigation of the drying shrinkage of concrete containing various types of chemical admixtures. CSIRO. *Technical Paper 1*, 1971.)

A razão para a maior taxa de retração pode, então, ser o resultado de alterações na microestrutura. Essa explicação é reforçada pela observação de que massas de silicato de tricálcio contendo quantidades de $CaCl_2$ apresentam um diâmetro médio de poro menor que as massas de controle [37]. Como o diâmetro do poro tem uma influência tão significativa na pressão de capilaridade, magnitudes mais elevadas de retração para uma dada quantidade de perda de umidade seria esperada.

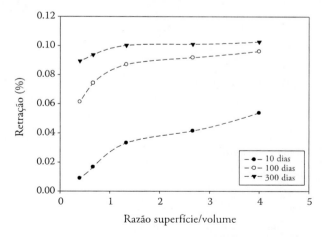

Figura 2.17 Retração de amostras de argamassa em vários estágios versus a razão superfície/volume das amostras. (De Hobbs, D. W. e A. R. Mears, Magazine of Concrete Research, 23, 1971, 89–98.)

As dimensões dos elementos estruturais do concreto têm uma influência significativa sobre a razão da retração por secagem. Uma razão maior de área de superfície por volume leva a uma taxa maior de evaporação da água do concreto e, assim, a uma taxa mais rápida de retração. Isso é ilustrado na figura 2.17, que plota a retração do concreto em vários estágios contra essa razão. Deve-se notar que a magnitude máxima da retração é muito similar, independentemente das dimensões.

É claro que não são só as dimensões de um elemento de concreto numa estrutura que definem a razão superfície/volume – partes da superfície de concreto podem não estar expostas à atmosfera, reduzindo efetivamente a razão.

2.2.2.6 Fissuras resultantes da retração

A retração do concreto não seria necessariamente problemática, em muitos casos, se não fosse pelo fato dela poder também levar a fissuras. Fissuras podem, certamente, ser um problema dos pontos de vista de manutenibilidade e estética, mas, como veremos nos próximos capítulos, em termos de durabilidade do concreto, elas se igualam a um compromisso significativo da habilidade do concreto de resistir ao ingresso de substâncias danosas.

O concreto que pode alterar livremente a forma se submete a muito poucas fissuras. Porém, há muito poucas aplicações em que o concreto é usado de tal maneira – na maioria dos casos, há alguma forma de restrição atuando sobre um elemento de concreto. Portanto, as fissuras resultantes da retração por secagem são provavelmente um problema na grande maioria dos casos em que o concreto é exposto a condições de secagem.

Num elemento de concreto completamente restrito, a retração real (em outras palavras, uma mudança nas dimensões) não ocorre. Ao invés, a rigidez de tensão se desenvolve como diferença entre o comprimento (teórico) do elemento em seu estado irrestrito e o comprimento real no estado restrito aumenta. O desenvolvimento da rigidez de tensão implica no estresse de tensão se desenvolver simultaneamente, e quando esse estresse excede a força de tensão do concreto, ocorrem as fissuras.

A força de tensão do concreto é substancialmente menor que sua força de compressão, normalmente entre 5% e 15%. Ela surge com o tempo de forma similar à força de compressão, como mostrado na figura 2.18. Usando os dados de retração para a mistura de concreto de controle apresentada na figura 2.16, e usando valores para a evolução do módulo de elasticidade do concreto (também mostrada na figura 2.18), o estresse de tensão no concreto, ao final do teste (se ele estava restrito), pode ser calculado como aproximadamente 18 N/mm². Isso é consideravelmente maior que a força de tensão do concreto, e portanto, com base nesse cálculo, poderia haver fissura. No entanto, uma característica da maneira pela qual o concreto se deforma – lentamente – ainda não foi levada em conta, o que vai ser discutido em breve.

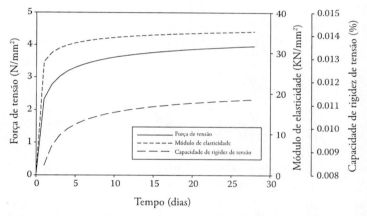

Figura 2.18 Evolução da força de tensão e do módulo de elasticidade num concreto de 40 N/mm² feito com PC com uma classe de força de 42,5 N, calculado usando-se as equações em Eurocode 2. Também está plotada a capacidade de rigidez de tensão calculada a partir dos valores de força e módulo de elasticidade. (De British Standards Institution. BS EN 1992-1-1:2004: Eurocode 2: Design of Concrete Structures – Part 1-1: General Rules and Rules for Buildings. London: British Standards Institution, 2004.)

Uma maneira alternativa de ver as fissuras como resultantes da retração é em termos de capacidade de rigidez de tensão. A capacidade da rigidez de tensão é o nível de rigidez de tensão além do qual o concreto racha. Como o módulo de elasticidade do concreto é definido pelo gradiente de estresse *versus* rigidez, e considerando que o material se comporta de uma maneira totalmente elástica, a capacidade de rigidez de tensão ε_t pode ser calculada usando-se a seguinte equação:

$$\varepsilon_t = \frac{f_{ct}}{E_c}$$

onde f_{ct} é a força de tensão (N/mm²), e E_c é o módulo de elasticidade na compressão (N/mm²) [42].

Isso também muda com o tempo, como mostrado na figura 2.18.
Eurocode 2 [41] inclui uma equação para estimar a rigidez máxima resultante da retração por secagem:

$$\varepsilon_{cd,0} = 0.85\left[(220+110\alpha_{ds1})e^{-\alpha_{ds2}\frac{f_{cm}}{10}}\right]\beta_{RH}\cdot 10^{-6}$$

onde $\varepsilon_{cd,0}$ é a máxima rigidez de retração, α_{ds1} e α_{ds2} são as constantes relacionadas com o tipo de cimento (tabela 2.2) e f_{cm} é a força média de compressão.

β_{RH} é um parâmetro definido pela umidade relativa do ambiente (RH) expressa em porcentagem.

$$\beta_{RH} = 1.55\left[1-\left(\frac{RH}{100}\right)^3\right]$$

Embora essa equação seja potencialmente útil em termos de oferecer ao projetista uma indicação da magnitude da retração por secagem e da probabilidade de fissuras, deve-se enfatizar que ela não atende a alguns dos fatores que influenciam na retração por secagem, em particular, a influência do tipo e do volume do agregado.

Tabela 2.2 Valores das constantes relacionadas com o cimento na equação de retração por secagem da *Eurocode 2*

Tipo de cimento	α_{ds1}	α_{ds2}
Classe S (força inicial lenta)	3	0,13
Classe N (força inicial normal)	4	0,12
Classe R (força inicial alta)	6	0,11

Outro aspecto da retração que se deve ter em mente é que, na realidade, a maioria dos elementos estruturais de concreto só são parcialmente restritos. Exemplo disso seria uma parede de concreto que é restrita em sua fundação. A fundação restringe completamente a retração da parede em sua base, levando ao desenvolvimento de estresses de tensão. Entretanto, se a parte superior da parede não estiver ligada a nenhuma outra parte da estrutura, ela será capaz de encolher relativamente livre. A extensão em que um elemento estrutural é restrito é expressa em termos de um fator restritivo R definido pela seguinte equação:

$$R = \frac{\varepsilon_r}{\varepsilon_{free}}$$

onde ε_r é a rigidez restrita, e ε_{free} é a rigidez de retração que ocorreria num membro completamente irrestrito.

Uma série de fatores restritivos para diferentes elementos estruturais é mostrada na tabela 2.3.

A discussão em torno de fissuras, até aqui, considerou que o concreto é um material puramente elástico. Entretanto, na realidade, este não é o caso, e a habilidade do concreto de se submeter a deformações de longo prazo sob carga é de significância específica para fissuras por retração. Este processo é muito lento, e na submissão do concreto à retração, a deformação da tensão vai atuar para causar um relaxamento dos estresses de tensão, permitindo, assim, que o início das fissuras seja adiado, possivelmente de forma indefinida. A maneira pela qual os processos de retração e deformação (bem como de contração térmica, que vai ser discutido posteriormente, neste capítulo) atuam em combinação é ilustrado na figura 2.19.

Tabela 2.3 Fatores restritivos para uma faixa de elementos estruturais

Elemento estrutural	Fator de restrição (R)
Base lançada sobre blinding	0,2
Restrição lateral em deque tipo caixa lançado em estágios	0,5
Base de parede lançada sobre base pesada preexistente	0,6 [42]/0,5 [43]
Topo de parede lançado sobre base pesada preexistente; razão L/H = 1	0
Topo de parede lançado sobre base pesada preexistente; razão L/H = 2	0
Topo de parede lançado sobre base pesada preexistente; razão L/H = 3	0,05
Topo de parede lançado sobre base pesada preexistente; razão L/H = 4	0,3
Topo de parede lançado sobre base pesada preexistente; razão L/H = >8	0,5
Elemento lateral lançado sobre pavimento	0,8
Infill bays	1,0 [42]/0,5 [43]

Fonte: The Highways Agency. Highway structures: Approval procedures and general design: Section 3. General design. *Early Thermal Cracking of Concrete: Design Manual for Roads and Bridges, Vol. 1*. South Ruislip, United Kingdom: Department of Environment/Department of Transport, 1987; and British Standards Institution. *BS EN 1992-3:2006: Eurocode 2 – Design of Concrete Structures: Part 3.Liquid-Retaining and Containment Structures*. London: British Standards Institution, 2006.

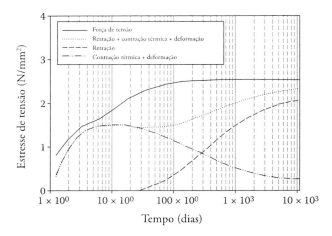

Figura 2.19 Contribuição da retração por secagem, deformação e contração térmica no estresse de tensão num membro de concreto restrito suportando uma carga fixa, plotado juntamente com a evolução da força de tensão. (De Bamforth, P. et al., *Properties of Concrete for Use in Eurocode 2*. Camberley, United Kingdom: The Concrete Centre, 2008.)

Deformação é um processo complexo, cuja taxa e magnitude é dependente de uma série de fatores. Embora uma discussão detalhada dos mecanismos envolvidos na deformação esteja fora do escopo deste livro, vale a pena resumir os principais parâmetros que influenciam em sua magnitude.

A magnitude da deformação é dependente do estresse que atua sobre o concreto, com estresses maiores levando a maiores níveis de deformação máxima. A força também desempenha um papel importante, com uma menor razão de A/C (e, portanto, uma maior rigidez) produzindo menos deformação. A influência da força também implica que o concreto menos maduro vai se submeter a mais deformação.

Além disso, a umidade relativa influencia a extensão em que a deformação ocorre, com magnitudes maiores de deformação em níveis menores de umidade. Uma razão maior de volume em relação à área de superfície exposta produz uma quantidade maior de deformação.

Eurocode 2 [41] inclui uma equação para estimativa da rigidez máxima resultante da deformação (ε_{cc}). Embora a equação seja derivada do comportamento de compressão da deformação, o padrão permite que a equação seja usada para deformação de tensão. A equação, numa forma anotada para carregamento de tensão, é

$$\varepsilon_{tc} = \frac{\varphi \sigma_t}{E_t}$$

onde ε_{tc} é a rigidez máxima resultante da deformação de tensão, φ é o coeficiente máximo de deformação, σ_t é o estresse de tensão resultante da retração restrita (N/mm²) e E_t é o módulo da tangente (N/mm²).

O padrão também fornece um meio de se estimar o coeficiente de deformação num tempo t usando-se a seguinte equação:

$$\varphi = \varphi_{RH} \cdot \frac{16.8}{\sqrt{f_{cm}}\left(0.1 + t_0^{0.2}\right)} \left[\frac{t - t_0}{(\beta_H + t - t_0)}\right]^{0.3}$$

onde φ_{RH} é uma constante relacionada com a umidade relativa do ambiente, f_{cm} é a força média de compressão (N/mm^2), t_0 é o tempo em que o estresse de tensão da retração e da contração térmica iniciam (dias) e β_H é uma constante relacionada com a umidade relativa.

A maneira pela qual φ_{RH} e β_H são calculados depende da força média de compressão do concreto, como mostrado na tabela 2.4.
O padrão também inclui correções que podem ser usadas para se levar em conta temperaturas elevadas e diferentes tipos de cimento.

Embora o concreto seja suscetível à fissuras sob estresses resultantes de retração, o reforço não o é. O reforço permite a transferência de estresses de tensão resultantes de retração para o concreto, de uma maneira que não é possível num membro sem reforço. Isso é ilustrado na figura 2.20, que mostra a evolução de fissuras num membro de concreto sem reforço e outro reforçado.

Onde o reforço está ausente, o aumento no estresse de tensão resultante da retração eventualmente atinge a força de tensão do concreto, levando a fissuras. A formação da fissura leva ao completo relaxamento do estresse de tensão e, devido à remoção da restrição, a subsequente retração leva a um alargamento da fissura.

Tabela 2.4 Equações para φ_{RH} e β_H para a previsão de deformação

	Equação	
	≤35 N/mm^2	>35 N/mm^2
φ_{RH}	$1+ = \dfrac{1-\dfrac{RH}{100}}{0.1^3\sqrt{\dfrac{2A_c}{u}}}$	$\left[1+ = \dfrac{1-\dfrac{RH}{100}}{0.1^3\sqrt{\dfrac{2A_c}{u}}}\left(\dfrac{35}{f_{cm}}\right)^{0.7}\right]\left(\dfrac{35}{f_{cm}}\right)^{0.2}$
β_H	$1.5\left[1+(0.012RH)^{18}\right]\dfrac{2A_c}{u}+250$	$1.5\left[1+(0.012RH)^{18}\right]\dfrac{2A_c}{u}+250\left(\dfrac{35}{f_{cm}}\right)^{0.5}$

Nota: A_c = área seccional cruzada de um membro (m^2); u = perímetro do membro exposto à atmosfera (m); RH = umidade relativa (%).

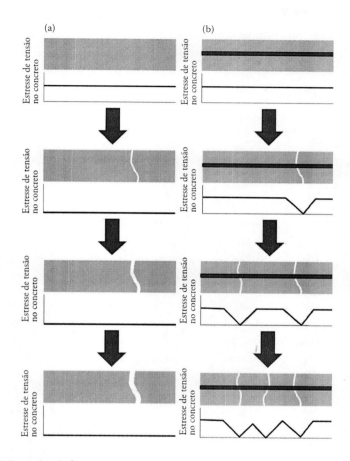

Figura 2.20 Formação de fissuras em concreto sem reforço (a) e em concreto reforçado (b) passando por retração.

Quando o concreto é reforçado, após uma fissura se formar, o estresse que ela leva pelo reforço é transferido para o concreto. Assim, um estresse de tensão é mantido nas regiões não rachadas do concreto e, à medida que a retração progride, fissuras adicionais se formam.

A mudança de comportamento de formação de fissuras causadas pelo reforço é chamada de 'controle de fissuras' e é benéfico do ponto de vista da durabilidade do concreto, pela produção de resistência aumentada ao ingresso de substâncias danosas, em comparação com o concreto não reforçado. Instintivamente, isso pode parecer estranho, porque um deslocamento de um pequeno número de fissuras largas para um grande número de fissuras estreitas parece ser de valor limitado. Porém, como será mostrado em capítulos subsequentes, a largura das fissuras desempenha um papel muito mais importante que a densidade da fissura (ou 'espaçamento de fissura') na definição das características de permeabilidade do concreto.

A *Eurocode 2* fornece uma equação para estimativa da largura média das fissuras (w_k), da qual uma versão simplificada é

$$w_k = S_{r,max} \left(\frac{\sigma_s - k_t \dfrac{f_{ct}}{\rho}\left[1+\rho\dfrac{E_s}{E_{cm}}\right]}{E_s} \right)$$

onde $S_{r,max}$ é o espaçamento máximo de fissuras (m), σ_s é o estresse de tensão no reforço (N/mm^2), k_t é o coeficiente dependente da duração da carga (maior para períodos menores), ρ é a razão de reforço da seção de concreto, E_s é o módulo de elasticidade do reforço (N/mm^2) e E_{cm} é o módulo de elasticidade do concreto (N/mm^2).

A razão do reforço, em termos simples, é a razão da área seccional cruzada do reforço em relação à do concreto. A *Eurocode 2* define a razão do aço de uma forma mais detalhada, que leva em conta o uso de diâmetros mistos de barras de reforço, pré-estressando ou pré-tensionando a ligação entre o reforço e o concreto e a questão de quanto do concreto numa seção está realmente sob tensão.

Da equação, é evidente que a largura da fissura pode ser reduzida pelo uso de reforço que produza rigidez, de uma maior quantidade de reforço ou de concreto mais forte. Adicionalmente, a redução do espaçamento máximo de fissura também vai reduzir a largura das fissuras.

O espaçamento de fissuras é fortemente influenciado pela eficiência com que o estresse é transferido entre o concreto e o reforço. Uma maior eficiência leva o gradiente de declínio e subida do estresse de tensão em torno de uma fissura (como mostrado na figura 2.20) a se tornar mais vertical, o que produz uma zona de relaxamento de estresse mais estreita e maior oportunidade para formação de fissuras em outras partes. Essa eficiência é controlada pela força da ligação e pela área da superfície do reforço. A *Eurocode 2* também fornece uma equação para estimativa do espaçamento médio de fissuras, da qual uma versão abreviada é

$$S_{r,max} = k_3 c + \frac{k_1 k_4 \emptyset}{\rho}$$

onde c é a profundidade da cobertura de concreto (m), $\emptyset$ é o diâmetro da barra do reforço (m), k_1 é o coeficiente que reflete a força da ligação entre o reforço e o concreto (menor para uma ligação mais forte), k_3 é uma constante (3,4) e k_4 também é uma constante (0,425).

Assim, o espaçamento é reduzido pela redução do diâmetro da barra, melhorando a ligação (por exemplo, pelo uso de barras de reforço de ligação alta) ou, novamente, pelo aumento da quantidade de aço. A redução da profundidade da cobertura também reduz o espaçamento. Como vai ser discutido posteriormente, a profundidade da cobertura desempenha papel importante na proteção do concreto e seu reforço contra deterioração em ambientes químicos agressivos. No entanto, aqui é evidente que uma superespecificação da cobertura não é necessariamente benéfica, em termos de durabilidade, uma vez que fissuras que possam resultar poderiam comprometer a proteção teoricamente fornecida pela profundidade maior da cobertura.

2.2.3 Retração autógena

A evaporação não é o único meio pelo qual a água pode ser removida dos poros do concreto. À medida que o cimento Portland passa por reações de hidratação, a água livre é convertida em água quimicamente combinada ou quimissorvida em superfícies de hidratos. Essa perda de água livre também pode levar a retração – retração autógena.

A massa de cimento Portland que foi capaz de reagir completamente produz em torno de 400 g de água não evaporável (água que é quimicamente ligada a produtos de hidratação do cimento ou que está presente como água entre camadas, no gel) por cada quilograma de cimento original. O valor preciso é dependente da composição do cimento.

Isso significa que, mesmo que a evaporação do concreto seja inteiramente evitada, vai haver uma considerável redução no volume de água presente, e a retração vai ocorrer pelos mesmos mecanismos que a retração por secagem. Uma curva típica da retração autógena é mostrada na figura 2.21.

Fatores que influenciam a retração autógena incluem o tipo de cimento usado e o fator A/C. O fator A/C é importante por causa de seu papel na definição da distribuição de tamanhos de poros no concreto enrijecido. Isso é significativo para a retração autógena, porque o raio dos poros influencia grandemente nas pressões de poros (veja a seção 2.2.2). Uma maior proporção de poros menores leva a maiores pressões de poros. Como resultado, um baixo fator A/C produz maiores magnitudes de retração autógena. Em concreto convencional, a retração autógena tende a ser de magnitude relativamente pequena (entre 0,005% e 0,01%). Contudo, em concreto de alta força, onde menores razões de A/C são necessárias, a retração autógena pode exceder a retração por secagem.

O concreto de alta força frequentemente contém, também, fumo de sílica, que também tem o efeito de refinar a estrutura dos poros e, assim, aumentar a retração autógena. O efeito de ambos, razão de A/C e conteúdo de fumo de sílica, na retração autógena é mostrado na figura 2.22.

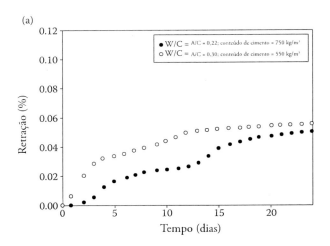

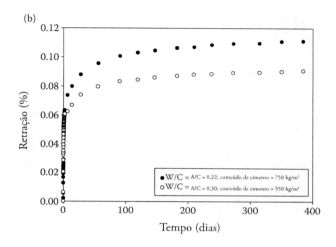

Figura 2.21 Retração autógena em diferentes escalas de tempo – (a) 25 dias, (b) 400 dias – de dois concretos de cimento Portland com alto teor de cimento e baixo fator A/C. (De Termkhajornkit, P. et al., *Cement and Concrete Research*, 35, 2005, 473–482.)

Outros constituintes do cimento influenciam na retração autógena. A presença de GGBS causa algum aumento na retração autógena [48]. A CV tipicamente parece ter o efeito oposto [18]. Foi sugerido que isso é o resultado da taxa mais rápida da reação de GGBS, levando à formação de produtos de reação cuja presença atua para reduzir o tamanho dos poros para faixas em que a pressão de capilaridade tem a maior influência [49]. A taxa mais lenta da reação da CV assegura que o tamanho dos poros capilares permanece relativamente grande, até etapas posteriores, quando a retração autógena é de menor importância. Pelas mesmas razões, cimento mais fino leva a níveis mais altos de retração autógena [50].

Com relação à retração por secagem, um conteúdo mais elevado de agregado e a rigidez atuam para atribuir maior restrição à retração.

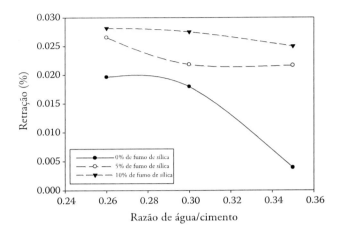

Figura 2.22 Retração autógena em concreto resultante de diferentes fatores A/C e conteúdos de fumo de sílica. (De Zhang, M. H. et al., *Cement and Concrete Research*, 33, 2003, 1687–1694.)

2.2.4 Reduzindo o problema de fissuras resultantes de retração

Do ponto de vista do projeto estrutural, as fissuras da retração por secagem podem ser reduzidas através da inclusão de junções de movimento. Pela colocação de descontinuidade desse tipo numa estrutura, a restrição é diminuída e as fissuras são reduzidas. Entretanto, embora junções normalmente sejam preenchidas com um selante flexível e impermeável, esse material pode ter uma vida operacional significativamente mais curta que o concreto, e entre o início de sua deterioração e sua substituição, há a possibilidade de, por exemplo, íons de cloreto passarem pela junção e, através de profundidades relativamente pequenas do concreto, até o reforço. Por esta razão, e porque espaçamentos curtos são necessários entre as junções, para evitar por completo as fissuras, tem havido um deslocamento na prática, em direção a uma combinação de maior reforço e espaçamento entre junções para controle de fissuras.

Como visto antes, um meio muito eficaz de controle de fissuras em concreto é incluir reforço. Quando o reforço está presente unicamente para o controle de fissuras, ele é usado com parcimônia e é conhecido como reforço 'mínimo' ou 'nominal'. Em termos muito simples, a razão do reforço mínimo (ρc; veja a seção 2.2.2) necessária para controlar fissuras é igual à razão

$$\rho_c = \frac{f_{ct}}{f_y}$$

onde f_{ct} é a força de tensão do concreto num dado estágio (N/mm²), e f_y é a força resultante do reforço (N/mm²) [51].

Isso porque a produção do reforço não deve ocorrer se o controle de fissuras deve ser efetivo. Se o reforço fosse feito em torno da localização de uma fissura, ele permitiria que a fissura alargasse, em vez de transferir estresse para formar mais fissuras.

Embora esta equação forneça uma regra básica útil para determinação de quanto reforço é necessário, na realidade, uma estratégia mais detalhada é necessária para o projeto de muitos elementos de concreto. Diretrizes para vários desses casos são fornecidas na *Eurocode 2*.

Também há a opção de substituição de reforço convencional por fibras de aço ou fibras macrossintéticas. Isso é discutido em maiores detalhes no capítulo 5.

Diretrizes para a seleção de combinações apropriadas de espaçamento de junções de movimento e reforço para estruturas de retenção de líquido são fornecidas como parte da *Eurocode 2* em *BS EN 1992-3* [43]. Diretrizes similares são fornecidas na *BS 8007* [52], que foi substituída pela *Eurocode 2* mas que contém alguns fundamentos úteis sobre os tipos de junções de movimento. Os *Concrete Society Technical Reports 34* e *66* fornecem diretrizes para pavimentação externa e de pisos [53,54].

Também é claramente possível reduzir a quantidade de retração através da modificação dos constituintes do concreto e das proporções da mistura. No entanto, na realidade, esses parâmetros são provavelmente limitados, até certo ponto, por outras exigências.

Um bom exemplo disso é o conteúdo do cimento. A redução do conteúdo de cimento do concreto reduz tanto a retração por secagem quanto a retração autógena. Porém, como se vai ver em capítulos subsequentes, se o concreto dever ser exposto a condições hostis, o uso dos padrões britânicos complementares ao padrão europeu para a especificação de concreto, um limite mínimo do conteúdo de cimento será especificado. Isso vai claramente limitar a extensão em que a retração pode ser controlada por redução do conteúdo de cimento. De qualquer forma, mesmo onde o conteúdo de cimento esteja no limite, há um espaço potencial para sua redução pelo aumento do tamanho máximo do agregado, o que, por sua vez, permite um menor conteúdo mínimo de cimento.

A redução da razão de A/C também pode ser uma opção para a redução da retração por secagem. Isso é provavelmente compatível com a especificação de concreto para durabilidade, uma vez que uma razão máxima de A/C também é necessária onde é provável a exposição a condições agressivas. Contudo, como o conteúdo de água do concreto é fixado para fornecer a consistência necessária à mistura de concreto fresco, uma redução na razão de A/C leva a um aumento no conteúdo de cimento. Por esta razão, o uso de misturas de redução de água ou superplastificantes provavelmente é necessário para permitir uma redução no conteúdo de água. Essas misturas são discutidas em maiores detalhes no capítulo 5. Já se viu que o efeito de redução de água da CV também pode ser usado desta maneira.

Também deve ser lembrado que a redução da razão de A/C a níveis muito baixos, embora reduza significativamente a retração por secagem, pode levar a níveis mais elevados de retração autógena.

A seleção de agregado com uma alta rigidez atua para controlar a retração através de restrição. Entretanto, agregado com alto módulo de elasticidade também atua para reduzir a capacidade de rigidez de tensão do concreto, deixando-o mais tendente a fissuras, já que tem a maior influência na rigidez do concreto e, portanto, no valor de f_{ct}/E_c, como discutido na seção 2.2.2. Agregado triturado tipicamente oferece uma maior capacidade de rigidez de tensão ao concreto que agregado arredondado [55]. Isso se deve à ligação melhorada entre cimento e agregado, que eleva a força de tensão do concreto. Mas, o concreto que contém agregado triturado tipicamente exige um maior conteúdo de cimento.

Com relação a fissuras por retração plástica, as misturas de redução de retração podem ser usadas para modificar a tensão de superfície da água dos poros [56].

2.3 Fissuras térmicas

As reações de hidratação pelas quais o cimento Portland passa com a água, durante a fixação e o endurecimento são exotérmicas – produz-se calor. Isso tem o efeito de aumentar a temperatura do concreto, o que leva à expansão. O resfriamento subsequente leva à retração e, se esta for restringida, leva a fissuras de forma similar à retração por secagem.

2.3.1 Expansão e contração térmicas

A figura 2.23 mostra um gráfico típico da evolução do calor de uma pasta de cimento Portland. Após um período inicial de rápida evolução do calor, quando ele é inicialmente molhado, o cimento passa por um período de dormência, durante o qual pouco calor é desenvolvido. Ao final do período de dormência, a taxa de evolução de calor aumenta até um pico, como resultado das fases de hidratação do silicato tricálcio e aluminato tricálcio, após o que, ele declina gradualmente.

Vários modelos foram desenvolvidos para prever os perfis de temperatura em volumes de concreto. Para ajudar a ilustrar a influência de parâmetros chaves em fissuras térmicas, um modelo de diferença finita foi usado neste livro [58]. Esse modelo considera uma seção de concreto que é dividida em nós, com uma distância Δx entre si (figura 2.24). O modelo progride em passos de tempo de duração Δt, com as temperaturas em cada nó calculadas em termos do calor desenvolvido pelo cimento, do calor conduzido dos nós adjacentes e do calor perdido por convecção, usando-se a lei de Fourier.

Tomando-se o exemplo do nó 1 da figura 2.24, a temperatura num passo de tempo m é dada pela equação

$$T_1^m = T_1^{m-1} - \frac{2\Delta t}{\Delta x \rho c}\left[\frac{k_c\left(T_1^{m-1} = T_2^{m-1}\right)}{\Delta x} + h\left(T_1^{m-1} = T_e^{m-1}\right) - \frac{\Delta x}{2}\Delta QC\right]$$

onde T_y^z é a temperatura no nó y no passo de tempo z (K), ρ é a densidade do concreto (g/m³), c é a capacidade de calor específico do concreto (J/gK), k_c é a condutividade térmica do concreto (W/mK), h é o coeficiente de transferência térmica por convecção (W/m²K), T_e^{m-1} é a temperatura ambiente no passo de tempo $m - 1$ (K), ΔQ é o calor produzido pelo cimento no período Δt (W/g) e C é o conteúdo de cimento do concreto (g/m³).

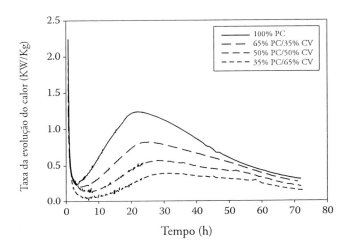

Figura 2.23 Taxa de evolução do calor produzido numa faixa de massas de cimento Portland (PC)/CV a 5°C. (De Paine, K. A. et al., *Advances in Cement Research*, 17, 2005, 121–132.)

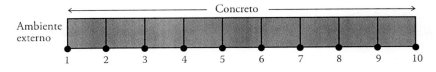

Figura 2.24 Forma da seção unidimensional de concreto usado no modelo de diferença finita.

O modelo usado também inclui uma simulação da evolução do calor do cimento e a inclusão, e possível subsequente remoção, de uma camada de moldes na superfície do concreto.

O calor desenvolvido é perdido da superfície do concreto para a atmosfera, primariamente como resultado de convecção. No entanto, normalmente o caso é que a taxa de evolução de calor exceda a taxa de perda de calor, fazendo com que a temperatura do concreto aumente. A perda de calor leva o material próximo do exterior a ter uma temperatura inferior à do interior. A figura 2.25 mostra o tipo de perfil de temperatura que pode surgir.

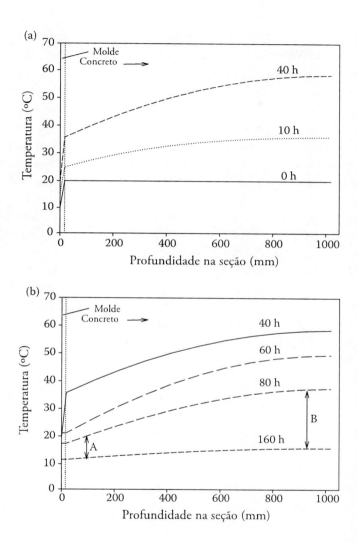

Figura 2.25 Perfil de temperatura do exterior para o interior de uma seção de concreto de 1.000 mm exposta a uma temperatura ambiente de 10°C durante a evolução do calor da hidratação do cimento (a) e durante o resfriamento (b), calculado usando-se um modelo de diferença finita. O concreto contém 350 kg/m³ de cimento Portland (PC) na fração de cimento, e é colocado com uma temperatura de 20°C num molde de compensado de 18 mm, que é removido após 48 h. (De Dhir, R. K. et al., *Magazine of Concrete Research*, 60, 2008, 109–118.)

A maioria dos materiais se expande à medida que sua temperatura aumenta, e isso vale para os componentes individuais do concreto em seu estado fresco e para a massa endurecida. Destarte, o aumento na temperatura leva a um aumento no volume ou, onde um membro do concreto é restringido, a um desenvolvimento de estresse compressivo, uma vez que o concreto comece a se firmar e endurecer. Depois que a taxa de evolução do calor começa a declinar, chega-se a um ponto que a taxa de perda de calor excede a de evolução do calor, levando a um declínio líquido na temperatura. Isso leva a uma contração do concreto, a qual, onde restrita, leva ao desenvolvimento de estresses de tensão e possíveis fissuras.

As fissuras ocorrem durante a contração, em vez da expansão, por dois motivos. Primeiro, a baixa força de tensão do concreto implica nos estresses de tensão que se desenvolvem durante a contração (em vez dos estresses de compressão) serem mais prováveis de causar fissuras. Segundo, o módulo de elasticidade do concreto durante a expansão é menor que o do concreto maduro, durante a contração. Como o estresse é igual ao módulo de elasticidade multiplicado pela rigidez, o estresse para uma dada rigidez é de uma magnitude maior durante a contração, em comparação com durante a expansão.

As diferenças de temperatura entre a superfície e o interior podem também levar ao desenvolvimento de estresses de tensão, que podem também levar a fissuras.

2.3.2 Fissuras resultantes de contração térmica

O *CIRIA Report C660* [59] detalha uma metodologia para previsão da rigidez resultante tanto da retração quanto da contração térmica. Ela usa a equação

$$\varepsilon_r = \varphi\left(\left[\alpha_c T_1 + \varepsilon_{ca}\right]R_1 + \alpha_c T_2 R_2 + \varepsilon_{cd} R_3\right)$$

onde α_c é o coeficiente da expansão térmica do concreto (°C^{-1}), ε_{ca} é a retração autógena, ε_{cd} é a retração por secagem, R_{1-3} são os fatores restritivos, T_1 é a diferença entre a temperatura de pico no concreto e a temperatura média ambiente (°C), T_2 é a queda de temperatura de longo prazo e φ é o coeficiente de deformação. O coeficiente de expansão térmica do concreto endurecido é primariamente definido pelo coeficiente dos agregados que ele contém, como discutido posteriormente.

O termo na equação que contém T_2 se relaciona com a retração térmica que ocorre como resultado de mudanças sazonais na temperatura ambiente. No Reino Unido, a temperatura média mensal oscila, atualmente, de aproximadamente 3°C em janeiro e fevereiro até aproximadamente 17°C em julho e agosto. Isso significa que concreto lançado no verão não só se submete a contração como resultado da perda de calor desenvolvido a partir da hidratação do cimento, mas, também, se contrai lentamente ainda mais, ao longo dos próximos 5 ou 6 meses, conforme a temperatura ambiente caia. Embora seja impossível prever a queda precisa na temperatura ambiente que o concreto pode experimentar, do ponto de vista do projeto, só é necessário considerar a queda potencial na temperatura. Assim, o *Design Manual for Roads and Bridges* da Highways Agency recomenda o uso de um valor de T_2 de 20°C para construção de concreto no verão e de 10°C no inverno [42].

R_1, R_2 e R_3 são fatores restritivos, conforme discutido na seção 2.2.2. Três diferentes fatores restritivos são necessários, porque a equação leva em conta processos de contração que ocorrem em diferentes espaços de tempo. A restrição imposta a um elemento de concreto vai, em parte, ser definida por sua própria rigidez, e, então, o material imaturo vai ser menos restringido que em estágios posteriores.

Fissuras resultantes do resfriamento do concreto são conhecidas como 'fissuras de contração térmica iniciais'. Sua natureza depende delas serem formadas por diferenças de temperatura entre o exterior e o interior (conhecidas como 'restrição interna') ou pela contração geral de um membro sob restrição externa, após o pico na evolução de calor do cimento. Em ambos os casos, o relaxamento da rigidez pela deformação por tensão vai atuar para reduzir o desenvolvimento de estresses de tensão e possivelmente evitar fissuras. O efeito combinado da retração por secagem (e autógena), contração térmica e deformação por tensão já foi apresentada na figura 2.19.

Onde as fissuras resultam de restrição externa, elas iniciam na superfície e se estendem para dentro do concreto. Na superfície, as fissuras estão tipicamente isoladas, umas das outras (elas não formam redes interligadas) e são relativamente retas ou levemente curvas.

Restrições internas podem levar tanto ao tipo de fissura de superfície descrito acima, quanto a fissuras internas [59]. Fissuras de superfície iniciam durante a elevação na taxa de evolução do calor, devido ao interior do concreto se expandir mais que a superfície, pondo esta sob tensão. Mas, uma vez que o concreto comece a esfriar, a taxa de resfriamento no interior excede a de resfriamento na superfície (compare a magnitude das linhas A e B da figura 2.25), levando a uma taxa mais rápida de contração. Uma taxa rápida de contração é mais provável que cause fissuras que uma taxa lenta, já que, se a contração for rápida, o relaxamento por deformação não é possível, e o estresse é mais provável exceder a força de tensão. Então, o resfriamento do concreto interior o coloca numa tensão de maior extensão que a superfície, potencialmente levando ao início de fissuras no interior e a larguras de fissuras de superfície decrescentes, conforme a contração interior as puxa de volta.

2.3.3 Fatores que influenciam a contração térmica inicial

Os fatores que influenciam a contração térmica inicial podem ser subdivididos em condições ambientais, práticas de construção e composição do concreto.

2.3.3.1 Condições ambientais

A principal condição ambiental que influencia o aumento de temperatura de um elemento de concreto é a temperatura ambiente ou, mais precisamente, a temperatura ambiente relativa à temperatura do concreto, conforme ele é colocado. Em geral, uma temperatura ambiente mais baixa leva tanto a uma maior diferença de temperatura entre o interior e o exterior, quanto a uma maior faixa de resfriamento, da temperatura de pico até a temperatura ambiente (figura 2.26). Em ambos os casos, isso iguala a maiores rigidezes de tensão.

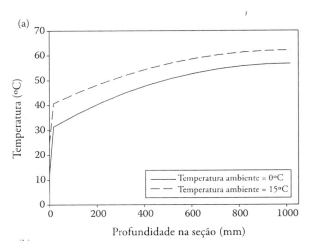

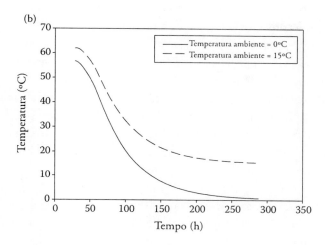

Figura 2.26 Resultados de cálculos para duas seções de concreto de 1000 mm sob condições ambientes de 0°C e 15°C. (a) Perfil de temperatura através das seções no ponto que o concreto atinge sua temperatura de pico. (b) Mudança na temperatura com o tempo durante resfriamento. Com exceção da temperatura ambiente, as condições são idênticas às da figura 2.21.

Tal como com a retração por secagem, maiores velocidades de vento levam a uma maior taxa de contração térmica [59]. Contudo, neste caso, ela é o resultado do vento removendo ar mais quente do exterior imediato do concreto. A incidência de luz do sol numa superfície de concreto fornece calor à superfície e pode reduzir a taxa de contração térmica, mas pode aumentar a temperatura máxima alcançada dentro de seu volume.

2.3.3.2 Práticas de construção

Os moldes desempenham papel em influenciar temperaturas e diferenças de temperatura de duas maneiras. Primeiro, a condutividade térmica do material usado influencia a taxa de perda de calor. Segundo, o tempo de separação do molde influencia na perda de calor, uma vez que a remoção do molde, na maioria dos casos, permite que o calor escape mais facilmente.

Os materiais usados como molde incluem madeira compensada, aço e compostos de polímeros reforçados por fibras. Esses materiais têm condutividades térmicas muito diferentes e, assim, têm influências diferentes na maneira pela qual ocorre a perda de calor do concreto neles contido. O aço tem uma alta condutividade térmica (veja a tabela 2.5), enquanto o compensado e os compostos de polímero têm tipicamente baixas condutividades. Também é fornecida na tabela uma faixa de condutividades térmicas para concreto, já que ele também pode ser posto contra si mesmo. A condutividade do concreto é primariamente uma função de sua densidade e do grau de saturação de água e, consequentemente, pode ocupar uma faixa relativamente ampla.

Uma condutividade térmica mais baixa (e uma maior espessura) faz com que o molde atue como isolador. Onde o molde isolador permanece aplicado por um período significativo, isso atua para reduzir a perda de calor e faz com que a temperatura máxima alcançada pelo concreto chegue a um nível mais alto. Portanto, o uso de um molde de aço reduz a temperatura máxima alcançada.

No entanto, é improvável que o molde permaneça posto por um período muito longo – é mais provável que ele seja removido relativamente cedo, no processo de construção. A hora em que o molde é removido também é um fator importante, já que após a remoção, a perda de calor é maior. Assim, se a remoção ocorrer antes da taxa máxima de evolução do calor do cimento ser atingida, a temperatura máxima alcançada será tipicamente um pouco menor que a que seria alcançada se o molde permanecesse no lugar. Contudo, deve ser lembrado que rápidas taxas de perda de calor devem ser evitadas e que a remoção tanto logo antes quanto logo após a taxa máxima de evolução do calor seja alcançada, provavelmente levará a rápidas taxas de contração. A figura 2.27 ilustra como os materiais de moldes e os tempos de remoção podem influenciar na mudança de temperatura com o tempo de um ponto dentro de uma seção de concreto.

Rápidas taxas de contração também são possíveis quando a cura é realizada através de aspersão de água (ou ao menos de água fria) sobre a superfície do concreto.

Tabela 2.5 Condutividades térmicas de materiais usados em moldes

Material do molde	Condutividade térmica (W/mK)
Aço	43
Madeira compensada	0,13
Composto de polímero reforçado com fibras	0,30
Concreto	0,4 a 1,8

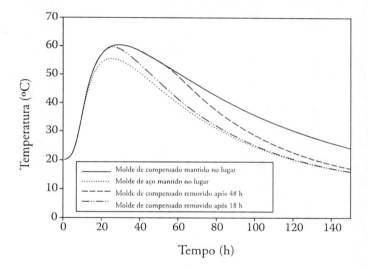

Figura 2.27 Resultados de cálculos da temperatura do ponto mais profundo numa seção de 1000 mm de concreto exposto a uma temperatura ambiente de 10°C usando-se diferentes materiais de molde e tempos de remoção. Com exceção dos parâmetros de moldes, as condições são idênticas às da figura 2.20.

2.3.3.3 Composição do concreto

Como o aumento da temperatura do concreto resulta da presença de PC, um conteúdo aumentado deste leva a maiores temperaturas. Materiais cimentosos como a CV e GGBS passam por reações menos exotérmicas (veja a figura 2.23), e, portanto, combinações de PC com esses materiais produzem menores elevações de temperatura do que uma massa equivalente de PC puro.

Da discussão anterior sobre o mecanismo de fissuras por contração térmica, ficou evidente que o coeficiente da expansão térmica do concreto desempenha um papel definitivo. Esse coeficiente pode ser estimado usando-se a equação

$$\alpha_c = f_t \left(f_m f_a \beta_p \alpha_p + \beta_{fa} \alpha_{fa} + \beta_{ca} \alpha_{ca} \right)$$

onde f_t é o fator de correção para flutuações na temperatura ambiente, f_m é o fator de correção para o conteúdo de umidade, f_a é o fator de correção considerado para o estágio do concreto, β_p é a fração do volume de massa de cimento, β_{fa} é a fração do volume de agregado fino, β_{ca} é a fração do volume de agregado grosso, α_p é o coeficiente da expansão térmica da pasta de cimento (°C^{-1}), α_{fa} é o coeficiente da expansão térmica do agregado fino (°C^{-1}) e α_{ca} é o coeficiente da expansão térmica do agregado grosso (°C^{-1}) [60].

f_t tem o valor de 1,00 para temperaturas ambiente constantes e 0,86 para as flutuantes. f_m leva em conta a influência do conteúdo de umidade do concreto. Seu valor é de 1,0 quando completamente saturado e aumenta até aproximadamente 1,8 em conteúdo de umidade intermediário, antes de cair para perto de 1,0 em níveis de umidade muito baixos. O fator de correção para o estágio do concreto (f_a) também é dependente do conteúdo de umidade e, em níveis muito baixos e muito altos de umidade, tem valor de 1. Em níveis intermediários de umidade, seu valor fica entre 1 e 0,7, com um valor inferior para concreto mais antigo. Do ponto de vista de uma contração térmica inicial, supor um valor de 1,0 para todos os fatores de correção é provavelmente válido.

Fica claro, a partir dessa equação, que o agregado desempenha o papel mais importante na determinação do coeficiente de expansão térmica, já que ele compõe a maior parte do volume do concreto. A tabela 2.6 apresenta os resultados de um estudo em que o coeficiente da expansão térmica de uma faixa de tipos de rocha foi medido juntamente com o do concreto contendo agregados derivados dessas rochas.

Já foi mostrado que a condutividade térmica do molde influencia na perda de calor. A composição do concreto também influencia na taxa de perda de calor, em termos da taxa que o calor é conduzido do interior para a superfície. A condutividade térmica do concreto (k_c) pode ser estimada usando-se a equação

$$k_c = k_p \left[\frac{V_a^{2/3}}{V_a^{2/3} - V_a + \left(\dfrac{V_a}{\left(\dfrac{k_a V_a^{2/3}}{k_p}\right) + 1 - V_a^{2/3}} \right)} \right]$$

onde k_p é a condutividade térmica da pasta de cimento (W/mK), k_a é a condutividade térmica do agregado (W/mK) e V_a é a fração do volume de agregado [62].

Tabela 2.6 Coeficiente de expansão térmica para vários grupos de rocha e concreto contendo agregados derivados deles

Grupo de rochas	Coeficiente de expansão térmica (10^{-6}/°C)	
	Rocha	Concreto saturado
Chert/pederneira	7.4–13.0	11.4–12.2
Quartzito	7.0–13.2	11.7–14.6
Arenito	4.3–12.1	9.2–13.3
Granito	1.8–11.9	8.1–10.3
Basalto	4.0–9.7	7.9–10.4
Calcário	1.8–11.7	4.3–10.3
Agregado leve manufaturado, grosso e fino	–	5,6 .

Fonte: Browne, R. D., *Concrete*, 6, 1972, 51–53.

A condutividade térmica da maioria dos materiais decresce com a temperatura, e, portanto, a equação anterior só é aplicável para uma dada temperatura, quando usando-se valores de k medidos à mesma temperatura.

A condutividade térmica de agregado é dependente dos minerais que compõem a rocha e da proporção de porosidade que ele contém. A porosidade é importante porque a condutividade térmica do ar é extremamente baixa. Como tanto a mineralogia quanto a porosidade podem variar consideravelmente, a faixa de condutividade para um dado tipo de rocha é tipicamente ampla. Isso é ilustrado na tabela 2.7, que fornece faixas publicadas para vários tipos de rocha, além de um agregado leve comumente manufaturado.

A condutividade térmica da massa de cimento é dependente da porosidade, do conteúdo de umidade e do tipo de cimento usado. Com relação ao agregado, um aumento na porosidade produz um decréscimo na condutividade térmica e pode ser descrito, para cimento seco em forno a 20°C, pela equação

$$k_p = 0.072 e^{\left(\frac{3.05}{2.39^{W/C}}\right)}$$

onde A/C é a razão de água/cimento [63].
Assim, à medida que a razão A/C aumenta, a condutividade térmica diminui. A presença de ar introduzido atua para reduzir a condutividade térmica da massa de cimento, como resultado de sua baixa condutividade térmica.

Nos estágios iniciais, porém, a água está presente, e isso faz com que o cimento possua inicialmente uma condutividade térmica mais alta, a qual cai conforme o cimento hidrate (figura 2.28). Essa queda ocorre ao longo de um período muito limitado, em estágios bem iniciais, e, além desse ponto, a condutividade permanece relativamente constante. Essa queda relativamente rápida corresponde à incorporação de água em produtos de hidratação de cimento.

Tabela 2.7 Condutividades térmicas e capacidades de calor específico de uma faixa de materiais de agregado.

Grupo de rochas	Condutividade térmica (k) a 20°C [62–64] (W/mK)	Capacidade de calor específico (c) a 20°C [65] (J/gK)	Densidade (ρ) (kg/m3)	Difusão térmica, k/ρc (m2/s)
Chert/pederneira (quartzo)	5,8	0,74	2650	2,96 × 10⁻⁶
Quartzito	3,2–7,9	0,73–1,01	2600–2800	1,1–4,2 × 10⁻⁶
Arenito	1,3–4,3	0,78	2200–2800	6.0 × 10⁻⁷–2.5 × 10⁻⁶
Granito	1,9–4,0	0,60–1,17	2600–2700	6,0 × 10⁻⁷–2,6 × 10⁻⁶
Basalto	1,4–3,8	0,90	2800–3000	5,2 × 10⁻⁷–1,5 × 10⁻⁶
Calcário	1,0–3,3	0,68–0,88	2300–2700	4,2 × 10⁻⁷–2,1 × 10⁻⁶
Agregado leve manufaturado	0,2–0,6	0,7–0,8	960–1760	1,4–8,9 × 10⁻⁷
Cimento Portland, A/C 0,3–0,8	0,3–0,6	0,73–0,74	1200–1800	2,3–6,8 × 10⁻⁷

Capítulo 2 Mecanismos físicos de degradação do concreto

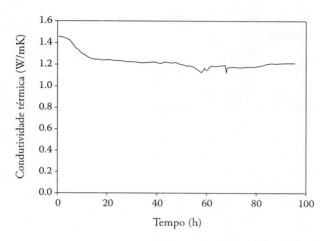

Figura 2.28 Mudança na condutividade térmica de uma massa de cimento Portland com uma razão de A/C de 0,3. Variações bruscas na plotagem são efeitos dos instrumentos. (De Mikulić, D. et al., Analysis of thermal properties of cement paste during setting and hardening. *Proceedings of the International Symposium on Non-Destructive Testing of Materials and Structures*, Istanbul, Turkey, May 15–18, 2011, p. 62.)

A condutividade térmica calculada do concreto pode ser corrigida para conteúdo de umidade usando-se a equação

$$k_c(\text{corrected}) = k_c \left[1 + \frac{(6d_m - d_0)}{d_0} \right]$$

onde d_m é a densidade do concreto numa condição de contenção de umidade (kg/m^3), e d_0 é a densidade do concreto numa condição de secagem em forno (kg/m^3). A influência do tipo de cimento é ilustrada na figura 2.29, que mostra o efeito da inclusão de CV e GGBS na fração de cimento. Também foi percebido que o fumo de sílica reduz a condutividade térmica [68].

O exame da equação de amostra do modelo de perfil de temperatura, discutido na seção 2.3.1, indica que a capacidade de calor específico do concreto também controla a extensão em que a transferência de calor dentro do concreto se manifesta como mudança na temperatura, com uma alta capacidade de calor específico levando a menores diferenças de temperatura.

A capacidade de calor específico do concreto pode ser estimada usando-se uma equação baseada numa lei de abordagem de misturas [70]:

$$c_{concreto} = c_{água} m_{água} + c_{cimento} m_{cimento} + c_{agregado} m_{agregado}$$

onde c é a capacidade de calor específico, e m é a fração da massa de cada constituinte.

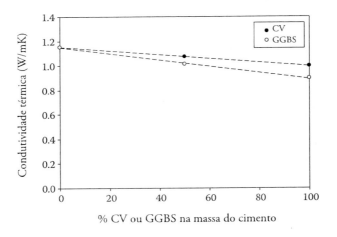

Figura 2.29 Influência da CV ou do GGBS na condutividade térmica de massas de cimento. (De Kim, K.-H. et al., *Cement and Concrete Research*, 33, 2003, 363–371.)

Onde diferentes agregados, finos e grossos, são usados, ou onde combinações de cimento (por exemplo, PC e CV) estão presentes, essa equação precisa ser mais subdividida para levar em conta as diferentes capacidades de calor específico.

Tal como a condutividade térmica, a capacidade de calor específico é dependente da temperatura. A 20°C, a capacidade de calor específico da água livre é de 4,18 J/gK. Este valor é muito mais alto que o dos outros constituintes do concreto, e, como resultado, a água livre tem a maior contribuição. A água que foi incorporada em produtos de hidratação de cimento tem uma contribuição muito menor – estimada em aproximadamente 2,2 J/gK [71]. Esta é a razão para a queda na capacidade de calor específico com o aumento da maturidade do cimento, como mostrado na figura 2.30. A maior capacidade de calor específico da massa de cimento com um conteúdo maior de água (e, consequentemente, uma maior razão de A/C) também é ilustrada na figura 2.30.

A capacidade de calor específico dos tipos de rocha comumente usados como agregados varia menos que a condutividade térmica, como mostrado na tabela 2.7. As capacidades de calor específico de materiais cimentosos são muito similares, como mostrado na tabela 2.8, com exceção do metacaulim.

Além das alterações no conteúdo da umidade, parece haver pouca alteração na capacidade de calor específico de massas de cimento antes e após a hidratação [72]. A exceção é a massa de cimento contendo fumo de sílica, cuja capacidade de calor específico aumenta com o tempo [68]. Foi proposto que a maneira pela qual vibrações do arranjo atômico são transferidas pela matriz de cimento é uma possível explicação para isso, embora tal não tenha sido provado por medidas experimentais.

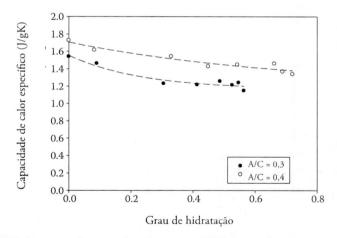

Figura 2.30 Mudança no calor específico com o grau de hidratação do cimento para duas massas de PC com diferentes razões de A/C. (De Bentz, D. P., *Materials and Structures*, 40, 2007, 1073–1080.)

Tabela 2.8 Capacidades de calor específico de alguns constituintes do cimento

Material	Capacidade de calor específico a 20°C (J/gK) [66,70,73,74]
Cimento Portland	0,73–0,74
CV com silício	0,72
CV calcárea	0,73
GGBS	0,67–0,74
Fumo de sílica (SiO2)	0,74
Metacaulim	1,01

Pode-se ver, da equação de perfil de temperatura da seção 2.3.1 que a taxa de transferência de calor é dependente do termo $k/\rho c$. Assim, a taxa de transferência de calor é alta quando a condutividade térmica é alta, e a capacidade de calor específico e a densidade do material são baixas. $k/\rho c$ tem unidade de metros quadrados por segundo e é chamada de difusividade térmica. A tabela 2.7 também inclui valores de difusividade calculados para materiais de agregados (além do cimento Portland). É evidente que os agregados (exceto os leves) permitem transferência mais rápida de calor.

Misturas que alteram a taxa de hidratação claramente impactam também na taxa de evolução do calor. Misturas de aceleração aumentam a taxa máxima de evolução do calor, e isso leva o concreto a atingir uma temperatura máxima mais alta. Misturas de retardo têm o efeito oposto. Vale destacar que misturas com outras finalidades que não mudar a taxa de fixação e endurecimento também podem influenciar na taxa de hidratação do cimento.

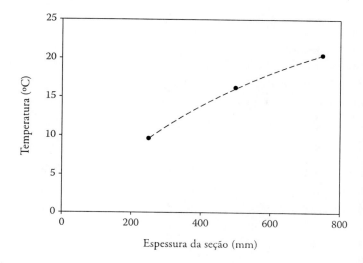

Figura 2.31 Influência da espessura na temperatura máxima alcançada numa seção de concreto. (De Dhir, R. K. et al., *Magazine of Concrete Research*, 60, 2008, 109–118.)

As dimensões de um elemento de concreto desempenham papel importante na determinação da temperatura máxima alcançada, com um volume maior dando uma temperatura mais alta, como mostrado na figura 2.31. Isso é o resultado do calor gerado no interior do concreto tendo de percorrer uma distância maior por condução, para chegar à superfície.

2.3.4 Evitando fissuras térmicas

O meio mais eficaz de redução da temperatura máxima é reduzir o conteúdo do PC de uma mistura de concreto. Com relação à retração por secagem, embora possa haver um espaço para alguma redução do conteúdo de cimento, as exigências de proporção da mistura para durabilidade podem limitar a extensão em que isso pode ser feito (veja a seção 2.2.3). Contudo, pelo uso de materiais cimentosos que contribuam menos para o calor inicial da hidratação, tais como CV ou GGBS, uma redução significativa na temperatura máxima alcançada é possível. Às vezes se afirma que CV e GGBS não passam por uma reação exotérmica. Na realidade, ambas as reações são exotérmicas, mas a taxa em que o calor é liberado é muito menor. O calor da reação desses materiais é dependente de seu conteúdo de CaO, com o GGBS e o CV calcário produzindo quase tanto calor quanto o cimento

Portland, e a CV de silício produzindo significativamente menos [75].
O uso de agregados com um menor coeficiente de expansão térmica reduz a magnitude da contração térmica. Embora a seleção de agregados com base em sua capacidade de transferência de calor possa parecer um meio possível de se controlar a maneira pela qual os perfis de temperatura evoluem no concreto, é evidente, pela tabela 2.7, que, para agregados de peso normal, há uma variação limitada em suas características de difusividade térmica. Selecionar agregados leves, de preferência a agregados de peso normal, tem uma influência mais profunda, mas, devido a seu impacto nas propriedades de engenharia do concreto e ao custo mais alto do uso de agregado leve, é improvável que tal decisão seja viável unicamente para se evitar fissuras por contração térmica inicial.

Tal como com a retração por secagem, o uso de agregados triturados ou com baixo módulo de elasticidade vai aumentar a capacidade de rigidez de tensão, reduzindo a suscetibilidade do concreto a fissuras.

Outra maneira pela qual a temperatura máxima atingida dentro do concreto pode ser reduzida é através do resfriamento dos constituintes. Embora isso possa ser feito usando-se gelo para resfriar a água da mistura, soprando-se ar refrigerado nos montes de agregados e até espargindo-se os agregados ou toda a mistura de concreto fresco com nitrogênio líquido, tecnologias mais básicas podem ser usadas para limitar a temperatura alcançada pelos ingredientes [59]. Essas incluem manter enterradas as tubulações e tanques de armazenamento para a água usada na produção de concreto, pintar de branco as superfícies de tubos e tanques expostos, armazenar agregados à sombra e espargir água. A temperatura do concreto antes do início da hidratação do cimento pode ser estimada usando-se a equação

$$T = \frac{0.75(T_c M_c + T_a M_a) + 4.18 T_w M_w - 334 M_i}{0.75(M_c + M_a) + 4.18(M_w + M_i)}$$

onde T é a temperatura (°C), M é a proporção por massa (kg/m^3) e c, a e w são o cimento, o agregado e a água, respectivamente [76].

Em termos de práticas de construção, muitas das técnicas anteriores usadas para controlar fissuras por retração por secagem também se aplicam à contração térmica, especificamente a inclusão de reforço mínimo e junções de movimento. Adicionalmente, uma sequência para múltiplos despejamentos adjacentes pode ser criada de tal forma que a restrição seja minimizada. Diretrizes sobre o planejamento de tal sequência são fornecidas no relatório *Early-Age Thermal Crack Control in Concrete* da Construction Industry Research and Information Association (CIRIA) [27]. Para resumir, as diretrizes afirmam que, sempre que possível, a forma de despejamento do concreto (sejam compartimentos para pavimentos e pisos, ou elevadores) deve ser o mais próximo de um quadrado, seja no plano ou elevação, e que, onde volumes não quadrados sejam postos, um período mínimo deve ser deixado entre a colocação de elementos adjacentes cujos lados maiores estejam em contato. Pela minimização do tempo entre despejamentos, compartimentos adjacentes vão se retrair devido à contração térmica quase em uníssono, reduzindo, assim, as rigidezes resultantes de restrições. Ao contrário, quando colocando elementos adjacentes cujos lados menores estejam em contato, o período entre despejamentos deve ser maximizado (figura 2.32). Isso é para evitar os estresses resultantes da contração térmica do primeiro despejamento atuando perpendicular à junção entre os dois elementos, fazendo com que a junção rache.

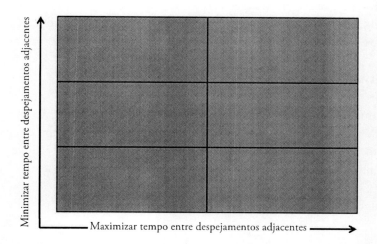

Figura 2.32 Sequência apropriada de colocação para elementos de concreto (sejam compartimentos vistos no plano ou elevadores vistos em elevação) para minimizar restrições. (De Bamforth, P. B. Early-age thermal crack control in concrete. *CIRIA Report C660*, 2007, 9 pp.)

A maneira pela qual o molde é usado tem o potencial de reduzir a temperatura máxima alcançada pelo concreto. Porém, a natureza da seção de concreto sendo colocada determina a abordagem que deve ser tomada. Quando as seções são relativamente estreitas (<500 mm), o calor provavelmente é capaz de passar do interior para a superfície com relativa rapidez, e, assim, é aconselhável permitir que ele escape rapidamente da superfície, já que isso vai minimizar a temperatura máxima alcançada. A rápida perda de calor é conseguida através do uso de molde com uma alta condutividade térmica – o aço, por exemplo.

Para seções mais profundas, a rápida perda de calor na superfície leva ao desenvolvimento de uma significativa diferença de temperatura, o que mais provavelmente leva a fissuras. Destarte, em tais casos, o isolamento da perda de calor da superfície é a opção mais favorável, e isso é conseguido pelo uso de moldes com uma condutividade térmica mais baixa (tal como o compensado) e longos períodos antes da remoção para assegurar que a queda de temperatura seja lenta. A provisão de isolamento adicional na forma de lençóis térmicos reduz ainda mais a taxa de perda de calor em tais casos.

A colocação de concreto em temperaturas ambientes mais baixas também reduz a temperatura máxima atingida. Enquanto as condições ambientes estão fora do controle do engenheiro, temperaturas noturnas mais baixas podem ser exploradas.

2.4 Ataque de congelamento–degelo

A água é uma das muito limitadas substâncias que passam por um aumento de volume quando se transforma de líquido em sólido. Dentro dos confins dos poros do concreto, essa expansão pode levar a danos, ao longo de ciclos repetidos de congelamento e degelo.

2.4.1 Mudanças de volume de água

A figura 2.33 mostra a densidade da água e do gelo ao longo de uma faixa de temperaturas. A densidade da água líquida a 0°C é de aproximadamente 1000 kg/m^3, enquanto a densidade do gelo à mesma temperatura é de 917 kg/m^3, resultando num aumento de volume, durante o congelamento, de aproximadamente 9%. Deve-se destacar que a água pode persistir no estado líquido abaixo de 0°C se ela for super-resfriada. O super-resfriamento pode ocorrer por uma série de razões, a mais comum sendo a água não ser mecanicamente agitada durante o resfriamento.

2.4.2 Ação de formação de gelo no concreto

A água livre no concreto é confinada nos poros. O congelamento dessa água leva à expansão, a qual, dentro do espaço confinado dos poros, causa o desenvolvimento de estresses que podem levar a fissuras. No entanto, fissuras podem ocorrer em concreto cujo sistema de poros não esteja completamente saturado. Para entender porque isso, é necessário examinar em maiores detalhes o processo de congelamento no concreto.

A água nos poros do concreto não congela a 0°C. Há duas razões principais para isso. Primeiro, o ponto de congelamento da água é abaixado pela presença de íons dissolvidos. Segundo, a adsorção de água nas superfícies dos poros tem por efeito permitir o super-resfriamento da água.

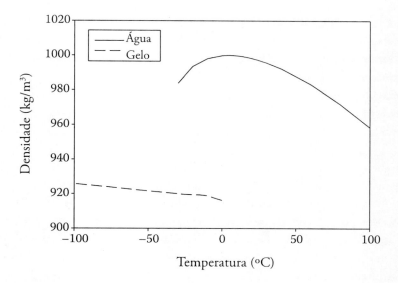

Figura 2.33 Densidade da água e do gelo ao longo de uma faixa de temperaturas.

Os principais íons dissolvidos nas soluções de pasta de cimento Portland não contaminadas dos poros são sódio, potássio e hidróxido. Estudos prévios da composição de soluções dos poros em argamassas razoavelmente maduras mediram concentrações de K⁺ e Na⁺ de quase 0,9 e 0,3 mol/L, respectivamente [77]. A depressão do ponto de congelamento de um solvente (K_F) para diluir soluções pode ser calculada usando-se a equação

$$\Delta T_F = K_F mi$$

onde K_F é a constante crioscópica do solvente (Kkg/mol), m é a molaridade do soluto (mol/kg) e i é o fator de van't Hoff.

O fator de van't Hoff é a razão da concentração de partículas de soluto presentes, depois de dissolvidas na concentração de soluto. Para compostos iônicos, tais como KOH e NaOH, o fator de van't Hoff é igual ao número de íons discretos na fórmula unit – 2. A constante crioscópica para a água é 1,853 Kkg/mol. Portanto, usar concentrações acima disso, a depressão total do ponto de congelamento vai ser de aproximadamente 4°C.

Contudo, a água em meio poroso permanece parcialmente líquida em temperaturas inferiores a –40°C, mesmo quando há uma dissolução negligenciável do sólido [78]. A razão para isso é que interações entre moléculas de água adsorvidas e as paredes dos poros impedem seu arranjo nas configurações necessárias para cristalização. Isso efetivamente mantém uma fina camada de moléculas de água nas paredes dos poros em estado líquido, à temperaturas abaixo de 0°C – em outras palavras, ela se torna super-resfriada.

O efeito geral disso é que o congelamento da água livre no concreto não ocorre numa temperatura única. Ao invés, a solidificação ocorre progressivamente, ao longo de uma faixa de temperaturas, com a água nos poros grandes cristalizando primeiro. Nos poros maiores, onde a razão da superfície das paredes dos poros em relação ao volume dos poros é relativamente pequena, o congelamento ocorre em temperaturas relativamente altas. Porém, em poros menores, onde a camada de água adsorvida é quase tão espessa quanto o raio dos poros, o congelamento potencialmente não ocorre até que temperaturas inferiores àquelas experimentadas sob as condições ambientes terrestres sejam atingidas.

A combinação da formação de um sólido menos denso com a persistência de uma camada de líquido leva o líquido a exercer uma pressão hidráulica. Embora tenham sido propostos vários mecanismos sobre como o concreto é danificado, a explicação mais amplamente aceita é a de que o fluxo de água para fora das áreas de congelamento leva à resistência viscosa contra o movimento de água. Isso produz pressões hidráulicas dentro dos poros, que pode ser suficiente para causar fissuras por tensão. Essa resistência ao fluxo é proporcional ao comprimento do caminho do fluxo da água nos poros, e a pressão desenvolvida (P, em N/m^2) é descrita por um rearranjo da equação convencional para a lei de Darcy:

$$P = \frac{QL\mu}{-k}$$

onde Q é a taxa de fluxo de água (m/s), L é o comprimento do caminho do fluxo (m), μ é a viscosidade da água (Ns/m^2) e k é a permeabilidade do caminho do fluxo (m^2) (ver o capítulo 5) [79].

Tanto quanto danos ao concreto, os poros passam por deformação permanente. Essa deformação cria espaço adicional de poros, que é subsequentemente preenchido por água, quando o concreto se torna saturado. Dessa forma, múltiplos ciclos de congelamento-degelo levam a danos progressivos no concreto, como ilustrado na figura 2.34. Um exemplo de expansão (ou 'dilatação')

resultante de congelamento e degelo cíclicos é mostrado na figura 2.35. A formação de fissuras no concreto leva a uma progressiva perda na rigidez do concreto a cada ciclo de congelamento-degelo (figura 2.36).

Quando a água congela, o gelo resultante é de pureza relativamente alta, o que significa que o líquido restante contém concentrações mais altas de substâncias dissolvidas. Isso resulta em água de maior pureza sendo sugada pelo poro, pelo processo de osmose, levando a pressões hidráulicas até de magnitudes mais elevadas do que se água pura estivesse presente.

70   Durabilidade do Concreto

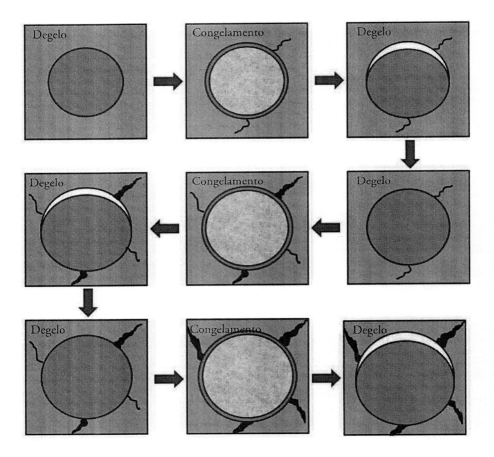

Figura 2.34   Danos progressivos em torno de um poro de concreto cheio de água, como resultado de congelamento e degelo cíclicos.

Capítulo 2 Mecanismos físicos de degradação do concreto 71

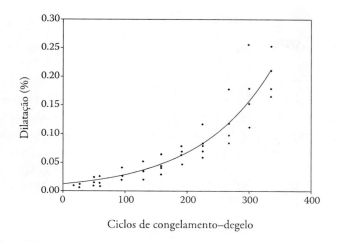

Figura 2.35 Exemplo do comportamento de dilatação de amostras de concreto expostas a congelamento e degelo cíclicos. (De Janssen, D. J. and M. B. Snyder, *Strategic Highway Research Programme Report SHRP-C-391: Resistance of Concrete to Freezing and Thawing*. Washington, D.C.: National Research Council, 1994.)

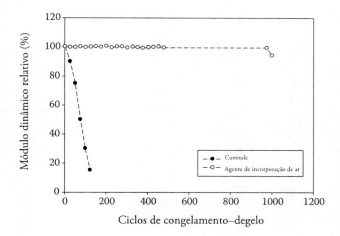

Figura 2.36 Declínio do módulo dinâmico de uma mistura de concreto convencional e outra similar contendo ar incorporado exposto a congelamento e degelo cíclicos. (De Harrison, T. A. et al., *Freeze–Thaw-Resisting Concrete: Its Achievement in the U.K.* London: Construction Information Research and Information Association, 2001.)

O mecanismo discutido acima só se aplica a concreto que esteja saturado e que esteja em contato com água adequada para preencher o espaço criado pela expansão dos poros. Abaixo de um certo nível de saturação, o caminho de fluxo de água líquida é interrompido pela presença de ar, diminuindo, assim, a magnitude do dano (figura 2.37). Este nível de conteúdo de água é conhecido como grau crítico de saturação e tipicamente está entre 80% e 90%, mas pode ser tão baixo quanto 50%, e é dependente dos constituintes, das proporções da mistura e do grau de hidratação do cimento [82].

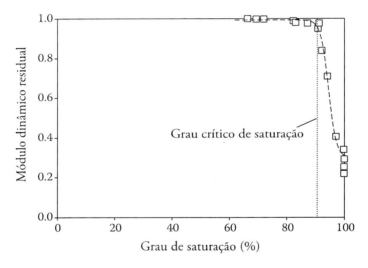

Figura 2.37 Módulo dinâmico residual (obtido de medidas da frequência natural de vibração transversa) *versus* grau de saturação para amostras de concreto expostas a congelamento e degelo cíclicos. (De Fagerlund, G., *Materiaux et Constructions*, 10, 1977, 231–253.)

Tanto a matriz de cimento quanto o agregado podem passar por danos como resultado do ataque de congelamento–degelo, com o comportamento desses diferentes componentes definindo a maneira pela qual a deterioração ocorre. Assim, o dano produzido como resultado de congelamento e degelo cíclicos pode variar e incluir scaling, D-cracking e pipocamento (popout).

2.4.2.1 Scaling

Scaling é a perda de material da superfície do concreto (figura 2.38). O processo de scaling pode ser medido no laboratório como uma perda de massa, como mostrado na figura 2.39. Como scaling envolve a perda de superfície, ele resulta numa perda na área de seção cruzada e de cobertura. Scaling é muitas vezes particularmente problemático, onde outros tipos de ação mecânica são efetivos na superfície do concreto.

A natureza da superfície do concreto influencia sua suscetibilidade a scaling. A superfície (como será discutido em maiores detalhes no capítulo 6) contém uma proporção mais elevada de massa de cimento, a qual tende a ser inclinada à descamação pelo material rico em agregado por baixo, uma vez que a força de tensão da ligação entre os dois materiais seja excedida pela ação da formação de gelo.

A técnica de acabamento da superfície usada pode deixar o concreto mais vulnerável a scaling. O uso de flutuações de força, em particular, pode aumentar a espessura da camada rica em massa na superfície. Além do mais, a flutuação excessiva de força pode levar a uma interface enfraquecida entre a superfície e o concreto maciço (veja o capítulo 6).

Figura 2.38 Scaling de degraus de concreto.

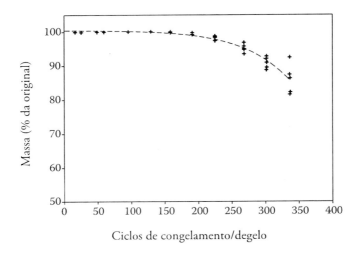

Figura 2.39 Perda de massa de uma amostra de concreto como resultado de scaling. (De Janssen, D. J. and M. B. Snyder, *Strategic Highway Research Programme Report SHRP-C-391: Resistance of Concrete to Freezing and Thawing*. Washington, D.C.: National Research Council, 1994.)

A presença de compostos descongelantes pode ter o efeito de aumentar a taxa de scaling. Esse é em grande parte o resultado das pressões osmóticas discutidas acima, porque a presença de sais descongelantes aumenta consideravelmente a quantidade de substâncias dissolvidas na solução dos poros. Vários compostos podem ser usados para degelo, e foi proposto que a extensão em que scaling é exacerbado por sua presença passa pela sequência aproximada nitrato de amônia = sulfato de amônia → cloreto de potássio → ureia → cloreto de magnésio → cloreto de cálcio → cloreto de sódio [84].

Além desses compostos, o etileno-glicol, o propileno-glicol, o acetato de potássio e o acetato de cálcio-magnésio também são usados como descongelantes.

Para que scaling ocorra, é necessário que uma poça de solução esteja presente na superfície do concreto e que a temperatura mínima atingida seja menor que −10°C. Adicionalmente, a taxa de scaling é dependente da concentração do descongelante presente na solução, com a taxa mais rápida de deterioração ocorrendo em torno de uma concentração 'péssima' de cerca de 3% por massa, aparentemente independente do descongelante que é usado [85].

Em muitos casos, interações entre sal e produtos de hidratação de cimento também são vistas como contribuintes para a deterioração. No caso de compostos de acetato, de nitrato de amônia, de cloreto de sódio, de cloreto de potássio e de cloreto de cálcio, isso ocorre pela solubilização do hidróxido de cálcio por substituição de hidróxido por cloreto, nitrato ou íons de acetato. No caso de cloreto de magnésio, esse mecanismo é eficaz em paralelo com a conversão de silicato de cálcio hidratado em silicato de magnésio hidratado (veja o capítulo 3) e de hidróxido de cálcio em brucita (veja o capítulo 4). Embora a formação de brucita possa limitar o ingresso de sais descongelantes, o silicato de magnésio hidratado não contribui para a força do concreto, e a matriz de cimento é significativamente enfraquecida.

Sabe-se que os compostos de glicol também aumentam a solubilidade do hidróxido de cálcio pela formação de complexos com íons de cálcio.

Sais descongelantes podem contribuir para ainda mais deterioração do concreto sem congelamento, por um processo conhecido como 'perigo da hidratação do sal'. Isso ocorre quando o concreto é submetido a umedecimento e secagem cíclicos, o que pode fazer com que certos sais alternem entre suas formas hidratada e desidratada (ou menos hidratada). Os exemplos mais comuns disso ocorrem com thenardita (Na_2SO_4), thermonatrita (Na_2CO_3) e kieserita ($MgSO_4 \cdot H_2O$) [84]. Isso é danoso para o concreto como resultado das significativas mudanças de volume envolvidas na mudança do sal desidratado para o hidratado. Embora nenhum desses compostos seja usado como sal descongelante, existe o potencial para sua formação através de reações de substituição entre constituintes do cimento e descongelantes.

Onde descongelantes são aplicados em superfícies de concreto congelado com água não congelada abaixo da superfície, é necessário calor para descongelar o gelo na superfície, o que é obtido da água abaixo da superfície. Foi postulado que isso pode levar ao rápido congelamento, o que poderia, também, causar fragmentação [81].

2.4.2.2 D-cracking

D-cracking resulta da fragmentação de agregados, em vez da massa de cimento. Ela ocorre frequentemente em lajes e é observada na superfície, na forma de fissuras próximas às laterais e junções (figura 2.40). O processo de D-cracking normalmente inicia onde o concreto (e mais especificamente o agregado no concreto) está saturado acima de um nível crítico. Em lajes de pavimento, isso ocorre tipicamente na base, onde o concreto está potencialmente em contato com camadas de sub-base e leito de estradas, por onde corre água.

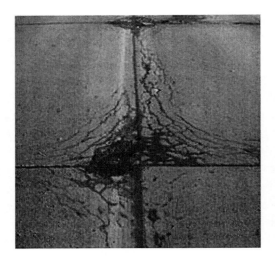

Figura 2.40 D-cracking num pavimento de concreto.

Apenas certas fontes de agregados são inclinadas a deterioração por congelamento–degelo, e há métodos de teste para avaliação da suscetibilidade (veja o capítulo 5). Em termos gerais, a suscetibilidade é dependente da estrutura de poros dos agregados. Especificamente, a resistência a congelamento–degelo é determinada pelo volume de porosidade dentro das partículas de agregados, do tamanho dos poros, e do comprimento dos caminhos de fluxo que passam pelas partículas. A influência dos dois primeiros desses parâmetros foi caracterizada na forma da equação

$$\mathrm{EDF} = \frac{K_1}{P} + K_2 D_{\mathrm{median}} + K_3$$

onde EDF é o fator de durabilidade esperado, P é o volume dos poros até um diâmetro de poro de 4,5 μm (cm³/g), D_{median} é o diâmetro mediano dos poros até um diâmetro de poro de 4,5 μm (μm) e K_1, K_2 e K_3 são constantes [86].

O 'fator de durabilidade' referido na equação é um fator que pode ser calculado a partir das medidas de frequência fundamentais feitas em amostras de concreto expostas a ciclos de congelamento–degelo, conforme definido na *ASTM C-666* [87]. Ele é definido como

$$\mathrm{DF} = \frac{100 \left(n_1^2/n^2\right) N}{M}$$

onde DF é o fator de durabilidade, n_1 é a frequência fundamental da amostra de concreto em 0 ciclos, n é a frequência fundamental em N ciclos, N é o número de ciclos em que n_1/n_2 alcança um valor mínimo especificado ou o número especificado de ciclos em que a exposição deve ser encerrada, o que for menor, e M é o número especificado de ciclos em que a exposição deve ser encerrada.

Um alto fator de durabilidade representa uma alta resistência ao ataque de congelamento–degelo. Assim, um baixo volume de porosidade total e tamanhos de poros maiores dá uma resistência mais alta ao ataque.

Foi proposto que valores para K_1, K_2 e K_3 de 0,579, 6,12 e 3,04, respectivamente, são apropriados, e que um EDF abaixo de 40 indica suscetibilidade a D-cracking. A razão para a exclusão de poros de diâmetros inferiores a 4,5 μm está relacionada com a supressão de pontos de congelamento nos poros, uma vez que a água em poros menores que isso é improvável de congelar a temperaturas ambientes terrestres.

A razão para o comprimento do caminho de fluxo desempenhar papel na influência da durabilidade de congelamento–degelo do agregado é a mesma já discutida previamente para a massa do cimento. Entretanto, para o agregado, ela tem uma significância diferente: como o comprimento do caminho de fluxo é limitado pelo tamanho do agregado, agregado mais grosso é mais suscetível a danos de congelamento–degelo. Esse efeito é ilustrado na figura 2.41.

78 Durabilidade do Concreto

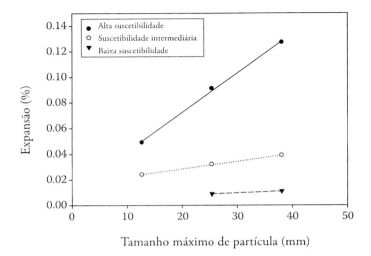

Figura 2.41 Expansão de misturas de concreto contendo agregados com registros de serviço de baixa, intermediária e alta suscetibilidade a D-cracking após 350 ciclos de congelamento–degelo *versus* tamanho máximo do agregado. (De Stark, D. and P. Klieger, *Highway Research Record 441*, 1973, pp. 33–43.)

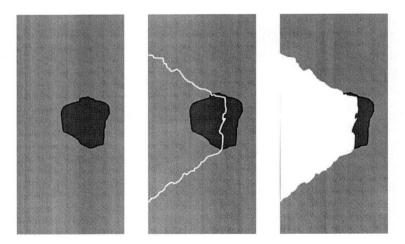

Figura 2.42 Pipocamento resultante da expansão e fissura de uma partícula de agregado em concreto sujeito ao ataque de congelamento–degelo.

Agregados leves podem ser suscetíveis ao ataque de congelamento–degelo, já que podem acomodar grandes volumes de água. De forma geral, quanto menor a densidade do agregado leve, mais suscetível ele é [89]. Contudo, como para agregado de peso normal, a estrutura dos poros é um fator importante, com distribuições de menores tamanhos de poro, resultando em maior resistência.

2.4.2.3 Pipocamentos (pop-outs)

Pipocamentos também são o resultado da suscetibilidade de agregados ao ataque de congelamento–degelo. Neste caso, o dano ocorre como resultado da expansão das partículas de agregado próximas da superfície, levando à fissuras na superfície e à perda de pequenos volumes cônicos de argamassa, na superfície, em torno da partícula do agregado, como mostrado na figura 2.42.

2.4.3 Evitando danos do ataque de congelamento–degelo

Onde o ataque de congelamento–degelo provavelmente resulte da formação de gelo na matriz de cimento do concreto, em vez de pela suscetibilidade do agregado, a maneira mais eficaz de evitar danos de congelamento–degelo é pela incorporação de ar. Isso é conseguido pelo uso de misturas químicas conhecidas como 'agentes de incorporação de ar'.

2.4.3.1 Misturas de incorporação de ar

Misturas de incorporação de ar são substâncias adicionadas durante a mistura para promover a formação e estabilidade de bolhas de ar dentro da matriz de cimento. Elas são normalmente agentes ativos aniônicos de superfície ('surfactantes'), incluindo sais de ácidos graxos (p.ex., oleato de sódio), sulfatos de alquila (tais como o dodecil sulfato de sódio [DSS]), sulfonatos de alquilarilo, produtos derivados da neutralização de resinas de madeira e etoxilatos de alquilfenol (EAFs) [11].

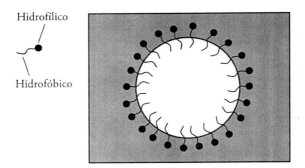

Figura 2.43 Localização de moléculas de agentes de incorporação de ar na interface ar–água de uma bolha.

Surfactantes são moléculas que possuem grupos hidrofóbicos e hidrofílicos, normalmente em pontas opostas de uma cadeia molecular. Quando adicionados à mistura do concreto – normalmente dissolvidos na água da mistura – a grande maioria das moléculas é adsorvida nas superfícies do cimento e do agregado, com o grupo hidrofóbico alinhado com a superfície. Porém, um menor número das moléculas (agora, quase certamente presente como sais de cálcio) permanece na solução. A adsorção de moléculas de surfactante em superfícies sólidas é significativa, já que ela limita o número de moléculas que podem tomar parte na incorporação de ar. A maior parte da superfície sólida numa mistura fresca de concreto é de cimento, e, como veremos posteriormente, a finura do cimento influencia na quantidade de ar que pode ser incorporado para uma dada dosagem de mistura.

As moléculas dissolvidas auxiliam na formação de bolhas produzidas pela agitação da mistura, pela redução da tensão de superfície da água, reduzindo a quantidade de energia necessária para formar cada bolha e, consequentemente, aumentando o número de bolhas formadas.

As bolhas formadas desta forma são tipicamente pequenas (<0,25 mm de diâmetro) e, sem o surfactante, ou se coalesceriam para formar bolhas maiores, ou se dissolveriam na água. As moléculas de surfactante se arranjam na interface ar-água (figura 2.43), impedindo ambos os processos e, assim, estabilizando as bolhas.

2.4.3.2 Efeitos da incorporação de ar

A incorporação de ar é eficaz na proteção contra o ataque de congelamento porque as bolhas provêm espaço para o qual a água pode fluir durante o congelamento. Com relação à teoria por trás do desenvolvimento de pressões hidráulicas, discutida na seção anterior, a presença de bolhas de ar atua efetivamente para encurtar os caminhos de fluxo dentro da matriz de cimento, reduzindo, assim, essas pressões.

E eficácia da incorporação de ar é muito mais dependente do volume total de ar e do tamanho das bolhas formadas. Inicialmente, um aumento do conteúdo de ar leva a uma melhoria da durabilidade de congelamento–degelo, mas o benefício do conteúdo de ar estabiliza, como mostrado na figura 2.44. A figura mostra que um maior conteúdo de ar é necessário para misturas de concreto de maior resistência. A razão para tal é que, nas misturas usadas para gerar esses dados, as que tinham maior resistência continham um volume maior de massa de cimento, e como é a massa que contém as bolhas, um volume maior de ar é necessário para atingir um nível igual de proteção. O mesmo efeito é visto quando se comparam misturas contendo agregados com uma faixa de tamanho máximo – o concreto com maior tamanho máximo de agregado tipicamente exige um menor conteúdo de ar para atingir máxima proteção contra o ataque de congelamento–degelo, porque essas misturas exigem um menor conteúdo de massa de cimento para preencher o espaço entre as partículas de agregado.

O tamanho das bolhas é significativo porque ele determina a distância entre bolhas individuais num dado conteúdo de ar. Essa distância é conhecida como 'fator de espaçamento de bolhas', e cálculos teóricos indicam que um fator de espaçamento de menos de 0,25 mm fornece máxima proteção contra danos de congelamento–degelo [91]. Na realidade, foi observado que esse valor fica entre 0,20 e 0,80 mm, dependendo do tipo de cimento, da razão A/C e de outros fatores.

Embora o fator de espaçamento seja um meio superior de definição da maneira pela qual o ar está presente no concreto, ele não pode ser determinado para o concreto fresco, uma vez que ele requer uma análise microscópica da matriz de cimento endurecido. O conteúdo total de ar do concreto fresco, por outro lado, é medido com relativa facilidade usando-se os métodos de pressão descritos na *EN*

12350-7 [92][1]. Portanto, é convencional especificar-se o concreto em termos de conteúdo de ar. O padrão europeu para concreto, *BS EN 206* [93], exige que o conteúdo de ar seja especificado em termos de um conteúdo mínimo de ar, sendo o limite superior o conteúdo mínimo, mais 4% por volume.

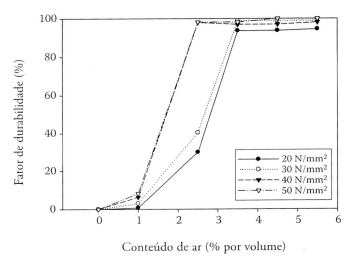

Figura 2.44 Fator de durabilidade *versus* conteúdo de ar para misturas de concreto de várias resistências. (De Dhir, R. K. et al., *Magazine of Concrete Research*, 51, 1999, 53–64.)

A magnitude da exposição a congelamento–degelo é definida no padrão em termos de classes de exposição para ataque de congelamento–degelo, que vão de XF1 a XF4:

- XF1: saturação moderada de água sem agente descongelante;
- XF2: saturação moderada de água com agente descongelante;
- XF3: alta saturação de água sem agente descongelante; e
- XF4: alta saturação de água com agente descongelante ou água do mar

onde XF1 é a menos agressiva das condições.

O padrão provê valores limitadores para um conteúdo mínimo de ar de 4,0% por volume para as classes de exposição de XF2 a XF4. Para todas as classes de exposição, é necessário que o agregado seja suficientemente resistente ao ataque

---

[1] No Brasil podemos citar a NBR 9833 [1987] e a NBR NM 47 [1998]. (Nota do Revisor Técnico)

de congelamento–degelo, como definido pela *BS EN 12620* [94] (veja o capítulo 5). Ela também provê razões máximas de A/C – uma abordagem para redução dos efeitos danosos de congelamento e degelo, que será discutida posteriormente. O padrão britânico complementar à *BS EN 206*, a *BS 8500-1* [95], provê exigências mais detalhadas sobre o conteúdo de ar. Embora os conteúdos de ar exigidos para diferentes classes de exposição XF não mudem, ela objetiva o fato de que, conforme aumenta o tamanho máximo do agregado, o conteúdo de cimento diminui. Portanto, como o ar incorporado está presente exclusivamente na massa de cimento, à medida que o tamanho máximo do agregado aumenta, o conteúdo mínimo de ar necessário diminui. O padrão também define o conteúdo mínimo de cimento para diferentes tamanhos máximos de partículas.

Um efeito colateral menos desejável da incorporação de ar é que a inclusão de bolhas na matriz de cimento leva a uma redução na resistência e na rigidez do concreto endurecido. Essa redução é em grande parte dependente do volume de ar incorporado (figura 2.45). O efeito na rigidez é similar, como mostrado na figura 2.46.

Embora a presença de ar incorporado tenha frequentemente o efeito de tornar as massas de cimento mais viscosas, a presença de ar no concreto tem o efeito de reduzir a viscosidade e, assim, melhorar a operabilidade [96]. Foi proposto que a razão para tal é que a presença de ar aumenta o volume da massa de cimento [97]. O aumento resultante na razão de volume da massa para agregado produz a operabilidade melhorada. Também foi sugerido que a presença de bolhas de ar atua para lubrificar o movimento de partículas de agregado. O ar incorporado também atua para reduzir a transpiração.

Essa melhora na operabilidade é claramente bem-vinda, já que ela permite uma redução no conteúdo de água, ao mesmo tempo que mantém a operabilidade desejada. As razões menores de A/C resultantes podem, portanto, ser exploradas para compensar parcialmente a perda de resistência resultante da presença de ar.

84 Durabilidade do Concreto

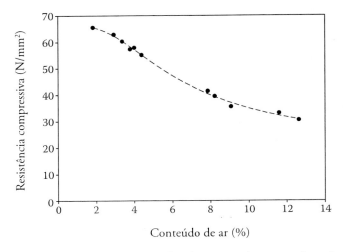

Figura 2.45 Resistências compressivas em 28 dias de misturas de concreto baseadas em cimento Portland com as mesmas proporções de mistura, mas variados conteúdos de ar incorporado. (De Zhang, Z. e F. Ansari, *Engineering Fracture Mechanics*, 73, 2006, 1913–1924.)

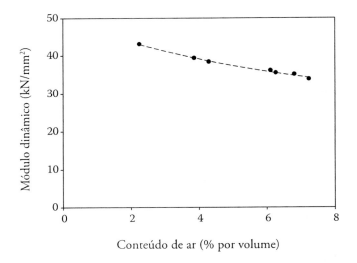

Figura 2.46 Efeito do conteúdo de ar no módulo dinâmico de uma mistura de concreto. (De Mayfield, B. e A. J. Moreton, *Civil Engineering and Public Works Review*, 64, 1969, 37–41.)

Pode-se esperar que a introdução de ar no concreto deixe o material resultante mais vulnerável ao ingresso de substâncias danosas tanto ao próprio concreto (capítulo 3) quanto ao reforço de aço (capítulo 4). No entanto, muitos pesquisadores relatam que, ou não há nenhuma mudança, ou há uma diminuição na permeabilidade [98], nas taxas de deterioração de sulfato [99], nos coeficientes de difusão de cloretos [100] e nas taxas de carbonatação [101] no concreto contendo ar incorporado, em relação às amostras de controle que não contêm ar. A razão para tal é, em grande parte, o resultado da redução na razão de A/C suportada pela melhora na operabilidade. Onde as razões de A/C são mantidas constantes, a presença de ar, de fato, aumenta a permeabilidade a gases, juntamente com a difusividade de gases (de oxigênio) [102]. A absorvência de água é geralmente reduzida pela presença de ar.

O aumento na permeabilidade não é resultado direto da presença de espaços de ar – esses não são interconectados e, então, só podem contribuir de uma maneira menor no movimento de fluidos através da matriz de cimento. Ao invés, a região em torno de cada bolha de ar é similar, em caráter, à região em torno de partículas de agregados (veja o capítulo 5), o que significa que elas são mais porosas e atuam como caminho para que fluidos passem com menos resistência que o grosso da massa de cimento.

Também foi estabelecido que os espaços de ar na superfície do reforço de aço atuam como pontos de início para corrosão, levando a uma redução no limiar de concentração de cloretos necessários para iniciar a corrosão [103]. Destarte, onde a proteção do reforço é um dos objetivos, é provável que a resistência aumentada ao ingresso de cloretos será contrabalançada por uma maior vulnerabilidade à corrosão. Embora atualmente não haja dados suficientes para prover diretrizes claras sobre esse aspecto de durabilidade, é provavelmente razoável concluir que nenhum benefício, com relação à proteção contra corrosão, seja conseguido por meio da incorporação de ar.

2.4.3.3 Perda de ar incorporado

A *BS EN 206* destaca que o especificador deve levar em conta a possibilidade do conteúdo de ar poder ser reduzido durante a mistura, o bombeamento, a colocação e a compactação. Essa é uma possibilidade muito real, uma vez que qualquer força violenta atuando sobre o concreto fresco terá o efeito de direcionar algumas das bolhas para a superfície. Isso é mostrado na figura 2.47, que apresenta o efeito da compactação por vibração no conteúdo de ar.

A perda de ar não é necessariamente tão séria quanto possa inicialmente parecer, porque bolhas maiores são preferencialmente perdidas da superfície do concreto. Isso é o resultado da força de empuxo e do arrasto viscoso atuando numa bolha de um fluido, sendo iguais e opostas. A força de empuxo é definida pela lei de Arquimedes como o peso do fluido deslocado pela bolha, enquanto o arrasto viscoso é definido pela lei de Stoke. Como essas forças são iguais, a equação abaixo pode ser escrita:

$$6\pi\mu r v = \frac{4\pi r^3 g \rho}{3}$$

onde μ é a viscosidade do fluido (Ns/m^2), r é o raio da bolha (m), v é a velocidade da bolha (m/s), g é a aceleração causada pela gravidade (m/s^2) e ρ é a densidade do fluido (kg/m^3).

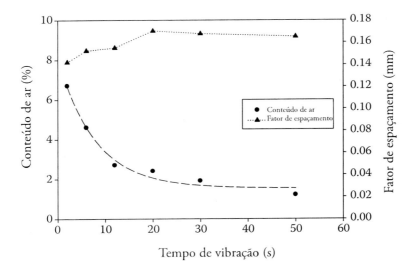

Figura 2.47 Influência do tempo de vibração no conteúdo de ar e no fator de espaçamento de concreto fresco com ar incorporado. (De Backstrom, J. E. et al., *Journal of the American Concrete Institute*, 30, 1958, 359–375.)

A velocidade em que uma bolha chega à superfície é, portanto,

$$v = \frac{2\rho r^2 g}{9\mu}$$

o que significa que uma bolha de 20 μm de diâmetro vai emergir a uma velocidade de quatro vezes a de uma bolha de 10 μm. O efeito geral desse fenômeno é mostrado na figura 2.47, na forma dos fatores de espaçamento observados após diferentes períodos de vibração. Conquanto haja um aumento no fator de espaçamento, ele é muito leve, indicando uma retenção de bolhas menores. O efeito geral disso é que bolhas grandes que não contribuem para a resistência a congelamento–degelo, mas que contribuem para a perda de resistência, são perdidas, enquanto as bolhas menores, mais benéficas, são retidas [81].

O trabalho de mistura pode levar à perda de ar incorporado, particularmente se executado por períodos prolongados, tais como durante trânsito. A figura 2.48 mostra a maneira pela qual o tempo de mistura afeta o conteúdo de ar em misturas contendo diferentes ingredientes de incorporação de ar. É evidente que, na maioria dos casos, a perda de ar é relativamente pequena, mesmo em longos períodos de mistura. Entretanto, a figura ilustra que isso é dependente do tipo de ingrediente usado, com um dos agentes mostrando perdas muito maiores, a despeito de um conteúdo inicial de ar mais elevado.

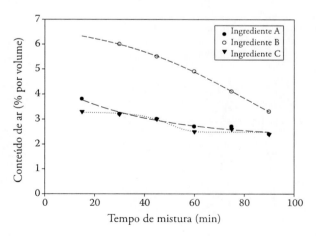

Figura 2.48 Mudanças no conteúdo de ar, com o tempo de mistura de misturas de concreto contendo três diferentes ingredientes de incorporação de ar. (De Scripture, E. W. and F. J. Litwinowicz, *ACI Journal*, 45, 1949, 653–662.)

O bombeamento de concreto muda as características de espaços de ar. Isso é parcialmente dependente da maneira pela qual o bombeamento é feito, com o bombeamento vertical produzindo as mudanças mais profundas. A figura 2.49 mostra mudanças no conteúdo de ar e nos fatores de espaçamento de misturas de concreto antes e depois do bombeamento. Para ambos os bombeamentos, horizontal e vertical, há um aumento no fator de espaçamento de bolhas. Adicionalmente, onde o bombeamento vertical é realizado, há também um significativo declínio no volume total de ar incorporado.

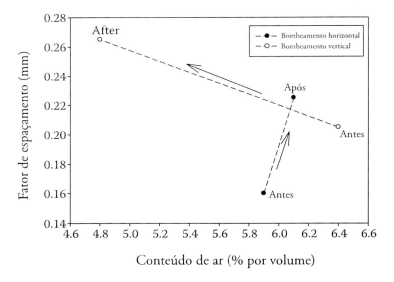

Figura 2.49 Efeito do bombeamento horizontal e vertical por distâncias de aproximadamente 20 m no conteúdo de ar de concreto fresco e no fator de espaçamento de bolhas no estado endurecido. (De Pleau, R. et al., *Transportation Research Record* 1478, 30–36.)

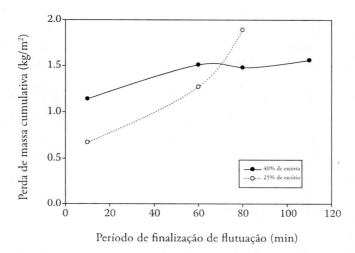

Figura 2.50 Magnitude de perda de massa resultante de scaling após 50 ciclos de congelamento–degelo de amostras de concreto contendo diferentes proporções de escória. (De Hooton, R. D. e A. Boyd. Effect of finishing, forming, and curing on de-icer salt scaling resistance of concretes. In M. J. Setzer e R. Auberg (editores), *RILEM Proceedings 34: Frost Resistance of Concrete*. London: Spon, 1997.)

Atividades de acabamento de superfície – particularmente alisamento a motor – também podem remover quantidades significativas de ar da camada da superfície. Isso pode ter implicações muito mais significativas, já que esta zona de um elemento de concreto provavelmente vai ser exposta à maior ameaça do dano de congelamento–degelo. Isso é mostrado na figura 2.50, onde períodos prolongados de acabamento por alisamento a motor levam a scaling mais significativo, quando exposto a congelamento e degelo cíclicos.

2.4.3.4 Fatores que afetam o conteúdo de ar e os parâmetros de espaços de ar

Concreto com maior operabilidade tende a passar por 'desincorporação' de ar numa taxa mais elevada. No entanto, isso é compensado pelo fato de que mais concreto operável tende a conter um maior volume total de ar para uma dada dosagem de agente de incorporação de ar.

A temperatura do concreto fresco durante a mistura influencia tanto o volume total de ar incorporado quanto as características dos espaços de ar. A figura 2.51

plota o ar total e os fatores de espaçamento de concreto com ar incorporado fabricado numa faixa de temperaturas. O volume total de ar incorporado declina com o aumento da temperatura, enquanto o fator de espaçamento aumenta.

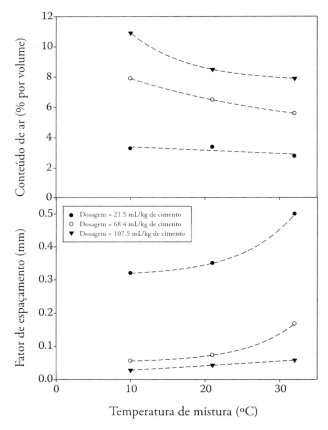

Figura 2.51 Conteúdo total de ar e fatores de espaçamento para misturas de concreto contendo três diferentes dosagens de agente de incorporação de ar e misturados numa faixa de temperaturas. (De The Concrete Society. *Technical Report 34: Concrete Industrial Ground Floors, 3rd ed*. Surrey, United Kingdom: The Concrete Society, 2003.)

A razão para isso está relacionada com a operabilidade, conforme previamente discutido. O concreto fresco, em baixas temperaturas, tem uma viscosidade mais baixa, porque tais condições limitam a extensão em que os produtos de hidratação inicial, que aumentam a viscosidade, são formados. Portanto, o concreto é mais operável a baixas temperaturas e permite que maiores volumes de ar sejam incorporados.

Uma série de características dos constituintes de uma mistura de concreto desempenha papel na determinação do volume de ar incorporado para uma dada dosagem de agente de incorporação de ar. Esses fatores são resumidos na tabela 2.9.

A quantidade de ar incorporado para uma dada dosagem de agente de incorporação de ar é significativamente influenciada pelo fator A/C de uma mistura de concreto. Isso é ilustrado na figura 2.52, que plota o conteúdo de ar obtido para a mesma dosagem de agente de incorporação de ar para uma série de misturas de concreto de diferentes fatores A/C. À medida que o fator A/C diminui, também diminui o conteúdo de ar alcançado.

Tabela 2.9 Características de constituintes de concreto que influenciam na quantidade de ar incorporado por uma dada dosagem de agente de incorporação de ar

Constituinte	Característica	Detalhes	Referência
Cimento Portland	Finura	Cimentos mais finos apresentam menores níveis de incorporação de ar para uma dada dosagem do ingrediente.	[110]
	Conteúdo de álcali	Níveis mais elevados de álcalis têm o efeito de aumentar o volume de ar incorporado, no dado nível de dosagem, bem como de diminuir o fator de espaçamento para um dado conteúdo de ar. Níveis mais elevados de álcalis também melhoram a estabilidade de bolhas. Os álcalis podem vir de outras fontes, tais como CV e agregados.	[111–113]
CV	Conteúdo de carbono	Carbono não queimado na CV atua para reduzir o conteúdo de ar atingido com uma dada dosagem do ingrediente. Assim, cinzas com altos valores de perda na ignição podem ser problemáticos. Ver Cimento Portland.	[114]

Escória	Finura	A presença de escória normalmente reduz o volume de ar incorporado e aumenta o fator de espaçamento para uma dada dosagem de agente de incorporação de ar. Ver Cimento Portland.	[115]
Fumo de sílica	Finura	O fumo de sílica tem pouca influência no conteúdo de ar ou no fator de espaçamento.	[116]
Agregado	Conteúdo de agregado fino	Agregado fino >300 μm melhora a capacidade de incorporação de ar de uma mistura.	[117]
	Conteúdo fino	Material <300 μm tipicamente reduz o conteúdo de ar.	[117]
Agentes superplastificadores	Superplastificadores usados juntamente com agentes de incorporação de ar tipicamente reduzem o volume total de ar. Contudo, eles reduzem preferencialmente o número de bolhas maiores, com o efeito geral de reduzir o fator de espaçamento.	[118]	

2.4.3.5 Outras estratégias

A *BS 8500-1* também provê uma rota alternativa para resistência a congelamento–degelo, pela inclusão da opção de aumento da classe de força mínima e, para condições mais agressivas, uma redução no fator A/C máximo. Essa estratégia provavelmente reduz a extensão em que a água penetra abaixo da superfície do concreto, ao mesmo tempo que também aumenta sua resistência aos estresses produzidos durante o congelamento. A validade dessa abordagem é ratificada pelos resultados de testes de laboratório, tais como os que são mostrados na figura 2.53.

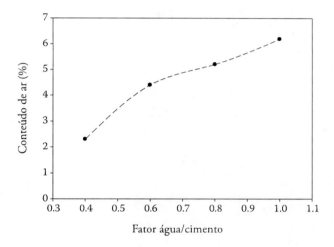

Figura 2.52 Conteúdo de ar de misturas de concreto com diferentes razões de A/C e uma dosagem igual de ingrediente de incorporação de ar. (De Backstrom, J. E. et al., *Journal of the American Concrete Institute*, 30, 1958, 359–375.)

Tem havido muita discussão sobre se baixos fatores A/C são uma medida adequada contra o ataque de congelamento–degelo. Embora certamente haja na literatura exemplos de baixas misturas de A/C que apresentam bom desempenho sob exposição a congelamento–degelo [119], há muitos exemplos opostos [120]. A *BS 8500-1* indica que a abordagem supramencionada é provavelmente inferior à incorporação de ar, mas a inclui como opção com base em que, a razões muito baixas de A/C, a consecução do conteúdo de ar apropriado pode se provar difícil. A penetração de água no concreto pode ser ainda mais limitada pelo uso de tratamentos de superfície, tais como selantes de superfície e penetrantes hidrofóbicos (capítulo 6). É importante que, onde selantes de superfície sejam usados, a formulação permita que o vapor d'água passe. Onde isso não aconteça, o concreto não será capaz de secar, e a água pode ficar presa abaixo do selante, potencialmente tornando o material mais vulnerável.

Tem-se demonstrado que, em alguns casos, a inclusão de fibras no concreto, melhora a resistência a congelamento–degelo. As fibras que têm sido mostradas como de alguma forma benéficas incluem aço, polipropileno, álcool polivinil, carbono e celulose processada [122–126]. A magnitude em que a resistência é modificada pela presença de fibras varia consideravelmente entre os estudos, na literatura, com alguma dependência aparente do cimento usado. Essa variação pode ser parcialmente o resultado da ampla e variada sequência de testes de congelamento–degelo em operação internacionalmente.

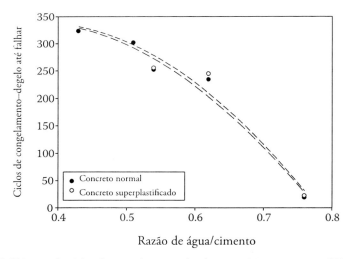

Figura 2.53 Número de ciclos de congelamento–degelo necessários para causar falha (usando-se uma expansão linear de 0,3% como critério de falha) de prismas de concreto com razões variáveis de A/C. (De Dhir, R. K. et al., Durability of concrete with a superplasticising admixture. In J. M. Scanlon, ed., *ACI Special Publication SP-100: Concrete Durability – Proceedings of Katharine and Bryant Mather International Symposium, Volume 1*. Detroit: American Concrete Institute, 1987, pp. 741–764.)

Ao menos um estudo descobriu que a presença de fibras de aço reduz o volume de ar e aumenta o fator de espaçamento quando um agente de incorporação de ar também é usado [127].

Foi proposto que a melhoria no desempenho é resultado não de um aumento na força de tensão, mas da habilidade das fibras de oferecer controle de fissuras (veja a seção 2.2.2), levando a larguras de fissuras reduzidas, resultando de danos de congelamento–degelo. Isso resultaria numa redução na razão de ingresso de água adicional, e num potencial aumentado para cura autógena de fissuras (capítulo 5) [81]. Também foi sugerido que a perda de massa de amostras de teste não é uma medida apropriada de danos resultantes do ataque de congelamento–degelo para concreto contendo fibras [128]. Isso se dá porque fragmentos do material podem permanecer ligados a amostras através das fibras, a despeito de danos substanciais ao concreto. Portanto, principalmente como resultado da incerteza em torno do uso de fibras como meio de controle de danos por congelamento–degelo, essa opção atualmente não é coberta pelos padrões do Reino Unido.

Conseguiu-se algum sucesso na atribuição de durabilidade melhorada sobre congelamento–degelo pelo uso de concreto modificado com polímero (o que é discutido sob o tema de contrapisos, no capítulo 6) [129,130]. Mas, uma melhora no desempenho é normalmente observada em níveis relativamente grandes de uso de polímero. Mais: essa abordagem atualmente não é suportada pelos padrões do Reino Unido.

Onde agregados suscetíveis a danos por congelamento–degelo devem ser usados, há um potencial benefício na limitação do tamanho máximo do agregado. Além disso, a limitação do ingresso de água pelos vários meios previamente discutidos também pode oferecer alguma proteção adicional.

2.5 Abrasão e erosão

Abrasão (ou 'desgaste') do concreto normalmente se refere à ação de tráfego (na forma de veículos com rodas, tráfego de pedestres etc.) nas superfícies de concreto, o que pode levar à gradual perda de material, com consequente perda de uma superfície plana, e uma vulnerabilidade potencialmente aumentada a outros processos que comprometem a durabilidade.

Erosão se refere à perda de material de superfície como resultado da ação de partículas sólidas transportadas por corrente de água ou por um processo conhecido como 'cavitação'. A primeira dessas formas de erosão é muito similar à abrasão. Contudo, a cavitação está relacionada com a formação e implosão de cavidades de gás em água experimentando rápidas mudanças na pressão. Esses mecanismos são discutidos em mais detalhes abaixo, juntamente com as características do concreto que melhoram a resistência a esse modo de ataque, e como tais características são melhor conseguidas.

2.5.1 Mecanismos de abrasão e erosão

O termo 'abrasão' cobre uma ampla faixa de processos que atuam sobre uma superfície, fazendo com que ela progressivamente perca material. Em termos gerais, nós normalmente vemos a abrasão como a ação de lixa sobre uma superfície – uma superfície sólida desliza sobre outra, com uma delas (a lixa) sendo mais dura e, consequentemente, removendo uma proporção da superfície mais mole. Por experiência, sabemos que devemos também aplicar alguma pressão à lixa – deve haver uma força atuando para empurrar as superfícies uma contra a outra, em ângulos retos com relação à direção do movimento.

O processo supramencionado é, de fato, um dos mecanismos que causam a abrasão de superfícies de concreto (figura 2.54). Ele é conhecido como 'abrasão por fricção' e é um dos principais processos que ocorrem durante a erosão, causado por partículas transportadas pela água sobre uma superfície de concreto. No entanto, o mesmo efeito pode ser causado por derrapagem de uma roda ou deslizamento de pés sobre um pavimento ou piso. Além do mais, detritos tais como poeira e areia, entre a roda ou pé e a superfície de concreto também têm um efeito similar e potencialmente mais danoso.

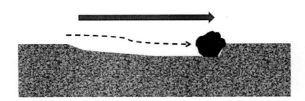

Figura 2.54 Abrasão por fricção.

Capítulo 2 Mecanismos físicos de degradação do concreto 97

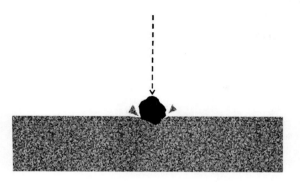

Figure 2.55 Abrasão por impacto

Partículas em movimento também podem desgastar uma superfície simplesmente impactando nela (figura 2.55). Impactos desse tipo podem fazer com que fragmentos se desprendam da superfície ou deem início a fissuras na superfície, que podem aumentar até produzir fragmentação, após algum tempo. É claro que interações entre partículas em movimento e superfícies de concreto não precisam estar em nenhum desses extremos, e impactos podem ter ângulos de incidência entre 90° e ângulos muito baixos, com uma combinação de abrasão por fricção e impacto ocorrendo a cada choque de partícula. A figura 2.56 mostra o efeito de dois ângulos de incidência diferentes (15° e 90°) na taxa de abrasão de uma superfície de concreto com o ângulo maior sendo mais danoso. A figura também ilustra a influência de outro fator que implica nas taxas de erosão – a velocidade do fluido – com velocidades mais altas produzindo taxas maiores de erosão.

Outros fatores que influenciam a taxa de erosão são a massa das partículas transportadas numa suspensão, o tamanho, a forma e a dureza das partículas. A figura 2.57 ilustra o efeito da quantidade de partículas, com um aumento na concentração de partículas produzindo erosão mais rápida. Tipicamente, partículas maiores se deslocando a uma dada velocidade produzem uma taxa maior de abrasão [131]. O tamanho das partículas está relacionado com a velocidade do fluido, já que uma velocidade maior permite que a água em movimento transporte partículas maiores [132].

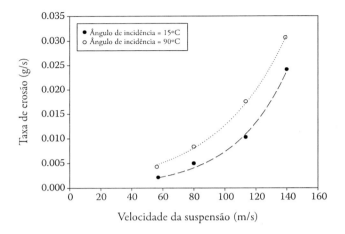

Figura 2.56 Efeito do ângulo de incidência de suspensões (contendo 25% por massa de partículas de granada com um tamanho médio de 0,212 mm) movendo-se em diferentes velocidades, na taxa de erosão de amostras de concreto feitas com cimento Portland, com uma força de cilindro compressor de 30 MPa. (De Goretta, K. C. et al., *Wear*, 224, 1999, 106–112.)

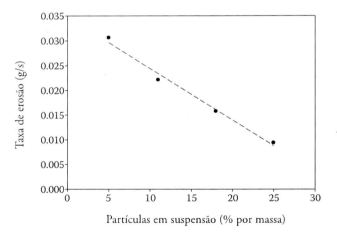

Figura 2.57 Influência da massa de partículas numa suspensão movendo-se a uma taxa de 140 m/s, na taxa de erosão de amostras de concreto feitas com cimento Portland, com uma força de cilindro compressor de 30 MPa. Pontos foram intercalados nas linhas de plotagem entre os pontos de dados do gráfico. (De Hu, X. G. et al., *Wear*, 253, 2002, 848–854.)

A influência da forma das partículas nas taxas de erosão parece dependente do ângulo de incidência, com as partículas angulares causando erosão em taxas ligeiramente menores, quando comparadas com partículas arredondadas, em ângulos baixos, mas em taxas muito maiores a 90° [131]. Foi proposto que isso se deve ao fato de que, a 90°, o choque de partículas angulares na superfície é mais eficaz na indução de fissuras em partículas de agregado do concreto, uma vez que seus cantos afiados aplicam estresses mais elevados durante o impacto. Em ângulos baixos, a maneira pela qual as partículas angulares se chocam contra o concreto é tal que essa concentração de estresse é menos provável de ocorrer.
A taxa de erosão aumenta com a dureza das partículas transportadas por um fluido.

Outro processo que pode contribuir para a erosão num ambiente em que água em movimento esteja em contato com a superfície do concreto é a cavitação. Cavitação é um fenômeno que ocorre quando bolhas de vapor d'água são formadas na água em movimento, à medida que ela passa por uma abrupta queda de pressão.

Na água em movimento, uma queda na pressão estática é causada por um aumento na velocidade do fluido, como descrito pela equação de Bernoulli para um fluido não compressível:

$$\frac{v^2}{2} + gz + \frac{p}{\rho} = c$$

onde v é a velocidade do fluxo do fluido num ponto (m/s), g é a aceleração causada pela gravidade (m/s^2), z é a elevação do ponto acima de um plano de referência (m), p é a pressão estática no ponto (N/m^2), ρ é a densidade do fluido (N/m^3) e c é uma constante.

Um exemplo do que causaria tal aumento na velocidade é mostrado na figura 2.58, onde um canal constritor faz com que a água aumente de velocidade, conforme ela passa da parte mais larga para a mais estreita. Coisas tais como vórtices, desvios da direção do fluxo, e vazios em canais podem todos produzir efeitos similares.

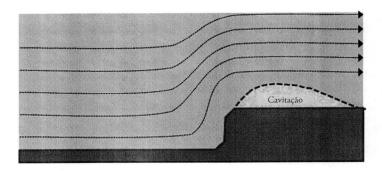

Figura 2.58 Cavitação como resultado do estreitamento de um canal.

Como regra geral, a cavitação pode ocorrer sempre que haja uma curva nos cursos seguidos pelo fluxo de água, no lado interno da curva. A ocorrência ou não da cavitação pode ser estimada usando-se o índice de cavitação (sc), que é calculado usando-se a equação

$$\sigma_c = \frac{2\Delta p}{\rho v_0}$$

onde Δp é a queda na pressão estática movendo-se de um ponto a outro, no fluxo (N/m²), e v_0 é a velocidade original da água (m/s).

As bolhas de vapor d'água colapsam violentamente, de uma forma similar à que é mostrada na figura 2.59. Esse colapso produz um jato d'água

que leva à geração de significativos estresses locais. São esses estresses que, quando ocorrem contra uma superfície de concreto, produzem danos. De maneira geral, os danos podem começar onde o índice de cavitação excede um valor de 0,2. A *ACI 210R-93* [132] provê valores aproximados de limiar (variando de 0,19 a 0,30) para uma faixa de diferentes fatos capazes de causar o fenômeno.

Danos oriundos de eventos individuais de cavitação assumem a forma de pequenos furos na superfície, mas como a formação de bolhas tipicamente ocorre com grande frequência, o efeito cumulativo pode ser significativo. Em geral, a acumulação de danos é inicialmente lenta, mas aumenta com o tempo, até a taxa de perda de material atingir um pico e declinar.

Capítulo 2 Mecanismos físicos de degradação do concreto **101**

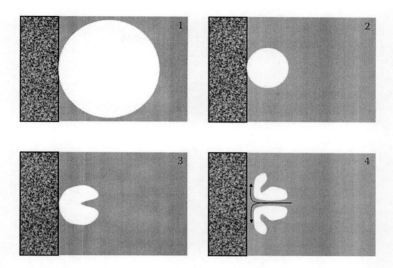

Figura 2.59 Cavitação de uma bolha de vapor d'água adjacente a uma superfície de concreto. O colapso leva à geração de um jato d'água (imagem 4) que aplica estresse localizado significativo à superfície.

A ação de tráfego sobre uma superfície de concreto também gera estresses que podem causar microfissuras, levando, por fim, à abrasão. A figura 2.60 mostra os diferentes estresses que assumem a forma de estresses de compressão vertical, de tensão horizontal e compressivo, e de arrasto. A força relativamente baixa do concreto na tensão e no arrasto torna esses tipos de estresse a maior ameaça à integridade de um pavimento ou piso, apesar de veículos grandes induzirem significativas forças compressivas. Embora o diagrama mostre uma roda, está claro que a ação de um pé humano produz distribuições de estresse similar, ainda que de uma menor magnitude.

Outros processos podem influenciar a taxa de abrasão. Processos de ataque químico enfraquecem a superfície do concreto, tornando-a mais inclinada à abrasão. Entretanto, normalmente ainda é necessário que uma ação abrasiva mecânica esteja atuando sobre a superfície para que ocorra abrasão, e, portanto, o ataque químico, em si, não deve ser visto como mecanismo de erosão. O ataque químico é discutido em detalhes no capítulo 3.

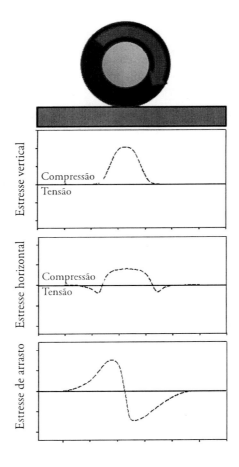

Figura 2.60 Estresses vertical, horizontal e de arrasto na camada de um pavimento de concreto sob desgaste como resultado de tráfego sobre rodas. As formas curvas são baseadas nas referências 135 e 136.

Processos que causam fissuras de superfície (por exemplo, o ataque de congelamento–degelo) também podem exacerbar os danos por abrasão. Além disso, mostrou-se que a ação de organismos vivos tem a capacidade de danificar superfícies de concreto de uma forma que poderia piorar o processo de abrasão. Um estudo em que blocos de concreto foram armazenados por vários meses numa zona costeira descobriu que a superfície deles ficou densamente preenchida por microorganismos que pareceram responsáveis por eventos na superfície, incluindo perfurações, depressões, microfissuras de superfície e coisas características de dissolução [133]. Esses eventos afetaram uma profundidade relativamente rasa (<30 μm) mas poderiam apresentar outra causa de abrasão acelerada.

2.5.2 Fatores que influenciam a resistência à abrasão e erosão

Quando se consideram os resultados de pesquisas sobre as variáveis que influenciam a resistência à abrasão e erosão do concreto, é importante notar que isso pode ser medido usando-se uma ampla variedade de testes. Especificamente, a maneira pela qual a ação abrasiva é conseguida varia consideravelmente, e é importante destacar que, embora na maioria das vezes um comportamento similar provavelmente seja observado, independente do teste sendo usado, foram relatados casos em que tal não se deu.

Em termos de padrões britânicos, os testes disponíveis podem ser divididos nos que são apropriados para pisos e para pavimentos. A abrasão de pavimentos é tratada pela *BS EN 13863-4* [137][2]. O método envolve a exposição de superfícies de concreto à uma máquina de teste de estrada montada com rodas com pneus apropriados para neve, de caminhão ou carro. O padrão especifica a pressão de contato, a velocidade e o tipo de pneu para três variantes do mesmo método. Para cada variante, é definida uma agenda de teste, que envolve uma série de corridas em que é especificado o número de voltas e se o teste é executado a seco ou no molhado. Após o teste, a profundidade da trilha na superfície é medida.

A abrasão de contrapisos é coberta por várias partes da *BS EN 13892*. A *BS EN 13892-3* [138] é um método conhecido como 'teste de Bohme'. O teste envolve uma amostra aplicada a um prato giratório com uma carga fixa. Um abrasivo granular de composição padronizada é distribuído pela superfície do prato e a abrasão é medida em termos de perda de volume da amostra.

A *BS EN 13892-4* [139] é o método da Bristish Cement Association (BCA), que determina a resistência à abrasão medindo a profundidade da abrasão produzida por exposição a um número especificado de voltas (durante ~15 min) de um prato giratório montado com três rodas de aço, através das quais uma carga fixa é aplicada.

---
[2] No Brasil, as prescrições quanto abrasão estão na NBR 13818 da ABNT. (Nota do Revisor Técnico)

A abrasão resultante da ação de um rodízio de aço numa superfície de concreto ou contrapiso é medida pelo método descrito na BS EN 13892-5 [140]. O rodízio é movido sobre a superfície pela ação mecânica da mesa na qual a amostra está montada, que oscila nas direções longitudinal e transversa a diferentes taxas, levando a roda a cobrir uniformemente a área de teste, ao final. O teste deve ser executado por 10.000 ciclos, o que leva aproximadamente 24 h. A resistência é determinada em termos de profundidade de abrasão após um dado período de ação.

A *ASTM C779* [141] foca na abrasão de superfícies horizontais de concreto. O padrão descreve três diferentes técnicas. As duas primeiras delas envolve uma máquina de teste que consiste de um carrossel giratório que é capaz de aplicar uma carga constante à superfície que está sendo testada. No primeiro teste, a carga é aplicada por meio de três discos giratórios de aço. A taxa de revolução do carrossel e dos discos é definida no padrão. O carrossel é operado por um período de 30 ou 60 min, dependendo do desempenho de longo prazo ser a preocupação principal. A máquina fornece grãos de carbeto de silício abrasivo, que é disposto sobre a superfície de teste a uma taxa definida constante. A resistência à abrasão é avaliada pela medição da profundidade do desgaste ao final do teste.

O segundo dos testes de superfície horizontal não usa grãos, e os discos giratórios são substituídos por três rodas de desbastar que percorrem a superfície do concreto. Novamente, após a máquina funcionar por um período de 30 ou 60 min, medições da profundidade do desgaste são tomadas.

O terceiro teste usa um tipo diferente de máquina que consiste num eixo giratório oco que aplica uma carga constante a um anel contendo uma série de esferas cativas, mas que se movem livremente, encostadas à superfície do concreto. O eixo é girado a uma taxa definida, e a profundidade do desgaste é medida usando-se um micrômetro que é parte do aparelho. A resistência à abrasão é expressa em termos do tempo necessário para se alcançar uma profundidade de desgaste especificada.

Outro teste de abrasão para superfícies horizontais é o *ASTM C944* [142]. O teste é, em alguns aspectos, similar ao teste ASTM anterior, que usa rodas de desbastar, apesar de numa escala menor. O aparelho de teste consiste no pressionamento de uma furadeira virada para baixo, cujo mandril prende um 'cortador giratório'.

Este consiste num eixo equipado com uma série de rodas de desbastar. A cabeça do cortador é pressionada contra a superfície da amostra de concreto sob uma carga especificada, e o cortador é girado numa taxa também especificada. A intervalos de 2 min, o cortador é parado e a amostra é removida para pesagem, para se determinar a perda de massa. O procedimento é realizado ao menos três vezes, no mesmo ponto.

Há, adicionalmente, dois testes ASTM para resistência de concreto a processos do tipo erosivo. O primeiro desses, o *ASTM C418* [143], usa jateamento de areia numa cabine, com um bico padronizado e um abrasivo também padronizado disparado contra a superfície de uma amostra de concreto, a uma taxa e sob uma pressão especificadas por 1 min. A taxa de abrasão é estimada pela medição do volume médio das cavidades produzidas numa série de pontos, através da determinação da massa de argila plástica, de densidade conhecida, necessária para preencher a cavidade.

O segundo método, o *ASTM 1138M* [144], é o 'método submerso' e tenta imitar mais de perto as condições encontradas quando o concreto é exposto a sedimentos arrastados por água em movimento. Nesse método, a amostra de concreto cilíndrico é colocada num tanque também cilíndrico, com a superfície a ser testada virada para cima. Bolas de aço de vários tamanhos são colocadas na superfície, e o tanque é enchido com água. Uma pá de dimensões e geometria especificadas é submergida na água, a uma distância fixa acima da superfície do concreto e girada a uma velocidade de 1.200 RPM. A amostra de concreto é periodicamente removida e pesada para se determinar a perda de massa resultando da abrasão, até um tempo limite de teste de 72 h.

Como a abrasão é um processo puramente mecânico atuando sobre a superfície do concreto, não surpreende o fato de que a força desempenha um papel muito importante na definição da resistência do concreto a este modo de deterioração. A força tanto do agregado quanto da matriz de cimento desempenha um papel, e a importância dessas propriedades é muito mais dependente da matriz de cimento ou do agregado ser o material mais forte.

A figura 2.61 ilustra a influência do fator A/C do concreto na resistência à abrasão. A influência do conteúdo de cimento na resistência à abrasão é dependente da força da matriz de cimento. Com fatores A/C muito baixos, onde a força da pasta é maior que a do agregado, são observados aumentos na resistência com aumento no conteúdo de cimento (para um fator A/C fixo) [145]. Porém, a recíproca é verdadeira onde a força do concreto é menor que a do agregado. Agregado mais forte tipicamente produz maior resistência à abrasão (figura 2.62). Mas, este efeito é mais pronunciado onde a força do concreto é menor [146].

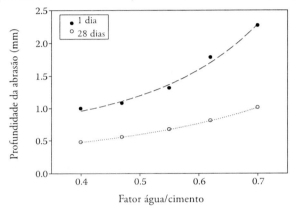

Figura 2.61 Influência da razão de A/C na profundidade da abrasão para concreto de cimento Portland em duas fases. (De Dhir, R. K. et al., *Materials and Structures*, 24, 1991, 122–128.)

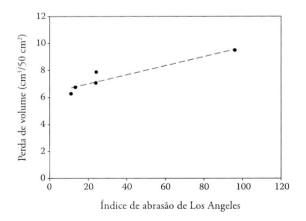

Figura 2.62 Relação entre a força do agregado (medida usando-se o teste de Los Angeles) e a abrasão de concreto contendo o agregado (medida usando-se o teste de abrasão de Bohme). (De Kılıç, A. et al., *Cement and Concrete Composites*, 30, 2008, 290–296.)

O tamanho máximo do agregado parece ser importante, com valores maiores produzindo maior resistência [145]. Deve-se destacar que, como técnicas normais de projeto de mistura reduzem o conteúdo de cimento conforme o tamanho máximo do agregado aumenta, este fator pode ter influência em resultados experimentais. De qualquer forma, quando a proporção de agregado grosso é reduzida, há um aumento na resistência à abrasão, indicando que o tamanho do agregado tem uma influência genuína [149].

Como com a maioria das características de durabilidade, a cura adequada do concreto é de grande importância. Isso é discutido em maiores detalhes no capítulo 6.

2.5.3 Desenvolvendo resistência à abrasão

A *BS 8204-2: Screeds, bases, and in situ floorings – Part 2. Concrete-wearing surfaces* [150] é um código de prática que cobre as medidas necessárias para se alcançar resistência à abrasão numa superfície de concreto diretamente acabado. 'Diretamente acabado' significa que o concreto foi projetado e acabado de tal forma que nenhuma camada adicional de material precisa ser disposta sobre esta superfície, para se alcançar o nível apropriado de resistência à abrasão.

O padrão categoriza a resistência à abrasão em quatro classes, cujos níveis de resistência são medidos em termos de desempenho da superfície do concreto no teste de desgaste descrito na *BS EN 13892-4* [139].

As quatro classes de resistência à abrasão definidas pelo padrão são AR0.5 (special)/DF, AR1/DF, AR2/DF and AR4/DF, que correspondem a profundidades do teste de desgaste de 0,05, 0,10, 0,20 e 0,40 mm, respectivamente, e o DF é o acrônimo em inglês para 'diretamente acabada'. As características de misturas de concreto que satisfazem as duas classes de desempenho mais altas não são explicitamente definidas pelo padrão, provavelmente porque esse nível de desempenho apresenta algo de desafio técnico. Ao invés, o padrão requer que um concreto proprietário seja usado, possivelmente contendo agregado especial, e acabado por métodos especiais.

No caso das classes inferiores de resistência a desgaste, uma série de características de misturas é explicitamente especificada. Primeiro, uma classe de força compressiva mínima é definida – C40/50 e C32/40 para a AR2/DF e a AR4/DF, respectivamente. Além do mais, são estabelecidos requisitos para propriedades mínimas de agregados grosso e fino. O agregado grosso deve ter um coeficiente de Los Angeles de menos de LA40 (capítulo 5), juntamente com uma gradação nivelada com os requisitos definidos na *BS EN 12620* [94]. Contudo, o padrão também afirma que agregado para o qual não haja padrão britânico, mas cuja conveniência para pisos resistentes à abrasão tenha sido estabelecida, também pode ser usado.

O agregado fino deve, por obrigação, ser natural, derivado da desintegração de rochas e conforme com uma das três gradações definidas na *BS EN 12620*. Além disso, o piso deve ser acabado usando-se alisador a motor, seguido de repetido acabamento com acabadora mecânica tipo helicóptero (capítulo 6).

Também há a opção de se dispor um contrapiso sobre a superfície de concreto, tornando desnecessário o projeto para resistência à abrasão do material subjacente. No entanto, essa abordagem não deixa de ter complicações, particularmente com relação a equívocos na mudança de volume das camadas superior e subjacente. O desempenho de contrapisos pode ser melhorado pelo uso de acabamentos por aspersão (dry shake/sprinkle). Estes são pós compostos de partículas minerais e/ou cimento Portland, que são espalhados sobre a superfície do contrapiso antes do acabamento. A alta resistência das partículas minerais ao desgaste e a razão reduzida de A/C obtidas na camada da superfície pela introdução de mais cimento tem por efeito melhorar a resistência à abrasão. O uso de contrapisos é discutido em maiores detalhes no capítulo 6.

Alguns tratamentos de cobertura e impregnação de superfícies para concreto melhoram a resistência à abrasão. Tais produtos são discutidos em mais detalhes no capítulo 6. A ampla variedade de produtos no mercado e a dependência do desempenho na qualidade do concreto tornam desaconselhável fazer julgamentos gerais com relação aos méritos relativos de tratamentos de superfície; estudos comparativos descobriram, em geral, que coberturas de polímeros e impregnantes são superiores a endurecedores inorgânicos na atribuição de resistência melhorada à abrasão [151].

A especificação de concreto para uso como superfície de pavimento é coberta, no Reino Unido, pelo *Design Manual for Roads and Bridges* [152]. O manual inclui requisitos para dois tipos de superfície de pavimento de concreto: concreto texturizado transverso e concreto de agregado exposto. O concreto texturizado transverso é aquele cuja superfície foi escovada numa direção perpendicular à do movimento de tráfego para melhorar a resistência a derrapagens. O concreto de agregado exposto é aquele em que a argamassa na superfície foi removida, deixando o agregado grosso exposto. Isso normalmente se consegue pela aplicação de um agente retardante à superfície, seguida da remoção da argamassa pelo escovamento, uma vez que o concreto interior tenha desenvolvido força suficiente para resistir a esta ação. Mais uma vez, o objetivo é melhorar a resistência a derrapagens.

Do ponto de vista da resistência à abrasão, o manual põe mais importância no papel do agregado. Isso se deve, em parte, ao fato de, na maioria dos casos, o agregado ter a influência mais importante. Mas, também se deve ao fato da resistência de longo prazo a derrapagens de ambos os tipos de superfície ser dependente da limitação do desgaste (ou 'polimento') dos agregados na superfície. O parâmetro crucial na definição da resistência a derrapagens de uma superfície de pavimento é a 'microtextura' do agregado na superfície – sua aspereza numa escala micrométrica. Essa aspereza pode ser reduzida pela ação de fricção nas superfícies de agregados expostos, causada por eventos tais como a frenagem de veículos.

O desempenho de agregados na resistência à abrasão é quantificado no manual em termos do resultado de dois testes – os testes de Valor de Pedra Polida (Polished Stone Value, ou PSV) e o Valor de Abrasão de Agregado (Aggregate Abrasion Value, ou AAV). O primeiro desses testes é uma medida da extensão em que a abrasão reduz a resistência de um agregado à derrapagem. Ele envolve o polimento de amostras do agregado embebidas em resina, numa máquina polidora. As amostras polidas são, então, testadas usando-se um teste padronizado de fricção de resistência à derrapagem, e o resultado é comparado com o valor obtido de um material padrão pelo cálculo do PSV. O AAV é uma medida de resistência para abrasão de superfícies e é determinado a partir da perda de massa após exposição de amostras similares de agregado embebido em resina a uma roda giratória sobre a qual são dispersados grãos de material abrasivo. A perda de massa é convertida num AAV.

O requisito mínimo do PSV para agregado é determinado no manual com base no número de veículos comerciais (VC) passando numa pista de uma estrada por dia (VC/pista/dia) e o tipo de sítio. O tipo de sítio é definido em termos da frequência com que eventos que podem levar ao desgaste de agregados podem ocorrer. Assim, uma autoestrada pela qual o tráfego flui livremente, provavelmente requer agregado com menos resistência a desgaste do que uma aproximação de cruzamento ou via secundária. O tipo de sítio é ainda mais subdividido em termos de seu 'nível investigativo'. Este é um valor atribuído a um sítio para quantificar o nível de resistência a derrapagens requerido, com base no tipo e no arranjo de uma seção de estrada. Procedimentos para determinação do nível investigativo são fornecidos no manual [153].

REFERÊNCIAS
1. Slowik, V., M. Schmidt, e R. Fritzsch. Capillary pressure in fresh cement-based materials and identification of the air entry value. *Cement and Concrete Composites*, v. 30, 2008, pp. 557–565.
2. The Concrete Society. *Technical Report 22: Nonstructural Cracks in Concrete, 4th ed.* Surrey, United Kingdom: The Concrete Society, 2010, 63 pp.
3. ACI Committee 305. *ACI 305.1-06: Specification for Hot Weather Concreting*. Farmington Hills, Michigan: American Concrete Institute, 2007, 8 pp.
4. Topçu I. B. e V. B. Elgün. Influence of concrete properties on bleeding and evaporation. *Cement and Concrete Research*, v. 34, 2004, pp. 275–281.
5. Wainwright, P. J. e H. Ait-Aider, Influence of cement source and slag additions on the bleeding of concrete. *Cement and Concrete Research*, v. 25, 1995, pp. 1445–1456.
6. Almussalam, A. A., M. Maslehuddin, M. Abdul-Waris, F. H. Dakhil, e O. S. B. Al-Amoudi. Plastic shrinkage cracking of blended cement concretes in hot environments. *Magazine of Concrete Research*, v. 51, 1999, pp. 241–246.
7. Cohen, M. D., J. Olek, e W. L. Dolch. Mechanism of plastic shrinkage cracking in Portland cement and Portland cement–silica fume paste and mortar. *Cement and Concrete Research*, v. 20, 1990, pp. 103–119.
8. Wittman, F. H. On the action of capillary pressure in fresh concrete. *Cement and Concrete Research*, v. 6, 1975, pp. 49–56.
9. L'Hermite, R. Volume changes of concrete. *Proceedings of the 4th International Symposium on the Chemistry of Cement, Vol. 2*, Washington, D.C.: National Bureau of Standards, 1960, pp. 659–694.

10. Vollick, C. A. Effect of water-reducing admixtures and set-retarding admixtures on the properties of plastic concrete. *Symposium on the Effect of Water-Reducing Admixtures and Set-Retarding Admixtures on Properties of Concrete*, San Francisco, California, 1959. ASTM Special Publication 266. West Conshohocken, Pennsylvania: American Society for Testing Materials, 1960, pp. 180–200.
11. Rixom, R. e N. Mailvaganam. *Chemical Admixtures for Concrete*, 3rd ed. London: Spon, 1999, 456 pp.
12. Chandra, S. e L. Berntsson. *Lightweight Aggregate Concrete: Science, Technology, and Applications*. Norwich, United Kingdom: William Andrew, 2002, 450 pp.
13. Yeğinobali, A. Shrinkage of high-strength natural lightweight aggregate concretes. In A. Bentur e K. Kovler, eds., *PRO 23: International RILEM Conference on Early Age Cracking in Cementitious Systems (EAC '01)*. Bagneux, France: RILEM, 2002, pp. 355–362.
14. Henkensiefken, R., P. Briatka, D. Bentz, T. Nantung, e J. Weiss. Plastic shrinkage cracking in internally cured mixtures made with prewetted lightweight aggregate. *Concrete International*, v. 32, 2010, pp. 49–54.
15. Mora-Ruacho, J., R. Gettu, e A. Aguado, A. Influence of shrinkage-reducing admixtures on the reduction of plastic shrinkage cracking in concrete. *Cement and Concrete Research*, v. 39, 2009, pp. 141–146.
16. Qi, C., J. Weiss, e J. Olek. Characterisation of plastic shrinkage cracking in fibre-reinforced concrete using image analysis and a modified Weibull function. *Materials and Structures*, v. 36, 2003, pp. 386–395.
17. Banthia, N. e R. Gupta. Influence of polypropylene fibre geometry on plastic shrinkage cracking in concrete. *Cement and Concrete Research*, v. 36, 2006, pp. 1263–1267.
18. Sivakumar, A. e M. Santhanam. A quantitative study on the plastic shrinkage cracking in high-strength hybrid fibre-reinforced concrete. *Cement and Concrete Composites*, v. 29, 2007, pp. 575–581.
19. Houst, Y. F. e F. H. Wittmann. Influence of porosity and water content on the diffusivity of CO_2 and O_2 through hydrated cement paste. *Cement and Concrete Research*, v. 24, 1994, pp. 1165–1176.
20. Wittmann, F. H. Creep and shrinkage mechanisms. In Z. P. Bažant e F. H. Wittmann, *Creep and Shrinkage in Concrete Structures*. Chichester, United Kingdom: Wiley, 1982, pp. 129–161.

21. Jennings, H. M. Refinements to colloid model of C-S-H in cement: CM-II. *Cement and Concrete Research*, v. 38, 2008, pp. 275–289.
22. Building Research Establishment. *BRE Digest 357: Shrinkage of Natural Aggregates in Concrete*. Watford, United Kingdom: Building Research Establishment, 1991, 4 pp.
23. Wittmann, F. H. The structure of hardened cement paste: A basis for a better understanding of the material's properties. In P. V. Maxwell Cook, ed., *Hydraulic Cement Pastes: Their Structure and Properties*. Slough, United Kingdom: Cement and Concrete Association of Great Britain, 1976, pp. 96–117.
24. Verbeck, G. J. Carbonation of hydrated Portland cement. *Special Technical Publication 205*. West Conshohocken, Pennsylvania: American Society for Testing Materials, 1958, pp. 17–36.
25. Bažant, Z. P. e L. J. Najjar. Drying of concrete as a nonlinear diffusion problem. *Cement and Concrete Research*, v. 1, 1971, pp. 461–473.
26. Parrot, L. J. Moisture profiles in drying concrete. *Advances in Cement Research*, v. 1, 1988, pp. 164–170.
27. Pickett, G. Effect of aggregate on shrinkage of concrete and a hypothesis concerning shrinkage. *Proceedings of the American Concrete Institute*, v. 52, 1956, pp. 581–590.
28. Hansen, W. e J. A. Almudaiheem. Ultimate drying shrinkage of concrete: Influence of major parameters. *ACI Materials Journal*, v. 84, 1987, pp. 217–223.
29. Carlson, R. W. Drying shrinkage of concrete as affected by many factors. *Proceedings of the 41st Annual Meeting of the ASTM*, v. 38 (Part 2), 1938, pp. 419–437.
30. Hobbs, D. W. e L. J. Parrot. Prediction of drying shrinkage. *Concrete*, v. 13, 1979, pp. 19–24.
31. Soroka, I. *Portland Cement Paste and Concrete*. London: Macmillan, 1979, 362 pp.
32. Lawrence, C. D. Physicochemical and mechanical properties of Portland cements. In P. C. Hewlett, ed., *Lea's Chemistry of Cement and Concrete*, 4th ed. Oxford, United Kingdom: Butterworth-Heinemann, 1998, pp. 343–420.
33. Lerch, W. The influence of gypsum on the hydration and properties of Portlandcement pastes. *Portland Cement Association Bulletin 12*. Chicago, Illinois: Portland Cement Association, 1946, 41 pp.

34. Chindaprasirta, P., S. Homwuttiwongb, e V. Sirivivatnanonc. Influence of fly ash fineness on strength, drying shrinkage, and sulphate resistance of blended cement mortar. *Cement and Concrete Research*, v. 34, 2004, pp. 1087–1092.
35. Hooton, R. D., K. Stanish, e J. Prusinski. The effect of ground, granulated blast furnace slag (slag cement) on the drying shrinkage of concrete: A critical review of the literature. *8th CANMET/ACI International Conference on Fly Ash, Silica Fume, Slag, and Natural Pozzolans in Concrete*, Supplementary Papers Volume. American Concrete Institute, 2004, 22 pp.
36. Brooks, J. J. e M. A. Megat Johari. Effect of metakaolin on creep and shrinkage in concrete. *Cement and Concrete Composites*, v. 23, 2001, pp. 495–502.
37. Skalny, J., I. Odler, e J. Hagymassy. Pore structure of hydrated calcium silicates: I. Influence of calcium chloride on the pore structure of hydrated tricalcium silicate. *Journal of Colloid and Interface Science*, v. 35, 1971, pp. 434–440.
38. Rao, G. A. Influence of silica fume replacement of cement on expansion and drying shrinkage. *Cement and Concrete Research*, v. 28, 1998, pp. 1505–1509.
39. Bruere, G. M., J. D. Newbegin, e L. M. Wilson. A laboratory investigation of the drying shrinkage of concrete containing various types of chemical admixtures. *Technical Paper 1*. Floreat Park, Australia: Division of Applied Mineralogy, CSIRO, 1971, 26 pp.
40. Hobbs, D. W. e A. R. Mears. The influence of specimen geometry upon weight change and shrinkage or air-dried mortar specimens. *Magazine of Concrete Research*, v. 23, 1971, pp. 89–98.
41. British Standards Institution. BS EN 1992-1-1:2004: Eurocode 2: *Design of Concrete Structures – Part 1-1: General Rules and Rules for Buildings*. London: British Standards Institution, 2004, 230 pp.
42. Tasdemir, M. A., F. D. Lydon, e B. I. G. Barr. The tensile strain capacity of concrete. *Magazine of Concrete Research*, v. 48, 1996, pp. 211–218.
43. The Highways Agency. Highway structures: Approval procedures and general design: Section 3. General design. *Early Thermal Cracking of Concrete: Design Manual for Roads and Bridges, Vol. 1*. South Ruislip, United Kingdom: Department of the Environment/Department of Transport, 1987, 8 pp.
44. British Standards Institution. BS EN 1992-3:2006: Eurocode 2: Design of Concrete Structures – Part 3. Liquid-Retaining and Containment Structures. London: British Standards Institution, 2006, 28 pp.

45. Bamforth, P., D. Chisholm, J. Gibbs, e T. Harrison. *Properties of Concrete for Use in Eurocode 2*. Camberley, United Kingdom: The Concrete Centre, 2008, 53 pp.
46. Termkhajornkit, P., T. Nawaa, M. Nakai, e T. Saito. Effect of fly ash on autogenous shrinkage. *Cement and Concrete Research*, v. 35, 2005, pp. 473–482.
47. Zhang, M. H., C. T. Tam, e M. P. Leow. Effect of water-cementitious materials ratio and silica fume on the autogenous shrinkage of concrete. *Cement and Concrete Research*, v. 33, 2003, pp. 1687–1694.
48. Lee, K. M., H. K. Lee, S. H. Lee, e G. Y. Kim. Autogenous shrinkage of concrete containing granulated blast-furnace slag. *Cement and Concrete Research*, v. 36, 2006, pp. 1279–1285.
49. Li, Y., J. Bao, e Y. Guo. The relationship between autogenous shrinkage and pore structure of cement paste with mineral admixtures. *Construction and Building Materials*, v. 24, 2010, pp. 1855–1860.
50. Tazawa, E-. I. e S. Miyazawa. Influence of cement and admixture on autogenous shrinkage of cement paste. *Cement and Concrete Research*, v. 25, 1995, pp. 281–287.
51. Evans, E. P. e B. P. Hughes. Shrinkage and thermal cracking in a reinforced concrete-retaining wall. *Proceedings of the Institution of Civil Engineers*, v. 39, 1968, pp. 111–125.
52. British Standards Institution. *BS 8007:1987: Code of Practice for Design of Concrete Structures for Retaining Aqueous Liquids*. London: British Standards Institution, 1987, 32 pp.
53. The Concrete Society. *Technical Report 34: Concrete Industrial Ground Floors, 3rd ed*. Surrey, United Kingdom: The Concrete Society, 2013, 76 pp.
54. The Concrete Society. *Technical Report 66: External In Situ Concrete Paving, 3rd ed*. Surrey, United Kingdom: The Concrete Society, 2007, 83 pp.
55. Houghton, D. L. Determining tensile strength capacity in mass concrete. *Journal of the American Concrete Institute*, v. 67, 1976, pp. 691–700.
56. Bentz, D. P., M. R. Geiker, e K. K. Hansen. Shrinkage-reducing admixtures and early-age desiccation in cement pastes and mortars. *Cement and Concrete Research*, v. 31, 2001, pp. 1075–1085.
57. Paine, K. A., L. Zheng, e R. K. Dhir. Experimental study and modelling of heat evolution of blended cements. *Advances in Cement Research*, v. 17, 2005, pp. 121–132.

58. Dhir, R. K., L. Zheng, e K. A. Paine. Measurement of early-age temperature rises in concrete made with blended cements. *Magazine of Concrete Research*, v. 60, 2008, pp. 109–118.
59. Bamforth, P. B. Early-age thermal crack control in concrete. *CIRIA Report C660*. London: CIRIA, 2007, 9 pp.
60. Emanuel, J. H. e J. L. Hulsey. Prediction of the thermal coefficient of expansion of concrete. *ACI Journal*, v. 74, 1977, pp. 149–155.
61. Browne, R. D. Thermal movement of concrete. *Concrete*, v. 6, 1972, pp. 51–53.
62. ACI Committee 122. *ACI 122R-02: Guide to Thermal Properties of Concrete and Masonry Systems*. Farmington Hills, Michigan: American Concrete Institute, 2002, 21 pp.
63. Valore, R. C. Calculation of U-values of hollow concrete masonry. *Concrete International*, v. 2, 1980, pp. 40–63.
64. Clark, S. P. *Handbook of Physical Constants*. New York: The Geological Society of America, 1966, 587 pp.
65. Waples, D. W. e J. S. Waples. A review and evaluation of specific heat capacities of rocks, minerals, and subsurface fluids: Part 1. Minerals and nonporous rocks. *Natural Resources Research*, v. 13, 2004, pp. 98–122.
66. Matiašovský, P. e O. Koronthályová. Pore structure and thermal conductivity of porous inorganic building materials. *Proceedings of the Thermophysics Working Group of the Slovak Physical Society*. 2002, pp. 40–46.
67. Mikulić, D., B. Milovanović, e I. Gabrijel. Analysis of thermal properties of cement paste during setting and hardening. *Proceedings of the International Symposium on Non-Destructive Testing of Materials and Structures*, Istanbul, Turkey, May 15–18, 2011. New York: Springer, 2011, 62 pp.
68. Fu, X. e D. L. L. Chung. Effects of silica fume, latex, methylcellulose, and carbon fibres on the thermal conductivity and specific heat of cement paste. *Cement and Concrete Research*, v. 27, 1992, pp. 1799–1804.
69. Kim, K.-H., S.-E. Jeon, J.-K. Kim, e S. Yang. An experimental study on thermal conductivity of concrete. *Cement and Concrete Research*, v. 33, 2003, pp. 363–371.
70. Bentz, D. P., M. A. Peltz, A. Durán-Herrera, P. Valdez, e C. A. Juárez. Thermal properties of high-volume fly ash mortars and concretes. *Journal of Building Physics*, v. 34. 2011, pp. 263–275.

71. Waller, V., F. de Larrard, and P. Roussel. Modelling the temperature rise in massive HPC structures. *Proceedings of the 4th International Symposium on Utilization of High-Strength/High-Performance Concrete*, Paris, France: RILEM, 1996, pp. 415–421.
72. Bentz, D. P. Transient plane source measurements of the thermal properties of hydrating cement pastes. *Materials and Structures*, v. 40, 2007, pp. 1073–1080.
73. Steenkamp, J. D., M. Tangstad, e P. C. Pistorius. Thermal conductivity of solidified manganese-bearing slags: A preliminary investigation. In R. T. Jones and P. den Hoed, eds., *Southern African Pyrometallurgy*. Johannesburg, South Africa: Southern African Institute of Mining and Metallurgy, 2011, pp. 327–343.
74. Knacke, O., O. Kubaschewski, e K. Hesselmann. *Thermochemical Properties of Inorganic Substances*, 2nd ed. Berlin, Germany: Springer-Verlag, 1977, 861 pp.
75. Schindler, A. K. e K. J. Folliard. Influence of supplementary cementing materials on the heat of hydration of concrete. *Proceedings of the 9th Conference on Advances in Cement and Concrete*. 2003, pp. 17–26.
76. Nambiar, O. N. N. e V. Krishnamurthy. Control of temperature in mass concrete pours. *The Indian Concrete Journal*, v. 58, 1984, pp. 67–73.
77. Struble, L. e S. Diamond. Influence of cement pore solution on expansion. In M. Kawamura, ed., *Proceedings of the 8th International Conference on Alkali-Aggregate Reactions*. 1989, pp. 167–172.
78. Antoniou, A. A. Phase transition of water in porous glass. *Journal of Physical Chemistry*, v. 68, 1964, pp. 2754–2763.
79. Powers, T. C. A working hypothesis for further studies of frost resistance of concrete. *Journal of the American Concrete Institute*, v. 41, 1945, pp. 245–272.
80. Janssen, D. J. e M. B. Snyder. *Strategic Highway Research Programme Report SHRP-C-391: Resistance of Concrete to Freezing and Thawing*. Washington, D.C.: National Research Council, 1994, 201 pp.
81. Harrison, T. A., J. D. Dewar, e B. V. Brown. *Freeze–Thaw-Resisting Concrete: Its Achievement in the U.K.* London: Construction Information Research and Information Association, 2001, 15 pp.
82. Fagerlund, G. The significance of critical degrees of saturation at freezing of porous and brittle materials. *ACI Publication SP47: Durability of Concrete*. Detroit, Michigan: American Concrete Institute, 1975, pp. 13–65.

83. Fagerlund, G. The international cooperative test of the critical degree of saturation method of assessing the freeze/thaw resistance of concrete. *Materiaux et Constructions*, v. 10, 1977, pp. 231–253.
84. Jana, D. Concrete scaling: A critical review. *Proceedings of the 29th Conference on Cement Microscopy*. Quebec City, Canada, May 20–24, 2007. Quebec, Canada: International Cement Microscopy Association, 2007, pp. 91–130.
85. Valenza, J. J. e G. W. Scherer. A review of salt scaling: I. Phenomenology. *Cement and Concrete Research*, v. 37, 2007, pp. 1007–1021.
86. Kaneuji, M., D. N. Winslow, e W. L. Dolch. The relationship between an aggregate's pore size distribution and its freeze–thaw durability in concrete. *Cement and Concrete Research*, v. 10, 1980, pp. 433–441.
87. American Society for Testing and Materials. ASTM C666: Standard Test Method for Resistance of Concrete to Rapid Freezing and Thawing. West Conshohocken, Pennsylvania: American Society for Testing and Materials, 2008, 6 pp.
88. Stark, D. and P. Klieger. Effect of maximum size of coarse aggregate on D-crackingin concrete pavements. *Highway Research Record 441*, 1973, pp. 33–43.
89. Mao, J. e K. Ayuta. Freeze–thaw resistance of lightweight concrete and aggregate at different freezing rates. *Journal of Materials in Civil Engineering*, v. 20, 2008, pp. 78–84.
90. Dhir, R. K., M. J. McCarthy, M. C. Limbachiya, H. I. El Sayad, e D. S. Zhang. Pulverised fuel ash concrete: Air entrainment and freeze/thaw durability. *Magazine of Concrete Research*, v. 51, 1999, pp. 53–64.
91. Powers, T. C. The air requirements of frost-resistant concrete. *Proceedings of the Annual Meeting of the Highway Research Board*, v. 29, 1949, pp. 184–211.
92. British Standards Institution. *BS EN 12350-7:2009: Testing Fresh Concrete: Part 7. Air content – Pressure Methods*. London: British Standards Institution, 2009, 28 pp.
93. British Standards Institution. *BS EN 206: Concrete. Specification, Performance, Production, and Conformity*. London: British Standards Institution, 2013, 74 pp.
94. British Standards Institution. *BS EN 12620:2013: Aggregates for Concrete*. London: British Standards Institution, 2013, 60 pp.
95. British Standards Institution. *BS EN 8500-1:2006: Concrete: Complementary British Standard to BS EN 206-1 – Method of Specifying and Guidance for the Specifier*. London: British Standards Institution, 2006, 66 pp.

96. Cornelius, D. F. *RRL Report LR 363: Air-Entrained Concretes – A Survey of Factors Affecting Air Content and A Study of Concrete Workability*. Crowthorne, United Kingdom: Road Research Laboratory, 1970, 18 pp.
97. Golaszewski, J., J. Szwabowski, e P. Soltysik. Influence of air-entraining agents on workability of fresh high-performance concrete. In R. K. Dhir, P. C. Hewlett, and M. D. Newlands, eds., *Admixtures: Enhancing Concrete Performance*. Slough, United Kingdom: Thomas Telford, 2005, pp. 171–182.
98. Warris, B. Influence of water-reducing and air-entraining admixtures on the water requirement, air content, strength, modulus of elasticity, shrinkage, and frost resistance of concrete. *Proceedings of the International Symposium on Admixtures for Mortar and Concrete*, Brussels, Belgium, 1967, Theme IV. Brussels, Belgium: ABEM, 1967, pp. 11–15.
99. Wright, P. J. F. Entrained air in concrete. *Proceedings of the Institution of Civil Engineers*, v. 2, 1953, pp. 337–358.
100. Tang, M., Y. Tian, X. B. Mu, e M. Jiang. Air-entraining concrete bubble distribution fractal dimension and antichloride ion diffusion characteristics. *Journal of Advanced Materials Research*, v. 255–260, 2011, pp. 3217–3222.
101. Nishi, T. On the recent studies and applications in Japan concerned to admixtures in use of building concretes and mortars: Part 2. Effects of surface active agents upon hardened concretes and mortars. *Proceedings of the International Symposium on Admixtures for Mortar and Concrete*. Brussels, Belgium, 1967, Theme IV. Brussels, Belgium: ABEM, 1967, pp. 112–117.
102. Wong, H. S., A. M. Pappas.s, R. W. Zimmerman, e N. R. Buenfeld. Effect of entrained air voids on the microstructure and mass transport properties of concrete. *Cement and Concrete Research*, v. 41, 2011, pp. 1067–1077.
103. Viles, R. Chemical admixtures. In M. Soutsos, ed., *Concrete Durability*. London: Thomas Telford, 2010, pp. 148–163.
104. Zhang, Z. e F. Ansari. Fracture mechanics of air-entrained concrete subjected to compression. *Engineering Fracture Mechanics*, v. 73, 2006, pp. 1913–1924.
105. Mayfield, B. e A. J. Moreton. Effect of fineness of cement on the air-entraining properties of concrete. *Civil Engineering and Public Works Review*, v. 64, 1969, pp. 37–41.
106. Backstrom, J. E., R. W. Burrows, R. C. Mielenz, e V. E. Wolkodoff. Origin, evolution, and effects of the air-void system in concrete: Part 3. Influence

of water–cement ratio and compaction. *Journal of the American Concrete Institute*, v. 30, 1958, pp. 359–375.
107. Scripture, E. W. e F. J. Litwinowicz. Effects of mixing time, size of batch, and brand of cement on air entrainment. *ACI Journal*, v. 45, 1949, pp. 653–662.
108. Pleau, R., M. Pigeon, A. Lamontagne, e M. Lessard. Influence of pumping on characteristics of air-void system of high-performance concrete. *Transportation Research Record 1478*, 1995, pp. 30–36.
109. Hooton, R. D. e A. Boyd. Effect of finishing, forming, and curing on deicer salt scaling resistance of concretes. In M. J. Setzer and R. Auberg, eds., *RILEM Proceedings 34: Frost Resistance of Concrete*. London: Spon, 1997, pp. 174–183.
110. Mayfield, B. e A. J. Moreton. Effect of fineness on the air-entraining properties of concrete. *Civil Engineering and Public Works Review*, v. 64, 1969, pp. 37–41.
111. Greening, N. R. Some causes for variation in required amount of air-entraining agent in Portland cement mortars. *Journal of the PCA Research and Development Laboratories*, v. 9, 1967, pp. 22–36.
112. Pistilli, M. F. Air-void parameters developed by air-entraining admixtures, as influenced by soluble alkalis from fly ash and Portland cement. *ACI Journal*, v. 80, 1983, pp. 217–222.
113. Pigeon, M., P. Plante, R. Pleau, e N. Banthia. Influence of soluble alkalis on the production and stability of the air-void system in superplasticised and nonsuperplasticised concrete. *ACI Materials Journal*, v. 89, 1992, pp. 24–31.
114. Dhir, R. K., M. J. McCarthy, M. C. Limbachiya, H. I. El Sayad, e D. S. Zhang. Pulverised fuel ash concrete: Air entrainment and freeze–thaw durability. *Magazine of Concrete Research*, v. 51, 1999, pp. 53–64.
115. Giergiczny, Z., M. A. Glinicki, M. Sokołowski, e M. Zielinski. Air-void system and frost-salt scaling of concrete containing slag-blended cement. *Construction and Building Materials*, v. 23, 2009, pp. 2451–2456.
116. Pigeon, M., P. C. Aitcin, e P. La Plante. Comparative study of the air-void stability in a normal and a condensed silica fume field concrete. *ACI Journal*, v. 84, 1987, pp. 194–199.
117. Neville, A. M. e J. J. Brooks. *Concrete Technology*. Harlow, United Kingdom: Longman, 1987, 438 pp.

118. Litvan, G.G. Air entrainment in the presence of superplasticisers. *ACI Journal*, v. 80, 1983, pp. 326–331.
119. Graybeal, B. e J. Tanesi. Durability of an ultrahigh-performance concrete. *Journal of Materials in Civil Engineering*, v. 19, 2007, pp. 848–854.
120. Cohen, M. D., Y. Zhou, e W. L. Dolch. Non–air-entrained high-strength concrete: Is it frost resistant? *ACI Materials Journal*, v. 89, 1992, pp. 406–415.
121. Dhir, R. K., K. Tham, e J. Dransfield. Durability of concrete with a superplasticising admixture. In J. M. Scanlon, ed., *ACI Special Publication SP-100: Concrete Durability – Proceedings of Katharine and Bryant Mather International Symposium, Vol. 1*. Detroit, Michigan: American Concrete Institute, 1987, pp. 741–764.
122. Mu, R., C. Miao, X. Luo, e W. Sun. Interaction between loading, freeze–thaw cycles, and chloride salt attack of concrete with and without steel fibre reinforcement. *Cement and Concrete Research*, v. 32, 2002, pp. 1061–1066.
123. Karahan, O. e C. D. Atiş. The durability properties of polypropylene fibre–reinforced fly ash concrete. *Materials and Design*, v. 32, 2011, pp. 1044–1049.
124. Şahmaran, M., E. Özbay, H. E. Yücel, M. Lachemi, e V. C. Li. Frost resistance and microstructure of engineered cementitious composites: Influence of fly ash and micro–polyvinyl-alcohol fibre. *Cement and Concrete Composites*, v. 34, 2012, pp. 156–165.
125. Soroushian, P., M. Nagi, e A. Okwuegbu. Freeze–thaw durability of lightweight carbon fibre–reinforced cement composites. *ACI Materials Journal*, v. 89, 1992, pp. 491–494.
126. Soroushian, P. e S. Ravanbakhsh. High–early-strength concrete: Mixture proportioning with processed cellulose fibres for durability. *ACI Materials Journal*, v. 96, 1999, pp. 593–599.
127. Quanbing, Y. e Z. Beirong. Effect of steel fibre on the de-icer–scaling resistance of concrete. *Cement and Concrete Research*, v. 35, 2005, pp. 2360–2363.
128. ACI Committee 544. Measurement of properties of fibre-reinforced concrete. *ACI Materials Journal*, v. 85, 1988, pp. 583–593.
129. Balaguru, P., M. Ukadike, e E. Nawy. Freeze–thaw resistance of polymer-modified concrete. In J. M. Scanlon, ed., *ACI Special Publication SP-100: Concrete Durability – Proceedings of Katharine and Bryant Mather*

International Symposium, Vol. 1. Detroit, Michigan: American Concrete Institute, 1987, pp. 863–876.
130. Bordeleau, D., M. Pigeon, e N. Banthia. Comparative study of latex-modified concretes and normal concretes subjected to freezing and thawing in the presence of a de-icer solution. *ACI Materials Journal*, v. 89, 1992, pp. 547–553.
131. Goretta, K. C., M. L. Burdt, M. M. Cuber, L. A. Perry, D. Singh, A. S. Wagh, J. L. Routbort, e W. J. Weber. Solid-particle erosion of Portland cement and concrete. *Wear*, v. 224, 1999, pp. 106–112.
132. ACI Committee 210. *ACI 210R-93: Erosion of Concrete in Hydraulic Structures*. Farmington Hills, Michigan: American Concrete Institute, 1993, 24 pp.
133. Coombes, M. A., L. A. Naylor, R. C. Thompson, S. D. Roast, L. Gómez-Pujol, e R. J. Fairhurst. Colonisation and weathering of engineering materials by marine microorganisms: An SEM study: *Earth Surface Processes and Landforms*, v. 36, 2011, pp. 582–593.
134. Hu, X. G., A. W. Momber, e Y. G. Yin. Hydroabrasive erosion of steel fibre–reinforced hydraulic concrete. *Wear*, v. 253, 2002, pp. 848–854.
135. Lekarp, F. e A. Dawson. Modelling permanent deformation behaviour of unbound granular materials. *Construction and Building Materials*, v. 12, 1998, pp. 9–18.
136. Akbulut, H. e K. Aslantas. Finite-element analysis of stress distribution on bituminous pavement and failure mechanism. *Materials and Design*, v. 26, 2005, pp. 383–387.
137. British Standards Institution. *BS EN 13863-4:2012: Concrete Pavements: Test Methods for the Determination of Wear Resistance of Concrete Pavements to Studded Tyres*. London: British Standards Institution, 2012, 14 pp.
138. British Standards Institution. *BS EN 13892-3:2004: Methods of Test for Screed Materials: Determination of Wear Resistance – Bohme*. London: British Standards Institution, 2004, 14 pp.
139. British Standards Institution. *BS EN 13892-4:2002: Methods of Test for Screed Materials: Part 4. Determination of Wear Resistance – BCA*. London: British Standards Institution, 2002, 12 pp.
140. British Standards Institution. *BS EN 13892-5:2003: Methods of Test for Screed Materials: Determination of Wear Resistance to Rolling Wheel of Screed Material for Wearing Layer*. London: British Standards Institution, 2003, 14 pp.

141. American Society for Testing and Materials. *ASTM C779/C779M-05 (2010): Standard Test Method for Abrasion Resistance of Horizontal Concrete Surfaces*. West Conshohocken, Pennsylvania: American Society for Testing and Materials, 2010, 6 pp.
142. American Society for Testing and Materials. *ASTM C944/C944M-99 (2005) e1: Standard Test Method for Abrasion Resistance of Concrete or Mortar Surfaces by the Rotating-Cutter Method*. West Conshohocken, Pennsylvania: American Society for Testing and Materials, 2005, 5 pp.
143. American Society for Testing and Materials. *ASTM C418-05: Standard Test Method for Abrasion Resistance of Concrete by Sandblasting*. West Conshohocken, Pennsylvania: American Society for Testing and Materials, 2005, 3 pp.
144. American Society for Testing and Materials. *ASTM C1138M-05 (2010) e1: Standard test method for abrasion resistance of concrete (underwater method)*. West Conshohocken, Pennsylvania: American Society for Testing and Materials, 2010, 4 pp.
145. Ghafoori, N. e M. W. Tays. Resistance to wear of fast-track Portland cement concrete. *Construction and Building Materials*, v. 24, 2010, pp. 1424–1431.
146. Smith, F. Effect of aggregate quality on resistance of concrete to abrasion. *ASTM STP 205: Cement and Concrete*. Philadelphia, Pennsylvania: American Society for Testing and Materials, 1958, pp. 91–105.
147. Dhir, R. K., P. C. Hewlett, e Y. N. Chan. Near-surface characteristics of concrete: Abrasion resistance. *Materials and Structures*, v. 24, 1991, pp. 122–128.
148. Kılıç, A., C. D. Atis, A. Teymen, O. Karahan, F. Özcan, C. Bilim, e M. Özdemir. The influence of aggregate type on the strength and abrasion resistance of high-strength concrete. *Cement and Concrete Composites*, v. 30, 2008, pp. 290–296.
149. 149   Price, W. H. Erosion of concrete by cavitation and solids in flowing water. *ACI Journal*, v. 43, 1947, pp. 1009–1024.
150. British Standards Institution. *BS 8204-2:2003: Screeds, Bases, and In Situ Floorings: Part 2. Concrete Wearing Surfaces – Code of Practice*. London: British Standards Institution, 2003, 46 pp.
151. Sadegzadeh, M. e R. J. Kettle. Abrasion resistance of surface-treated concrete. *Cement, Concrete, and Aggregates*, v. 10, 1988, pp. 20–28.

152. The Highways Agency. *Design Manual for Roads and Bridges, Vol. 7: Pavement Design and Maintenance: Section 5. Surfacing and Surfacing Materials. Part 3. Concrete Surfacing and Materials.* London: Highways Agency, 1997, 7 pp.
153. The Highways Agency. *Design Manual for Roads and Bridges, Vol. 7: Pavement Design and Maintenance: Section 3. Pavement Maintenance Assessment. Part 1. Skid Resistance.* London: Highways Agency, 2004, 38 pp.

Capítulo 3

Mecanismos químicos de degradação do concreto

3.1 Introdução

Durante a vida útil do concreto, uma ampla faixa de circunstâncias pode pô-lo em contato com substâncias químicas que podem causar deterioração, seja da matriz de cimento, seja do agregado. Além do mais, alguns constituintes podem apresentar ameaças químicas dentro do próprio concreto. Este capítulo examina três dos principais mecanismos de degradação química: o ataque de sulfatos, a reação álcali-agregado e o ataque de ácidos.

3.2 Ataque de sulfatos

O ataque de sulfatos ocorre como resultado do ingresso de íons dissolvidos de sulfato no concreto, que subsequentemente passa por reações com o cimento endurecido. Dependendo das condições de exposição, há uma série de diferentes reações possíveis, cujo impacto nas propriedades do concreto resulta da expansão e fissura ou da perda de força e integridade. Esses diferentes efeitos serão examinados subsequentemente. Entretanto, é útil examinar-se, primeiro, onde surgem os sulfatos no meio ambiente.

3.2.1 Sulfatos no meio ambiente

Os sulfatos podem provir de duas principais fontes, no meio ambiente – a água do mar e solo e água do subsolo. Essas fontes são discutidas abaixo.

3.2.1.1 Água do mar

A água do mar contém concentrações relativamente elevadas de íons de sulfato – entre 2.500 e 3.000 miligramas por litro (mg/L), dependendo da salinidade da água [1]. O ânion está associado a cátions de sódio e magnésio e, numa menor extensão, a íons de cálcio e potássio [2]. Usando-se proporções típicas da associação, o $MgSO_4$ pode ser estimado como presente em concentrações entre 2.400 e 2.900 mg/L, com o Na_2SO_4 presente em concentrações entre 4.800 e 5.800 mg/L.

Como será discutido em seções posteriores, as altas concentrações de sulfato de magnésio implicam que água do mar pode ser potencialmente um ambiente de sulfato relativamente agressivo.

3.2.1.2 Solo e água do subsolo

A extensão em que o sulfato no solo está disponível para ingresso no concreto depende da solubilidade dos minerais presentes, bem como da extensão em que a água do subsolo está presente e de sua mobilidade. O solo pode conter uma série de minerais de sulfato, embora alguns desses sejam de baixa solubilidade. Minerais de sulfato comuns são mostrados na tabela 3.1, que mostra que os mais solúveis são os sulfatos de sódio e de magnésio.

Minerais de sulfeto, tais como a pirita, a marcassita e a pirrotita, também podem estar presentes. A maioria desses minerais de sulfeto é de solubilidade muito baixa. Em solos virgens ricos em minerais de sulfeto, os sulfatos só estão presentes em quantidades significativas nos primeiros poucos metros de solo que se submeteram a processos climáticos de longo prazo, que levaram à gradual oxidação de sulfetos. Além do mais, o primeiro metro de solo tipicamente contém níveis relativamente baixos de sulfato, resultado da absorção por níveis inferiores pela infiltração de água da chuva.

O rompimento do solo durante a construção pode levar os minerais de sulfeto ao contato com o ar, o que permite que eles sofram transformação por oxidação em minerais de sulfato numa taxa relativamente alta. Em condições de pH elevado, tais como as produzidas em grande proximidade de cimento Portland hidratado, esse processo pode ser acelerado [3,4]. A bactéria sulfuroxidante, que pode estar presente no solo, também é capaz de converter minerais de sulfeto em sulfatos [5].

Tabela 3.1 Minerais comuns compostos de enxofre e suas solubilidades

Mineral	Fórmula química	Solubilidade a 25°C (mg/L)
Barita	BaSO4	2
Anidrita	$CaSO_4$	3.178
Gesso	$CaSO_4 \cdot 2H_2O$	2.692
Epsomita	$MgSO_4 \cdot 7H_2O$	1.481.658
Jarosita	$KFe_3(OH)_6(SO_4)_2$	5
Mirabilita	$Na_2SO_4 \cdot 10H_2O$	340.561
Glauberita	$Na_2Ca(SO_4)_2$	78.146
Pirita	FeS_2	0
Marcassita	FeS_2	0
Pirrotita	FeS	0

Em ambos os casos, o sulfeto é oxidado em ácido sulfúrico, que passa a reagir com outros cátions no solo para formar compostos de sulfato.

Solos que contêm turfa também são ricos em enxofre, embora grande parte esteja presente como compostos orgânicos, em vez de minerais inorgânicos [6]. Porém, isso também pode ser oxidado em sulfato, como resultado do rompimento do solo.

Atividades humanas também podem introduzir enxofre nos sítios. Atividades industriais anteriores – particularmente as que envolvem o tratamento e processamento de combustíveis fósseis – podem contaminar o solo com sulfatos e sulfetos. Atividades desse tipo incluem mineração de carvão, fábricas de processamento de gás e coque e manufaturas de ferro e aço. Além disso, atividades tais como manufatura de fertilizantes e acabamento de metais também podem introduzir sulfatos num sítio. Em alguns casos, resíduos de atividades industriais contendo sulfatos podem ser introduzidos nos sítios como aterramento. Esses incluem as escórias de alto-fornos, resíduos de mineração de carvão, cinzas de fornos de geração de energia a carvão e cinzas de incineração de lixo [7]. Detritos de demolição também podem conter quantidades razoavelmente grandes de sulfatos solúveis [8].

3.2.1.3 Outras fontes

O ataque de sulfatos também pode ocorrer quando o concreto entra em contato com ácido sulfúrico (H_2SO_4). A exposição a essa fonte de sulfato produz tanto o ataque de sulfato quanto a corrosão do concreto. O ataque de ácido é discutido em detalhes na seção 3.3.

O ácido sulfúrico pode provir de uma série de fontes. O dióxido de enxofre que deriva da combustão de combustíveis fósseis se oxida na atmosfera para produzir H_2SO_4. As bactérias redutoras de sulfato e oxidantes atuam juntas para converter compostos de enxofre em gás H_2S, que será convertido em enxofre à medida que reage com o oxigênio da atmosfera. Esse enxofre pode, então, ser digerido por bactérias oxidantes, produzindo H_2SO_4.

Vários processos industriais também usam H_2SO_4, ou o produzem como subproduto, e o concreto em fábricas, onde tais atividades são conduzidas, pode ser levado a entrar em contato com essa substância.

3.2.2 Ataque de sulfato convencional

A forma mais comumente encontrada de ataque de sulfato ocorre em paralelo com a formação de etringita ($3CaO \cdot Al_2O_3(CaSO_4)_3 \cdot 32H_2O$) como produto da reação. Esse tipo de ataque ocorre quando os cátions associados a íons de sulfato são o sódio, o potássio ou o cálcio. A etringita é um produto da reação da hidratação do cimento Portland e desempenha papel importante durante a fixação e endurecimento iniciais do cimento. No entanto, quando formada dentro do concreto relativamente maduro, em quantidades suficientemente grandes, o efeito pode ser problemático.

Para que a etringita seja formada por íons de sulfato infiltrados no concreto endurecido, o sulfato precisa entrar em contato com uma fonte de alumínio e cálcio. Numa massa de cimento madura, o alumínio está presente como etringita, produtos de hidratação Al_2O_3–Fe_2O_3–mono (AFm) ou é substituído no gel silicato de cálcio hidratado (CSH, no acrônimo em inglês) [9]. O alumínio das fases AFm é normalmente mais solúvel que o do gel de CSH, e, portanto, são normalmente essas fases que estão envolvidas na formação da etringita.

Comumente, a fase AFm presente é monossulfato (3CaO·Al$_2$O$_3$·CaSO$_4$·12H$_2$O), embora constituintes da mistura e condições ambientais possam produzir fases Afm, incluindo o sal de Friedel (3CaO·Al$_2$O$_3$·CaCl$_2$·10H$_2$O), o monocarbonato (3CaO·Al$_2$O$_3$·CaCO$_3$·11H$_2$O) e o semicarbonato (3CaO·Al$_2$O$_3$·1/2CaCO$_3$·1/2 CaO·12H$_2$O).

A reação com monossulfato é assim:

$$3CaO·Al_2O_3·CaSO_4·12H_2O + 2Ca^{2+} + 2SO_4^{2-} + 20H_2O \rightarrow 3CaO·Al_2O_3(CaSO_4)_3·32H_2O$$

O cálcio adicional necessário para esta reação é obtido de diferentes fontes, dependendo do cátion associado ao sulfato. Onde o sulfato está presente como CaSO$_4$, o íon associado fornece todo o cálcio necessário para a reação. Contudo, onde sulfato de sódio ou de potássio é envolvido, o cálcio vem dos produtos de hidratação portlandita (Ca(OH)$_2$) ou do gel CSH. Onde o cálcio é obtido do gel de CSH, a razão de Ca/Si do gel declina, e se diz que o gel se torna descalcificado. Quando não restam mais fases AFm, os íons de sulfato combinam com íons de cálcio para formar gesso (CaSO$_4$·2H$_2$O).

Frequentemente se diz que a expansão do concreto que passa por esse tipo de ataque de sulfato é resultado do volume sólido de etringita ser significativamente maior que o dos reagentes sólidos. Porém, isso é válido para outros produtos de hidratação do cimento, ainda que sua precipitação tenha pouco impacto no volume da massa. Foi proposto que a expansão é resultado da descalcificação do gel de CSH [10], o que leva a maior inchaço do gel como resultado da absorção de água. Independente de ser este o caso, a descalcificação leva à perda de força. Uma explicação alternativa é que a precipitação de cristais de etringita – e possivelmente de gesso – produz pressões de cristalização entre os cristais e as paredes dos poros. Diferentes teorias foram propostas com relação à forma com que surgem as pressões de cristalização. Uma delas afirma que elas são produzidas quando forças repulsivas (forças eletrostáticas e de solução) existem entre as faces dos cristais e as paredes dos poros. Sua existência permite que uma fina camada de água ocupe o espaço entre as duas superfícies, a qual atua como um meio para que novos materiais sejam fornecidos às faces dos cristais. Esse fornecimento de material permite que o cristal aumente até a extensão em que pressões suficientes se desenvolvam para fraturar o material que o confina [11]. Uma hipótese alternativa é que as pressões são criadas como resultado do aumento na concentração de ingredientes dissolvidos nas soluções dos poros, os quais, por sua vez, são produzidos pelo aumento na solubilidade de cristais de etringita ou gesso, causado pelas pressões resultantes de seu crescimento num espaço confinado [12]. Tanto a descalcificação quanto a cristalização do CSH são igualmente mecanismos viáveis, e é possível que ambos sejam simultaneamente eficazes.

As figuras 3.1 e 3.2 mostram a forma de curvas típicas de expansão resultantes do ataque de sulfato convencional. As curvas mostram uma taxa inicialmente baixa de expansão, seguida por acelerada expansão. Isso tem sido interpretado como indicativo de que, durante o estágio inicial, os poros do concreto estão sendo preenchidos por cristais crescentes de etringita e gesso, com expansão acelerada sendo observada apenas quando os poros estão cheios [13].

Fissuras como resultado do ataque de sulfato convencional tipicamente iniciam nos cantos e laterais dos elementos de concreto, com essas fissuras penetrando até profundidades maiores conforme o processo progride. A formação de fissuras leva a um aumento tanto na rigidez quanto na força compressiva. A extensão em que a rigidez declina é altamente dependente dos estresses compressivos que estão atuando sobre o concreto, com níveis elevados de estresse levando a uma deterioração acelerada nesta propriedade [14]. Porém, foi relatado que concentrações moderadas de sulfato (~10.000 mg/L Na_2SO_4) podem ter uma influência benéfica na força, quando o concreto é carregado com compressão. Foi proposto que este efeito é devido a uma taxa reduzida de ingresso de sulfato no concreto cuja expansão é restringida pelos estresses impostos [15].

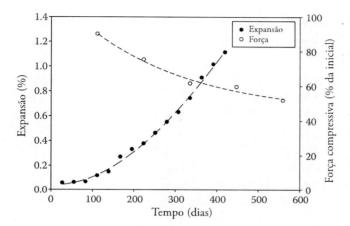

Figura 3.1 Mudança nas dimensões e na força compressiva da amostra *versus* o tempo, para uma argamassa de cimento Portland exposta a uma solução de 25.000 mg/L de sulfato (ou 37.000 mg/L de Na$_2$SO$_4$) a 23°C. (De Al-Dulaijan, S. U. et al., *Advances in Cement Research*, 19, 2007, 167–175.)

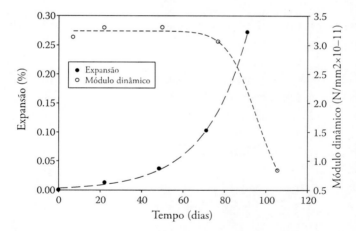

Figura 3.2 Mudança nas dimensões e módulo dinâmico de amostras *versus* tempo, para uma argamassa de cimento Portland exposta a uma solução de 50.000 mg/L de Na$_2$SO$_4$ a 23°C. (De van Aardt, J. H. P. e S. Visser, *Cement and Concrete Research*, 15, 1985, 485–494.)

O alto nível de dano nos cantos e laterais significa que essas características eventualmente se tornam arredondadas, à medida que material é perdido dessas áreas. Embora se possa esperar uma perda de massa durante o ataque de sulfato, estudos de laboratório mostram comportamento amplamente variável em termos de mudança de massa. Uma série de processos está ocorrendo, os quais provavelmente influenciam na massa [16]. Estes incluem os seguintes

- Um aumento na massa como resultado da absorção de água, como um resultado da continuada hidratação do cimento;
- Um aumento na massa como resultado da assimilação de íons externos de sulfato na matriz de cimento;
- Perda de massa como resultado de desintegração;
- Perda de massa como resultado de filtragem; e
- Perda de massa causada por movimento da água para fora do concreto como resultado de osmose.

Assim, diferenças nos resultados de mudança de massa obtidos em estudos de laboratório podem ser grandemente atribuídas a diferenças em condições e práticas experimentais que causam variação nos processos acima.

3.2.3 Fatores que influenciam na resistência do concreto ao ataque de sulfato convencional

Três fatores influenciam fortemente a habilidade do concreto de resistir ao ataque de sulfato convencional – a concentração de íons de sulfato na solução, as propriedades de permeabilidade do material, e a composição dos constituintes do cimento.

3.2.3.1 Concentração do sulfato

A taxa de degradação do concreto sujeito ao ataque de sulfato convencional é dependente da concentração que leva a um aumento na taxa de expansão [19]. Esse efeito é ilustrado na figura 3.3, que mostra a magnitude da expansão a diferentes níveis de concentração de sulfato para argamassas feitas com cimento Portland.

Em concentrações muito altas de sulfato (>70.000 mg/L), onde o sódio é o principal cátion associado, um composto chamado de fase U é formado [20]. A fase U é uma fase de AFm contendo sódio, com fórmula $4CaO \cdot 0,9Al_2O_3 \cdot 1,1S O_3 \cdot 0,5Na_2O \cdot 16H_2O$. Sua formação em grandes quantidades leva à deterioração na forma de expansão e perda de força. Além do mais, uma redução no pH da solução dos poros (tal como a que é causada pela carbonatação) leva a uma conversão da fase U em etringita, com mais expansão consequente.

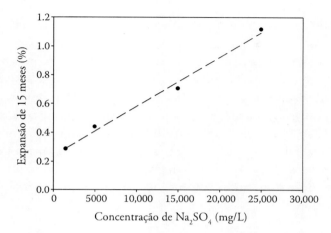

Figura 3.3 Expansão de 15 meses de argamassa de cimento Portland exposta a soluções contendo várias concentrações de Na$_2$SO$_4$ a 23°C. (De Al-Dulaijan, S. U. et al., *Advances in Cement Research*, 19, 2007, 167–175.)

Onde a exposição ao sulfato deriva do contato com o solo, a mobilidade da água do subsolo desempenha um papel importante. Onde a água do subsolo é efetivamente estática, a formação da etringita no concreto eventualmente leva os sulfatos solúveis externos a se tornarem escassos na superfície do concreto. Contudo, onde a água do subsolo é móvel, sulfato adicional vai continuar a ser fornecido, o que significa que a concentração de íons de sulfato no solo em torno da superfície do concreto vai ser mantida, e a extensão do ataque vai ser maior.

3.2.3.2 Temperatura

A taxa de ataque de sulfato é acelerada com o aumento da temperatura (figura 3.4), embora o nível máximo de expansão seja geralmente o mesmo, independente da temperatura. Temperaturas elevadas também tendem a promover a formação de fase U (veja acima) [21].

3.2.3.3 Composição do cimento

O aspecto de maior influência da composição do cimento Portland com relação à resistência a sulfatos é o conteúdo de aluminato tricálcico (C$_3$A). Há alguma correlação entre o conteúdo de C$_3$A e a expansão, com um nível de menos de 8%

por massa dando a resistência mais alta ao ataque [22]. No entanto, a correlação é fraca, e é evidente que relacionar o conteúdo de C_3A à suscetibilidade ao ataque é excesso de simplismo. Uma razão para isso é que o aluminato presente como etringita no cimento endurecido derivado da hidratação normal não pode vir a ser envolvido no ataque de sulfato, e somente o aluminato presente como fases de AFm (ou, possivelmente, ainda como C_3A) contribui para a expansão [23]. Esse efeito é claramente demonstrado pela resistência melhorada ao sulfato que o concreto ao qual foi adicionado gesso apresenta – o conteúdo maior de sulfato permite que maiores quantidades de etringita persistam na matriz de cimento maduro, em vez de ser convertido em AFm, que estaria disponível para conversão em etringita [24].

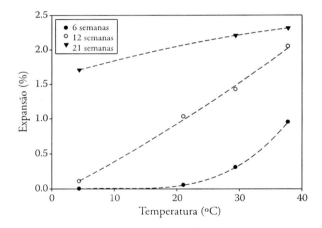

Figura 3.4 Expansão de prisma de argamassa de cimento Portland exposto a uma solução de 25.000 mg/L de Na_2SO_4 numa faixa de temperaturas. (De Santhanam, M. et al., *Cement and Concrete Research*, 32, 2002, 585–592.)

Tem-se percebido que o aumento dos níveis de álcali no cimento reduzem a expansão resultante do ataque de sulfato [16]. Levando-se em conta a influência coletiva do C_3A, de sulfatos e álcalis, em termos gerais, o ataque de sulfato convencional pode ser evitado quando

$$\frac{C_3A\%}{SO_3\%Na_2O_{eq}\%} < 3$$

e

$$1 < \frac{SO_3\%}{Na_2O_{eq}\%} < 3,5$$

onde % denota a porcentagem por massa de cada constituinte no cimento, e Na_2O_{eq}% é o conteúdo de álcali do cimento, expresso como equivalente de óxido de sódio (veja a seção 3.3).

O alumínio da fase de aluminoferrite tetracálcico (C_4AF) também contribui potencialmente para a formação da etringita, embora tenha-se percebido que o C_4AF às vezes reduz a suscetibilidade ao ataque [25]. Isso foi atribuído à conversão mais lenta em etringita das fases de AFm contendo ferro, o que pode permitir que a matriz de cimento resista melhor à expansão [26].

Taxas mais elevadas de silicato tricálcico (C_3S) a silicato dicálcico (C_2S) tornam o cimento mais suscetível ao ataque, embora aparentemente apenas quando o C_3A está presente em sua forma estrutural cúbica [22,27,28]. A deterioração aumentada é possivelmente o resultado de níveis mais altos de $Ca(OH)_2$, o que fornece uma fonte maior de íons de cálcio prontamente disponíveis para a formação da etringita.

O uso de outros materiais cimentosos em combinação com o cimento Portland, embora nem sempre, tem por efeito melhorar a resistência ao ataque de sulfato convencional.

A incorporação de cinza volante como componente do cimento pode atribuir maior resistência a sulfatos, embora a composição química da cinza volátil seja crítica. Cinza volante contendo níveis mais elevados de cálcio (classe C, no sistema de classificação dos Estados Unidos) oferece pouco benefício, enquanto a cinza volante de pouco cálcio tipicamente produz uma melhora significativa na resistência ao sulfato [29].

O desempenho do concreto contendo cinza volante de pouco cálcio normalmente só é melhorado após um período adequado de cura [30], o que indica que a reação pozolânica da cinza volante desempenha um papel crucial. É provável que a melhora na resistência seja causada por uma série de fatores. Primeiro, o concreto contendo cinza volante tipicamente exibe baixa permeabilidade, reduzindo, assim, a taxa de difusão de íons de sulfato. Segundo, os níveis de Ca(OH)$_2$ na matriz de cimento são reduzidos, tanto pela diluição do cimento Portland quanto como resultado da reação pozolânica, limitando a quantidade de íons de cálcio disponíveis para formação de etringita. Terceiro, as reações pozolânicas normalmente têm por efeito o aumento da quantidade de alumínio incorporado no gel de CSH, limitando sua disponibilidade e, portanto, a capacidade do concreto de produzir etringita. A baixa reatividade pozolânica da cinza volante grossa tem por efeito atribuir pouco benefício com relação à resistência a sulfatos [31].

O fumo de sílica também melhora a resistência do concreto a sulfatos, e alguns pesquisadores descobriram que, na base do peso por peso, ele é mais eficaz que a cinza volante [32]. Isso provavelmente é resultado do tamanho mais fino das partículas do material, que produz uma taxa mais rápida de reação pozolânica, bem como boas propriedades de bloqueio de poros. O baixo conteúdo de cálcio e alumínio do fumo de sílica também é possivelmente benéfico, já que isso significa que a presença do material contribui pouco para a formação de etringita. No entanto, deve-se destacar que, por questões econômicas e práticas, o uso do fumo de sílica em níveis comparáveis aos típicos da cinza volante é improvável.

A incorporação de escória granulada de alto-forno (GGBS) também pode ter o efeito de melhorar a resistência ao ataque de sulfato convencional. O principal fator na determinação da alcançabilidade da resistência melhorada é o conteúdo de Al$_2$O$_3$ da escória, com níveis menores produzindo maior resistência [24]. Isso pode ser atribuído, em parte, a um simples efeito de diluição, onde níveis mais altos de GGBS com baixo conteúdo de Al$_2$O$_3$ reduzem a quantidade total de Al$_2$O$_3$ disponível para formação da etringita. Porém, também pode parecer ser o caso de que as reações de GGBS levam a quantidades significativas de Al$_2$O$_3$ serem incorporadas na estrutura do gel de CSH, reduzindo ainda mais a disponibilidade. A influência de vários outros materiais cimentícios em combinação com o cimento Portland é mostrada na figura 3.5.

Descobriu-se que a presença de carbonato de cálcio na forma de calcário em pó aumenta a melhora da resistência a sulfato atribuída pelo GGBS [33]. Foi proposto que a razão para tal é que o carbonato de cálcio provê uma fonte adicional de cálcio para formação de etringita, o que reduz a extensão em que a descalcificação do gel de CSH ocorre.

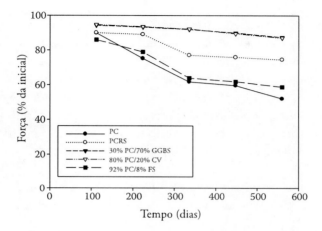

Figura 3.5 Deterioração da força de argamassas contendo cimento Portland (PC), cimento Portland resistente a sulfato (PCRS), escória granulada de alto-forno (GGBS), cinza volante (CV) e fumo de sílica (FS) expostos a uma solução de 25.000 mg/L de sulfato de sódio. (De Al-Dulaijan, S. U. et al., *Advances in Cement Research*, 19, 2007, 167–175.)

3.2.3.4 Propriedades de permeação

O fator água/cimento (A/C) de uma mistura de concreto tem forte influência sobre sua subsequente resistência a sulfatos [34]. Isso deve ser esperado, já que um menor fator A/C reduz o coeficiente de difusão de sulfato através do material, reduzindo, assim, o volume de concreto exposto ao ataque de sulfato após um dado período de serviço. Entretanto, o efeito desse parâmetro é mais complexo, porque um fator A/C reduzido, aumenta a força da matriz de concreto, permitindo que este resista melhor a quaisquer efeitos expansivos. Como regra geral, a resistência ao ataque de sulfato é significativamente melhorada pelo uso de concreto com um fator A/C inferior a 0,45 [22].

A boa cura do concreto tem por efeito melhorar a microestrutura do concreto de tal forma que agentes químicos externos se difundem por ele em taxas menores. No entanto, percebeu-se que condições de cura inferiores à ideal têm efeito benéfico na resistência do concreto ao ataque de sulfato convencional [35]. A explicação mais provável para isso é que a cura inadequada produz níveis menores de $Ca(OH)_2$, levando à reduzida formação de etringita.

No caso do ataque de sulfato, o coeficiente de difusão de íons de sulfato pelo concreto é uma propriedade dinâmica. Isso é resultado tanto de fissura do concreto (o que aumenta o coeficiente de difusão) quanto de depósito de produtos de reações nos poros (o que reduz o coeficiente). Tipicamente, o depósito de produtos de reações desempenha o papel mais importante, levando a modificação da estrutura dos poros, em termos de porosidade total, tamanho dos poros ou ambos [30]. Isso, por sua vez, leva a um decréscimo no coeficiente de difusão, com duração aumentada de exposição a sulfatos.

Um estudo de campo, realizado no Reino Unido, sobre o ataque de sulfato de longo prazo descobriu que danos resultantes desse ataque estavam presentes no concreto até uma profundidade de 50 mm, após um período de 30 anos em contato com solo rico em sulfatos [36]. Deve-se destacar que a resistência ao sulfato é claramente dependente da qualidade inicial do concreto e, consequentemente, varia consideravelmente com os materiais constituintes e as proporções da mistura. Mas, o cálculo dos perfis de sulfato usando-se coeficientes de difusão crescentes caracterizado num estudo de laboratório sobre o concreto de PC com um fator A/C de 0,42 e um conteúdo de cimento de 370 kg/m^3 [37] produz resultados que se encaixam bem nessa observação.

3.2.3.5 Conteúdo de cimento

A resistência ao ataque de sulfato é maior em misturas de concreto com conteúdo mais elevado de cimento [38]. Isso é de se esperar, já que uma mistura com maior volume de cimento exige uma maior quantidade de íons de sulfato para passar pela formação de etringita e por descalcificação na mesma extensão que uma mistura com menor volume.

3.2.4 Ataque de sulfato de magnésio

Onde íons de sulfato penetram o concreto em associação com íons de magnésio, um dano maior à integridade do concreto é frequentemente observado. Isso é o resultado da formação de brucita:
$$Mg^{2+} + 2OH^- \rightarrow Mg(OH)_2$$

A formação de brucita, em si, não é necessariamente problemática, uma vez que ela é formada na superfície exterior do concreto, e foi atribuída a uma redução na permeabilidade. Em concentrações mais altas de $MgSO_4$ (>7.500 mg/L de $MgSO_4$), a formação de etringita não ocorre e, ao invés, uma combinação de brucita e gesso é formada. Contudo, a precipitação de brucita leva a uma redução no pH da solução dos poros do concreto, o que produz descalcificação mais significativa do CSH, levando a sua desintegração e subsequente substituição de íons de cálcio por magnésio, dando um gel fraco de silicato hidratado de magnésio [39]. Portanto, onde o sulfato de magnésio está presente em concentrações mais elevadas, o principal efeito é a perda de força, embora a expansão ainda seja frequentemente observada. As indicações visuais sobre o ataque de sulfato de magnésio tendem a assumir a forma de uma perda de superfície e um arredondamento dos cantos e laterais, à medida que se perde material. A figura 3.6 mostra o típico comportamento de perda de força e massa.

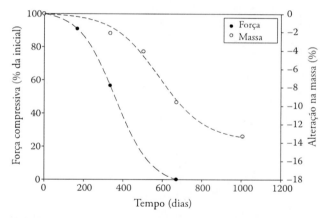

Figura 3.6 Perda de força e massa de uma argamassa de cimento Portland exposta a uma solução de 50.000 mg/L de $MgSO_4$ à temperatura ambiente. (De Binici, H. e O. Aksogan, *Cement and Concrete Composites*, 28, 2006, 39–46.)

3.2.5 Fatores que influenciam na resistência do concreto ao ataque de sulfato de magnésio

Como com o ataque de sulfato convencional, as propriedades de permeação do concreto têm forte influência na resistência ao ataque. Entretanto, outros fatores também desempenham papel importante, como discutido abaixo.

3.2.5.1 Concentração do sulfato

A taxa de deterioração do concreto exposto a sulfato de magnésio aumenta com a concentração, como ilustrado, em termos de expansão, na figura 3.7. A deterioração da força e a perda de massa são particularmente graves em concentrações acima de 10.000 mg/L de SO_4^{2-} [41].

3.2.5.2 Temperatura

Há uma correlação entre a temperatura de exposição e a taxa de expansão do concreto atacado por sulfato de magnésio [12]. Isso é ilustrado na figura 3.8, indicando um aumento significativo na taxa de expansão a temperaturas de aproximadamente 30°C. Contudo, como previamente discutido, a expansão não é necessariamente a principal causa de deterioração neste tipo de ataque. A perda de força, porém, é também fortemente influenciada como resultado da descalcificação acelerada a temperaturas elevadas [42].

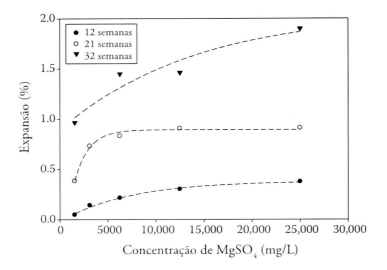

Figura 3.7 Expansão de prisma de argamassa de cimento Portland *versus* concentração de solução de $MgSO_4$. (De Santhanam, M. et al., *Cement and Concrete Research*, 32, 2002, 585–592.)

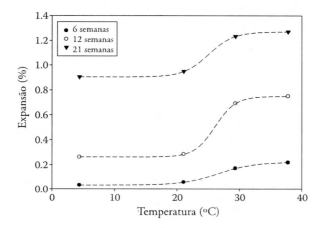

Figura 3.8 Expansão de prisma de argamassa de cimento Portland exposto a uma solução de 25.000 mg/L de $MgSO_4$ numa faixa de temperaturas. (De Santhanam, M. et al., *Cement and Concrete Research*, 32, 2002, 585–592.)

3.2.5.3 Composição do cimento

A composição do cimento também desempenha papel importante na definição da sensibilidade do concreto ao ataque de sulfato. Novamente, o conteúdo de C_3A é um fator importante, a despeito do papel menor que a formação de etringita representa no ataque de sulfato de magnésio [24].

A inclusão de cinza volante e GGBS no concreto tipicamente tem efeito prejudicial na resistência ao ataque de sulfato de magnésio [41]. Isso se deve mais provavelmente ao resultado dos menores níveis de $Ca(OH)_2$ na matriz do cimento, o que leva a uma taxa mais rápida de descalcificação do gel de CSH. Alguns pesquisadores relataram melhoras na resistência quando fumo de sílica está presente, enquanto outros relataram o oposto, a despeito do uso do material em proporções similares [43,44].

3.2.6 Formação de taumasita

A taumasita ($[Ca_3Si(OH)_6 \cdot 12H_2O](SO_4)(CO_3)$) [45] é um mineral de ocorrência natural que, sob condições favoráveis, pode ser formado em concreto enterrado exposto a íons de sulfato. Sua estrutura cristalina é muito similar à da etringita, com o Si^{4+} substituindo o Al^{3+}, e o SO_4^{2-} parcialmente substituído pelo CO_3^{2-}.

A taumasita se forma através da reação

$$3Ca^{2+} + SiO_3^{2-} + CO_3^{2-} + SO_4^{2-} + 12H_2O \rightarrow ([Ca_3Si(OH)_6 \cdot 12H_2O](SO_4)(CO_3))$$

Ela é precipitada na forma de cristais em formato de agulha não diferente da etringita, na aparência. Normalmente, uma temperatura abaixo de 15°C é necessária para permitir que a formação da taumasita ocorra, bem como condições apropriadas de pH, água móvel de subsolo e fontes de sulfato, carbonato e silício [46].
Inicialmente, a fonte primária de íons de carbonato para o ataque de taumasita foi atribuída a agregados contendo minerais de carbonato [47]. Porém, pesquisa recente identificou o ataque de taumasita em concreto contendo agregado silicoso livre de carbonato. Como resultado, agora aceita-se que íons de bicarbonato na água do subsolo são uma fonte principal de carbonato [48].
O silício deriva do gel de CSH. Como resultado, a formação da taumasita leva à decomposição do gel. A contribuição para a força fornecida pelo gel de CSH declina, e a ausência de qualquer contribuição por parte da taumasita leva a um declínio na força [36]. O típico comportamento de perda de força e massa resultante do ataque de taumasita é mostrado na figura 3.9. O concreto afetado pela formação da taumasita tipicamente se torna macio e disforme, e adquire uma coloração esbranquiçada.

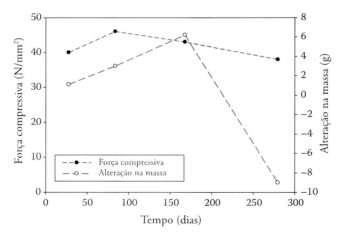

Figura 3.9 Alteração na força compressiva e na massa de argamassa contendo enchimento de calcário exposta a uma solução de 50.000 mg/L de Na_2SO_4 a 5°C. (De Justnes, H., *Cement and Concrete Composites*, 25, 2003, 955–959.)

3.2.7 Fatores que influenciam a formação da taumasita

3.2.7.1 Temperatura

A taumasita normalmente se forma em temperaturas mais baixas: entre 20°C e 10°C, ela é formada juntamente com a etringita, enquanto em temperaturas abaixo de 10°C, ela provavelmente aparece só [49]. Essa dependência da temperatura é provável de ser o resultado de dois fenômenos diferentes. Primeiro, o $Ca(OH)_2$ tem uma entalpia de solução negativa, tornando-se crescentemente solúvel conforme a temperatura diminui e, assim, fazendo com que mais Ca^{2+} esteja disponível para formação da taumasita. Segundo, à medida que a temperatura diminui, há uma tendência dos átomos adotarem um número de coordenação mais alto com outros átomos. Este fenômeno é conhecido como Lei de Kleber e é importante no contexto da formação da taumasita, porque ele leva a uma transição de $[SiO_2(OH)_2]^{2-}$ para $[Si(OH)_6]^{2-}$, o que permite a substituição por $[Al(OH)_6]^{3-}$ na estrutura de tipo etringita [50].

3.2.7.2 Condições de água do subsolo

Como discutido antes, a formação da taumasita foi atribuída à presença de materiais de carbonato como agregados, a um constituinte do cimento, ou como resultado de reações de carbonatação [47]. Esses minerais são, porém, de solubilidade muito limitada, e é improvável que eles estejam suficientemente disponíveis para formar taumasita em volumes capazes de causar problemas. Além do mais, o exame de estudos de caso e estudos de laboratório do ataque de taumasita apresenta
forte evidência de concentrações significativas de íons de bicarbonato (HCO_3^-) como condição crucial para formação da taumasita. A tabela 3.2 fornece exemplos de estudos de campo e de laboratório em que o ataque de taumasita ocorreu em ambientes em que altas concentrações de bicarbonato estavam presentes na água do subsolo do entorno. O mais significativo desses é o estudo de laboratório em que se descobriu agregados que não continham nenhum mineral de carbonato contendo taumasita [52].
Isso não exclui um papel dos minerais de carbonato na formação da taumasita, como resultado de uma característica importante da química do bicarbonato de cálcio [52]. Esse bicarbonato é formado no solo como resultado do dióxido

de carbono dissolvido na água para formar o ácido carbônico, o qual dissolve a calcita:

$$CaCO_3 + CO_2 + H_2O \rightarrow Ca^{2+} + 2HCO_3^-$$

Conforme o bicarbonato é formado, mais CO_2, se disponível, se dissolve na água. Em solos onde haja um bom nível de atividade biológica, esse é normalmente o caso. Agora que os íons de bicarbonato estão presentes, o CO_2 recém-dissolvido pode desempenhar um dos dois papéis. Primeiro, ele pode atuar como 'CO_2 agressivo' e trabalhar para dissolver mais $CaCO_3$ até que um equilíbrio seja alcançado. Segundo, a proporção do CO_2 deve estar presente para estabilizar o HCO_3^- – 'CO_2 estabilizante'. O bicarbonato de cálcio se torna insolúvel em condições de pH mais alto, o que significa que, à medida que se difunde pelo concreto, ele se precipita como $CaCO_3$ e taumasita. O processo de precipitação remove o requisito do CO_2 estabilizante, o que significa que o CO_2 agressivo é gerado, o qual, então, pode dissolver calcita no concreto.

Tabela 3.2 Estudos cujas descobertas sugerem íons de bicarbonato como fonte para formação da taumasita

Estudo	Agregados	Comentários
Experimento de campo em Shipston-on-Stour [52–54]	Carbonáceos	A análise mostra que a água do subsolo contém 482 mg/L de 'CO_3 como $CaCO_3$'. Dada a solubilidade limitada do $CaCO_3$, pode-se considerar que este é bicarbonato. Assim, 482 mg/L de CO_3 como $CaCO_3$ iguala a 469 mg/L de bicarbonato como $CaCO_3$.
Experimento de campo em Moreton Valence [54]	Carbonáceos	A análise da água do subsolo de aterro usado para cobrir amostras seguida de cálculo de balanço iônico indica uma concentração de 953 mg/L de bicarbonato.
Estudo de laboratório realizado por Collet, Crammond, Swamy and Sharp [52]	Silicoso	Taumasita detectada abaixo da superfície de prismas de concreto de agregado silicoso curado a ar.

Foi previamente proposto que condições ácidas da água do subsolo promoviam a formação da taumasita. Contudo, pesquisa que examinou o efeito do pH de soluções em contato com o concreto concluiu que uma combinação de alta concentração de sulfato com alta alcalinidade (pH > 12) produzia as condições mais favoráveis [55].

3.2.7.3 Composição do cimento

Embora a taumasita não contenha alumínio, sua formação não é possível sem a presença deste elemento. Foi demonstrado que cristais de taumasita são formados inicialmente através da nucleação na superfície de cristais de etringita, supostamente com a etringita fornecendo um gabarito estrutural [56].

A presença de $Ca(OH)_2$ parece ser necessária para a formação da taumasita [57] e supostamente atua como fonte necessária de cálcio. No entanto, cálculos termodinâmicos mostraram que a composição do gel de CSH também pode desempenhar papel, com uma alta razão de Ca/Si deixando o gel mais inclinado a enfraquecer em contato com íons de sulfato e, assim, fornecendo Ca e Si para formação da taumasita [58]. O efeito da inclusão de materiais pozolânicos e hidráulicos aparentes no concreto tem por efeito reduzir tanto os níveis de $Ca(OH)_2$ quanto a razão de Ca/Si do gel de CSH. Descobriu-se que GGBS, cinza volante, fumo de sílica e metacaulim limitam a formação de taumasita, embora a níveis relativamente altos de inclusão. No caso do GGBS, níveis de 70% da fração do cimento foram vistos como eficazes [59], enquanto são necessários níveis de cinza volante que excedam 40% [60]. No caso do fumo de sílica e do metacaulim, cujos tamanhos de partículas normalmente produz uma rápida taxa de reação pozolânica, um nível de aproximadamente 10% foi demonstrado como impeditivo da formação da taumasita [61]. Em geral, a redução da razão de Ca/Si da fração de cimento de uma mistura de concreto para menos de aproximadamente 1 provavelmente chega a uma boa resistência química [58].

Independente de concentrações de $Ca(OH)_2$ ou da composição do gel de CSH (ou ambos) controlar a formação da taumasita, deve-se também destacar que, como no ataque de sulfato convencional, as características de permeação melhorada do concreto que contém tais materiais provavelmente também fornecem maior resistência ao ataque.

3.2.8 Evitando o ataque de sulfato

As medidas necessárias para se evitar o ataque de sulfato são dependentes dos cátions associados ao sulfato no ambiente em que uma estrutura vai estar operando e de outros fatores ambientais. Mas, os dois objetivos principais na proteção do concreto são os seguintes:

1. Limitar a taxa de ingresso de íons de sulfato; e
2. Limitar a disponibilidade de pelo menos um agente químico necessário para a provável predominância da reação do ataque de sulfato.

O primeiro desses objetivos é melhor alcançado pela limitação do fator A/C do concreto e possivelmente pela inclusão de material com probabilidade de melhorar as características de permeação do material. No entanto, deve-se notar que esta segunda opção pode ser de benefício limitado, se o sulfato de magnésio estiver presente em quantidades significativas.

Como o segundo desses objetivos é alcançado depende da forma como o ataque de sulfato é mais provável num dado sítio. Onde ele é o ataque de sulfato convencional, a limitação da disponibilidade de Ca e Al é a melhor opção. No passado, cimentos resistentes a sulfato eram amplamente disponíveis, onde a resistência ao sulfato era alcançada por meio de níveis baixos de C_3A. Porém, o cimento resistente a sulfato agora é menos comum, e o cimento Portland resistente a sulfato não é mais fabricado no Reino Unido. Em seu lugar, há vários cimentos que usam cinza volante, GGBS e outros materiais em combinação com clínquer de cimento Portland. Onde a formação de taumasita é uma possibilidade, a disponibilidade de Ca e Si deve ser limitada, objetivo que pode ser alcançado pelos mesmos meios.

Diretrizes para fornecimento de proteção adequada contra o ataque de sulfato na *Eurocode 2* remetem o usuário à *BS EN 206: Concrete. Specification, Performance, Production, and Conformity* [62]. O ataque de sulfato é abordado sob a rubrica 'chemical attack' (ataque químico), que também inclui condições ácidas e a presença de amônia, magnésio e CO_2 agressivo. Esse padrão contém um meio de se determinar os requisitos mínimos de uma mistura de concreto para uma dada classe de exposição. Três classes de exposição estão definidas (XA1-3), as quais são exclusivas para água de subsolo e solo natural. Nenhuma diretriz específica é fornecida para estabelecimento da classe de exposição de água do mar, com uma nota de que 'a classificação válida no lugar de uso do concreto é aplicável'. As três classes de exposição consideram que a água do subsolo é estática e que os sulfatos de fontes antropogênicas não estão presentes. Usando-se a classe de exposição apropriada, o fator A/C máximo, a classe de força mínima e o conteúdo mínimo de cimento podem, então, ser estabelecidos em outra parte do padrão. As duas classes de exposição mais agressivas também exigem que um cimento resistente a sulfatos seja usado.

Dadas as limitações da abordagem tomada pela *BS EN 206*, um dos Complementary British Standard à *BS EN 206* – a *BS 8500-1: Method of Specifying and Guidance for the Specifier* [63] contém uma abordagem mais detalhada para a especificação de concreto para um ambiente rico em sulfatos. A diretriz descreve um processo de especificação que inicialmente envolve um levantamento da natureza do sítio em termos de concentração de sulfatos (o que pode ser feito de várias maneiras), da mobilidade da água do subsolo e de seu pH. Sítios contaminados são incluídos no levantamento, e onde um sítio brownfield deva ser levantado, há um requisito adicional para estabelecimento de concentrações de magnésio.

Essas condições do sítio são, então, convertidas na classe ambiente químico agressivo para o concreto (ACEC, no acrônimo em inglês). Dado o escopo mais amplo do sistema de levantamento, 17 classes estão definidas. A classe é, então, usada para se estabelecer vários parâmetros de projeto: cobertura nominal mínima, mínima classe de cimento, máximo fator A/C, mínimo conteúdo de cimento e um tipo de cimento recomendado. Várias opções estão disponíveis para a maioria das classes ACEC, sendo a filosofia geral de que um fator A/C mais elevado demanda um conteúdo de cimento mais elevado e um tipo de cimento mais resistente. Condições de exposição a sulfato relativamente moderadas permitem que cimentos com resistência a sulfato potencialmente limitada sejam usados onde um baixo fator A/C é usado. Esses incluem o cimento Portland convencional (CEM I, conforme definido no British Standard para cimentos [64]) e cimentos CEM II contendo até 35% de cinza volante ou pozolana (seja uma pozolana de ocorrência natural, seja um material que ocorra naturalmente, que tenha sido calcinado para torná-lo pozolânico) 80% de GGBS ou 10% de fumo de sílica. Se fatores A/C maiores forem usados, cimentos mais resistentes são recomendados. Esses incluem os cimentos Portland–cinza volante contendo entre 25% e 35% de cinza volante, os cimentos de alto-fornos (CEM III) contendo de 35% a 80% de escória com o requisito de que níveis de Al no cimento sejam limitados e o cimento pozolânico CEM IV/B (V). Os cimentos Portland–calcário só são recomendados sob condições de exposição relativamente moderadas, onde fatores A/C muito baixos (0,4) e conteúdo elevado de cimento (360–380 kg/m³) sejam usados. Esse é em grande parte o resultado de preocupações com relação à formação de taumasita.

Onde o ataque de sulfato de magnésio é provavelmente dominante, o uso de cinza volante, GGBS e outros materiais similares não é necessariamente benéfico. Por este motivo, fatores A/C reduzidos e conteúdos elevados de cimento são os melhores meios de proteção do concreto. Entretanto, deve-se notar que, para condições de apresentação de magnésio muito agressivas, o padrão complementar recomenda cimento de alto-forno com um conteúdo de escória de 66% a 80% e níveis limitados de Al_2O_3.

Independentemente da classe ACEC, uma cobertura nominal mínima de 50 mm é necessária se o concreto for lançado sobre lastro, enquanto 75 mm é necessária quando lançado diretamente sobre o solo.

A proteção contra o ataque de sulfato derivado da água do mar também é coberta pela *BS 8500-1*, embora neste caso apenas um conteúdo mínimo de cimento (em função do tamanho máximo do agregado) e máximo fator A/C são limitados, e esses limites são independentes do tipo de cimento.

A *BS 8500-1* também recomenda medidas protetoras adicionais (MPAs) que podem ser usadas em ambientes mais agressivos ou onde seja necessária uma vida útil longa das estruturas. Essas incluem o uso de proteção de superfície na forma de barreiras resistentes à água, tais como folheamento de polímero. Moldes de permeabilidade controlada [65] também são uma medida possível – veja o capítulo 6. Outra MPA é o aumento da espessura do concreto para prover uma camada sacrificial que se deteriore com o tempo, deixando um volume apropriado de material não afetado ao final do tempo de vida útil pretendido da estrutura. Como discutido antes, foi proposto que, em geral, os componentes do concreto reforçado com um tempo pretendido de vida de 100 anos exigiria uma camada sacrificial de 50 mm [7]. Por fim, proteção adicional pode ser conseguida pelo simples uso de concreto de uma qualidade superior à que é recomendada no padrão.

Os procedimentos de especificação contidos na *BS 8500-1* foram adotados a partir da diretriz *Special Digest 1:2005: Concrete in Aggressive Ground* [7] do Building Research Establishment, que também fornece diretriz similar para concreto pré-moldado.

As opções disponíveis para uso de misturas químicas para evitar a deterioração do concreto sujeito ao ataque de sulfato são limitadas. No passado, agentes de infiltração de ar foram propostos como meios de redução da expansão resultante da formação da etringita. No entanto, há pouca evidência de que essa estratégia seja particularmente eficaz, e o provável aumento da permeabilidade do material resultante vai de encontro aos requisitos básicos para resistência a sulfatos. Descobriu-se que o citrato de sódio reduz a expansão, possivelmente pela limitada quantidade de cálcio dissolvido nas soluções dos poros [66]. Porém, esse composto também é um retardador [67], o que limita as aplicações em que ele pode ser usado.

No caso do concreto pré-moldado, há a opção adicional de se permitir a carbonatação de sua superfície antes de seu uso para construção em solos ricos em sulfato. A razão para a deterioração devida ao ataque de sulfato ser reduzida onde uma camada de superfície carbonatada estar presente não é clara, embora no caso do ataque de sulfato convencional, ela quase certamente seja resultado dos mesmos mecanismos que se fazem eficazes quando o calcário em pó está presente, como previamente discutido. Em ambientes onde a formação de taumasita é possível, a carbonatação reduz o pH dos fluidos dos poros na superfície do concreto, tornando a formação dessa substância muito menos provável. A carbonatação da superfície pode ser conseguida pela exposição ao ar dos componentes pré-moldados, por um período de vários dias. Como discutido em maiores detalhes no capítulo 4, condições climáticas muito úmidas ou muito secas não são propícias à formação rápida de uma camada de carbonatação, sendo as melhores condições alcançadas com umidades relativas entre 50% e 75%. a *BRE Digest 1:2005* [7] recomenda ao menos 10 dias de exposição ao ar.

3.2.9 Formação retardada de etringita

Outro mecanismo pelo qual a etringita pode causar danos ao concreto é a 'formação retardada de etringita'. Esse problema surge no concreto em que nenhuma fonte externa de sulfatos está presente, e resulta exclusivamente de sua presença nos materiais constituintes – principalmente na forma de gesso no cimento.

A etringita é um produto de hidratação do cimento Portland, resultando de reações entre gesso (ou outros minerais de sulfato de cálcio) adicionado ao clínquer do cimento durante a fabricação, e as fases de aluminato tricálcico (C_3A) e aluminoferrite tetracálcico (C_4AF), à medida que eles reagem com a água. A formação da etringita durante o estágio inicial do concreto é normal e útil, uma vez que ela atua para retardar reações de C_3A e C_4AF, que de outra forma seriam rápidas, e contribui para o processo de fixação. Depois que o sulfato disponível é exaurido, a etringita se converte progressivamente em monossulfato.

A formação retardada de etringita resulta da temperatura de decomposição relativamente baixa da etringita – aproximadamente 60°C. Acima desse valor, o alumínio e o sulfato da etringita decomposta estão presentes como monossulfato pouco cristalino, singenita ($K_2Ca(SO_4)_2 \cdot H_2O$) e como substituições na estrutura do gel de CSH [9].

A formação retardada de etringita surge quando o concreto exposto a temperaturas que causam a decomposição da etringita é, depois, exposto a condições de umidade (seja por submersão em água ou exposição ao ar com umidade relativa perto de 100%). Essas condições fazem com que a etringita seja novamente formada. Entretanto, em vez de agulhas distribuídas em torno de grãos de cimento, no material original, a etringita assume a forma de cristais maciços – que acredita-se serem expansivos – e formações ligeiramente esféricas – que não são vistas como danosas [68]. A etringita normalmente se forma nos poros da matriz de cimento, e seu progressivo desenvolvimento leva à formação de 'veias' do mineral percorrendo a matriz.

Por causa da sequência de eventos necessários para que a formação retardada da etringita ocorra, ela é mais comumente encontrada em componentes de concreto pré-moldado que foram curados numa autoclave ou por outros meios, a temperaturas similares. Contudo, aplicações de concretagem maciça em que o volume de material é suficiente para alcançar temperaturas superiores a 60°C também podem produzir o mesmo efeito.

A natureza do cimento usado influencia na vulnerabilidade de uma mistura de concreto. Como é de se esperar, um aumento no conteúdo de sulfato leva a um aumento na expansão, embora pareça haver um nível péssimo de aproximadamente 4% [69]. O aumento dos níveis de álcalis no cimento também aumenta a magnitude da expansão e leva o nível péssimo de sulfato a concentrações mais elevadas. Há, ainda, uma correlação entre a magnitude da expansão e as quantidades de óxido de magnésio no cimento. Níveis mais elevados de C_3S no cimento Portland parecem reduzir a estabilidade da etringita em temperaturas elevadas. Concreto feito com cimento mais fino tem uma tendência a ser mais dado à expansão resultante da formação retardada de etringita.
Uma equação para previsão da magnitude da expansão foi proposta:

$$e_{90} = 0{,}00474\, SSA + 0{,}0768\, MgO + 0{,}217\, C_3A + 0{,}0942\, C_3S + 1{,}267\, Na_2O_{eq} - 0{,}737|(SO_3 - 3{,}7 - 1{,}02\, Na_2O_{eq})| - 10{,}1$$

onde e_{90} é a expansão após a cura a 90°C por 12h (%), SSA é a área específica da superfície do cimento (m²/kg) e Na_2O_{eq} é o conteúdo equivalente de óxido de sódio (kg/m³) – veja a seção 3.3.4.

3.2.9.1 Evitando a formação retardada de etringita

A equação anterior claramente fornece alguns insights com relação ao modo como a formação retardada de etringita pode ser evitada. Deve-se notar que, embora um conteúdo maior de sulfato seja indesejável, nesse contexto, pode haver um conflito, já que ele é benéfico quando se considera a resistência ao ataque de sulfato convencional. Também foi mostrado que o uso de outros materiais cimentícios em combinação com cimento Portland limita a expansão resultante da formação retardada de etringita [70]. Especificamente, mostrou-se que cinza volante, escória granulada de alto-forno, fumo de sílica e metacaulim controlam a expansão. Foi destacado, porém, que pesquisas nessa área são relativamente imaturas e que o desempenho de longo prazo não está, presentemente, completamente entendido [71].

3.3 Reações álcali-agregados

A água nos poros do concreto endurecido contém quantidades de íons dissolvidos derivando principalmente da matriz de cimento. No concreto maduro, a grande maioria dos cátions dissolvidos é dos metais alcalinos potássio e sódio [72]. Esses íons alcalinos derivam do cimento. Durante os períodos iniciais de hidratação do cimento, íons de sulfato são removidos da solução pela sua incorporação nos produtos da hidratação, tais como etringita e monossulfato, o que significa que os ânions que equilibram os cátions na solução são logo exclusivamente íons de hidróxido [9]. Como consequência, o valor do pH das soluções dos poros do concreto podem chegar a 13.9 [73].

Sob essas condições altamente alcalinas, podem surgir problemas de durabilidade como resultado de reações entre minerais dos agregados e íons de hidróxido. Os produtos das reações são capazes de absorver água, levando à expansão e fissura do concreto. Essas reações de álcali-agregados podem ser divididas em três tipos: (1) reação álcali–carbonato (RAC), (2) reação álcali-silicato, e (3) reação álcali-sílica (RAS).

3.3.1 Reação álcali-sílica

A RAS envolve a quebra das ligações na estrutura de certos minerais silicosos para produzir um gel expansivo. Sob condições de pH elevado, as ligações de siloxano na superfície de minerais de sílica são atacados por íons de hidróxido da seguinte maneira [24]:

$$\equiv Si\text{-}O\text{-}Si \equiv\ +\ OH^- + R^+ \rightarrow\ \equiv Si\text{-}OH + R\text{-}O\text{-}Si \equiv$$

onde R denota sódio ou potássio. A reação continua da seguinte maneira:

$$\equiv Si\text{-}OH + OH^- + R^+ \rightarrow\ \equiv Si\text{-}O\text{-}R + H_2O$$

A reação reduz a rede de sílica original a uma rede aberta, tipo gel, que é mais acessível às moléculas de água. O gel passa por hidratação:

$$\equiv Si\text{-}O\text{-}R + H_2O \rightarrow\ \equiv Si\text{-}O^-\text{-}\text{-}(H_2O)_n + R^+$$

À medida que a água é absorvida pelo gel, ele incha consideravelmente. Deve-se notar que o ataque de ligações de siloxano continua até uma extensão em que a camada externa do gel eventualmente começa a ser completamente destruída [74], liberando grupos de silicato na solução:

$\equiv$ Si-O-Si-OH + OH$^-$ $\rightarrow$ $\equiv$ Si-OH + O$^-$ -Si-OH

Os grupos de silicato removidos do gel podem rapidamente ser envolvidos em reações entre íons de cálcio para formar o gel de CSH. Assim, as reações que ocorrem durante a RAS também são aquelas que ocorrem durante as reações pozolânicas de materiais como cinza volante.

Um mecanismo alternativo foi proposto em termos da acumulação de pressão osmótica de célula [75]. De acordo com este mecanismo, a água e ambos os íons – de álcali e de hidróxido – podem se mover da matriz de cimento para uma partícula reagente de agregado, mas o movimento de íons de silicato da partícula para a matriz é impedido por uma camada de gel de silicato de cálcio alcalino formado por uma reação de íons de cálcio com o gel de RAS na mesma interface de massa de cimento-agregado. Desta forma, a camada de produto da reação atua como uma membrana osmótica. Conforme a água penetra o gel de RAS formado dentro da membrana, a pressão hidráulica aumenta até um ponto em que ocorre a fratura do agregado e sua matriz de entorno, levando à expansão.

3.3.2 Reação álcali–carbonato

A RAC é frequentemente chamada de 'desdolomitização', porque pode envolver a decomposição de dolomita para formar brucita ($Mg(OH)_2$) e calcita ($CaCO_3$) da seguinte maneira [76]:

$CaMg(CO_3)_2 + 2ROH \rightarrow Mg(OH)_2 + CaCO_3$

onde R é sódio ou potássio. No entanto, a magnesita ($MgCO_3$) também passa por processo similar:

$MgCO_3 + 2ROH \rightarrow Mg(OH)_2 + R_2CO_3$

Neste caso, os produtos de carbonato alcalino reagem com o produto da hidratação do cimento portlandita ($Ca(OH)_2$) para produzir calcita:

$$R_2CO_3 + Ca(OH)_2 \rightarrow CaCO_3 + 2ROH$$

Há uma redução líquida no volume dos produtos dessas reações com relação aos reagentes, o que levou à especulação de que a expansão era resultado de partículas expansivas de argila dentro da matriz de mineral de carbonato – exposto e liberado pela desdolomitização – absorvendo água [77].

Outros mecanismos propostos incluem a sugestão de que a fonte de expansão é a RAS entre partículas microscópicas de quartzo na matriz de carbonato [78], ou a expansão de montagens de partículas coloidais presentes nos poros, dentro dos minerais de carbonato [79]. Porém, pesquisa conduzida usando-se rochas de carbonato de alta pureza levou à conclusão geral de que a precipitação de brucita em espaços confinados é, de fato, a causa da expansão [76,80].

3.3.3 Reação álcali–silicato

A reação álcali-silicato envolve rochas que podem conter quantidades de minerais com uma estrutura de filossilicato em camadas. Foi observado que, sob condições de pH elevado, esses minerais se esfoliam, permitindo que a água ocupe o espaço entre as camadas [81]. Contudo, frequentemente também há gel presente, indicando que a expansão poderia ser resultado de RAS, possivelmente envolvendo quartzo microcristalino tensionado [82].

3.3.4 Expansão e fissura causada por reações álcali-agregado

As características de expansão de reações álcali-agregado são similares, independente da reação que ocorra. Exemplos de curvas de expansão são mostrados na figura 3.10, apresentando, em alguns casos, um período de relativa inatividade durante a parte inicial da reação, seguido de uma rápida expansão que, gradualmente, declina até uma taxa menor, essencialmente constante. A natureza da expansão, em termos da taxa e magnitude máximas, é controlada por vários fatores – o conteúdo alcalino do concreto, temperatura, características das partículas do agregado, níveis de umidade e o fator A/C da mistura. Esses fatores são discutidos abaixo.

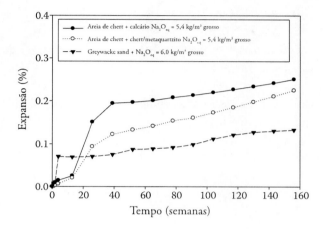

Figura 3.10 Curvas de expansão de concreto contendo combinação de agregado fino e grosso conhecido por apresentar reatividade. (De Dyer, T. D. e R. K. Dhir, *Magazine of Concrete Research*, 62, 2010, 749–759.)

3.3.4.1 Conteúdo alcalino

Antes de discutir o papel dos níveis alcalinos no concreto na determinação da possibilidade de ocorrência da reação álcali-agregado e da extensão em que ela ocorrerá, é importante entender a maneira pela qual o conteúdo alcalino do concreto é expresso. Como tanto o sódio quanto o potássio desempenham papel nas reações álcali-agregado, e como esses elementos têm diferentes massas atômicas, é útil considerar suas quantidades no concreto, em termos de quantos átomos, no total, estão presentes, em vez da massa combinada de potássio e sódio. Contudo, expressar essas concentrações em termos de números de átomos ou moles (a unidade mais conveniente para expressar grandes números de átomos) é potencialmente confuso. Além disso, a maneira pela qual a composição do concreto é expressa é em termos de kg/m³, o que significa que é necessário manipular-se o conteúdo de ambos, sódio e potássio, num material, antes do número de moles poder ser obtido. Assim, a convenção para se expressar o conteúdo alcalino é em termos de equivalente de óxido de sódio (Na_2O_{eq}). Este valor é obtido expressando-se o conteúdo de óxido de sódio em kg/m³ e adicionando-o ao número de moles de óxido de potássio presente, expresso em termos da massa equivalente de óxido de sódio:

$$Na_2O_{eq} = Na_2O + 0{,}6580 \cdot K_2O$$

onde Na_2O é a massa de óxido de sódio e K_2O é a massa de óxido de potássio, ambas no concreto (kg/m³).

Em certos casos, os níveis de álcalis são expressos em termos de álcali elementar, caso em que o equivalente de sódio (Na_{eq}) é usado:

$$Na_{eq} = \%Na + 0{,}5880 \cdot \%K$$

onde %Na é a porcentagem de massa de sódio, e %K é a de potássio.
Esta abordagem para se expressar os níveis alcalinos claramente considera que os efeitos do sódio e do potássio na expansão são iguais. Porém, o sódio tipicamente produz mais expansão que o potássio, tanto para a RAS quanto para a RAC [84], e, portanto, algum cuidado deve ser exercido na interpretação do conteúdo total de álcalis expresso desta maneira.

O conteúdo alcalino do concreto normalmente é estabelecido a partir do conteúdo alcalino total do cimento Portland mais o de qualquer outro material incluído na fração de cimento, tal como GGBS e cinza volante. Este valor é obtido da análise química de soluções derivadas da digestão completa de cada material, seja em ácido fluorídrico (HF), seja numa combinação de ácido clorídrico (HCl) e outros ácidos, seja por métodos espectrométricos em materiais sólidos. O conteúdo alcalino de agregados é normalmente descontado do conteúdo alcalino total do concreto, o qual, nos casos em que os agregados são capazes de liberar álcalis, pode subestimar a verdadeira quantidade de álcali disponível para reação.

Como os íons de sódio e potássio na solução dos poros estão quase inteiramente associados a íons de hidróxido, um aumento nas concentrações de álcalis leva a um aumento do pH. No caso da RAC, a expansão aumenta com este aumento no pH (figura 3.11) [85]. No entanto, o efeito dos álcalis na expansão resultante da RAS não é simplesmente dependente do conteúdo alcalino do concreto, mas da razão de sílica reativa para álcali. Isso é ilustrado na figura 3.12, em que uma razão 'péssima' de sílica/álcali é evidente, na qual a expansão máxima é observada [83]. A razão é muitas vezes simplesmente interpretada como um conteúdo péssimo de agregado reativo. A razão em que o péssimo é observado é dependente do tipo de agregado reativo presente, mas independente dos níveis alcalinos reais no concreto.

Vários mecanismos foram propostos para se explicar esse fato. Dentre eles (1) uma provável capacidade maior para expansão com níveis maiores de álcalis incorporados na rede do gel de RAS [86]; (2) altas razões de sílica reativa/álcali levam à maior parte do gel ser produzida enquanto a matriz da massa de cimento está imatura e, portanto, menos suscetível a danos de expansão [87]; (3) o gel formado em razões crescentemente altas de sílica reativa/álcali está presente como camadas externas mais finas distribuídas entre números crescentes de partículas de agregados, o que significa que uma área maior de superfície de gel está disponível para reação com íons de cálcio para formar gel de CSH [75]; e (4) usando-se a teoria da pressão osmótica de célula (veja a seção 3.3.1), a camada impermeável a silicato permite que o gel de RAS se forme e a pressão hidráulica se desenvolva dentro da camada, levando a fratura da partícula do agregado – em altas razões de sílica reativa/álcali, insuficiente gel de RAS é formado para levar à fragmentação [88]. Todos esses mecanismos propostos são críveis, e a questão posta é de que eles não precisam ser mutuamente exclusivos [9].

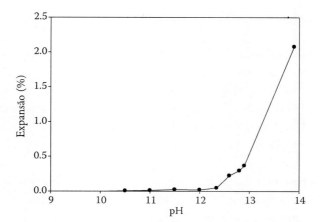

Figura 3.11 Expansão de 91 dias de prismas de rocha de carbonato reativo expostos a soluções de pH crescente. (De Min, D. e T. Mingshu, *Cement and Concrete Research*, 23, 1993, 397–1408.)

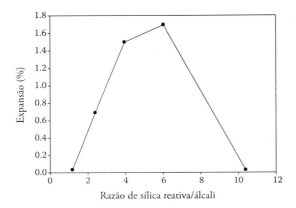

Figura 3.12 Expansão de 12 dias de concreto contendo agregado capaz de passar por RAS *versus* a razão de sílica reativa/álcali. (De Hobbs, D. W. *Alkali–Silica Reaction in Concrete*. London: Thomas Telford, 1988.)

Quando o concreto é composto de tal forma que se encontre numa péssima razão de sílica reativa/álcali, um aumento no conteúdo alcalino de cimento Portland só leva a um aumento na expansão acima de um certo nível limiar (figura 3.13).

3.3.4.2 Temperatura

A taxa de RAS aumenta com o aumento da temperatura. Entretanto, a expansão do concreto contendo agregados capazes de passar por RAS tipicamente apresenta picos em temperaturas de aproximadamente 40°C, acima do que a expansão declina (figura 3.14) [89]. Foi sugerido que uma razão para isso pode ser a menor viscosidade do gel de RAS em temperaturas elevadas, o que diminuiria a expansão pela reduzida obstaculação à penetração do gel pelos poros da matriz de cimento.

Um aumento na temperatura também tem por efeito aumentar a taxa de expansão devida à reação álcali-silicato. Diferentemente da RAS, parece que a expansão aumenta linearmente com o aumento da temperatura [90].

A expansão resultante da RAC também é sensível à temperatura da reação. Parece também que a expansão máxima é observada a aproximadamente 40°C [91], embora neste caso esse fato seja possivelmente o resultado de íons de magnésio difundindo-se para fora do concreto [92].

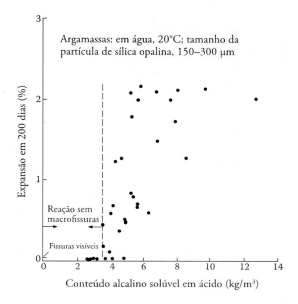

Figura 3.13 Expansão em 200 dias de argamassas contendo agregado de sílica opalina mantidas a 20°C *versus* seu conteúdo alcalino. (De Hobbs, D. W. *Alkali–Silica Reaction in Concrete*. London: Thomas Telford, 1988.)

3.3.4.3 Tamanho e forma das partículas

Em alguns casos, uma faixa de tamanhos péssimos de partícula de agregado foi identificada, acima e abaixo da qual a expansão é reduzida. Essa redução é mais significativa com tamanhos menores de partícula (figura 3.15). A figura 3.16 mostra as faixas de tamanho péssimo observadas para uma série de diferentes tipos de agregados reativos. Embora deva ser enfatizado que os métodos usados para se estabelecer essas faixas e as configurações de peneira usadas difiram entre os estudos, é evidente que as faixas de tamanho péssimo variam consideravelmente entre os agregados. Deve-se notar que, na maioria desses exemplos, a provável reação é RAS, embora o exemplo envolvendo um calcário silicoso tenha usado uma rocha contendo dolomita e filossilicatos, bem como calcita e quartzo, o que significa que ambas as reações – álcali-carbonato e álcali-silicato – poderiam ter sido responsáveis.

160 Durabilidade do Concreto

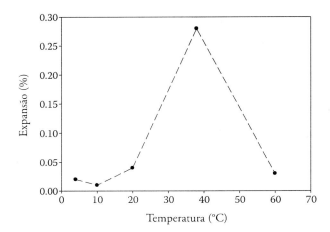

Figura 3.14 Expansão de 6 meses de barras de argamassa contendo areia reativa, testadas de acordo com o método ASTM C-227. (De Gudmundsson, G. e H. Ásgeirsson, *Cement and Concrete Research*, 5, 1975, 211–220.)

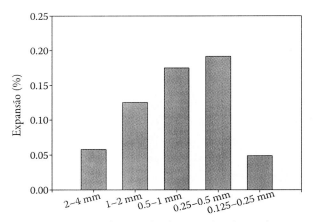

Figura 3.15 Expansão de 14 dias de misturas de argamassa usando o método acelerado da barra de argamassa ASTM (ASTM C1252). Cada mistura contém uma substituição parcial de agregado de baixa reatividade por agregado reativo, onde a porção reativa está presente como substituição de uma fração estreita de tamanho de partícula. (De Ramyar, K. et al., *Cement and Concrete Research*, 35, 2005, 2165–2169.)

Capítulo 3   Mecanismos químicos de degradação do concreto   161

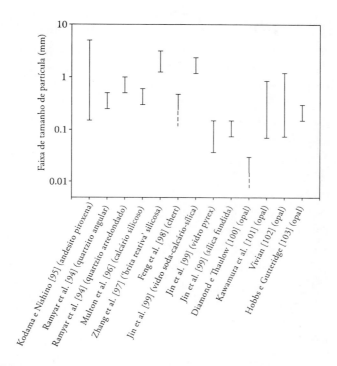

Figura 3.16 Faixas de tamanho de partícula de agregado contendo o tamanho péssimo de partícula para expansão como resultado da reação álcali-agregado, provenientes de uma série de estudos.

Foi proposto que a razão para esse efeito péssimo está relacionado com as reações químicas delineadas na seção 3.3.1 [93]. Essas reações envolvem tanto o ataque de redes de sílica deixando gel de RAS, quanto a dissolução de sílica. O primeiro desses processos atua para aumentar a quantidade de gel de RAS, enquanto o segundo atua para reduzi-lo. Assim, a taxa em que os dois processos ocorrem define a taxa em que a RAS acontece. O mecanismo é ilustrado na figura 3.17, que mostra que, onde a formação de gel ocorre rapidamente, mas a dissolução acontece lentamente, uma grande quantidade de gel pode ser formada. No caso de partículas pequenas, uma situação pode ser alcançada em que toda a porção reativa da partícula é convertida em gel de RAS, o que significa que a subsequente dissolução vai reduzir a contribuição da partícula para a expansão. No caso de partículas grandes, a grande área de superfície e volume das partículas implica que apenas uma pequena fração dos componentes reativos do volume total de agregado terá reagido. Porém, com tamanhos intermediários de partículas, a capacidade de produzir gel expansivo será ótima. Portanto, usando-se esse mecanismo proposto, o tamanho péssimo de partícula é definido pelas taxas de dissolução e formação de gel, com uma crescente taxa de formação e menor taxa de dissolução levando a um maior tamanho péssimo de partícula.

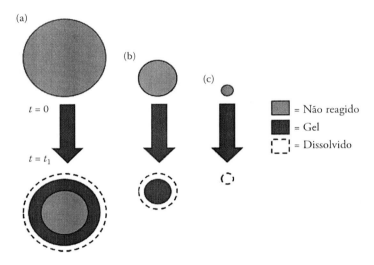

Figura 3.17 Diagrama esquemático mostrando o efeito de uma taxa relativamente rápida de formação de gel de RAS e uma taxa lenta de dissolução de gel ao longo de um período t_1. Partículas grandes (a) produzem volumes relativamente grandes de gel, à medida que reagem. Partículas menores (b) são completamente convertidas em gel, o qual, depois, gradualmente se dissolve. Partículas muito pequenas (c) são totalmente dissolvidas num período de tempo relativamente curto.

Vale destacar que as reações envolvidas em RAS e os estágios iniciais da reação pozolânica de materiais como cinza volante e fumo de sílica são idênticas. A diferença é que para os tamanhos pequenos de partículas dos materiais pozolânicos, a dissolução do gel de RAS é muito rápida, permitindo que os grupos de silicatos dissolvidos reajam com íons de cálcio para produzir gel de CSH, o que contribui para o desenvolvimento de força. Além do mais, como será discutido numa seção subsequente, a reação pozolânica oferece um meio de controle da reação álcali-agregado.

A forma dos agregados também parece influenciar a expansão devida à RAS, com as partículas angulares produzindo níveis maiores de expansão [94].

3.3.4.4 Umidade

A expansão consequente da RAS resulta da absorção de água pelo gel. Destarte, a extensão em que a expansão ocorre é dependente da quantidade de água disponível no concreto. A umidade do ar em contato com concreto que esteja passando por RAS afeta profundamente a expansão, com umidades relativas abaixo de aproximadamente 75% produzindo pouca ou nenhuma expansão, e um aumento na expansão com umidade acima desse nível (figura 3.18) [104,105].

A umidade relativa também tem influência similar nas reações de álcali-silicato e RACs.

3.3.4.5 Fator A/C

Outro fator que pode influenciar na expansão devido a reações álcali-agregado é o fator A/C de uma mistura de concreto. Em geral, tem sido observado que, conforme o fator A/C aumenta, o mesmo se dá com a expansão [106,107]. No entanto, também tem-se percebido em certos casos que com fatores A/C mais elevados, a expansão declina novamente, o que significa que parece haver um fator A/C péssimo. O aumento inicial pode ser atribuído à força reduzida do concreto resultante, enquanto a expansão reduzida em fatores A/C maiores pode ser o resultado de concentrações reduzidas de álcalis nos fluidos dos poros, como resultado do volume maior de água [106]. O fator A/C péssimo varia dependendo dos constituintes usados. Deve-se destacar que, onde agregados reativos estão presentes, a expansão é substancial, mesmo com baixos fatores A/C, o que significa que o ajuste deste parâmetro durante o projeto da mistura não fornece uma rota viável para se evitar problemas com reações álcali-agregados.

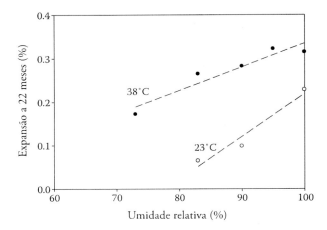

Figura 3.18 Influência da umidade relativa na expansão de RAS de barras de argamassa mantidas por 22 meses em contêineres de vidro selados. (De Ólafsson, H. The effect of relative humidity and temperature on alkali expansion of mortar bars. In P. E. Grattan-Bellew, ed., *Proceedings of the 7th International Conference on Concrete Alkali–Aggregate Reactions*, Ottawa, Canada, August 18–22, 1986, pp. 461–465.)

3.3.4.6 Escala de tempo para fissuras

Conforme a pressão exercida pelo gel de RAS aumenta, ela eventualmente chega a um nível que excede a força de tensão do concreto, levando a fissuras. Normalmente, onde a composição do agregado reativo é homogênea, a pressão é exercida uniformemente em todas as direções, levando à formação de uma configuração simétrica de três fissuras localizadas a 120° uma das outras (figura 3.19), particularmente quando as partículas são angulares [108]. Um modo similar de fissura também é efetivo durante a RAC.

Onde a composição das partículas é heterogênea (em outras palavras, onde a rocha é composta de minerais reativos em combinação com não reativos), a formação de fissuras pode ser menos simétrica, particularmente quando minerais reativos estão presentes como veias [108].

Capítulo 3 Mecanismos químicos de degradação do concreto   165

Figura 3.19 Configuração típica de fissuras resultantes da expansão da reação álcali-agregado de uma única partícula de agregado. (De acordo com Figg, J. ASR: Inside phenomena and outside effects (crack origin and pattern). In P. E. Grattan-Bellew, ed., *Proceedings of the 7th International Conference on Concrete Alkali–Aggregate Reactions*, Ottawa, Canada, August 18–22, 1986, pp. 152–156.)

À medida que a expansão aumenta, as fissuras aumentam e começam a se juntar. Quando se discute a natureza das fissuras resultantes, é necessário considerar tanto as estruturas de microfissuras quanto as de macrofissuras para se obter uma imagem completa dos processos em andamento. Quando ocorre uma reação álcali-agregado expansiva, as macrofissuras ficam localizadas na superfície, e normalmente só penetram até uma profundidade de aproximadamente um décimo da espessura do membro [109]. Essas fissuras se alastram perpendicularmente à superfície exposta e podem ter larguras de até 10 mm, mas, mais comumente, são muito menores que isso [82].

Ao contrário, as microfissuras ficam tipicamente alinhadas de forma aleatória e presentes tanto em maior densidade e com a maior interconectividade próximo ao núcleo de um membro do concreto. A natureza da configuração das macrofissuras e das microfissuras indica que a superfície exposta dos membros do concreto submetidas a reações de álcali-agregado expansivas foram postas sob tensão pela ação da expansão, enquanto o interior do concreto estava em compressão. Isso foi razoavelmente interpretado como significando que ocorreu mais reação (e, consequentemente, expansão) no núcleo do que na superfície exposta [82]. Acredita-se que isso resulta da percolação de álcalis e da evaporação da água na superfície, e possivelmente da presença de maior porosidade na camada da superfície, permitindo alguma acomodação de produtos da reação expansiva [108].

Onde os elementos do concreto são relativamente irrestritos, a configuração de fissura se manifesta na superfície exposta como uma rede de 'fissuras em formato de mapa' (figura 3.20). No entanto, onde há restrição, seja na forma de reforço de aço, seja na de uma carga aplicada ou ainda na de elementos estruturais adjacentes, as fissuras tendem a ocorrer em paralelo à direção do reforço principal, ou na direção da restrição.

A fragmentação da superfície não é observada, embora o 'pipocamento' de partículas reativas tenha sido percebido em certos casos. Os pipocamentos assumem a forma de pequenas lascas cônicas de concreto sendo forçadas para fora da superfície do concreto por uma partícula subjacente de agregado reagente (figura 3.21) [108]. Os pipocamentos parecem ocorrer somente sob circunstâncias muito específicas, tais como onde o concreto de interiores que tenha sido exposto a umidades elevadas seja seco por um período de tempo é subsequentemente reumidificado [110], e durante a cura a vapor do concreto (figura 3.22) [111].

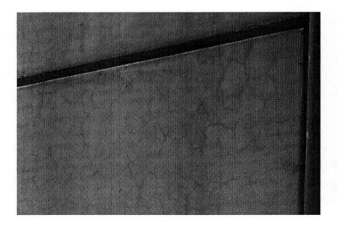

Figura 3.20 Fissuras em mapa. (Cortesia de K. Paine.)

Capítulo 3 Mecanismos químicos de degradação do concreto **167**

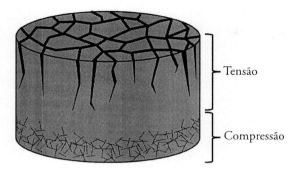

Figura 3.21 Macrofissuras e microfissuras resultantes das forças de tensão e compressão consequentes à RAS. (Conforme Hobbs, D. W. *Alkali–Silica Reaction in Concrete*. London: Thomas Telford, 1988; Courtier, R. H., *Cement and Concrete Composites*, 12, 1990, 191–201.)

Em alguns casos, gel pode ser expelido da superfície do concreto. Logo que isso ocorre, o gel é vítreo em aparência, e viscoso ao toque [108]. Contudo, ao longo do tempo, o gel reage com o dióxido de carbono da atmosfera para formar um resíduo opaco branco. Gel expelido também é frequentemente observado na RAC.

A formação de fissuras no concreto submetido à RAS resulta numa perda de força (figura 3.23). A perda de força de tensão é mais pronunciada, com uma comparável deterioração no módulo elástico. As implicações dessa queda na força são dependentes do tipo de elemento estrutural em que a reação está ocorrendo.

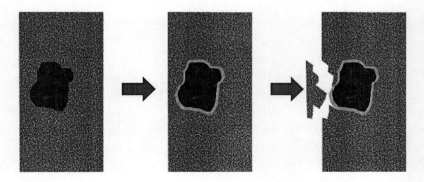

Figura 3.22 Formação de um pipocamento como resultado da expansão pela reação álcali-agregado.

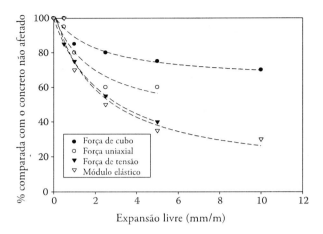

Figura 3.23 Declínio na força e no módulo elástico de amostras de concreto submetidas à expansão por RAS. (De Institution of Structural Engineers. *Structural Effects of Alkali–Silica Reaction: Technical Guidance on the Appraisal of Existing Structures*. London: Institution of Structural Engineers, 1992; Clark, L. A. *Critical Review of the Structural Implications of the Alkali–Silica Reaction in Concrete*. TRRL Contractor Report 169. Crowthorne, United Kingdom: Transport and Road Research Laboratory, 1989; Clark, L. A. e K. E. Ng. Some factors influencing expansion and strength of the SERC/BRE standard ASR concrete mix. *Proceedings of the SERC–RMO Conference*, 1989, p. 89; e Clayton, N. et al., *The Structural Engineer*, 68, 1990, 287–292.)

Em colunas, a perda de força compressiva reduz a capacidade de carga da coluna, embora não necessariamente na mesma magnitude que a observada em concreto não reforçado [116]. Além disso, a zona de cobertura do concreto pode ficar descamada desde o reforço, por causa de diferenças na extensão em que o concreto dentro e fora da zona reforçada é restringido. Isso faz com que a contribuição da força compressiva desta parte da seção da coluna seja mais comprometida e remova a restrição contra a cintagem de reforço [113].

Em vigas, onde as forças de flexão e de deformação por flexão são de importância fundamental, há apenas um declínio relativamente pequeno na força de flexão com crescente expansão livre resultante da RAS. Sob flexão, as vigas parecem ser mais rígidas que as equivalentes não afetadas nos estágios de deformação elástica imediatamente anterior à produção [117]. A força de deformação por flexão permanece inalterada ou aumenta, com maior desvio ao falhar [118]. A provável razão para isso é que a expansão por RAS restrita 'preestressa' as vigas, melhorando, assim, as características de deformação [109]. Efeitos similares de força de flexão e de deformação por flexão são observados em lajes, sendo que a força de deformação por impacto permanece inafetada abaixo de um nível de expansão livre de aproximadamente 0,06% [109,119].

Vigas preestressadas sujeitas a RAS apresentam pouca mudança na força de flexão, o que foi interpretado como indicação de que, juntamente com o fato de não haver mudança maior na força compressiva, uma perda significativa no nível de preestresse é improvável [120]. A força de deformação por flexão em vigas sem reforço para deformação cai após o aparecimento das primeiras fissuras resultantes da RAS, e essa queda na força persiste, conforme a expansão continue. Onde o reforço para deformação está presente, um declínio na força de deformação de uma magnitude similar é observado, mas a força é recuperada com mais expansão. Isso é muito provavelmente o resultado da expansão da viga na vertical ser restringida, criando, assim, um grau de 'preestresse' nessa direção e melhorando a força.

Embora os efeitos diretos de reações álcali-agregados nas propriedades de elementos estruturais sejam, em alguns casos, relativamente menores, a formação de fissuras no concreto tem implicações muito sérias no desempenho. A natureza das fissuras de álcali-agregados, com macrofissuras potencialmente substanciais na zona de cobertura, significa que sua habilidade de proteger o reforço de aço pode ser significativamente comprometida. Tem-se demonstrado que a ocorrência da reação álcali-agregado leva a um aumento em cloretos, em amostras de concreto expostas a ambientes marinhos, em relação a amostras que não passaram pela reação, havendo como consequência o aumento da extensão da corrosão do reforço [121].

O concreto que passa por reações de álcali-agregado levando a fissuras também é mais propenso ao ataque de sulfato [121]. Um estudo examinando a resistência de concreto ao ataque de congelamento-degelo descobriu que o início da expansão resultante de congelamento e degelo cíclicos ocorreu mais cedo em amostras danificadas por RAS [122]. Porém, é interessante notar que a completa desintegração dos núcleos ocorreu primeiro nas amostras contendo agregado não reativo.

3.3.5 Fontes de álcalis

3.3.5.1 Cimento Portland

Os álcalis no cimento Portland derivam principalmente dos minerais de feldspato, mica e argila na matéria-prima de fornos de cimento [123]. As altas temperaturas dentro do forno causam a liberação de álcalis para formar novos compostos. Na presença de sulfato derivado dos gases da combustão do forno, uma ampla faixa de compostos de sulfato alcalino é normalmente formada, os quais são volatilizados e condensados ciclicamente, à medida que se movem entre zonas mais quentes e mais frias, no forno. Isso leva, por fim, à descarga de quantidades de clínquer, contendo depósitos de sulfatos alcalinos. Onde há um excesso de íons de álcalis relativos a sulfato, esses íons são substituídos na estrutura de todas as principais fases do clínquer [124].

Embora o conteúdo alcalino do cimento Portland possa ser elevado, tem havido muito desenvolvimento na tecnologia de fornos de cimento destinada à redução de álcalis [125]. Isso tem sido promovido não só pelas preocupações relacionadas com reações álcali-agregados, mas também porque os álcalis têm um efeito deletério na força de longo prazo [126].

3.3.5.2 Outros constituintes do cimento

Posteriormente, será visto que o uso de outros materiais cimentícios em combinação com o cimento Portland pode ser eficaz no controle da expansão álcali-agregados. No entanto, esses materiais tipicamente contêm quantidades de sódio e potássio, que se tornam disponíveis para tomar parte nas reações álcali-agregados. Alguns desses materiais são discutidos abaixo.

3.3.5.2.1 Cinza volante

A cinza volante derivada da geração de energia por queima de carvão contém álcalis cujos níveis dependem grandemente da fonte de carvão. Os resultados da análise dos álcalis de cinzas volantes produzidas nos Estados Unidos e no Reino Unido são mostrados na figura 3.24. Os resultados dos EUA derivam de cinzas de Classe C (tipicamente rica em cálcio) grandemente derivada da combustão de carvão de lignita, enquanto as cinzas volantes do Reino Unido são todas pobres em cálcio. Os níveis de álcalis em cinzas pobres em cálcio estão entre 1,0 e 6,2. No caso de cinzas ricas em cálcio, embora a maioria das cinzas contenham níveis relativamente baixos de álcalis, a faixa de níveis de álcalis é mais ampla e chega a níveis mais elevados.

Diferentemente do cimento Portland, em que uma quantidade significativa dos álcalis totais está presente na superfície de partículas de cimento, uma grande proporção de álcalis na cinza volante está incorporada dentro das partículas de cinza. Cinzas volantes pobres em cálcio são compostas de uma fase ou mais fases vítreas e uma série de minerais cristalinos, incluindo quartzo, mulita, hematita e magnetita. Os álcalis estão quase exclusivamente incorporados na estrutura do vidro, que é também a fase que passa por reação pozolânica para fornecer produtos cimentícios. Cinzas volantes da classe C tipicamente possuem uma mineralogia mais variada, com a possibilidade de álcalis estarem presentes em fases cristalinas solúveis [127]. Em ambos os casos, porém, a maioria dos álcalis não está imediatamente disponível, mas são liberados à medida que a reação pozolânica ocorre.

Como será discutido na seção 3.3.8, a presença de cinza volante pode reduzir a extensão em que a expansão ocorre no concreto que contém agregado reativo. Entretanto, onde os níveis de álcalis na cinza volante são relativamente altos, a contribuição da cinza pode ser suficiente para reduzir o nível limiar de conteúdo alcalino de cimento Portland acima do qual ocorre expansão danosa (figura 3.25) [128]. Além disso, a disponibilidade de álcalis de cinzas voláteis calcárias (>10% CaO por massa) é geralmente maior que a da cinza silícica [129].

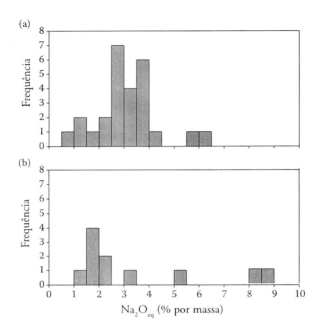

Figura 3.24 Distribuições do conteúdo total de álcalis de (a) 26 cinzas voláteis silícicas do Reino Unido e (b) 11 cinzas voláteis predominantemente calcárias dos Estados Unidos. ((a) De Hubbard, F. H. et al., *Cement and Concrete Research*, 15, 1985, 185–198. (b) De Shehata, M. H. e M. D. A. Thomas, *Cement and Concrete Research*, 36, 2006, 1166–1175.)

3.3.5.2.2 Escória granulada de alto-forno

O conteúdo alcalino de GGBS pode chegar a 2,6% [128], embora, novamente, os íons de álcalis sejam principalmente incorporados na fase vítrea que compõe a ampla maioria do material. A figura 3.26 mostra uma distribuição dos níveis totais de álcalis de uma revisão da literatura, ilustrando que os níveis são tipicamente menores que os da cinza volante.

Como a cinza volante, o conteúdo alcalino da escória gradualmente se torna disponível à medida que as partículas passam por reação hidráulica latente, e essa disponibilidade é novamente evidenciada por uma redução no limiar do conteúdo alcalino do cimento Portland acima do qual ocorre expansão dos danos por RAS [128].

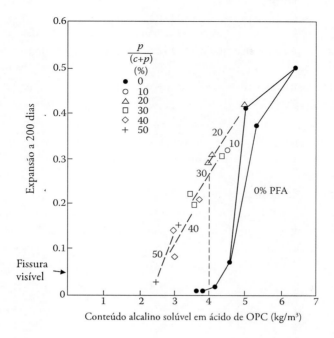

Figura 3.25 Variação da expansão de concretos de cimento Portland (ordinário) (OPC)/cinza volante ('cinza pulverizada de combustível' – PFA) a 200 dias, com álcalis contribuídos pelo cimento Portland. (De Hobbs, D. W., *Magazine of Concrete Research*, 38, 1986, 191–205.)

3.3.5.2.3 Fumo de sílica

Os níveis de álcalis no fumo de sílica são, em média, mais elevados que na GGBS (figura 3.27). Além disso, embora o fumo de sílica contenha, em média, menores quantidades de álcalis que a cinza volante, mais deles estão disponíveis para liberação [129]. Deve-se destacar que o fumo de sílica é normalmente usado em menores quantidades que a cinza volante e a GGBS, o que significa que sua contribuição para os álcalis totais tipicamente é relativamente pequena.

3.3.5.2.4 Água

O conteúdo alcalino da água da mistura usada na produção de concreto claramente influencia consideravelmente a concentração de álcalis disponíveis no concreto, uma vez que os íons de álcalis estarão em forma solubilizada e, portanto, imediatamente disponíveis para reação. O padrão europeu para água de mistura para concreto exige que a água usada no concreto contendo agregados reativos não deve conter níveis alcalinos que excedam 1.500 mg/L, a menos que outras medidas sejam tomadas para controlar as reações álcali-agregados [132]. Os padrões de água de beber de muitos países normalmente impõem um limite para o sódio e, às vezes, o potássio, com base no fato de eles afetarem o sabor da água [133], o que significa que esse limite não seria excedido quando água potável fosse usada. Contudo, o uso de água de fontes naturais do subsolo ou da superfície e de água residual de processos industriais (incluindo o fabrico de concreto) pode conter níveis de álcalis que sejam problemáticos para concreto que contenha agregados reativos. A água residual recuperada do fabrico de concreto tipicamente é aceitável, desde que seu conteúdo de sólidos seja reduzido abaixo de 1% por massa, e a água seja usada como substituição parcial para a água potável fresca ou outra conveniente, usada no processo de mistura [132].

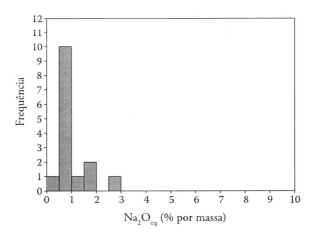

Figura 3.26 Distribuição do conteúdo total de álcalis de 15 escórias de alto-forno, de uma revisão da literatura e do estudo de laboratório de Hobbs. (De Hobbs, D. W., *Magazine of Concrete Research*, 38, 1986, 191–205.)

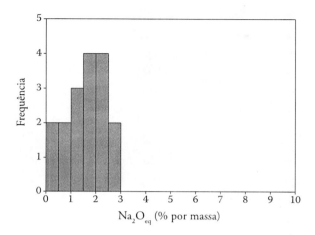

Figura 3.27 Distribuição do conteúdo total de álcalis de 17 fumos de sílica, de uma revisão da literatura e do estudo de laboratório de Larrard et al. (De Larrard, F. et al., *Materials and Structures*, 25, 1992, 265–272.)

A salinidade média da água marinha do planeta é de aproximadamente 3,5%, com uma grande proporção disso sendo de cloreto de sódio, o que significa que o uso de tal água no fabrico de concreto contendo agregados reativos quase certamente apresentará um problema. No entanto, onde o concreto para elementos estruturais contendo reforço de aço está sendo fabricado, a ameaça mais imediata e séria de corrosão induzida por cloreto é de máxima preocupação e espera-se que descarte o uso de tal água na maioria dos casos.

3.3.5.2.5 Agregados

Os álcalis derivados de agregados podem ser divididos em dois tipos. Primeiro, os agregados podem estar contaminados com sais altamente solúveis do ambiente do qual foram obtidos. O exemplo mais óbvio é a contaminação de agregados de fontes marinhas por cloreto de sódio [134]. Segundo, foi mostrado que várias rochas usadas como agregados liberam álcalis quando expostas a condições de pH elevado. Essas rochas incluem as riólitos e andesitos [135,136] e certos quartzitos [137]. Um grupo de constituintes minerais de muitas dessas rochas é o feldspato alcalino, e a liberação de álcalis desses minerais e sua reação com agregado suscetível a RAS foram claramente demonstradas [138]. Rochas vulcânicas contendo feldspato, tais como o basalto, apresentam uma taxa mais alta de liberação de álcalis quando vidros vulcânicos também estão presentes. Tais vidros contêm níveis de álcalis similares aos dos feldspatos presentes e são provavelmente mais solúveis [139]. A liberação de álcalis também é possível, numa menor extensão, a partir de minerais da argila [140].

3.3.5.2.6 Ingredientes químicos

Muitos ingredientes químicos contêm sais de potássio ou sódio de ácidos orgânicos. Os íons de álcalis desses ingredientes normalmente contribuem para o conteúdo alcalino total da mistura de concreto e, portanto, para as reações de álcali-agregados. Isso foi demonstrado no caso dos ingredientes superplastificantes do tipo lignina sulfonatada, melamina formaldeído sulfonatada e naftaleno formaldeído sulfonatado [106,141].

3.3.5.2.7 Fontes externas

Os álcalis também podem ingressar no concreto durante o serviço. A fonte mais abundante de álcalis externos é o cloreto de sódio da água do mar ou sais descongelantes, e foi demonstrado que a exposição do concreto a soluções de cloreto de sódio causa expansão significativa [142]. Tal como com qualquer outro processo de infiltração, a taxa em que os íons de sódio podem penetrar no concreto é dependente da idade e da estrutura dos poros do material, com o concreto menos maduro e o que contém maiores volumes de porosidade apresentando maiores coeficientes de difusão do sódio [143]. Além disso, a presença de componentes de cimento hidráulico latentes e pozolânicos tem por efeito melhorar a extensão em que os íons de sódio são imobilizados pelo gel de CSH (veja a seção 3.3.8), reduzindo o coeficiente de difusão.

3.3.6 Reatividade dos agregados

3.3.6.1 Reação álcali-sílica

Rochas e outros materiais capazes de passar por RAS são discutidos abaixo. Dois fatores principais parecem favorecer a reatividade a RAS dos agregados: a presença de sílica granulada, uma morfologia de sílica que apresenta uma grande área de superfície para reação [144], ou ambas. A sílica pode existir em forma peneirada, seja proveniente da distorção da trama cristalina por processos metamórficos geológicos, seja simplesmente como resultado de cristalinidade pobre.

3.3.6.1.1 Quartzo (SiO$_2$)

A forma termodinamicamente estável da sílica sob condições ambientes normais é o quartzo. O quartzo é comumente encontrado em forma não granulada altamente cristalina, que é essencialmente não reativa em contato com soluções alcalinas. Porém, parece que, à medida que o nível de granularidade no quartzo aumenta, o mesmo se dá com sua suscetibilidade ao ataque por álcalis [145].
Muitos tipos de rocha contêm quartzo na forma de microcristais ou criptocristais – grãos cristalinos muito finos, discerníveis como tais, apenas por exame microscópico, e, no caso do quartzo criptocristalino, mal perceptíveis. Nessas rochas, os grãos de quartzo são frequentemente separados por limites granulares abertos que são potencialmente mais acessíveis à água, permitindo, assim, uma taxa rápida de reação [146]. Os tipos de rocha reativa mais comuns usados como agregados contendo quartzo criptocristalino são o sílex e o chert.
A calcedônia, que já foi considerada um mineral, é agora vista como consistindo de uma mistura de quartzo criptocristalino com o mineral de sílica moganita [147]. Embora tendo uma textura fibrosa, a inspeção mais atenta, com uso de microscópio eletrônico, revela que cada fibra consiste de esferas, de centenas de angstroms de diâmetro, com porosidade variando entre elas, novamente oferecendo uma superfície significativa por volume de unidade para reação. Também foi proposto que a moganita é mais solúvel e, portanto, mais reativa que o quartzo.

3.3.6.1.2 Opala

A opala é, às vezes, classificada como mineraloide, em vez de mineral, com base no fato de que muitas ocorrências são não cristalinas. Além do mais, as opalas frequentemente contêm formas microcristalinas ou criptocristalinas dos minerais de sílica cristobalita, tridimita ou ambos [148]. A microestrutura da opala consiste de pilhas de esferas comprimidas com várias centenas de nanometros de diâmetro, novamente, potencialmente criando uma grande área de superfície interna para reação.

3.3.6.1.3 Vidro vulcânico

Vidros vulcânicos são o produto do rápido resfriamento do magma. Embora a rocha possa consistir inteiramente de vidro vulcânico (p.ex., obsidiana e pedra-pome), o vidro está mais frequentemente presente como um material matriz em rochas vulcânicas de fina granulação, tal como o basalto, a andesita e o dacito. A natureza amorfa do vidro vulcânico significa que as ligações entre os átomos são forçadas, o que leva a uma maior reatividade, da mesma forma que o quartzo é mais reativo numa condição forçada. A reatividade potencial de vidros vulcânicos foi mostrada num estudo que examinou a propensão de uma seleção de basaltos passar por RAS [149]. Basaltos são tipicamente de baixa reatividade, mas o estudo descobriu que, onde a análise petrográfica identificou vidro, a reatividade à RAS era mais elevada. A natureza química do vidro também desempenha seu papel, sendo os vidros ácidos (aqueles mais ricos em SiO_2) tipicamente mais reativos.

3.3.6.1.4 Vidro artificial

Já tem algum tempo que se sabe da ocorrência de RAS em concreto contendo vidro manufaturado [150]. No entanto, em anos recentes, a questão recebeu mais atenção, parcialmente como resultado de pesquisa feita sobre a possibilidade de uso de vidro derivado da recuperação de vasilhames, vidro de descartados como agregado para concreto [151] e parcialmente por causa do crescimento na reciclagem de destroços da demolição de estruturas em que vidro plano provavelmente está presente. O vidro de soda-cal-sílica, que é usado na confecção de vidro plano e vasilhames, também contém quantidades substanciais de sódio, tornando o material uma fonte potencial de álcalis.

3.3.6.2 Reação álcali–silicato

Acredita-se que minerais de filossilicatos presentes em rochas que passam por reação álcali-silicato, ao menos em parte, são responsáveis por expansão. As rochas incluem grauvaques, siltitos, filitos e argilitos. Os filossilicatos nessas rochas incluem cloreto, micas, vermiculitas e esmectitas. O processo de esfoliação e crescimento de vermiculita foi observado em agregados de filito e grauvaque no concreto [81], e foi proposto que esse mineral é o principal contribuinte para a expansão. Mas, como discutido anteriormente, deve ser lembrado que a RAS pode ser o mecanismo de reação subjacente, em cujo caso a presença dos componentes minerais listados para esta reação pode ser a fonte de expansão.

3.3.6.3 Reação álcali-carbonato

Os dois minerais envolvidos nas RACs são a dolomita e a magnesita.

3.3.6.3.1 Dolomita ($CaMg(CO_3)_2$)

Embora a dolomita seja encontrada em muitos tipos diferentes de rocha, os tipos mais comuns encontrados na literatura, com relação à RAC, são os calcários que foram expostos a soluções contendo magnésio, convertendo parcialmente a calcita em dolomita. Nessas rochas, os cristais de dolomita são tipicamente romboédricos na forma, e são envoltos por uma matriz de cristais mais finos de calcita entre os quais há uma rede de minerais argilosos [148]. Sugestões anteriores de que a expansão de calcários dolomíticos é o resultado da expansão dessa argila parece, agora, ser improvável. Contudo, o que é mais provável é que a rede de argila atue como uma rota para água contendo íons de hidróxido e álcalis migrar pela calcita até os cristais de dolomita [80].

3.3.6.3.2 Magnesita ($MgCO_3$)

A magnesita é o produto final da reação entre a calcita e soluções contendo magnésio, e, portanto, ocorre em calcários juntamente com a dolomita. A magnesita reage com hidróxidos de álcalis para formar brucita, de maneira similar à desdolomitização [76].

3.3.7 Identificando reações álcali-agregados

A reação álcali-agregado normalmente se torna primeiro aparente durante a inspeção visual de estruturas como 'fissuras em mapa' ou similares na superfície de elementos de concreto. Porém, deve-se destacar que a fissura em mapa não é única desses tipos de reação. De fato, uma ampla faixa de processos pode produzir formação similar de fissuras. Esses incluem a retração plástica causada pela evaporação de água do concreto recém-posto.

No caso de RAS e RAC, a presença de gel exsudado de fissuras da superfície (seção 3.3.4) pode permitir uma conclusão mais firme a ser tirada sobre a relação à reação ter ocorrido. No entanto, a ausência de gel na superfície não necessariamente significa que uma reação álcali-agregado não é a fonte da fissura.

Embora testes não destrutivos possam auxiliar na avaliação da extensão do dano, com técnicas de ultrassom mostrando-se particularmente úteis [152], a identificação positiva de reações álcali-agregado não é possível. Destarte, o material deve ser removido de uma estrutura na forma de núcleos e examinado sob microscópio. O exame pode ser feito usando-se tanto um microscópio ótico quanto um de varredura eletrônica.

A microscopia ótica pode ser feita tanto em seções finas polidas quanto em amostras simplesmente polidas, embora onde a RAS seja o provável mecanismo, seções finas possam ser benéficas. Isso porque, quando visto por meio de um microscópio petrográfico, a presença de geles pode ser rapidamente confirmada. Tais microscópios têm filtros de polarização em um dos lados da amostra, permitindo que materiais cristalinos e amorfos sejam distinguidos. Os geles são amorfos (eles possuem pouca ou nenhuma ordem em escala atômica). Quando vista entre polarizadores cruzados num microscópio petrográfico, a configuração normalmente permite que alguma luz passe pelos minerais cristalinos. Ao contrário, os materiais amorfos, tais como o gel de RAS, aparecem em preto.

O gel de RAS frequentemente se forma tanto como uma moldura em torno do exterior das partículas de agregado, quanto um produto no interior dos agregados. Como discutido na seção 3.3.4, a expansão de partículas de agregado tende a implicar em microfissuras originadas no centro de partículas e são simetricamente arranjadas. Em virtude do mecanismo de expansão, fissuras são comumente observadas estreitando em distâncias maiores do centro do agregado.

No caso da RAC, os produtos de reação formam-se como molduras em torno das partes externas dos agregados. A distinção entre produtos da RAS é possível usando-se um microscópio petrográfico, já que a brucita é cristalina.

Manchas podem fornecer algum auxílio adicional na identificação de reações álcali-agregado sob microscópio ótico. Uma mancha efetiva de geles contendo sódio em concreto é o acetato de uranilo, que produz uma mancha verde-amarela sob luz ultravioleta (UV), embora procedimentos apropriados sejam necessários para limitar a liberação dessa substância no ambiente mais amplo [153]. O cobaltinitrito de sódio mancha geles ricos em potássio, embora, infelizmente, isso também produza uma mancha amarela [154]. Mais uma vez, a mancha é mais proeminente usando-se uma fonte de luz UV. Também foi demonstrado que o uso de vermelho de alizarina prova-se útil na identificação de molduras de reação RAC. O composto mancha de vermelho substâncias contendo cálcio, tornando mais fácil de se identificar os cristais de $Mg(OH)_2$.

O microscópio de varredura eletrônica pode ser usado para examinar qualquer das superfícies de fissura de fragmentos retirados de núcleos ou de seções polidas. Quando visto em superfícies de fissuras, o gel de RAS parece uma formação maciça, a qual tem sido observada apresentando uma textura de superfície esponjosa, de granularidade fina ou folheada [155]. Além disso, o gel frequentemente contém fissuras resultantes de sua secagem. Os produtos de reação cristalina também podem muitas vezes ser observados ao longo do gel. O gel aparece em seções polidas como uma substância de superfície alisada, novamente muitas vezes contendo fissuras de secagem. A observação do gel em modo de análise de imagens retroespalhadas é um método útil, já que permite uma discriminação melhorada entre o gel e outros materiais (figura 3.28).

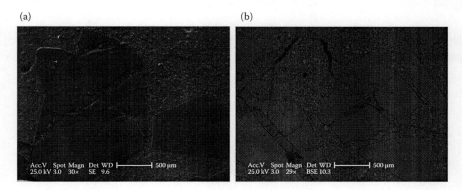

Figura 3.28 Imagens de microscópio de varredura eletrônica mostrando partículas de vidro numa matriz de cimento Portland que passou por RAS. (a) Imagem convencional e (b) imagem da operação do microscópio em modo de análise de imagens retroespalhadas.

A identificação da reação álcali-silicato usando-se o microscópio de varredura eletrônica é menos provável. Embora a esfoliação de partículas de minerais argilosos tenha sido observada em investigações *in vitro* de laboratório [81], é improvável que observações significativas possam ser obtidas de superfícies fissuradas de concreto.

3.3.8 Evitando a reação álcali-agregado

Foram desenvolvidas por uma série de diferentes organizações, em muitos países diferentes, diretrizes para a evitação da RAS. No entanto, os componentes gerais em todas essas diretrizes são similares. Em resumo, combinações das estratégias seguintes são normalmente prescritas:

- Uso de uma fonte alternativa de agregado de menor reatividade;
- Limite da exposição à umidade;
- Limite dos níveis de álcalis;
- Inclusão de materiais pozolânicos ou com propriedades hidráulicas latentes; e
- Uso de ingredientes químicos de controle de RAS.

Essas opções (com exceção da primeira) são discutidas abaixo.

3.3.8.1 Limitando a exposição à umidade

Já foi estabelecido que a umidade desempenha um papel crucial em reações álcali-agregados, e o problema da expansão pode ser evitado pela simples limitação da extensão em que o concreto entra em contato com a água. Para elementos estruturais no interior de um edifício ou em climas em que a umidade é escassa, essa pode ser uma possibilidade muito real, embora deva-se destacar que a exposição à umidade atmosférica, bem como à água líquida, produz expansão, e, portanto, a avaliação de prováveis condições atmosféricas internas é necessária, antes dessa estratégia ser usada.

O tamanho e as dimensões de elementos estruturais também devem ser levados em consideração, já que onde grandes massas de concreto estão presentes, o concreto suficientemente afastado, abaixo da superfície de um elemento, não tem oportunidade de perder umidade por meio de evaporação, o que significa que a expansão ainda pode ocorrer [156].

Para concreto exposto a climas em que chuva ou umidade elevada são prováveis, a opção restante é tentar evitar que a água penetre na superfície. Isso é melhor conseguido pela aplicação de coberturas de superfície impermeáveis à água, ou por tratamentos do tipo penetrante que promova hidrofobia à superfície de poros na superfície próxima do concreto (capítulo 6). Embora essas estratégias reduzam a expansão [157], foi demonstrado que elas não são particularmente eficazes onde a exposição à umidade é prolongada [158]. Entretanto, em ambientes em que a exposição à umidade é provavelmente seguida de períodos prolongados de seca, a limitada penetração de água produzida por tais tratamentos é frequentemente suficiente para limitar os níveis de umidade abaixo do provável de levar à expansão. Com os riscos adicionais associados à redução na eficácia dos tratamentos de superfície com o tempo, e a probabilidade de subsequente formação de fissuras, que podem produzir uma rota para infiltração de umidade, essa técnica não é aconselhável onde a exposição à umidade é frequente.

3.3.8.2 Limitando os níveis de álcalis

Como as formas solúveis de sódio e potássio são de presença necessária para que a RAS ocorra, a limitação das quantidades disponíveis desses íons numa mistura de concreto também pode limitar a expansão. No Reino Unido, onde a principal preocupação é a RAS, *BRE Digest 330* fornece diretriz sobre os limites de álcalis que se deve atender para evitar a expansão por RAS [159]. Os fatores levados em conta são o conteúdo alcalino do cimento e a reatividade do agregado ou combinação de agregados usada. A partir desses, um limite variando de 'ilimitado' a menos de 2,5 kg de Na_2O_{eq}/m^3 é obtido. Modificações são feitas nesse limite em termos de quantidade de álcalis disponíveis provindos de GGBS, cinza volante e agregados.

3.3.8.3 Ingredientes

Uma série de ingredientes químicos para prevenção da expansão derivada da RAS está comercialmente disponível. Esses ingredientes são baseados em sais de lítio. Ainda há muita incerteza com relação à maneira precisa pela qual esses compostos funcionam, sendo dois possíveis mecanismos favorecidos. O primeiro desses envolve íons de lítio sendo incorporados em preferência a sódio e potássio no produto da RAS, levando à formação de um produto cristalino que é não expansivo [160]. O segundo envolve a formação de uma camada protetora de silicato cristalino de lítio em superfícies de agregado reativo, o que inibe o desenvolvimento do gel de RAS [161].

Descobriu-se que os sais de lítio são eficazes no controle da expansão no concreto contendo agregado de grauvaque [162], o qual pode, estritamente falando, passar pela reação álcali-silicato, em vez da RAS (veja a seção 3.3.3). Dados os mecanismos mais prováveis pelos quais os ingredientes de lítio atuam, isso sugere que reações álcali-silicato podem, de fato, ser RAS.

Os sais de lítio que se descobriu serem eficazes incluem LiOH, LiCl, $LiNO_3$, LiF e Li_2CO_3. A redução adequada na expansão é normalmente obtida com um fator molar equivalente de lítio/sódio (Li/Na_{eq}) acima de 0,6 até 0,9, dependendo do tipo de agregado reativo [160,163]. Alguns estudos de laboratório identificaram uma dosagem péssima de LiOH, em que a expansão por RAS é maior que em concreto sem qualquer ingrediente, e acima da qual a expansão é reduzida até um nível adequado [163]. Porém, tal comportamento não foi observado em outros estudos similares, levando à conclusão de que o aparecimento de uma dosagem péssima pode ser resultado de fatores tais como tipo e gradação do agregado e o fator A/C [164].

Foi descoberto que a RAC é controlada pelo uso de Li_2CO_3 ou $FeCl_3$ [165]. O $FeCl_3$ tem a desvantagem de acelerar a fixação. Além do mais, o uso de compostos de cloreto em concreto reforçado provavelmente acelera as taxas de corrosão e, portanto, não é aconselhável.

A natureza expansiva de reações álcali-agregado levou vários pesquisadores a explorar a possibilidade de usar agentes transportadores de ar para controlar a expansão de uma maneira similar à de sua aplicação no controle de danos por congelamento-degelo (capítulo 2). Essa pesquisa demonstrou que a presença de bolhas de ar na matriz de cimento reduz a expansão [166]. Os resultados dos cálculos incluídos na diretriz do Reino Unido em abordagens alternativas para controlar a RAS [167] mostram que, em teoria, a inclusão de 3% de ar por volume deve levar a uma redução da expansão de aproximadamente 1%. Esse deve ser um objetivo válido, mas, na realidade, a magnitude da redução na expansão é muito menor. Isso foi atribuído ao fato do gel de RAS ser incapaz de ocupar por completo as bolhas de ar, supostamente como resultado de sua alta viscosidade. Como resultado, o uso de transporte de ar é desencorajado na diretriz do Reino Unido.

3.3.8.4 Materiais pozolânicos e hidráulicos latentes

Um dos meios mais eficazes de controle de reações álcali-agregados é através do uso de materiais pozolânicos ou hidráulico latentes como componentes da fração de cimento numa mistura de concreto. Isso controla a RAS através de dois mecanismos. Primeiro, ele tem o efeito de diluir o cimento Portland, assim reduzindo potencialmente a contribuição de álcalis desse constituinte. Segundo, a redução na taxa e extensão da RAS é alcançada pela capacidade do gel de CSH, para cuja formação contribui os materiais pozolânicos e hidráulicos latentes, para incorporar íons de álcalis em sua estrutura. Isso é possível seja por adsorção dos íons na superfície do gel, seja por sua incorporação na estrutura do CSH.

A capacidade do CSH de adsorver álcalis aumenta com um decréscimo na razão Ca/Si [168]. Foi sugerido que isso é resultado da presença de pontos de silanol ácido (Si–OH) no gel de CSH, o qual passa por reações de neutralização com hidróxido de sódio e de potássio. Como os materiais pozolânicos e hidráulicos latentes têm todos menores razões de Ca/Si que o cimento Portland, sua presença numa mistura de concreto leva à formação não somente de mais CSH, mas também de CSH com uma maior capacidade para imobilização de álcalis.

Outro fator químico que influencia fortemente na capacidade do CSH para imobilizar íons de álcalis é a incorporação de quantidades de alumínio na estrutura do CSH como substituto para o cálcio ou o silício [169]. A substituição por alumínio provavelmente aumenta a acidez dos pontos de silanol no gel de CSH, aumentando assim a afinidade com álcalis. Mas, foi proposto que a substituição por alumínio estabelece desequilíbrios de carga que seriam causados pela incorporação de íons de álcalis na estrutura do CSH, permitindo um aumento na capacidade de ligação [170]. Assim, a ligação de álcalis tende a ser melhorada onde os componentes do cimento contendo níveis mais elevados de alumínio são usados, uma vez que isso normalmente aumenta a quantidade de substituição por alumínio no gel de CSH.

Materiais individuais que foram demonstrados como eficazes no controle da expansão por RAS são discutidos abaixo.

3.3.8.4.1 Cinza volante

Cinzas volantes são uma pozolana rica em sílica (tipicamente ~50% SiO_2) com um conteúdo relativamente alto de alumina (~25% Al_2O_3). Embora nem todos esses constituintes de óxido estejam disponíveis para reação, com base na discussão acima, isso dá claramente ao material uma composição favorável para controle de reações álcali-agregados. No entanto, a influência mais significativa na magnitude da expansão por RAS é o conteúdo alcalino da cinza [171], como resultado da influência desse fator nos álcalis em soluções dos poros [172]. Assim, se o conteúdo alcalino de uma cinza volante for suficientemente alto, a cinza pode não ter qualquer efeito, ou mesmo um efeito deletério, sobre a expansão [128]. Por esta razão, a diretriz do Reino Unido sobre evitação da RAS recomenda que se evite cinza volante com um valor de Na_2O_{eq} de mais de 5% [159].

Onde a contribuição de álcalis é suficientemente baixa para reduzir a expansão, a redução na expansão aumenta à medida que o conteúdo de cinza volante de uma mistura de concreto aumenta. Em muitos casos, foi descoberto que níveis menores de cinza volante tem pouco efeito ou pode exacerbar a expansão [173]. Por essa razão, a diretriz do Reino Unido recomenda níveis mínimos de cinza volante na fração de cimento de uma mistura de concreto – 25% para agregado de reatividade 'baixa' ou 'normal', e 40% para agregado de alta reatividade.

Outro fator que influencia a eficácia da cinza volante no controle da expansão é a espessura, com partículas mais finas produzindo menor expansão [171,174]. Essa influência claramente indica que a redução na expansão produzida pela presença de cinza volante não deriva completamente de uma diluição dos álcalis.

3.3.8.4.2 Escória granulada de alto-forno

A GGBS é um material hidráulico latente, mais que um pozolânico, o que significa que condições altamente alcalinas são necessárias para dar início às reações cimentícias porque ele passa, mas as substâncias alcalinas que causam a ativação não estão incluídas nos produtos resultantes de reações. A GGBS pode ser usada na fração de cimento do concreto em níveis mais elevados que a cinza volante, com menos compromisso nas propriedades de engenharia. Portanto, onde a GGBS tem baixo conteúdo alcalino, o efeito de diluição é maior que o da cinza volante. Porém, a eficácia da cinza volante no controle de reações álcali-agregados é normalmente maior que a da GGBS [175]. Isso é refletido na diretriz do Reino Unido, que recomenda níveis mínimos mais elevados para GGBS.

3.3.8.4.3 Fumo de sílica

O tamanho pequeno da partícula de fumo de sílica implica nela passar pela reação pozolânica com relativa rapidez. Possivelmente por essa razão, ela tipicamente é ainda mais eficaz que a cinza volante na redução da expansão. De mesmo modo que para outros materiais, a inclusão de baixos níveis de fumo de sílica pode piorar a magnitude da expansão. No entanto, a natureza altamente reativa do fumo de sílica implica na expansão devida a RAS ser normalmente eliminada por completo acima de níveis de aproximadamente 10% por massa da fração de cimento [159].

3.3.8.4.4 Metacaulim

De maneira similar ao fumo de sílica, a incorporação de 10% ou mais por massa de metacaulim na fração de cimento de uma mistura de concreto parece ser adequada para controlar a expansão como resultado da RAS [176]. Embora pouca pesquisa tenha sido feita sobre a eficácia desse material no controle da expansão a partir de outras formas de reação álcali-agregados, sua habilidade de reduzir o pH de soluções dos poros foi claramente demonstrada [177], e, portanto, isso parece provável.

3.4 Ataque de ácido

Quando o concreto entra em contato com soluções ácidas, os constituintes da fração de cimento e, às vezes, o agregado são seletivamente dissolvidos. Isso leva a um aumento na porosidade, com várias implicações, em termos de propriedades mecânicas (principalmente resistência) e as propriedades de permeação da cobertura do concreto.

Mas, embora o contato com ácidos produza uma deterioração do concreto a taxas relativamente rápidas, deve-se enfatizar que a dissolução de produtos de hidratação do cimento ocorre em concreto exposto a água, independentemente de seu pH. Nesta seção, o mecanismo geral envolvido nesse processo é descrito, após o que as especificidades do ataque de ácido são detalhados.

3.4.1 Percolação do concreto por água

O concreto exposto a água movente por períodos de tempo prolongados eventualmente começa a passar por uma perda de resistência. Experimentos de laboratório estabeleceram que a perda de força compressiva do concreto é principalmente resultado da percolação de portlandita ($Ca(OH)_2$) da superfície da pasta de cimento e de uma perda de cálcio – 'descalcificação' – do gel de CSH. Conforme a percolação progride, uma zona degradada (contendo níveis reduzidos de portlandita) se desenvolve na superfície do concreto, cuja profundidade aumenta progressivamente [178]. A extensão em que a deterioração da força compressiva é observada é diretamente proporcional a um parâmetro conhecido como 'razão degradada', que é a razão da área degradada da seção cruzada do concreto (A_d) em relação à área total da seção cruzada (A_t).

A espessura da zona degradada é diretamente proporcional à perda de massa do concreto [179]. Portanto, há normalmente uma relação linear entre a razão degradada e a perda de resistência. Além do mais, a perda de resistência pode estar relacionada principalmente com a dissolução da portlandita. Isso porque a portlandita está presente principalmente como grandes cristais cuja dissolução deixa macroporosidade. A descalcificação do CSH leva à formação de microporosidade, cuja influência na resistência é muito menos significativa.

O aumento na profundidade da zona degradada é dependente da taxa em que a amostra química dissolvida pode se difundir pela camada degradada na água envolvente [180] e é descrita pela equação

$$e = \sqrt{D_{app} t}$$

onde e é a profundidade da zona degradada, D_{app} é o coeficiente de difusão aparente através dessa zona e t é o tempo. Usando-se esta equação e o conceito da razão degradada, a deterioração da resistência de um elemento de concreto numa estrutura pode ser descrita usando-se a equação

$$\Delta s = -b \frac{l^2 - \left(l - 2\sqrt{D_{app}t}\right)^2}{l^2}$$

onde l é a dimensão do menor elemento de concreto, e b é uma constante dependente da composição da fração do cimento [181].

Onde a água em contato com o concreto possui um pH próximo de 7, o processo de percolação é lento, até o ponto em que sua ocorrência normalmente só é de preocupação em aplicações tais como o armazenamento de lixo nuclear. Contudo, onde condições mais ácidas são prevalentes, a taxa de percolação pode ser muito mais rápida e de preocupação mais geral.

3.4.2 Ambientes ácidos

O concreto pode entrar em contato com soluções ácidas por muitos motivos. Processos de manufatura industrial usam ou produzem uma ampla faixa de ácidos minerais. Além da manufatura real de tais ácidos, o fabrico de fertilizantes usa ácido nítrico (HNO_3) e ácido sulfúrico (H_2SO_4) ou ácido fosfórico (H_3PO_4) na produção de nitrato de amônia (NH_4NO_3) e superfosfato ($Ca(H_2PO_4)_2$), respectivamente. O HF[1] é usado na indústria de vidros como marcador. Atividades de processamento e acabamento de metais envolvem uma ampla faixa de ácidos e misturas de ácidos. Em particular, o ácido clorídrico (HCl) é usado no banho de tratamento de aço para remover camadas de ferrugem da superfície. Ácidos orgânicos também entram em aplicações industriais, mas particularmente na indústria de alimentos e bebidas. O ácido acético ($CH_3 \cdot COOH$) e o ácido lático (CH3·CHOH·COOH) são comumente encontrados nesse tipo de ambiente, com o ácido lático presente no leite azedo e em certas bebidas alcoólicas. O ácido acético também é produzido por bebidas alcoólicas azedas e é o principal constituinte ácido do vinagre.

---

[1] HF - Ácido fluorídrico. (Nota do Revisor Técnico)

Várias atividades agriculturais também produzem condições ácidas. A produção de silagem gera ácidos lático e acético. A produção de leite provavelmente produz quantidades de ácido lático, onde o leite respingado ou descartado se degrada sob a ação de bactérias. O estrume é fonte de uma ampla faixa de ácidos orgânicos, incluindo o acético, o propanoico (CH_3CH_2COOH), o butanoico ($CH_3(CH_2)_2COOH$), o isobutanoico (($CH_3)_2CHCOOH$) e o pentanoico ($CH_3(CH_2)_3COOH$). O fertilizante superfosfato armazenado sob premissas agriculturais pode conter quantidades de ácidos sulfúrico e fosfórico.

Esgotos são capazes, sob condições corretas, de produzir ácido sulfúrico. O processo é iniciado quando os sulfatos do esgoto são convertidos em sulfeto de hidrogênio (H_2S) por bactérias redutoras de sulfatos [182]. Este gás reage com o oxigênio para formar enxofre elementar, que subsequentemente é oxidado por bactérias oxidantes de enxofre para formar o ácido sulfúrico. A temperatura ótima para esse processo é de aproximadamente 30°C, o que significa que ele é mais comumente encontrado em países mais quentes [183].

A principal fonte de formação de ácidos em solos e no subsolo (além da poluição da atividade industrial) é a oxidação de sulfetos por bactérias sulfuroxidantes para formar ácido sulfúrico, como delineado na seção 3.2.1. A água do subsolo também pode se tornar ácida onde as condições permitam a dissolução de dióxido de carbono até o ponto em que 'CO_2 agressivo' esteja presente, como discutido na seção 3.2.6. A degradação de matéria orgânica no solo leva à formação de ácido húmico. Esse não é um composto específico, mas uma mistura complexa de moléculas que possuem grupos fenólicos e carboxílicos, que são ácidos por natureza.

A liberação de dióxido de enxofre (SO_2) e óxidos de nitrogênio (NO_x), derivados de processos de combustão, na atmosfera leva à precipitação de chuva ácida contendo ácidos sulfúrico e nítrico. Como será discutido posteriormente, a extensão em que isso é preocupante para estruturas de concreto depende da concentração desses ácidos na água da chuva e da taxa de deposição de ácidos, que é dependente tanto da concentração de ácidos quanto das taxas de precipitação. Dados de redes de química de precipitação de locais em redor do mundo indicam níveis de pH da água da chuva abaixo de 4,5 em muitas áreas industrializadas [184]. Além do mais, a modelagem da deposição úmida total de ácidos indica quantidades de até 0,1 mol/m²/ano. A deposição de ácidos dessa magnitude tem o potencial de afetar o concreto, particularmente onde a acumulação de água da chuva é possível.

3.4.3 Mecanismos de ataque de ácidos

A ação agressiva de ácidos no concreto é parcialmente dependente de sua resistência, que é medida em termos da facilidade com que eles perdem um próton (H^+) por dissociação num solvente. A dissociação de um ácido monoprotônico, HA, é dada pela equação

$$HA \rightleftharpoons H^+ + A^-$$

onde A^- é chamado de base conjugada. Num caso ideal, a dissociação seria completa – a solução conteria apenas íons H^+ e A^-, e nenhum HA. Porém, em realidade, o ácido e sua base conjugada existem em equilíbrio, e a extensão em que a dissociação ocorre é medida usando-se a constante de dissociação de ácidos, K_a, definida pela equação

$$K_a = \frac{[A^-][H^+]}{[HA]}$$

onde os termos entre colchetes são concentrações. Por conveniência, as constantes de dissociação de ácidos são frequentemente expressas como pK_a, onde

$$pK_a = -\log_{10}(K_a)$$

Destarte, quanto mais negativo o pK_a de um ácido, maior sua força. Valores de pK_a para uma faixa de ácidos são dados na tabela 3.3.

Na água, os ácidos se dissociam da seguinte maneira:

$$HA + H_2O \rightarrow H_3O^+ + A^-$$

A acidez ou basicidade de uma solução aquosa é expressa como seu valor de pH:

$$pH = -\log_{10}[H_3O^+]$$

com um valor de pH baixo denotando uma alta acidez.

Tabela 3.3 Valores de pK_a para uma faixa de ácidos

Ácido	pK_a
Clorídrico	-8
Sulfúrico	-3
Nítrico	-1,3
Oxálico	1,25, 4,14
Tartárico	2,99, 4,40
Cítrico	3,09, 4,75, 5,41
Fluorídrico	3,17
Fórmico	3,77
Lático	3,86
Acético	4,76
Butanoico	4,83
Isobutanoico	4,86
Propanoico	4,87
Carbônico	6,35
Resorcinol	9,20, 10,90
Pirocatecol	9,12, 12.08
Fenol	9,98
Hidroquinona	9,91, 11,44
Floroglucinol	8,90, 9,90, 12,75
Hidroxiquinol	9,10, 11,10, 13,00
Pirogalol	9,05, 11,19, 14,00

Nota: onde múltiplos valores são fornecidos, o ácido pode perder múltiplos prótons, com cada valor representando o pK_a de sucessivos prótons.

Capítulo 3 Mecanismos químicos de degradação do concreto 193

Onde o concreto entra em contato com uma solução ácida, é de se esperar que quanto menor o pH de uma solução, tanto mais rápida a taxa de deterioração. Assim, uma solução agressiva é a que contém um ácido forte em alta concentração. Embora isso seja geralmente verdadeiro, há uma série de outros fatores que influenciam a taxa e o mecanismo de deterioração. Esses fatores são discutidos em maiores detalhes abaixo e em seções subsequentes.

Quando soluções ácidas entram em contato com o concreto endurecido, ocorrem várias reações envolvendo produtos de hidratação de cimento e minerais agregados. No caso do hidróxido de cálcio, a reação geral é

$$Ca(OH)_2 + 2HA \rightarrow CaA_2 + 2H_2O$$

onde HA é um ácido monoprotônico. A reação ocorre a um valor de pH menor que 12,6.
A etringita passa por uma reação com ácido abaixo de um valor de pH de 10,7:

$$6CaO \cdot Al_2O_3 \cdot 3SO_3 \cdot 32H_2O + 6HA \rightarrow 3CaA_2 + 2Al(OH)_3 + 3CaSO_4 + 32H_2O$$

No caso do gel de CSH, a reação (que ocorre abaixo de um valor de pH de ~10,5) é

$$xCaO \cdot ySiO_2 \cdot nH_2O + 2xHA \rightarrow xCaA_2 + ySi(OH)_4 + (x + n - 2y)H_2O$$

onde $Si(OH)_4$ é um gel de sílica amorfo.
Para os aluminatos de cálcio hidratados, tais como o monossulfato, uma reação do tipo mostrado abaixo ocorre:

$$3CaO \cdot Al_2O_3 \cdot CaSO_3 \cdot 12H_2O + 6HA \rightarrow 3CaA_2 + 2Al(OH)_3 + CaSO_4 + 12H_2O$$

Mais uma vez, um gel amorfo na forma de $Al(OH)_3$ é produto dessa reação, embora, onde valores de pH de solução sejam menores que 4, isso também reaja:

$$Al(OH)_3 + 3HA \rightarrow AlA_3 + 3H_2O$$

Hidratos contendo ferro se comportam de forma similar, embora o valor do pH da solução deva ser menor que 2 antes da segunda reação poder ocorrer [185].

O efeito geral dessas reações é parcialmente dependente da solubilidade dos sais de cálcio, alumínio e ferro que são produzidos. Onde sais altamente solúveis são formados, estes são rapidamente percolados, deixando para trás uma camada de gel mais fraco e mais permeável. No entanto, onde sais de baixa solubilidade são formados, estes permanecem na matriz de cimento. A precipitação de sais sólidos de cálcio tanto pode ser benéfica quanto deletéria, dependendo do que é formado. Em certos casos, os sais podem formar uma camada protetora que atua como barreira ao ingresso de espécies ácidas. Contudo, também pode acontecer da formação de compostos de cálcio levar a pressões de cristalização que causem expansão e fissura. A tabela 3.4 fornece solubilidades de sais que podem ser formados como resultado da reação de pasta de cimento endurecida com um ácido.

Certos tipos de agregados também são suscetíveis ao ataque de ácido, em particular os que contêm carbonatos. Quando agregado de calcário entra em contato com um ácido, a seguinte reação ocorre:

$$CaCO_3 + 2HA \rightarrow CaA_2 + 2CO_2$$

Novamente, isso pode ter diferentes efeitos, dependendo do sal formado.
O efeito inicial do ataque de ácido no concreto é o desenvolvimento de uma camada corroída em que as reações acima são completadas em parte ou no todo. Onde a remoção de cálcio, alumínio e ferro ocorre, a porosidade dessa camada é maior. Além do mais, dependendo do ácido envolvido, a camada corroída pode passar por retração. Isso leva a fissuras, o que aumenta ainda mais a porosidade.

Tabela 3.4 Solubilidade de sais de cálcio e alumínio de vários ácidos

Ácido	Sal de Ca	Solubilidade a 20°C (g/L)	Sal de Al	Solubilidade (g/L)
Sulfúrico	$CaSO_4 \cdot 2H_2O$	2,4	$Al_2(SO_4)_3$	364
Clorídrico	$CaCl_2$	745	$AlCl_3$	458
Nítrico	$Ca(NO_3)_2 \cdot 4H_2O$	1290	$Al(NO_3)_3 \cdot 9H_2O$	673
Fluorídrico	CaF_2	0,016	AlF_3	6,7
Fórmico	$Ca(HCOO)_2$	166	$Al(HCOO)_3 \cdot 3H_2O$	61,9 (25°C)

Acético	$Ca(CH_3COO)_2 \cdot H_2O$	347	$Al(CH_3COO)_3$	'Limitadamente solúvel'
Propanóico	$Ca(C_2H_5COO)_2$	399 (25°C)	$Al(C_2H_5COO)_3$	-
Butanóico	$Ca(C_3H_7COO)_2 \cdot H_2O$	182 (25°C)		-
Isobutanóico	$Ca(C_3H_7COO)_2 \cdot 5H_2O$	50		-
Cítrico	$Ca_3(C_6H_5O_7)_2$	0,95 (25°C)	$Al(C_6H_5CO_7)_3$	2,3
Tartárico	$CaC_4H_4O_6$	0,37 (0°C)	$Al_2(C_4H_4O_6)_3$	-
Oxálico	$Ca(COO)_2$	0,0067	$Al(COO)_3$	'Praticamente insolúvel'
Lático	$Ca(C_3H_5O_3)_2$	90	$Al(C_3H_5O_3)_3$	17
CO_2 agressivo	$Ca(HCO_3)_2$	16,6		

Além dessa camada há um volume de concreto não afetado. A taxa em que a camada corroída se estende no concreto é dependente da taxa em que a espécie ácida pode se difundir pela camada para reagir com o concreto não afetado.

Onde processos de atrito mecânico capazes de remover cimento e agregado são efetivos na superfície do concreto, essa superfície pode ser removida a uma taxa acelerada. Onde os agregados permanecem insolúveis em condições ácidas, uma taxa mais rápida de remoção da matriz de cimento com relação ao agregado é observada. Desta forma, uma superfície de concreto que passa por ataque de ácido frequentemente é composta de agregado exposto, deixado para trás à medida que o cimento é preferencialmente removido. Entretanto, eventualmente esse agregado se torna insuficientemente ligado à matriz e também é perdido, conforme o processo de corrosão continua.

3.4.4 Fatores que influenciam as taxas de ataque de ácido

3.4.4.1 Fatores ambientais

Os principais fatores ambientais que influenciam a taxa de deterioração do concreto exposto a condições ácidas são a concentração das espécies ácidas, a temperatura e se qualquer atrito mecânico também está atuando na superfície do concreto.

A concentração é claramente um fator importante, já que seu gradiente entre o exterior e o interior do concreto controla a taxa de difusão. No entanto, ela também é importante porque as reações de ácidos com cimento (e possivelmente agregado) levam a sua neutralização. Nos casos em que há uma quantidade finita de espécies ácidas em solução, e a capacidade de neutralização do concreto é suficientemente alta, o ácido é completamente convertido em sal neutro, levando à interrupção do processo de deterioração.

A figura 3.29 mostra a perda de massa de amostras de concreto expostas a soluções ácidas, onde o atrito da superfície foi periodicamente realizado. O efeito de ambientes ácidos sobre a força compressiva é mostrado na figura 3.30.

Como os remanescentes dos produtos originais de hidratação do cimento permanecem após o ataque de ácido, a superfície do concreto pode ficar intacta mesmo após períodos prolongados de reação. Porém, em virtude da perda de força da camada corroída, fica mais fácil para o material ser desgastado se qualquer forma de abrasão mecânica estiver atuando sobre a superfície.

A figura 3.31 mostra o efeito de níveis crescentemente agressivos de atrito sobre a perda de massa de amostras de concreto expostas a um ambiente de ácido carbônico. Como é de se esperar, quanto mais agressivo o mecanismo de desgaste atuando sobre a superfície do concreto, mais rápida a taxa de perda da superfície. Contudo, uma observação mais apurada pode ser feita desses resultados: a perda de massa onde o atrito mecânico é eficaz é aproximadamente linear quando plotado contra o tempo. Onde o ataque de ácidos ocorre sem dano físico à superfície, deve-se esperar que a forma da plotagem seja parabólica, já que a taxa de ataque é limitada pela taxa de difusão através da camada corroída em evolução. No entanto, a abrasão atua para remover a camada corroída, tornando a difusão desnecessária [188].

Capítulo 3 Mecanismos químicos de degradação do concreto **197**

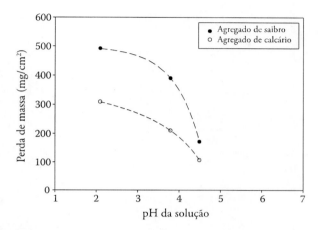

Figura 3.29 Perda de massa por área unitária de prismas de concreto expostas a dois ciclos de molhar e secar usando-se soluções de ácido lático de diferente pH. A erosão foi simulada através de periódica escovação da superfície do concreto. (De de Belie, N. et al., *ACI Materials Journal*, 94, 1997, 546–554.)

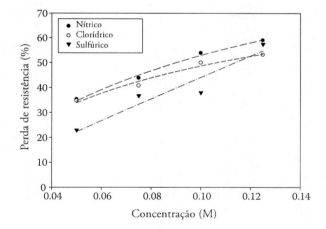

Figura 3.30 Perda de força compressiva após exposição de argamassas de cimento Portland a soluções ácidas de diferentes concentrações por um período de 120 dias. (De Türkel, S. et al., *Sadhana*, 32, 2007, 683–691.)

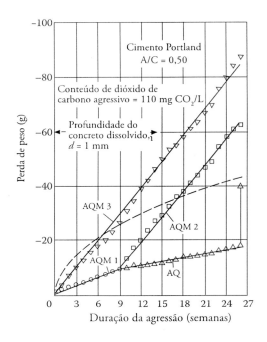

Figura 3.31 Perda de massa de prismas de argamassa de cimento Portland (PC) expostas a ataque de ácido carbônico e diferentes mecanismos de desgaste mecânico. Ataque químico (AQ) = nenhum desgaste; ataque químico e mecânico (AQM) 1 = leve desgaste da superfície do prisma antes da medição de massa; AQM 2 = superfície escovada uma vez por semana; AQM 3 = superfície escovada três vezes ao dia. (De Türkel, S. et al., *Sadhana*, 32, 2007, 683–691.)

Em geral, um aumento na temperatura leva a um aumento na taxa de deterioração como resultado do ataque de ácido. Isso é primariamente devido a um aumento na solubilidade dos sais formados. Mas, onde os sais possuem uma entalpia molar de solução parcial negativa e, portanto, se tornam menos solúveis a temperaturas mais elevadas, maior resistência pode ser observada. Exemplo disso é o acetato de cálcio.

3.4.4.2 Fatores materiais

Os constituintes do concreto podem influenciar significativamente a resistência ao ataque de ácido. Os principais fatores que desempenham esse papel são o conteúdo de hidróxido de cálcio, o conteúdo de cimento, o fator A/C e o tipo de agregado usado.

A influência do hidróxido de cálcio na resistência a ácidos é melhor ilustrada pelo exame do efeito da combinação de cimento Portland com outros componentes do cimento, tal como cinza volante, uma vez que isso leva a uma diluição do cimento Portland, resultando em níveis menores de Ca(OH)$_2$. A influência do conteúdo de cinza volante é mostrado na figura 3.32, que mostra que em níveis de até 60%, uma melhora na resistência a ácidos é observada. Além desse ponto, a resistência declina bruscamente. Melhora similar na resistência a ácidos pode ser conseguida com GGBS, fumo de sílica e metacaulim [189–191].

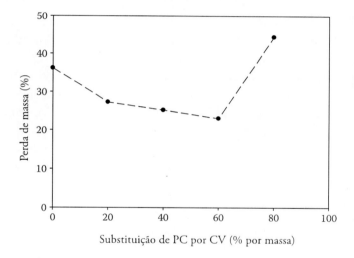

Figura 3.32 Perda de massa em 15 semanas de misturas de concreto contendo diferentes níveis de substituição de cimento Portland (PC) por cinza volante, expostas a uma solução de ácido clorídrico a 1%. O desgaste mecânico foi conseguido por meio da remoção semanal do produto da reação com uma escova de aço. Todas as misturas contêm uma adição de 10% (por massa de cimento total – PC e cinza volante) de fumo de sílica. (De Tamimi, A. K., *Materials and Structures*, 30, 1997, 188–191.)

A vulnerabilidade do concreto contendo níveis mais altos de Ca(OH)$_2$ é o resultado do fato de que essa fase é a primeira a se dissolver, conforme as condições passam de alcalinas para ácidas. Assim, o concreto com um alto conteúdo de Ca(OH)$_2$ exibe um aumento relativamente rápido na porosidade – e perda de resistência – à medida que o ataque de ácido prossegue. O aumento na taxa de perda de massa a níveis muito altos de conteúdo de cinza volante pode simplesmente ser atribuído a menor resistência, que torna o concreto mais vulnerável a desgaste mecânico.

Pela mesma razão, o conteúdo de cimento Portland de uma mistura de concreto influencia sua resistência ao ataque de ácidos. Um conteúdo mais elevado de cimento Portland aumenta a vulnerabilidade, já que a proporção de $Ca(OH)_2$ será aumentada [192]. Também foi estabelecido que um conteúdo mais alto de agregado tem por efeito evitar a formação de longas fissuras e de reduzir a densidade das fissuras dentro da camada corroída, tornando mais lenta a difusão por essa zona. O primeiro desses efeitos é resultado da tendência das fissuras de se propagar entre partículas de agregado, produzindo uma rede de fissuras curtas com um caminho mais tortuoso. O segundo é resultado de partículas de agregado restringindo a retração da camada corroída, levando a menos fissuras [193].

Deve-se notar que conteúdos elevados de cimento Portland atribuem uma maior capacidade de neutralização ao concreto, o que pode proteger este, onde ácidos estejam presentes em quantidades finitas. Além disso, um conteúdo menor de cimento pode resultar em concreto mais tendente à abrasão da camada corroída [194].

Como a taxa de infiltração de espécies em solução no concreto é controlada pela porosidade capilar da matriz de cimento, o fator A/C desempenha um papel importante na definição da resistência a ácidos. Para a maioria dos ácidos, um fator A/C menor produz maior resistência à corrosão, principalmente como resultado de uma taxa reduzida de infiltração pela camada corroída e uma resistência mais alta nessa camada, resultando em perda reduzida de massa em consequência do desgaste mecânico.

No caso de concreto exposto a ácido sulfúrico, observações conflitantes foram feitas pelos pesquisadores. Em alguns casos, características de deterioração similares a outros ácidos foram observadas [196]. Contudo, em pelo menos um caso, percebeu-se que a medição da perda de massa foi reduzida com o aumento do fator A/C [197]. Foi proposto que as medições de perda de peso a níveis de pH maiores que 1,5 são comprometidas pela formação de produtos de reação (gesso e provavelmente etringita) [197]. Embora essa explicação não seja de todo adequada, uma vez que os resultados onde um fator A/C crescente produziu uma taxa aumentada de perda de massa foram obtidos com um valor de pH excedendo 2 [196], não seria inteligente tentar melhorar a resistência ao ácido sulfúrico pelo uso de fatores A/C elevados. Uma possível explicação alternativa é que, dependendo do método do projeto de mistura usado, misturas com um fator A/C menor podem apresentar conteúdos muito mais altos de cimento, tornando o concreto mais vulnerável ao ataque [192].

Agregados à base de silício são tipicamente altamente resistentes a ataque de ácidos, exceto no caso de ácidos altamente agressivos, como o HF. No entanto, como indicado pela reação delineada na seção 3.4.3, os agregados que são mais prontamente atacados (tais como calcário) neutralizam os ácidos à medida que se dissolvem. O grande volume de agregado com relação ao cimento implica que o agregado calcário atribui uma alta capacidade neutralizante ao concreto. O efeito geral é que o concreto feito com agregados calcários é mais resistente a ataque de ácidos que aquele feito com agregados à base de silício. Evidência disso foi previamente vista na figura 3.29, que mostra o efeito do tipo de agregado na perda de massa resultante da exposição a ácido lático.

3.4.5 Ação de ácidos específicos

Como discutido anteriormente, a faixa de ácidos que podem entrar em contato com o concreto é ampla, com os efeitos na durabilidade do concreto sendo dependentes do tipo de ácido. Esta seção examina o ataque de ácidos selecionados, ilustrando as variações no ataque de ácidos resultantes da natureza química das espécies ácidas.

3.4.5.1 *Ácido nítrico (HNO_3)*

A reação do hidróxido de cálcio com o ácido nítrico resulta na formação de nitrato de cálcio:

$$2HNO_3 + Ca(OH)_2 \rightarrow Ca(NO_3)_2 + 2H_2O$$

O $Ca(NO_3)_2$ é altamente solúvel e, portanto, é rapidamente removido da camada corroída, deixando atrás de si porosidade. Além do mais, à medida que o processo de ataque do ácido progride, nitrato de alumínio e nitrato de ferro (III) são formados, que também são altamente solúveis. Há uma retração relativamente substancial da camada corroída, o que leva a fissuras, e a aumento maior na porosidade da camada corroída [193]. O efeito geral é uma taxa relativamente rápida de deterioração.

3.4.5.2 Ácido sulfúrico (H_2SO_4)

A ameaça ao concreto pelo ácido sulfúrico (H_2SO_4) resulta parcialmente de dissolução e também de expansão. O ácido sulfúrico entrando em contato com o $Ca(OH)_2$ produz a reação

$$H_2SO_4 + Ca(OH)_2 \rightarrow CaSO_4 \cdot 2H_2O$$

O gesso ($CaSO_4 \cdot 2H_2O$) é precipitado como resultado de sua solubilidade relativamente baixa (veja a tabela 3.1), o que pode levar a um bloqueio dos poros na superfície do concreto, com consequente taxa mais lenta de ataque, inicialmente. Isso leva à deterioração em concentrações mais altas de ácido sulfúrico ser mais lenta, inicialmente, que em concentrações mais baixas, já que uma concentração mais alta produz uma camada de gesso mais espessa. Porém, esse efeito dura apenas temporariamente, com taxas de deterioração por fim maiores em concentrações mais altas [198].

A expansão do concreto exposto ao ácido sulfúrico é o resultado da formação de gesso e etringita, como descrito na seção 3.2.2. Como resultado da solubilidade da etringita em níveis de pH mais baixos, ela tipicamente só é formada a alguma distância, no interior do concreto sujeito ao ataque de ácido sulfúrico, onde o pH é ainda relativamente alto [199].

A medição de modificações de massa e comprimento em argamassas expostas tanto a sulfato de sódio quanto a H_2SO_4 indica que o ácido aumenta a vulnerabilidade do concreto à deterioração, mesmo quando materiais pozolânicos, que de outra forma são capazes de fornecer maior resistência, estão presentes [190]. A razão para isso é mais provavelmente o resultado da reduzida resistência e aumentada permeabilidade da dissolução dos produtos de hidratação do cimento, permitindo infiltração mais rápida de sulfatos e menos resistência à expansão.

3.4.5.3 Ácido acético (CH_3COOH)

O acetato de cálcio é um composto altamente solúvel, o que significa que $Ca(OH)_2$ é removido com alguma rapidez do concreto exposto ao ácido acético. Contudo, a solubilidade do acetato de alumínio e do acetato de ferro (III) é baixa. Isso pode explicar porque a retração da camada corroída de argamassas expostas a ácido acético foi percebida como menor que com outros ácidos, tais como o nítrico [193]. Portanto, algumas fissuras se formam nessa camada, levando a uma taxa relativamente baixa de difusão para o interior e uma taxa menor de corrosão.

3.4.5.4 Ácido oxálico

O ácido oxálico é encontrado numa série de aplicações industriais. A despeito de sua força relativamente alta, ele apresenta muito pouca ameaça ao concreto, como resultado da precipitação de oxalato de cálcio, essencialmente insolúvel. Diferentemente da formação de gesso resultante da exposição ao ácido sulfúrico, o oxalato de cálcio não produz expansão, e o efeito geral é bloquear os poros do concreto e reduzir ainda mais a deterioração. De fato, formulações de ácido oxálico são comercialmente disponíveis para tratamento de superfícies de concreto, muitas vezes tendo bons resultados na melhoria da resistência a ácidos. O ácido oxálico também é usado para remover manchas de ferrugem de superfícies de concreto, já que ele reage com óxidos e hidróxidos de ferro para produzir compostos mais solúveis, ao mesmo tempo que permite a retenção de cálcio e alumínio na matriz de cimento.

3.4.5.5 Resorcinol

Os fenóis são compostos de um ou mais grupos de hidroxila ligados a um ou mais anéis de benzeno. Eles incluem o fenol (hidroxibenzeno), o pirocatecol (benzeno-1,2-diol), o resorcinol (benzeno-1,3-diol), a hidroquinona (benzeno-1,4-diol), o pirogalol (benzeno-1,2,3-diol) e o floroglucinol (benzeno-1,3,5-diol). Os fenóis podem ocorrer em solos contaminados por atividades industriais anteriores. Além disso, como discutido na seção 3.4.2, os ácidos húmicos no solo possuem grupos fenólicos, que atribuem propriedades similares a essas moléculas.

Os compostos fenólicos são ácidos, embora com uma força relativamente baixa (veja a tabela 3.3). No entanto, muitos fenóis foram percebidos como causadores da deterioração do concreto. A taxa e a magnitude da deterioração são altamente dependentes da estrutura do composto em questão. O resorcinol é um composto fenólico que foi identificado como sendo particularmente agressivo. Foi mostrado que a exposição a soluções de resorcinol leva a um rápido declínio na força compressiva e no módulo de elasticidade em amostras de argamassa feitas com cimento Portland e agregados silícicos [200]. Embora seja certamente verdade que o resorcinol é um ácido mais forte que outros compostos similares, tais como o pirocatecol e o fenol, a diferença é relativamente pequena, e parece que o processo de deterioração é parcialmente o resultado de expansão [201]. Entretanto, o mecanismo preciso é atualmente desconhecido.

3.4.6 Identificando o ataque de ácidos

A inspeção visual do concreto que foi exposto ao ataque de ácidos frequentemente permite a identificação da camada corroída como uma região descolorida. A camada é muitas vezes subdividida em diferentes zonas coloridas. Por exemplo, no caso do ataque de ácido HNO_3 relativamente concentrado, uma camada exterior branca é observada, com uma camada marrom em profundidades maiores [202]. A camada branca é destituída de tudo, com exceção de gel de sílica, enquanto uma combinação de gel de sílica e $Fe(OH)_3$ é presente na camada marrom. Frequentemente, a camada corroída também parece ser mais porosa. Onde o ataque de H_2SO_4 ocorreu, os sinais de fissuras característicos do ataque de sulfatos também podem ser evidentes.

A exaustão de vários produtos de hidratação também pode ser confirmada pelas análises química e mineralógica. Onde o ataque de ácido é relativamente bem avançado, a difração do pó por raios-x feita nas camadas externas do concreto mostra uma ausência dos produtos cristalinos de hidratação que normalmente estariam presentes [203]. Em alguns casos, sais insolúveis resultantes da reação de produtos de hidratação do cimento com ácidos podem ser observados. A análise química tipicamente revela a exaustão de cálcio e sulfatos na superfície, com consequente aumento na concentração de SiO_2, em comparação com o concreto interior. Concentrações de Al_2O_3 e Fe_2O_3 podem ser exauridas ou aumentadas, dependendo da natureza e extensão do ataque.

3.4.7 Conseguindo resistência a ácidos

3.4.7.1 Padrões

Onde o concreto está em contato com o solo natural e/ou água de subsolo, a *BS EN 206* [63], que foi anteriormente discutida com relação ao ataque de sulfato, na seção 3.2.8, fornece diretriz para especificação. O ataque de ácidos é coberto sob a categoria de 'ataque químico', que inclui o CO_2 agressivo. Uma classe de exposição é identificada pela avaliação dos níveis de pH e concentrações de CO_2 agressivo. Os níveis de pH cobertos pelo padrão são de 6,5 a 5,5, de 5,5 a 4,5 e de 4,5 a 4,0, que equivalem às classes de exposição XA1, XA2 e XA3, respectivamente. As concentrações de CO_2 agressivo de 15 a 40 mg/L, de 40 a 100 mg/L e de 100 mg/L à saturação correspondem às mesmas respectivas classes. Com base na classe de exposição, um fator A/C máximo, uma classe de resistência mínima e conteúdo de cimento são especificados, com a exigência adicional de cimento resistente a sulfatos para as duas classes de exposição mais agressivas.

A estreita faixa de pH e ausência de qualquer exigência para solo contaminado implica na limitada utilidade da *BS EN 206*. Por esta razão, a *BS 8500-1* [63] objetiva condições mais extremas. A avaliação de sítios de acordo com este padrão inclui a análise química de espécies tais como sulfato, nitrato e cloreto, bem como medição de pH. Em sítios contaminados, onde o pH é encontrado abaixo de 5,5, a diretriz fornecida no *Building Research Establishment Special Digest 1:2005* [7] recomenda o cálculo do equivalente SO_4 usando-se a equação

$$SO_{4eq} = SO_4 + 1,35 \times Cl + 0,77 \times NO_3$$

com o valor de SO_{4eq} sendo usado no processo subsequente de especificação. A lógica por trás desta abordagem é que, onde condições ácidas prevalecem num sítio contaminado, é possível que a presença de ácidos nítrico e clorídrico possa estar contribuindo para tal. Embora, como já foi discutido anteriormente, os efeitos da exposição aos ácidos clorídrico e nítrico sejam diferentes dos da exposição ao ácido sulfúrico, os fatores de peso usados na equação levam em conta as variadas magnitudes de danos causados.

A concentração de SO_4 (ou SO_{4eq}), o pH e a mobilidade da água de subsolo são então usados para se estabelecer a classe ACEC, que dita a cobertura mínima nominal, a classe mínima do cimento, o fator A/C máximo, o conteúdo mínimo e o tipo recomendado de cimento, como anteriormente discutido para os sulfatos. Uma possível discrepância nessa abordagem é que a especificação para concreto em solos com níveis menores de pH exige conteúdos mais altos de cimento, o que, como discutido antes, pode não necessariamente prover maior proteção.

A *BS 8500-1* cobre níveis de pH de até 2,5, mas solos com níveis de pH abaixo disso, bem como ambientes, outros que não solos, são menos bem servidos em termos de padrões de especificação de concreto. Porém, algumas estratégias gerais para melhoria da resistência podem ser delineadas.

3.4.7.2 Resistência melhorada a ácidos pelo planejamento da mistura

Onde as concentrações de ácidos são relativamente baixas e presentes em quantidades finitas, é provável que a resistência a ácidos alcançada pelo estabelecimento da proporção e da seleção adequada de materiais seja viável.

Como anteriormente discutido, a inclusão de proporções apropriadas de materiais pozolânicos e hidráulicos latentes na fração do cimento provavelmente beneficia a resistência a ácidos. Essa proporção depende do material em questão. Deve-se enfatizar que há certa variação nos resultados de experimentos de resistência a ácidos na literatura, supostamente como resultado de diferenças nos materiais e procedimentos experimentais usados. De qualquer forma, algumas observações gerais podem ser feitas.

No caso do fumo de sílica, uma ampla faixa de níveis de adição não foi explorada na literatura, pela simples razão de que níveis mais altos são antieconônimos e introduzem outros problemas. No entanto, parece que, certamente com a exposição ao ácido sulfúrico, problemas são encontrados em níveis de fumo de sílica acima de 20% [190] e que num nível entre 10% e 15%, a resistência ao ácido oferecida pelo fumo de sílica parece ser ótima [204].

Foi mostrado que os benefícios em termos de resistência a ácidos percebidos pelo uso de cinza volante chegam a um ótimo à medida que os níveis aumentam. Esse ponto aparentemente se encontra entre 40% e 60% da fração de cimento, como ilustrado na figura 3.32.

A partir dos dados disponíveis na literatura, parece que a resistência a ácidos do concreto melhora ao menos até níveis de 80% de GGBS [189].

Muito pouco trabalho foi realizado sobre a influência do metacaulim como meio de proteção do concreto. Porém, os limitados dados disponíveis confirmam que sua presença melhora a resistência a ácidos, embora possa ser hesitantemente estimado que nenhuma melhoria é provável com níveis de metacaulim maiores que 15% da fração total de cimento [191].

Além disso, como discutido anteriormente, o uso de baixos fatores A/C e de agregados calcários provavelmente melhore a resistência a ácidos.

A identificação das condições sob as quais o uso de componentes de cimento, que não o cimento Portland, seja uma medida adequada para proteção do concreto não é fácil. Entretanto, com base no fato de que uma das principais razões para a resistência melhorada a ácidos é um conteúdo reduzido de $Ca(OH)_2$ na matriz de cimento, a abordagem deveria ser apropriada para contato com soluções ácidas de pH > 4. Isso porque nenhum outro produto de hidratação seja provavelmente dissolvido em quantidades significativas acima desse pH, e, assim, os danos são limitados.

Onde condições mais ácidas prevalecem, é improvável que a seleção e o estabelecimento de proporções apropriadas de constituintes de mistura sejam adequados para oferecer qualquer proteção significativa. Em tais circunstâncias, uma abordagem mais apropriada é melhorar a proteção através do uso de concreto modificado com polímero ou de coberturas protetoras.

3.4.7.3 Concreto modificado com polímero

O concreto modificado com polímero é produzido pela inclusão de um polímero com os constituintes cimentícios convencionais, durante a mistura. A presença do polímero tem por efeito melhorar uma série de propriedades. Porém, no contexto do ataque de ácidos, o principal benefício dessa abordagem é que os componentes de polímero da matriz de cimento resultante não são afetados, em grande parte, pelo contato com ácidos, reduzindo, assim, a taxa de deterioração. Além disso, o polímero normalmente preenche a porosidade capilar entre os grãos de cimento, até certo ponto, reduzindo a porosidade.

Uma faixa de materiais poliméricos pode ser usada para modificação com polímero, incluindo o polimetilmetacrilato (PMMA), o poliestireno (PS), os poliésteres, os ésteres de acrílico-estireno, o butadieno estireno, o acetato polivinil (PVA), os polímeros acrílicos, a poliacrilonitrila (PAN) e as resinas epóxi. Investigações sobre a eficácia de diferentes polímeros em propiciar resistência a ácidos descobriram uma variação bastante significativa. Por exemplo, um estudo sobre o desempenho de concreto modificado com PMMA, com PS e com PAN exposto a H_2SO_4 e Hcl descobriu que o PMMA era superior aos outros polímeros [205]. No entanto, foi observado que o material modificado com PMMA passou por significativa expansão durante a exposição. Outros estudos comparativos identificaram os ésteres de acrílico estireno como superiores onde a exposição a H_2SO_4 foi usada, com alguns tipos de polímero fornecendo desempenho inferior aos controles livres de polímeros [206]. Outras melhorias no desempenho do concreto modificado com polímero foram conseguidas por meio da adição de cinza volante (a um concreto modificado com poliéster) e de Na_2SiO_3 mais uma quantidade de Na_2SiF_6 (a um concreto modificado com PVA exposto a H_2SO_4) [207,208].

A despeito de algum sucesso documentado com concreto modificado com polímero na limitação do ataque de ácidos, uma vez que a modificação atua somente para reduzir a taxa de deterioração e alguns agentes modificadores produzem pouco benefício, cautela deve ser exercida antes dessa abordagem ser escolhida como meio de proteção do concreto. No mínimo, é aconselhável uma consulta ao fabricante do produto.

3.4.7.4 Coberturas protetoras

A colocação de uma camada de material resistente a ácidos e impermeável entre o concreto e o ambiente externo é claramente uma estratégia que provavelmente melhora a durabilidade em ambientes ácidos. Isso pode ser conseguido de várias formas, algumas das quais são mais eficazes que outras.

O concreto pode ser tornado menos acessível a ácidos externos pela aplicação de vários tipos de coberturas inorgânicas. As coberturas desse tipo mais comumente usadas para melhorar a resistência a ácidos são os silicatos de sódio e de potássio (Na_2SiO_3 e K_2SiO_3). Quando aplicados ao concreto, esses compostos passam por uma reação com o $Ca(OH)_2$ para formar gel de CSH na superfície. O gel é precipitado nos poros, no exterior do concreto, bloqueando-os. Além do mais, como discutido anteriormente, a relativa estabilidade do gel de CSH em condições ácidas fornece resistência melhorada. Os fluorsilicatos de zinco e magnésio podem ser usados de maneira similar. Contudo, em geral se concorda que a natureza protetora dessas coberturas é de duração relativamente breve, e existem alternativas superiores.

Uma série de camadas de superfície ligadas a cimento especialmente formuladas está disponível, primariamente para pisos de concreto, compostas de partículas minerais misturadas com cimento Portland [209]. Essas argamassas são aplicadas em camadas relativamente espessas (2 a 3 cm de profundidade). As partículas minerais consistem de substâncias tais como tufa contendo cálcio, que parece fornecer resistência a ácidos através de uma alta capacidade neutralizadora.

Tal como com a modificação com polímeros, uma ampla faixa de coberturas de polímero está disponível para concreto, incluindo resinas epóxi e acrílica, betume, neoprene, borracha de butadieno estireno e poliésteres. Porém, as mais comumente encontradas são as baseadas em resinas epóxi e acrílica.

Deve-se enfatizar que, onde uma cobertura está presente, não se deve supor que a superfície está completamente impermeável. Isso porque é altamente improvável que a cobertura inicial seja perfeita, e a fissura do concreto após aplicação pode muito bem fazer com que a cobertura se rompa. Alguns produtos também contém reforço de fibras (normalmente de vidro) para reduzir a extensão em que a ruptura provavelmente ocorra. Em experimentos avaliando a resistência a ácidos promovida por coberturas, descobriu-se que a perda de peso do concreto exposto a H_2SO_4 foi consideravelmente mais alta para amostras em que regiões danificadas foram artificialmente criadas na superfície da cobertura, mesmo para defeitos relativamente pequenos [210]. As inevitáveis brechas nas coberturas protetoras podem ser minimizadas pelo apropriado tratamento de superfície anterior à aplicação (limpeza, uso de uma camada de primer etc.) e pela certificação de que a cobertura seja aplicada de acordo com as recomendações do fabricante. Em geral, quanto mais espessa for a cobertura, mais resistente será a superfície ao ataque de ácidos.

A injeção de resina no concreto fissurado é, agora, uma técnica de reparo estabelecida, a qual provavelmente oferece renovada proteção do concreto a ácidos. No entanto, em muitos casos, tais como em tubos de esgoto de concreto, essa opção provavelmente seja impraticável.

Num estudo comparativo examinando coberturas de resina epóxi e acrílica, uma importante observação foi feita [211]. Duas diferentes misturas de concreto foram examinadas, com diferentes conteúdos de cimento. A extensão em que a perda de massa foi reduzida pela aplicação de coberturas foi similar para ambos os tipos de resina, onde o concreto com um baixo conteúdo de cimento foi estudado. Mas, para o concreto com mais alto conteúdo de cimento, a deterioração foi maior, e houve uma significativa diferença no desempenho entre as duas coberturas. Isso destaca um ponto importante – mesmo quando coberturas protetoras (ou modificação com polímero) são usadas, o planejamento da mistura para resistência a ácidos ainda é uma medida apropriada.

REFERÊNCIAS

1. Turekian, K. K. *Oceans, 2nd ed.* New Jersey: Prentice Hall, 1976, 152 pp.
2. Kester, D. R. e R. M. Pytkowicz. Sodium, magnesium, and calcium sulphate ion pairs in seawater at 25°C. *Limnology and Oceanography*, v. 14, 1969, pp. 686–692.
3. Casanova, I., L. Agulló, e A. Aguado. Aggregate expansivity due to sulphide oxidation: Part 1. Reaction system and rate model. *Cement and Concrete Research*, v. 26, 1996, pp. 993–998.
4. Casanova, I., A. Aguado, e L. Agulló. Aggregate expansivity due to sulphide oxidation: Part 2. Physicochemical modelling of sulphate attack. *Cement and Concrete Research*, v. 27, 1997, pp. 1627–1632.
5. Trudinger, P. A. Microbes, metals, and minerals. *Minerals Science and Engineering*, v. 3, 1971, pp. 13–25.
6. Spratt, H. G., M. D. Morgan, e R. E. Good. Sulphate reduction in peat from a New Jersey pinelands cedar swamp. *Applied and Environmental Microbiology*, v. 53, 1987, pp. 1406–1411.
7. Building Research Establishment. *BRE Special Digest 1: Concrete in Aggressive Ground, 3rd ed.* Watford, United Kingdom: Building Research Establishment, 2005, 62 pp.

8. Musson, S. E., Q. Xu, e T. G. Townsend. Measuring the gypsum content of C&D debris fines. *Waste Management*, v. 28, 2008, pp. 2091–2096.
9. Taylor, H. F. W. *Cement Chemistry*, 2nd ed. London: Thomas Telford, 1997, 480 pp.
10. Gollop, R. S. e H. F. W. Taylor. Microstructural and microanalytical studies of sulphate attack: Part 1. Ordinary Portland cement paste. *Cement and Concrete Research*, v. 22, 1992, pp. 1027–1038.
11. Scherer, G. W. Stress from crystallization of salt. *Cement and Concrete Research*, v. 34, 2004, pp. 1613–1624.
12. Ping, X. e J. J. Beaudoin. Mechanism of sulphate expansion. *Cement and Concrete Research*, v. 22, 1992, pp. 631–640.
13. Pommersheim, J. M. e J. R. Clifton. Expansion of cementitious materials exposed to sulphate solutions. *Proceedings of the Materials Research Society Symposium*, v. 333, 1994, pp. 363–368.
14. Piasta, W. G. Deformations and elastic modulus of concrete under sustained compression and sulphate attack. *Cement and Concrete Research*, v. 22, 1992, pp. 149–158.
15. Živica, V. e A. Szabo. The behaviour of cement composite under compression load at sulphate attack. *Cement and Concrete Research*, v. 24, 1994, pp. 1475–1484.
16. Lawrence, C. D. The influence of binder type on sulphate resistance. *Cement and Concrete Research*, v. 22, 1992, pp. 1047–1058.
17. Al-Dulaijan, S. U., D. E. Macphee, M. Maslehuddin, M. M. Al-Zahrani, e M. R. Ali. Performance of plain and blended cements exposed to high-sulphate concentrations. *Advances in Cement Research*, v. 19, 2007, pp. 167–175.
18. van Aardt, J. H. P. e S. Visser. Influence of alkali on the sulphate resistance of ordinary Portland cement mortars. *Cement and Concrete Research*, v. 15, 1985, pp. 485–494.
19. Santhanam, M., M. D. Cohen, e J. Olek. Modelling the effects of solution temperature and concentration during sulphate attack on cement mortars. *Cement and Concrete Research*, v. 32, 2002, pp. 585–592.
20. Li, G., P. Le Bescop, e M. Moranville. Expansion mechanism associated with the secondary formation of the U-phase in cement-based systems containing high amounts of Na_2SO_4. *Cement and Concrete Research*, v. 26, 1996, pp. 195–201.

21. Moranville, M., e G. Li. The U-phase: Formation and stability. In J. Marchand and J. Skalny, eds., *Materials Science of Concrete: Sulphate Attack Mechanism*. Westerville, Ohio: The American Ceramic Society, 1999, pp. 175–188.
22. Monteiro, P. J. M. e K. E. Kurtis. Time to failure for concrete exposed to sever sulphate attack. *Cement and Concrete Research*, v. 33, 2003, pp. 987–993.
23. Hime, W. e L. Backus. A discussion of the paper "Redefining cement characteristics of sulphate-resistant Portland cement" by Paul Tikalsky, Della Roy, Barry Scheetz, and Tara Krize. *Cement and Concrete Research*, v. 33, 2003, p. 1907.
24. Glasser, F. P. Chemistry of the alkali–aggregate reaction. In R. N. Swamy, ed., *The Alkali Silica Reaction in Concrete*. Glasgow, Scotland: Blackie, 1992, pp. 30–53.
25. Tikalsky, P. J., D. Roy, B. Scheetz, e T. Krize. Redefining cement characteristics for sulphate-resistant Portland cement. *Cement and Concrete Research*, v. 32, 2002, pp. 1239–1246.
26. Benstead, J. e J. Munn. A discussion of the paper "Redefining cement characteristics of sulphate-resistant Portland cement" by Paul Tikalsky, Della Roy, Barry Scheetz, and Tara Krize. *Cement and Concrete Research*, v. 34, 2004, pp. 355–357.
27. Shanahan, N. e A. Zayed. Cement composition and sulphate attack: Part 1. *Cement and Concrete Research*, v. 37, 2007, pp. 618–623.
28. Rasheeduzzafar, F. H. Dakhil, A. S. Al-Gahtani, S. S. Al-Saadoun, e M A Bader. Influence of cement composition on the corrosion of reinforcement and sulphate resistance of concrete. *ACI Materials Journal*, v. 87, 1990, pp. 114–122.
29. Bonakdar, A. e B. Mobasher. Multiparameter study of external sulphate attack in blended cement materials. *Construction and Building Materials*, v. 24, 2010, pp. 61–70.
30. Hughes, D. C. Sulphate resistance of OPC, OPC/fly ash, and SRPC pastes: Pore structure and permeability. *Cement and Concrete Research*, v. 15, 1985, pp. 1003–1012.
31. Chindaprasirt, P., S. Homwuttiwong, e V. Sirivivatnanon. Influence of fly ash fineness on strength, drying shrinkage, and sulphate resistance of blended cement mortar. *Cement and Concrete Research*, v. 34, 2004, pp. 1087–1092.
32. Torii, K. e M. Kawamura. Effects of fly ash and silica fume on the resistance of mortar to sulphuric acid and sulphate attack. *Cement and Concrete Research*, v. 24, 1994, pp. 361–370.

33. Higgins, D. D. Increased sulphate resistance of GGBS concrete in the presence of carbonate. *Cement and Concrete Composites*, v. 25, 2003, pp. 913–919.
34. Sahmaran, M., O. Kasap, K. Duru, e I. O. Yaman. Effects of mix composition and water–cement ratio on the sulphate resistance of blended cements. *Cement and Concrete Composites*, v. 29, 2007, pp. 159–167.
35. Mangat, P. S. e J. M. El-Khatib. Influence of initial curing on sulphate resistance of blended cement concrete. *Cement and Concrete Research*, v. 22, 1992, pp. 1089–1100.
36. Thaumasite Expert Group. *The Thaumasite Form of Sulphate Attack: Risks, Diagnosis, Remedial Works, and Guidance on New Construction*. London: Department of the Environment Transport and the Regions, 1999, 180 pp.
37. Tumidajski, P. J., G. W. Chan, e K. E. Philipose. An effective diffusivity for sulphate transport into concrete. *Cement and Concrete Research*, v. 25, 1995, pp. 1159–1163.
38. Bader, M. A. Performance of concrete in a coastal environment. *Cement and Concrete Composites*, v. 25, 2003, pp. 539–548.
39. Bonen, D. e M. D. Cohen. Magnesium sulphate attack on Portland cement paste: Part 2. Chemical and mineralogical analyses. *Cement and Concrete Research*, v. 22, 1992, pp. 707–718.
40. Binici, H. e O. Aksoğan. Sulphate resistance of plain and blended cement. *Cement and Concrete Composites*, v. 28, 2006, pp. 39–46.
41. Dehwah, H. A. F. Effect of sulphate concentration and associated cation type on concrete deterioration and morphological changes in cement hydrates. *Construction and Building Materials*, v. 21, 2007, pp. 29–39.
42. Gao, X., B. Ma, Y. Yang, e A. Su. Sulphate attack of cement-based material with limestone filler exposed to different environments. *Journal of Engineering and Performance*, v. 17, 2008, pp. 543–549.
43. Vuk, T., R. Gabrovšek, e V. Kaučič. The influence of mineral admixtures on sulphate resistance of limestone cement pastes aged in cold MgSO4 solution. *Cement and Concrete Research*, v. 32, 2002, pp. 943–948.
44. Nehdi, M. e M. Hayek. Behaviour of blended cement mortars exposed to sulphate solutions cycling in relative humidity. *Cement and Concrete Research*, v. 35, 2005, pp. 731–742.
45. Edge, R. A. e H. F. W. Taylor. Crystal structure of thaumasite. *Acta Crystallographica*, v. B27, 1971, pp. 594–601.

46. Crammond, N. J. e M. A. Halliwell. Assessment of the conditions required for the thaumasite form of sulphate attack. In K. L. Scrivener and J. F. Young, eds., *Proceedings of the Mechanisms of Chemical Degradation of CementBased Systems*, 1997, pp. 193–200.
47. van Aardt, J. H. P. e S. Visser. Thaumasite formation: A cause of deterioration of Portland cement and related substances in the presence of sulphates. *Cement and Concrete Research*, v. 5, 1975, pp. 225–232.
48. Collet, G., N. J. Crammond, R. N. Swamy, e J. H. Sharp. The role of carbon dioxide in the formation of thaumasite. *Cement and Concrete Research*, v. 34, 2004, pp. 1599–1612.
49. Pipilikaki, P., D. Papageorgiou, C. Teas, E. Chaniotakis, e M. Katsioti. The effect of temperature on thaumasite formation. *Cement and Concrete Composites*, v. 30, 2008, pp. 964–969.
50. Aguilera, J., M. T. Blanco Varela, e T. Vázquez. Procedure of synthesis of thaumasite. *Cement and Concrete Research*, v. 31, 2001, pp. 1163–1168.
51. Justnes, H. Thaumasite formed by sulphate attack on mortar with limestone filler. *Cement and Concrete Composites*, v. 25, 2003, pp. 955–959.
52. Collett, G., N. J. Crammond, R. N. Swamy, e J. H. Sharp. The role of carbon dioxide in the formation of thaumasite. *Cement and Concrete Research*, v. 34, 2004, pp. 1599–1612.
53. Crammond, N. J., G. W. Collet, e T. I. Longworth. Thaumasite field trial at Shipston-on-Stour: Three-year preliminary assessment of buried concretes. *Cement and Concrete Composites*, v. 25, 2003, pp. 1035–1043.
54. Longworth, T. I. *BRE Client Report to the Department of Trade and Industry: Review of Guidance on Testing and Classification of Sulphate and Sulphide Bearing Ground*. Report 80042, Vols. 1 and 2. Watford, United Kingdom: Building Research Establishment, 1999, 180 pp.
55. Zhou, Q., J. Hill, E. A. Byars, J. C. Cripp., C. J. Lynsdale, e J. H. Sharp. The role of pH in thaumasite sulphate attack. *Cement and Concrete Research*, v. 36, 2006, pp. 160–170.
56. Köhler, S., D. Heinz, e L. Urbonas. Effect of ettringite on thaumasite formation. *Cement and Concrete Research*, v. 36, 2006, pp. 697–706.
57. Bellman, F. e J. Stark. The role of calcium hydroxide in the formation of thaumasite. *Cement and Concrete Research*, v. 38, 2008, pp. 1154–1161.
58. Bellman, F. e J. Stark. Prevention of thaumasite formation in concrete exposed to sulphate attack. *Cement and Concrete Research*, v. 37, 2007, pp. 1215–1222.

59. Higgins, D. D. e N. J. Crammond. Resistance of concrete containing GGBS to the thaumasite form of sulphate attack. *Cement and Concrete Composites*, v. 25, 2003, pp. 921–929.
60. Mulenga, D. M., J. Stark, e P. Nobst. Thaumasite formation in concrete and mortars containing fly ash. *Cement and Concrete Composites*, v. 25, 2003, pp. 907–912.
61. Tsivilis, S., G. Kakali, A. Skaropoulou, J. H. Sharp, e R. N. Swamy. Use of mineral admixtures to prevent thaumasite formation in limestone cement mortar. *Cement and Concrete Composites*, v. 25, 2003, pp. 969–976.
62. British Standards Institution. *BS EN 206: Concrete Specification, Performance, Production, and Conformity*. London: British Standards Institution, 2013, 98 pp.
63. British Standards Institution. *BS 8500-1: Concrete – Complementary British Standard to BS EN 206: Part 1. Method of Specifying and Guidance of the Specifier*. London: British Standards Institution, 2013, 66 pp.
64. British Standards Institution. *BS EN 197-1: Cement – Part 1. Composition, Specifications, and Conformity Criteria for Common Cements*. London: British Standards Institution, 2011, 50 pp.
65. McCarthy, M. J. e A. Giannakou. In-situ performance of CPF concrete i coastal environment. *Cement and Concrete Research*, v. 32, 2002, pp. 451–457.
66. Santhanam, M., M. D. Cohen, e J. Olek. Mechanism of sulphate attack: A fresh look – Part 1. Summary of experimental results. *Cement and Concrete Research*, v. 32, 2002, pp. 915–921.
67. Singh, N. B., A. K. Singh, e S. Prabha Singh. Effect of citric acid on the hydration of Portland cement. *Cement and Concrete Research*, v. 16, 1986, pp. 911–920.
68. Tosun, K. e B. Baradan. Effect of ettringite morphology on DEF-related expansion. *Cement and Concrete Composites*, v. 32, 2010, pp. 271–280.
69. Kelham, S. The effect of cement composition and fineness on expansion associated with delayed ettringite formation. *Cement and Concrete Composites*, v. 18, pp. 171–179.
70. Silva, A. S., D. Soares, L. Matos, M. Salta, L. Divet, A. Pavoine, A. Candeias, e J. Mirão. Influence of mineral additions in the inhibition of delayed ettringite formation in cement-based materials: A microstructural characterization. *Materials Science Forum*, v. 636–637, 2010, pp. 1272–1279.

71. Quillin, K. *BRE Information Paper IP11/01: Delayed Ettringite Formation: In situ Concrete*. Watford, United Kingdom: Building Research Establishment, 2001, 8 pp.
72. Barneyback, R. S. e S. Diamond. Expression and analysis of pore fluids from hardened cement pastes and mortars. *Cement and Concrete Research*, v. 11, 1981, pp. 279–285.
73. Taylor, H. F. W. A method for predicting alkali ion concentrations in cement pore solutions. *Advances in Cement Research*, v. 1, 1987, pp. 5–16.
74. Douglas, R. W. e T. M. El-Shamy. Reactions of glasses with aqueous solutions. *Journal of the American Ceramic Society*, v. 50, 1967, pp. 1–8.
75. Powers, T. C. e H. H. Steinour. An interpretation of some published researches on the alkali–aggregate reaction. *Journal of the American Concrete Institute*, v. 26, 1955, pp. 497–516.
76. Tong, L. e M. Tang. Expansion mechanism of alkali–dolomite and alkali–magnesite reaction. *Cement and Concrete Composites*, v. 21, 1999, pp. 361–373.
77. Gillot, J. E. e E. G. Swenson. Mechanism of the alkali–carbonate rock reaction. *Journal of Engineering Geology*, v. 2, 1970, pp. 7–23.
78. Katayama, T. The so-called alkali–carbonate reaction (ACR): Its mineralogical and geochemical details, with special reference to ASR. *Cement and Concrete Research*, v. 40, 2010, pp. 643–675.
79. Feldman, R. F. e P. J. Sereda. Characteristics of sorption and expansion isotherms of reactive limestone aggregate. *Journal of the American Concrete Institute*, v. 58, 1961, pp. 203–213.
80. Min, D. e T. Mingshu. Mechanism of dedolomitization and expansion of dolomitic rocks. *Cement and Concrete Research*, v. 23, 1993, pp. 1397–1408.
81. Gillott, J. E., M. A. G. Duncan, e E. G. Swenson. Alkali–aggregate reaction in Nova Scotia. Part 4: Character of the reaction. *Cement and Concrete Research*, v. 3, 1973, pp. 521–535.
82. Hobbs, D. W. *Alkali–Silica Reaction in Concrete*. London: Thomas Telford, 1988, 183 pp.
83. Dyer, T. D. e R. K. Dhir. Evaluation of powdered glass cullet as a means of controlling harmful alkali–silica reaction. *Magazine of Concrete Research*, v 62, 2010, pp. 749–759.
84. Lu, D., L. Mei, Z. Xu, M. Tang, X. Mo, e B. Fournier. Alteration of alkali-reactive aggregates autoclaved in different alkali solutions and application

to alkali–aggregate reaction in concrete (II) expansion and microstructure of concretence microbar. *Cement and Concrete Research*, v. 36, 2006, pp. 1191–1200.
85. Min, D. e T. Mingshu. Mechanism of dedolomitization and expansion of dolomitic rocks. *Cement and Concrete Research*, v. 23, 1993, pp. 1397–1408.
86. MacPhee, D. E., K. Luke, F. P. Glasser, e E. E. Lachowski. Solubility and ageing of calcium silicate hydrates in alkaline solutions at 25°C. *Journal of the American Ceramic Society*, v. 72, 1989, pp. 646–654.
87. Hobbs, D. W. Expansion of concrete due to alkali–silica reaction: An explanation. *Magazine of Concrete Research*, v. 30, 1978, pp. 215–220.
88. Ichikawa, T. Alkali–silica reaction, pessimum effects, and pozzolanic effect. *Cement and Concrete Research*, v. 39, 2009, pp. 716–726.
89. Guđmundsson, G. e H. Ásgeirsson. Some investigations on alkali–aggregate reaction. *Cement and Concrete Research*, v. 5, 1975, pp. 211–220.
90. Duncan, M. A. G., E. G. Swenson, J. E. Gillot, e M. R. Foran. Alkali–aggregate reaction in Nova Scotia: Part I. Summary of a 5-year study. *Cement and Concrete Research*, v. 3, 1973, pp. 55–69.
91. Mingshu, T. e L. Yinnon. Rapid method for determining the alkali reactivity of carbonate rock. In P. E. Grattan-Bellew, ed., *Proceedings of the 7th International Conference on Concrete Alkali–Aggregate Reactions*, Ottawa, Canada, August 18–22, 1986, pp. 286–287.
92. Mingshu, T., L. Yinnon, e H. Sufen. Kinetics of alkali–carbonate reaction. In M. Kawamura, *Proceedings of the 8th International Conference on Alkali–Aggregate Reactions*, 1989, pp. 147–152.
93. Dhir, R. K., T. D. Dyer, e M. C. Tang. Alkali–silica reaction in concrete-containing glass. *Materials and Structures*, v. 42, 2009, pp. 1451–1462.
94. Ramyar, K., A. Topal, e O. Andic. Effects of aggregate size and angularity on alkali–silica reaction. *Cement and Concrete Research*, v. 35, 2005, pp. 2165–2169.
95. Kodama, K. e T. Nishino6. Observation around the cracked region due to alkali–aggregate reaction by analytical electron microscope. In P. E. GrattanBellew, ed., *Proceedings of the 7th International Conference on Concrete Alkali–Aggregate Reactions*, Ottawa, Canada, August 18–22, 1986, pp. 398–403.
96. Multon, S., M. Cyr, A. Sellier, N. Leklou, e L. Petit. Coupled effects of aggregate size and alkali content on ASR expansion. *Cement and Concrete Research*, v. 38, 2008, pp. 350–359.

97. Zhang, C., A. Wang, M. Tang, B. Wu, e N. Zhang. Influence of aggregate size and aggregate size grading on ASR expansion. *Cement and Concrete Research*, v. 29, 1999, pp. 1393–1396.
98. Feng, N.-Q., T.-Y. Hao, e X.-X. Feng. Study of the alkali reactivity of aggregates used in Beijing. *Magazine of Concrete Research*, v. 54, 2002, pp. 233–237.
99. Jin, W., C. Meyer, e S. Baxter. "Glascrete": Concrete with glass aggregate. *ACI Materials Journal*, v. 97, 2000, pp. 208–213.
100. Diamond, S. e N. Thaulow. A study of expansion due to alkali–silica reaction as conditioned by the grain size of the reactive aggregate. *Cement and Concrete Research*, v. 4, 1974, pp. 591–607.
101. Kawamura, M., K. Takomoto, e S. Hasaba. Application of quantitative EDXA analysis and microhardness measurements to the study of alkali–silica reaction mechanisms. In G. M. Idorn and S. Rostom, eds., *Proceedings of the 6th International Conference on Alkalis in Concrete*. Copenhagen, Denmark: Danish Concrete Association, 1983, pp. 167–174.
102. Vivian, H. E. Studies in cement aggregate reaction. *CSIRO Bulletin*, v. 256, 1950, pp. 13–20.
103. Hobbs, D. W. e W. A. Gutteridge. Particle size of aggregate and its influence upon the expansion caused by the alkali–silica reaction. *Magazine of Concrete Research*, v. 31, 1979, pp. 235–242.
104. Tomosawa, F., K. Tamura, e M. Abe. Influence of water content of concrete on alkali–aggregate reaction. In M. Kawamura, ed., *Proceedings of the 8th International Conference on Alkali–Aggregate Reactions*, 1989, pp. 881–885.
105. Ólafsson, H. The effect of relative humidity and temperature on alkali expansion of mortar bars. In P. E. Grattan-Bellew, ed., *Proceedings of the 7th International Conference on Concrete Alkali–Aggregate Reactions*, Ottawa, Canada, August 18–22, 1986, pp. 461–465.
106. Lenzner, D. Influence of the amount of mixing water on the alkali–silica reaction. *Proceedings of the 5th International Conference on Alkali–Aggregate Reaction in Concrete*, Cape Town, South Africa, March 30–April 3, 1981. Paper S252/26. Pretoria, South Africa: National Building Research Institute, 1981.
107. Krell, J. Influence of mix design on alkali–silica reaction in concrete. In P. E. Grattan-Bellew, ed., *Proceedings of the 7th International Conference on Concrete Alkali–Aggregate Reactions*, Ottawa, Canada, August 18–22, 1986, pp. 441–445.

108. Figg, J. ASR: Inside phenomena and outside effects (crack origin and pattern). In P. E. Grattan-Bellew, ed., *Proceedings of the 7th International Conference on Concrete Alkali–Aggregate Reactions*, Ottawa, Canada, August 18–22, 1986, pp. 152–156.
109. Institution of Structural Engineers. *Structural Effects of Alkali–Silica Reaction: Technical Guidance on the Appraisal of Existing Structures*. London: Institution of Structural Engineers, 1992, 48 pp.
110. Nilsson, L.-O. Pop-outs due to alkali–silica reactions: A moisture problem? *Proceedings of the 5th International Conference on Alkali–Aggregate Reaction in Concrete*, Cape Town, South Africa, March 30–April 3, 1981. Paper S252/27. Pretoria, South Africa: National Building Research Institute, 1981.
111. Bache, H. H. e J. C. Isen. Modal determination of concrete resistance to pop-out formation. *Journal of the American Concrete Institute*, v. 65, 1968, pp. 445–450.
112. Courtier, R. H. The assessment of ASR-affected structures. *Cement and Concrete Composites*, v. 12, 1990, pp. 191–201.
113. Clark, L. A. *Critical Review of the Structural Implications of the Alkali–Silica Reaction in Concrete*. TRRL Contractor Report 169. Crowthorne, United Kingdom: Transport and Road Research Laboratory, 1989, 89 pp.
114. Clark, L. A. e K. E. Ng. Some factors influencing expansion and strength of the SERC/BRE standard ASR concrete mix. *Proceedings of the SERC–RMO Conference*, 1989, p. 89.
115. Clayton, N., R. J. Currie, e R. H. Moss. The effects of alkali–silica reaction on the strength of prestressed concrete beams. *The Structural Engineer*, v. 68, 1990, pp. 287–292.
116. Poole, A. B., S. Rigden, e L. Wood. The strength of model columns made with alkali–silica reactive concrete. In P. E. Grattan-Bellew, ed., *Proceedings of the 7th International Conference on Concrete Alkali-Aggregate Reactions*, Ottawa, Canada, August 18–22, 1986, pp. 136–140.
117. Chana, P. S. e G. A. Korobokis. *The Structural Performance of Reinforced Concrete Affected by ASR: Phase 1*. TRRL Contractor Report 267. Crowthorne, United Kingdom: Transport and Road Research Laboratory, 1991, 77 pp.
118. Abe, M., S. Kikuta, Y. Masuda, e F. Tomozawa. Experimental study on mechanical behaviour of reinforced concrete members affected by alkali–

aggregate reaction. In M. Kawamura, ed., *Proceedings of the 8th International Conference on Alkali–Aggregate Reactions*, 1989, pp. 691–696.
119. Clark, L. A. e K. E. Ng. The effects of alkali–silica reaction on the punching shear strength of reinforced concrete slabs. In M. Kawamura, ed., *Proceedings of the 8th International Conference on Alkali–Aggregate Reactions*, 1989, pp. 659–664.
120. Clayton, N., R. J. Currie, e R. M. Moss. The effects of alkali–silica reaction on the strength of prestressed concrete beams. *The Structural Engineer*, v. 68, 1990, pp. 287–292.
121. Hamada, H., N. Otsuki, e T. Fukute. Properties of concrete specimens damaged by alkali–aggregate reaction: Laumontite-related reaction and chloride attack under marine environments. In M. Kawamura, ed., *Proceedings of the 8th International Conference on Alkali–Aggregate Reactions*, 1989, pp. 603–608.
122. Clayton, N. *Structural Implications of Alkali–Silica Reaction: Effect of Natural Exposure and Freeze–Thaw*. Watford, United Kingdom: Building Research Establishment, 1999, 46 pp.
123. Skalny, J. e W. A. Klemm. Alkalis in clinker: Origin, chemistry, effects. *Proceedings of the 5th International Conference on Alkali–Aggregate Reaction in Concrete*, Cape Town, South Africa, March 30–April 3, 1981. Paper S252/1. Pretoria, South Africa: National Building Research Institute, 1981.
124. Pollitt, H. W. W. e A. W. Brown. The distribution of alkalis in Portland cement clinker. *Proceedings of the 5th International Symposium on the Chemistry of Cement, Vol. 1*. Tokyo, Japan: Cement Association of Japan, 1969, pp. 322–333.
125. Svendsen, J. Alkali reduction in cement kilns. *Proceedings of the 5th International Conference on Alkali–Aggregate Reaction in Concrete*. Cape Town, South Africa, March 30–April 3, 1981. Paper S252/2. Pretoria, South Africa: National Building Research Institute, 1981.
126. Gebauer, J. Alkalis in clinker: Influence on cement and concrete properties. *Proceedings of the 5th International Conference on Alkali–Aggregate Reaction in Concrete*, Cape Town, South Africa, March 30–April 3, 1981. Paper S252/4. Pretoria, South Africa: National Building Research Institute, 1981.
127. McCarthy, G. J., K. D. Swanson, L. P. Keller, e W. Blatter. Mineralogy of Western fly ashes. *Cement and Concrete Research*, v. 14, 1984, pp. 471–478.

128. Hobbs, D. W. Deleterious expansion of concrete due to alkali–silica reaction: Influence of PFA and slag. *Magazine of Concrete Research*, v. 38, 1986, pp. 191–205.
129. Shehata, M. H. e M. D. A. Thomas. Alkali release characteristics of blended cements. *Cement and Concrete Research*, v. 36, 2006, pp. 1166–1175.
130. Hubbard, F. H., R. K. Dhir, e M. S. Ellis. Pulverised-fuel ash for concrete: Compositional characterisation of United Kingdom PFA. *Cement and Concrete Research*, v. 15, 1985, pp. 185–198.
131. de Larrard, F., J.-F. Gorse, e C. Puch. Comparative study of various silica fumes as additives in high-performance cementitious materials. *Materials and Structures*, v. 25, 1992, pp. 265–272.
132. British Standards Institution. *BS EN 1008:2002: Mixing Water for Concrete – Specification for Sampling, Testing, and Assessing the Suitability of Water, Including Water Recovered from Processes in the Concrete Industry, as Mixing Water for Concrete*. London: British Standards Institution, 2002, 22 pp.
133. World Health Organisation. *Guidelines for Drinking Water Quality. Vol. 1: Recommendations, 3rd ed*. Geneva, Switzerland: World Health Organisation, 2008, 668 pp.
134. Mizumoto, Y., K. Kosa, K. Ono, e K. Nakono. Study on cracking damage of a concrete structure due to alkali–silica reaction. In P. E. Grattan-Bellew, ed., *Proceedings of the 7th International Conference on Concrete Alkali–Aggregate Reactions*, Ottawa, Canada, August 18–22, 1986, pp. 204–208.
135. Stark, D. C. Alkali–silica reactivity: Some recommendations. *Journal of Cement, Concrete, and Aggregates*, v. 2, 1980, pp. 92–94.
136. Kawamura, M., M. Koike, e K. Nakano. Release of alkalis from reactive andesite aggregates and fly ashes into pore solutions in mortars. In M Kawamura, ed., *Proceedings of the 8th International Conference on Alkali–Aggregate Reactions*, 1989, pp. 271–278.
137. Blight, G. E. The effects of alkali–aggregate reaction in reinforced concrete structures made with Witwatersrand, quartzite aggregate. *Proceedings of the 5th International Conference on Alkali–Aggregate Reaction in Concrete*, Cape Town, South Africa, March 30–April 3, 1981. Paper S252/15. Pretoria, South Africa: National Building Research Institute, 1981.
138. Constantiner, D. e S. Diamond. Alkali release from feldspars into pore solutions. *Cement and Concrete Research*, v. 33, 2003, pp. 549–554.

139. Goguel, R. Alkali release by volcanic aggregates in concrete. *Cement and Concrete Research*, v. 25, 1995, pp. 841–852.
140. van Aardt, J. H. P. e S. Visser. Calcium hydroxide attack on feldspars and clays: Possible relevance to cement–aggregate reactions. *Cement and Concrete Research*, v. 7, 1977, pp. 643–648.
141. Wang, H. e J. E. Gillot. The effect of superplasticisers on alkali–silica reactivity. In M. Kawamura, ed., *Proceedings of the 8th International Conference on Alkali–Aggregate Reactions*, 1989, pp. 187–192.
142. Chatterji, S. An accelerated method for the detection of alkali–aggregate reactivities of aggregates. *Cement and Concrete Research*, v. 8, 1978, pp. 647–650.
143. Uchikawa, H., S. Uchida, e S. Hanehara. Relationship between structure and penetrability of Na ion in hardened blended cement paste, mortar, and concrete. In M. Kawamura, ed., *Proceedings of the 8th International Conference on Alkali–Aggregate Reactions*, 1989, pp. 121–128.
144. Diamond, S. A review of alkali–silica reaction and expansion mechanisms: Part 2. Reactive aggregates. *Cement and Concrete Research*, v. 6, 1976, pp. 549–560.
145. Gogte, B. S. An evaluation of some common Indian rocks with special reference to alkali–aggregate reactions. *Engineering Geology*, v. 7, 1973, pp. 135–153.
146. Diamond, S. A review of alkali–silica reaction and expansion mechanisms: Part 2. Reactive aggregates. *Cement and Concrete Research*, v. 6, 1976, pp. 549–560.
147. Heaney, P. J. e J. E. Post. The widespread distribution of a novel silica polymorph in microcrystalline quartz varieties. *Science*, v. 255, 1992, pp. 441–443.
148. Deer, W. A., R. A. Howie, e J. Zussman. *An Introduction to the RockForming Minerals, 2nd ed.* Harlow, United Kingdom: Longman, 1992, 712 pp.
149. Koranç, M. e A. Tuğrul. Evaluation of selected basalts from the point of alkali–silica reactivity. *Cement and Concrete Research*, v. 35, 2005, pp. 505–512.
150. Schmidt, A. e W. H. F. Saia. Alkali–aggregate reaction tests on glass used for exposed aggregate wall panel work. *Journal of the American Concrete Institute*, v. 60, 1963, pp. 1235–1236.

151. Jin, W., C. Meyer, e S. Baxter. "Glascrete": Concrete with glass aggregate. *ACI Structural Journal*, v. 97, 2000, pp. 208–213.
152. Akashi, T., S. Amasaki, N. Takagi, e M. Tomita. The estimate for deterioration due to alkali–aggregate reaction by ultrasonic methods. In P. E. Grattan-Bellew, ed., *Proceedings of the 7th International Conference on Concrete Alkali–Aggregate Reactions*, Ottawa, Canada, August 18–22, 1986, pp. 183–187.
153. Natesaiyer, K. C. e K. C. Hover. Further study of an in situ identification method for alkali–silica reaction products in concrete. *Cement and Concrete Research*, v. 19, 1989, pp. 770–778.
154. Guthrie, G. D. e J. W. Carey. A simple environmentally friendly and chemically specific method for the identification and evaluation of the alkali–silica reaction. *Cement and Concrete Research*, v. 27, 1997, pp. 1407–1417.
155. Regourd, M. e H. Hornain. Microstructure of reaction products. In P. E. Grattan-Bellew, ed., *Proceedings of the 7th International Conference on Concrete Alkali–Aggregate Reactions*, Ottawa, Canada, August 18–22, 1986, pp. 375–380.
156. Kojima, T., M. Tomita, K. Nakano, e A. Nakaue. Expansion behaviour of reactive aggregate concrete in thin sealed metal tube. In M. Kawamura, ed., *Proceedings of the 8th International Conference on Alkali–Aggregate Reactions*, 1989, pp. 703–708.
157. Kurihara, T. e K. Katawaki. Effects of moisture control and inhibition on alkali–silica reaction. In M. Kawamura, ed., *Proceedings of the 8th International Conference on Alkali–Aggregate Reactions*, 1989, pp. 629–634.
158. Blight, G. E. Experiments on waterproofing concrete to inhibit AAR. In M. Kawamura, ed., *Proceedings of the 8th International Conference on Alkali–Aggregate Reactions*, 1989, pp. 733–739.
159. Building Research Establishment. *Alkali–Silica Reaction in Concrete*. BRE Digest 330 Part 2. Watford, United Kingdom: Building Research Establishment, 2004, 12 pp.
160. Mo, X., C. Yu, e Z. Xu. Long-term effectiveness and mechanism of LiOH in inhibiting alkali–silica reaction. *Cement and Concrete Research*, v. 33, 2003, pp. 115–119.
161. Mitchell, L. D., J. J. Beaudoin, e P. Grattan-Bellew. The effects of lithium hydroxide solution on alkali–silica reaction gels. *Cement and Concrete Research*, v. 34, 2004, pp. 641–649.

162. Thomas, M., R. Hooper, e D. Stokes. Use of lithium-containing compounds to control expansion due to alkali–silica reaction. *Proceedings of the 11th International Conference on Alkali–Aggregate Reaction in Concrete*. Canada: Centre de Recherche Interuniversitaire sur le Beton, 2000, pp. 783–792.

163. Diamond, S. Unique response of LiNO3 as an alkali–silica reaction–preventive admixture. *Cement and Concrete Research*, v. 29, 1999, pp. 1271–1275.

164. Collins, C., J. H. Ideker, G. S. Willis, e K. E. Kurtis. Examination of the effects of LiOH, LiCl, and LiNO3 on alkali–silica reaction. *Cement and Concrete Research*, v. 34, 2004, pp. 1403–1415.

165. Pagano, M. A. e P. D. Cady. A chemical approach to the problem of alkalireactive carbonate aggregates. *Cement and Concrete Research*, v. 12, 1982, pp. 1–12.

166. Gillott, J. E. e H. Wang. Improved control of alkali–silica reaction by combined use of admixtures. *Cement and Concrete Research*, v. 23, 1993, pp. 973–980.

167. Building Research Establishment. *Minimising the Risk of Alkali–Silica Reaction: Alternative Methods*. BRE Information Paper IP1/02. Watford, United Kingdom: Building Research Establishment, 2002, 8 pp.

168. Hong, S.-Y. e F. P. Glasser. Alkali binding in cement pastes: Part I. The C-S-H phase. *Cement and Concrete Research*, v. 29, 1999, pp. 1893–1903.

169. Stade, H. e D. Müller. On the coordination of Al in ill-crystallized C-S-H phases formed by hydration of tricalcium silicate and by precipitation reactions at ambient temperature. *Cement and Concrete Research*, v. 17, 1987, pp. 553–561.

170. Richardson, I. G. e G. W. Groves. The incorporation of minor and trace elements into calcium silicate hydrate (CSH) gel in hardened cement pastes. *Cement and Concrete Research*, v. 23, 1993, pp. 131–138.

171. Hobbs, D. W. Influence of pulverised-fuel ash and granulated blast-furnace slag upon expansion caused by the alkali–silica reaction. *Magazine of Concrete Research*, v. 34, 1982, pp. 83–94.

172. Duchesne, J. e M. A. Bérubé. The effectiveness of supplementary cementing materials in suppressing expansion due to ASR: Another look at the reaction mechanisms – Part 2. Pore solution chemistry. *Cement and Concrete Research*, v. 24, 1994, pp. 221–230.

173. Soles, J. A., V. M. Malhotra, e R. W. Suderman. The role of supplementary cementing materials in reducing the effects of alkali–aggregate reactivity: CANMET Investigation. In P. E. Grattan-Bellew, ed., *Proceedings of the 7th International Conference on Concrete Alkali–Aggregate Reactions*, Ottawa, Canada, August 18–22, 1986, pp. 79–84.
174. Ukita, K., S.-I. Shigematsu, M. Ishii, K. Yamamoto, K. Azuma, e M. Moteki. Effect of classified fly ash on alkali–aggregate reaction (AAR). In M. Kawamura, ed., *Proceedings of the 8th International Conference on Alkali–Aggregate Reactions*, 1989, pp. 259–264.
175. Monteiro, P. J. M., K. Wang, G. Sposito, M. C. dos Santos, e W. P. de Andrade. Influence of mineral admixtures on the alkali–aggregate reaction. *Cement and Concrete Research*, v. 27, 1997, pp. 1899–1909.
176. Gruber, K. A., T. Ramlochan, A. Boddy, R. D. Hooton, e M. D. A. Thomas. Increasing concrete durability with high-reactivity metakaolin. *Cement and Concrete Composites*, v. 23, 2001, pp. 479–484.
177. Ramlochan, T., M. Thomas, e K. A. Gruber. The effect of metakaolin on alkali ± silica reaction in concrete. *Cement and Concrete Research*, v. 30, 2000, pp. 339–344.
178. Carde, C. e R. François. Modelling the loss of strength and porosity increase due to the leaching of cement pastes. *Cement and Concrete Composites*, v. 21, 1999, pp. 181–188.
179. Carde, C. e R. François. Effect of the leaching of calcium hydroxide from cement paste on mechanical and physical properties. *Cement and Concrete Research*, v. 27, 1997, pp. 539–550.
180. Faucon, P., F. Adenot, J. F. Jacquinot, J. C. Petit, R. Cabrillac, e M. Jorda. Long-term behaviour of cement pastes used for nuclear waste disposal: Review of physicochemical mechanisms of water degradation. *Cement and Concrete Research*, v. 28, 1998, pp. 847–857.
181. Dyer, T. D. Modification of strength of wasteforms during leaching. *Proceedings of the ICE: Waste and Resource Management*, v. 163, 2010, pp. 111–122.
182. O'Connell, M., C. McNally, e M. G. Richardson. Biochemical attack on concrete in wastewater applications: A state-of-the-art review. *Cement and Concrete Composites*, v. 32, 2010, pp. 479–485.
183. Parker, C. D. The isolation of a species of bacterium associated with the corrosion of concrete exposed to atmospheres containing hydrogen

sulphide. *Australian Journal of Experimental Biology and Medical Science*, v. 23, 1945, pp. 81–90.
184. Rodhe, H., F. Dentener, e M. Schulz. The global distribution of acidifying wet deposition. *Environmental Science and Technology*, v. 36, 2002, pp. 4382–4388.
185. Allahverdi, A. e F. Škvára. Acidic corrosion of hydrated cement-based materials: Part 1. Mechanisms of the phenomenon. *Ceramics-Silikáty*, v. 44, 2000, pp. 114–120.
186. de Belie, N., M. Debruyckere, S. van Nieuwenburg, e B. de Blaere. Concrete attack by feed acids: Accelerated tests to compare different concrete compositions and technologies. *ACI Materials Journal*, v. 94, 1997, pp. 546–554.
187. Türkel, S., B. Felekoğlu, e S. Dulluç. Influence of various acids on the physicomechanical properties of pozzolanic cement mortars. *Sādhanā*, v. 32, 2007, pp. 683–691.
188. Grube, H. e W. Rechenberg. Durability of concrete structures in acidic water. *Cement and Concrete Research*, v. 19, 1989, pp. 783–792.
189. de Belie, N., H. J. Verselder, B. de Blaere, D. van Nieuwenburg, e R. Verschoore. Influence of the cement type on the resistance of concrete to feed acids. *Cement and Concrete Research*, v. 26, 1996, pp. 1717–1725.
190. Torii, K. e M. Kawamura. Effects of fly ash and silica fume on the resistance of mortar to sulphuric acid and sulphate attack. *Cement and Concrete Research*, v. 24, 1994, pp. 361–370.
191. Kim, H.-S., S.-H. Lee, e H.-Y. Moon. Strength properties and durability aspects of high-strength concrete using Korean metakaolin. *Construction and Building Materials*, v. 21, 2007, pp. 1229–1237.
192. Fattuhi, N. I. e B. P. Hughes. Ordinary Portland cement mixes with selected admixtures subjected to sulphuric acid attack. *ACI Materials Journal*, v. 85, 1988, pp. 512–518.
193. Pavlík, V. e S. Unčik. The rate of corrosion of hardened cement pastes and mortars with additive of silica fume in acids. *Cement and Concrete Research*, v. 27, 1997, pp. 1731–1745.
194. Beddoe, R. E. e H. W. Dorner. Modelling acid attack on concrete: Part 1. The essential mechanism. *Cement and Concrete Research*, v. 35, 2005, pp. 2333–2339.

195. Tamimi, A. K. High-performance concrete mix for an optimum protection in acidic conditions. *Materials and Structures*, v. 30, 1997, pp. 188–191.
196. Hughes, B. P. e J. E. Guest. Limestone and siliceous aggregate concretes subjected to sulphuric acid attack. *Magazine of Concrete Research*, v. 30, 1978, pp. 11–18.
197. Hewayde, E., M. Nehdi, E. Allouche, e G. Nakhla. Effect of mixture design parameters and wetting–drying cycles on resistance of concrete to sulphuric acid attack. *Journal of Materials in Civil Engineering*, v. 19, 2007, pp. 155–163.
198. Biczok, I. *Concrete Corrosion and Concrete Protection*. Translated from the 2nd German edition. London: Collet's, 1964, 543 pp.
199. Skalny, J., J. Marchand, and I. Odler. *Sulphate Attack on Concrete*. London: Spon, 2002, 238 pp.
200. Živica, V. Deterioration of cement-based materials due to the action of organic compounds. *Construction and Building Materials*, v. 20, 2006, pp. 634–641.
201. Živica, V. e A. Bajza. Acidic attack of cement-based materials: A review – Part 1. Principle of acidic attack. *Construction and Building Materials*, v. 15, pp. 331–340.
202. Pavlik, V. Corrosion of hardened cement paste by acetic and nitric acids: Part 2. Formation and chemical composition of the corrosion products layer. *Cement and Concrete Research*, v. 24, 1994, pp. 1495–1508.
203. Bertron, A., G. Escadeillas, e J. Duchesne. Cement pastes alteration by liquid manure organic acids: Chemical and mineralogical characterization. *Cement and Concrete Research*, v. 34, 2004, pp. 1823–1835.
204. Safwan, A. K. e M. N. Abou-Zeid. Characteristics of silica fume concrete. *Journal of Materials in Civil Engineering*, v. 6, 1994, pp. 357–375.
205. Bhattacharya, V. K., K. R. Kirtania, M. M. Maiti, e S. Maiti. Durability tests on polymer cement mortar. *Cement and Concrete Research*, v. 13, 1983, pp. 287–290.
206. Vincke, E., E. van Wanseele, J. Monteny, A. Beeldens, N. de Belie, L. Taerwe, D. van Gemert, e W. Verstraete. Influence of polymer addition on biogenic sulphuric acid attack of concrete. *International Biodeterioration and Biodegradation*, v. 49, 2002, pp. 283–292.
207. Gorninski, J. P., D. C. Dal Molin, e C. S. Kazmierczak. Strength degradation of polymer concrete in acidic environments. *Cement and Concrete Composites*, v. 29, 2007, pp. 637–645.

208. Li, G., G. Xiong, e Y. Yin. The physical and chemical effects of long-term sulphuric acid exposure on hybrid modified cement mortar. *Cement and Concrete Composites*, v. 31, 2009, pp. 325–330.
209. de Belie, N., M. Debruyckere, D. van Nieuwenburg, e B. de Blaere. Attack of concrete floors in pig houses by feed acids: Influence of fly ash addition and cement-bound surface layers. *Journal of Agricultural Engineering Research*, v. 68, 1997, pp. 101–108.
210. Vipulanandan, C. e J. Liu. Glass-fibre mat-reinforced epoxy coating for concrete in sulphuric acid environment. *Cement and Concrete Research*, v. 32, 2002, pp. 205–210.
211. Aguiar, J. B., A. Camões, e P. M. Moreira. Coatings for concrete protection against aggressive environments. *Journal of Advanced Concrete Technology*, v. 6, 2008, pp. 243–250.

Capítulo 4

Corrosão do reforço de aço no concreto

4.1 Introdução

A ideia de incorporação do reforço de aço em elementos estruturais de concreto foi originada em meados do século 19, com uma patente para a tecnologia concedida a seu inventor, Joseph Monier, em 1867 [1]. A invenção eventualmente ampliou radicalmente a maneira pela qual o concreto poderia ser usado em estruturas. A alta força de tensão e a ductilidade do aço transformaram um material que, do contrário, só poderia receber carga de grande quantidade em compressão, noutro que pode ser usado estruturalmente em tensão de flexão e, em algumas aplicações, em tensão direta.

Uma das desvantagens do aço como material estrutural, porém, é sua suscetibilidade à corrosão. A corrosão envolve a perda de material da superfície de um metal como resultado de uma reação química. Ela apresenta um problema para o reforço de aço, já que a perda de material leva a uma perda na área de seção transversal e consequente perda de capacidade de suportar cargas.

A união do concreto com o aço é mutuamente benéfica, uma vez que a colocação de uma camada de concreto ('cobrimento') entre a superfície de aço e o ambiente estende a vida do reforço, atuando como uma barreira às substâncias necessárias ou condutoras da corrosão. Além disso, o ambiente químico nos poros do concreto não promove a corrosão, provendo, assim, mais proteção.

Entretanto, o papel protetor que o concreto desempenha é, por várias razões, finito. Este capítulo examina o processo de corrosão, os principais mecanismos que atuam para limitar a proteção oferecida ao aço e os meios de se conseguir durabilidade de longo prazo do concreto reforçado.

4.2 Corrosão do aço no concreto

Todos os materiais podem passar por processos de corrosão, e a corrosão do concreto exposto a ácidos já foi discutida no capítulo 3. No entanto, o termo é mais comumente usado para descrever a corrosão de metais. Esta seção examina o processo de corrosão de metais, progressivamente focando na corrosão do aço no concreto.

4.2.1 Corrosão de metais

A corrosão de metais envolve uma reação de oxidação, mais simplesmente expressa pela equação

$$2M + O_2 \rightarrow 2MO$$

As proporções de oxigênio e metal no composto resultante variam, dependendo do estado de oxidação do metal. A corrosão desta forma é apenas de preocupação menor para o aço em aplicações de engenharia civil à temperatura ambiente, já que a reação é tipicamente lenta. Ela se torna um problema para o aço em estruturas convencionais onde a água está presente. Em tais casos, pode ocorrer a corrosão galvânica, que é mais danosa.

4.2.2 Química da corrosão galvânica

A corrosão galvânica, ou 'úmida', descreve uma forma eletroquímica de corrosão em que a grande proximidade de dois metais diferentes em contato entre si e a água contendo um eletrólito leva um dos metais a ser corroído. Qual dos dois metais é corroído depende da força com que os átomos de cada um deles estão ligados uns aos outros. Uma indicação disso é indiretamente obtida em termos do 'potencial padrão de eletrodo' do metal, que é a diferença de potencial entre um eletrodo de metal e um eletrodo de hidrogênio através da junção de uma solução de eletrólito sob condições padrões. Um potencial de eletrodo padrão mais positivo denota um material que é mais inclinado à corrosão e é, portanto, mais ativo ou 'anódico'. Quando o ferro, no aço, é o mais anódico dos dois metais, ele passa por oxidação, que toma a forma de ionização em sua superfície:

Fe → Fe^{2+} + 2e$^-$

sendo que o íon metálico se dissolve. O ferro pode ser ainda mais oxidado na presença de água:

4Fe^{2+} + O$_2$ → 4Fe^{3+} + 2O^{2-}

Na superfície do outro metal, sob condições de pH neutro, ocorre uma reação de redução:

O$_2$ + 2H$_2$O + 4e$^-$ → 4OH$^-$

Hidróxidos de ferro são, então, formados:

2Fe^{2+} + 4OH$^-$ ⇆ 2Fe(OH)$_2$

2Fe^{3+} + 6OH$^-$ → 2FeO(OH)H$_2$O

Os hidróxidos podem subsequentemente passar por várias reações de desidratação para fornecer uma mistura de hidróxidos e FeO, FeO(OH) e Fe$_2$O$_3$, que coletivamente compõem a ferrugem que é uma característica familiar da superfície de aço que foi exposta ao clima.

Partindo desse grupo de reações, é evidente que a presença de água e de oxigênio é essencial para que a corrosão galvânica ocorra. Outro requisito importante é que a água em contato com o metal seja capaz de conduzir eletricidade, o que significa que a presença de um eletrólito é necessária.

O efeito geral da corrosão galvânica é a perda de metal do reforço, levando a um declínio na capacidade de suporte de carga de um elemento estrutural reforçado. Pela compilação de uma lista de metais na ordem de seus potenciais de eletrodo padrão, numa dada solução de eletrólito, uma 'série galvânica' é produzida, o que permite a identificação do metal mais anódico de um emparelhamento. A consulta às séries galvânicas demonstra claramente por que a junção de seções de aço puro com barras de aço inoxidável não é uma boa ideia, e porque, ao contrário, é boa ideia uma camada sacrificial de zinco sobre o aço galvanizado.

No entanto, a corrosão galvânica é possível sem a presença de metais diferentes. As circunstâncias nas quais isso ocorre com o reforço de aço no concreto se relacionam com a composição do metal, as diferenças na concentração de ingredientes dissolvidos na água, e a presença de regiões de concentração de estresse no metal.

Quando uma liga forma cristais de fases diferentes (por exemplo, as fases ferrita e cementita no aço), as duas diferentes fases possuem diferentes potenciais de eletrodo, e um grande número de células eletroquímicas microscópicas do tipo descrito acima pode ser configurado. No caso do aço, a cementita é catódica, e a ferrita é anódica.

A corrosão como resultado de diferenças em concentração pode ser dirigida por diferenças na concentração de oxigênio ou eletrólito. Diferenças na concentração de oxigênio levam a um processo comum de corrosão no reforço de aço. Quando as concentrações de oxigênio variam em diferentes pontos na superfície de um artigo de aço, a parte exposta a menores concentrações do gás se tornam mais anódicas. Durante a corrosão, pequenas áreas localizadas com deficiência de oxigênio (tais como as áreas debaixo de ferrugem ou em fissuras na superfície do aço), que, de qualquer forma, dão acesso à água, tornam-se anódicas, levando à sua corrosão, e formação dos princípios de um 'ponto' na superfície do aço. Subsequentemente, a variação na concentração de oxigênio na parte inferior do ponto, em comparação com a de outras partes da superfície do aço, faz com que o ponto aumente.

O aço em contato com uma solução de eletrólito de concentração variável também forma uma célula eletroquímica, com a parte exposta a menores concentrações sofrendo corrosão.

O aço sob estresse é mais anódico que o aço num estado não estressado. Isso é claramente significativo para qualquer reforço de aço, cuja finalidade é suportar estresses de tensão. No entanto, é de particular importância no caso dos cabos de reforço preestressados, onde os estresses são mais substanciais.

A taxa de corrosão é dependente da razão das áreas de superfície das partes anódica e catódica de um sistema sob corrosão, alcançando-se uma taxa mais alta com uma superfície anódica pequena em relação a uma superfície catódica maior.

4.2.3 Passivação

A presença de cobrimento de concreto atua como uma barreira ao movimento de oxigênio e substâncias capazes de promover corrosão no reforço, prolongando, assim, a vida do aço. Porém, o ambiente químico alcalino no concreto também fornece proteção ao aço. Essa proteção é conhecida como 'passivação' e ocorre quando, sob condições de pH elevado, uma camada de óxido altamente impermeável de menos de 1 μm de espessura se forma na superfície do aço. A camada atua limitando a acessibilidade da superfície do aço a água, oxigênio e materiais corrosivos.

A estabilidade da camada passiva é dependente do pH das soluções dos poros do concreto, e um decréscimo no pH abaixo de cerca de 11,5 leva à decomposição dessa camada [2]. Além disso, a camada passiva pode ser destruída na presença de quantidades suficientes de certos íons dissolvidos, sendo os íons de cloreto os de maior preocupação. Ambos os efeitos serão abordados em maiores detalhes nas discussões subsequentes sobre infiltração de cloretos e carbonatação.

4.2.4 Corrosão do aço no concreto reforçado

Já vimos que as reações envolvidas na corrosão galvânica requerem tanto água quanto oxigênio. Assim, a taxa de corrosão do reforço é grandemente dependente da umidade relativa dentro dos poros do concreto e da extensão em que o oxigênio pode acessar a superfície do aço. A importância da água é ilustrada na figura 4.1, quando um aumento na umidade relativa interna leva a um aumento na taxa de corrosão, expressa em termos da densidade da corrente da corrosão (I_{corr}). A I_{corr} é a corrente no reforço de aço, durante a corrosão, por unidade de área da superfície, o que dá uma indicação da taxa de corrosão.

A extensão em que o oxigênio é capaz de alcançar o reforço é dependente da facilidade com que ele pode penetrar o concreto e da rapidez com que ele pode subsequentemente se difundir para o aço. O papel de ambos os fatores é ilustrado na figura 4.2, que mostra a influência do fator água/cimento (A/C) e das condições de exposição na taxa de corrosão. Onde o concreto é completamente submerso, o oxigênio não pode penetrar, levando a uma baixa taxa de corrosão. Mas, onde o oxigênio pode penetrar a superfície do concreto (seja quando deixado continuamente exposto ao ar ou quando exposto a ciclos de molhar e secar), a taxa de corrosão é mais alta. Além disso, onde o concreto tem um fator A/C mais alto, e, portanto, o volume total de poros e seus diâmetros são maiores, o oxigênio pode se difundir mais rapidamente, novamente levando a uma taxa mais alta de corrosão. A seção 4.3 contém uma discussão mais detalhada de como as características de porosidade influenciam nas taxas de difusão.

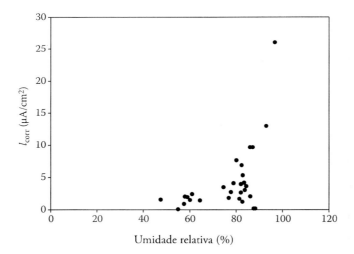

Figura 4.1 Corrente de corrosão (I_{corr}) do aço em argamassa contendo 2% de cloreto por massa de cimento versus umidade relativa interna. A I_{corr} é uma medida da taxa de corrosão e é derivada de medições de resistência de polarização (R_p). A I_{corr} é calculada usando-se a equação $I_{corr} = B/R_p$. Um valor de 26 mV foi considerado para B. (De Enevoldsen, J. N. et al., Cement and Concrete Research, 24, 1994, 1373–1382.)

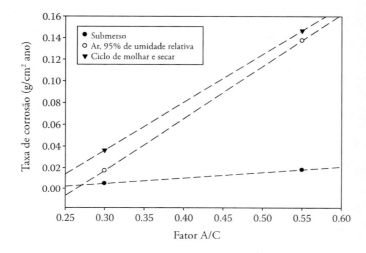

Figura 4.2 Influência do fator A/C e das condições de exposição na taxa de corrosão do aço no concreto. Linhas tracejadas são usadas como guias. (De Hussain, R. R. e T. Ishida, Construction and Building Materials, 24, 2010, 1014–1019.)

A temperatura crescente acelera a taxa de corrosão. A figura 4.3 mostra o aumento na I_{corr} com a temperatura.

Vimos que os processos eletroquímicos envolvidos na corrosão galvânica exigem o transporte de íons de $Fe^{2/3+}$ e OH^- através da solução. Para que isso progrida numa taxa rápida, a microestrutura em torno do aço deve permitir o movimento desses íons, e os níveis de umidade presentes devem ser suficientemente altos. Ambos esses fatores determinam a resistividade elétrica do concreto, e, portanto, essa característica pode ser usada como medida da mobilidade de íons. A figura 4.4 ilustra o papel da umidade, plotando corrosão versus resistividade elétrica para amostras de concreto com diferentes proporções de umidade.

A corrosão do reforço de aço tem duas influências deletérias sobre o desempenho do concreto estrutural. A primeira é que o próprio reforço passa por uma perda na área de seção transversal, o que compromete sua capacidade (e a do concreto reforçado) de suportar estresses de tensão. A segunda é que a formação de ferrugem na superfície do aço eventualmente leva à formação de fissuras na cobrimento de concreto.

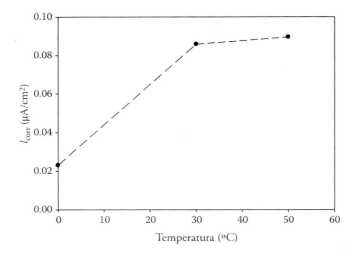

Figura 4.3 Influência da temperatura na corrente de corrosão (I_{corr}) do reforço de aço em concreto armazenado numa umidade relativa >90%. (De Lopez, W. et al., Cement and Concrete Research, 23, 1993, 1130–1140.)

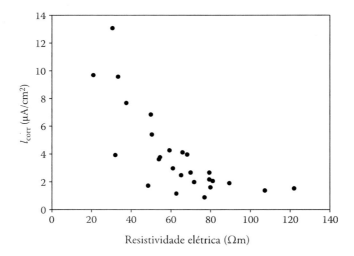

Figura 4.4 Corrente de corrosão do aço em argamassa contendo 2% de cloreto por massa de cimento versus resistividade elétrica. (De Enevoldsen, J. N. et al., Cement and Concrete Research, 24, 1994, 1373–1382.)

A corrosão do reforço só começa a produzir uma perda na capacidade de suporte de carga de um elemento estrutural além de um certo nível de perda de massa do aço. Uma das razões para isso é que a formação inicial de ferrugem na superfície do aço tem por efeito melhorar a ligação entre o aço e o concreto. Isso é ilustrado na figura 4.5, que mostra um pequeno ganho na força de flexão de uma viga reforçada, nos estágios primários da corrosão, seguido de um declínio. Esse aumento é atribuído a um aumento no estresse de fricção entre o reforço e o concreto como resultado da formação da ferrugem. Foi sugerido que a razão para o eventual declínio no resultado da força resulta inicialmente de uma perda de força de ligação resultante da remoção das longarinas na superfície da barra de reforço, seguida de uma perda de área de seção transversal [6].

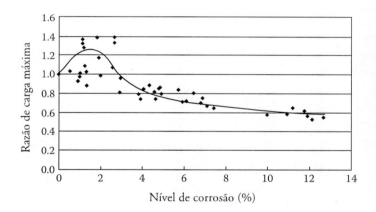

Figura 4.5 Força de flexão (expressa como uma razão da força inicial) de amostras de lajes de concreto reforçado corroído usando-se corrosão induzida por corrente. O nível de corrosão é expresso como porcentagem da perda de massa do reforço corroído. (De Chung, L. et al., Engineering Structures, 26, 2004, 1013–1026.)

Os produtos de corrosão do aço são consideravelmente menos densos que o metal, o que significa que a formação de ferrugem leva a uma expansão no volume de até quatro vezes. Como discutido no capítulo 3, em relação ao ataque de sulfatos, um aumento no volume do produto para uma reação que ocorre no concreto não é garantia do desenvolvimento de forças expansivas. Entretanto, no caso de formação de ferrugem, a expansão observada é provavelmente resultado de pressões de cristalização, como para a etringita. Por fim, o desenvolvimento de estresses expansivos leva à formação de fissuras originando-se no reforço e estendendo-se até a superfície do concreto. Em geral, barras de reforço mais largas localizadas mais próximo da superfície do concreto produzem fissuras antes de barras mais estreitas localizadas em profundidades maiores. Fissuras também podem resultar simplesmente da perda de capacidade de suporte de carga e da deflexão estrutural aumentada resultante.

O desenvolvimento de fissuras resultantes da corrosão do reforço tem por efeito facilitar a passagem de oxigênio e substâncias que promovem a corrosão, já que os poros do concreto podem ser pulados em favor de uma rota mais direta para o aço.

O efeito geral da fissuração é que a deterioração de longo prazo na capacidade de suporte de carga de membros estruturais tipicamente segue o tipo de comportamento mostrado na figura 4.6. Depois de uma taxa inicialmente lenta de perda na capacidade de carga, a deterioração se acelera de uma forma insustentável. Os períodos de tempo marcados na figura indicam eventos chaves na rota de deterioração do elemento estrutural. t_1 é o período entre a construção e o início da corrosão do reforço. Além desse ponto, a corrosão continua até o desempenho do elemento cair abaixo do limite da capacidade de serviço, após um período t_2. No caso da corrosão do reforço, o ponto em que o limite de capacidade de serviço é alcançado, é normalmente definido em termos do desenvolvimento de fissuras na superfície. A Eurocode 2 [7] define isso em termos de uma largura máxima de fissura de superfície (w_{max}), que, se excedida, indica que o estado limite de capacidade de serviço foi alcançado. Os valores recomendados na Eurocode 2 dependem da natureza agressiva do ambiente em que a estrutura opera, como definido pelas classes de exposição. Para níveis inferiores de agressão, um valor w_{max} de 0,4 mm é recomendado, caindo para 0,3 mm em ambientes mais agressivos. O UK National Annex, para este documento, toma uma abordagem mais conservadora e define o limite como de 0,3 mm para todas as classes de exposição [8].

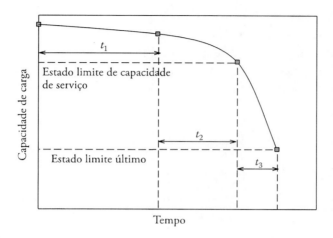

Figura 4.6 Deterioração teórica da capacidade de suporte de carga de um elemento estrutural de concreto reforçado. (De Torres-Acosta, A. A. et al., Engineering Structures, 29, 2007, 1145–1152.)

A vida útil da estrutura é, portanto, igual a $t_1 + t_2$. O desenvolvimento de fissuras na superfície claramente marca o início de uma taxa acelerada de corrosão que começa no princípio do período t_3, o qual é chamado de 'estágio de vida residual'. Durante esse período, existe oportunidade de reparo. Além de t_3, a capacidade de carga do elemento cai abaixo do estado limite último, em cujo ponto o colapso é iminente.

Na superfície do concreto, a corrosão do reforço se manifesta como fissuração ou mesmo escamação do concreto, possivelmente com o aparecimento de manchas de ferrugem. Deve-se enfatizar que a fissuração e a escamação podem resultar de muitos outros processos, tornando necessária maior investigação da deterioração para revelar se a corrosão é a verdadeira causa.

Fissuras que seguem em paralelo à direção do reforço principal podem indicar a formação de produtos de corrosão expansiva. No entanto, como discutido no capítulo 3, tais configurações de fissura também são vistas em concreto reforçado que passa por reações álcali-agregados.

A ausência de manchas de ferrugem não necessariamente indica ausência de corrosão. Além do mais, a presença de manchas também não é evidência conclusiva de corrosão, já que agregados contendo minerais de sulfeto de ferro podem produzir efeito similar [10]. Assim, muitas vezes pode ser necessário remover-se o concreto numa zona fissurada para se determinar se o reforço por baixo está corroído.

4.3 Infiltração de cloretos no concreto

Uma das maiores ameaças ao reforço de aço no concreto é o íon de cloreto. Os cloretos podem penetrar o concreto a partir do ambiente externo através de vários processos de transporte de massa. Eles também podem ser introduzidos como contaminantes em materiais constituintes ou como o cloreto de cálcio usado como ingrediente de aceleração. O uso desse composto não é mais permitido em concreto reforçado e pré-estressado, como resultado de sua natureza corrosiva. Esta seção examina a natureza das fontes externas de cloreto, como eles chegam ao reforço de aço e o que acontece quando isso ocorre. Além disso, alguns dos fenômenos que retardam o progresso dos cloretos serão discutidos, juntamente com o modo como eles podem ser explorados para oferecer resistência aos cloretos.

4.3.1 Cloretos no meio ambiente

Uma das principais razões para o ingresso de cloretos no concreto ser de tanta preocupação para os engenheiros é o grande número de possibilidades dos cloretos entrarem em contato com o concreto reforçado. No ambiente de construção, cloretos solúveis são mais comumente encontrados em duas fontes: água do mar e sais descongelantes em autoestradas.

Os cloretos da água do mar ocorrem principalmente como cloreto de sódio, de magnésio, e de cálcio. A concentração de cloretos varia, dependendo da salinidade da água do mar em questão, 35 g/L, o cloreto está presente como uma concentração de aproximadamente 19.000 mg/L. O sal descongelante mais comum é o cloreto de sódio, mas também podem ser usados como tal, o cloreto de magnésio e o de cálcio. A exposição ao ácido clorídrico oferece uma fonte de íons cloreto, juntamente com a corrosão do próprio concreto (veja o capítulo 3).

4.3.2 Mecanismos de ingresso

O ingresso de cloretos pode ocorrer no concreto como resultado de um gradiente de concentração (difusão), um gradiente de pressão causando o fluxo de soluções contendo cloretos pelos poros, e por ação capilar.

4.3.2.1 Difusão

Na ausência de fissuras, a difusão do cloreto pelo concreto é muito mais dependente da natureza da porosidade. O papel que a porosidade desempenha na determinação do coeficiente de difusão é discutido em maiores detalhes no capítulo 5, mas, em essência, um baixo coeficiente de difusão (e, consequentemente, uma baixa taxa de difusão) é obtida quando a fração do volume total de porosidade é baixa, sua constritividade é baixa e sua tortuosidade é alta. A constritividade é uma medida da extensão em que as alterações na largura dos poros juntamente com seu comprimento dificultam a difusão de agentes químicos. A tortuosidade é uma medida da extensão em que um agente químico deve se desviar de uma rota direta quando se difunde do ponto A para o ponto B através da rede de poros do concreto.

O efeito da fração do volume de porosidade na difusão de cloretos no concreto é melhor ilustrado em termos do fator A/C. Isso é mostrado na figura 4.7, que plota o coeficiente de difusão de cloretos versus o fator A/C para pastas de cimento Portland endurecido. Similarmente, à medida que o grau de hidratação do cimento aumenta, o volume total de porosidade cai, reduzindo o coeficiente de difusão.

Deve-se notar que, conforme progride o ingresso de cloretos, o volume de porosidade declina na camada exterior do concreto. Isso se deve supostamente à formação do sal de Friedel nos poros.

Como será visto no capítulo 5, conforme o tamanho máximo dos poros se aproxima de seu tamanho mínimo, a constritividade aumenta, levando a coeficientes de difusão mais elevados. Assim, a distribuição de tamanho dos poros tem uma influência significativa nos coeficientes de difusão de cloretos. Em particular, uma crescente proporção de 'macroporos' (>0,03 μm de diâmetro) na matriz de cimento leva a um aumento no coeficiente de difusão de cloretos [12].

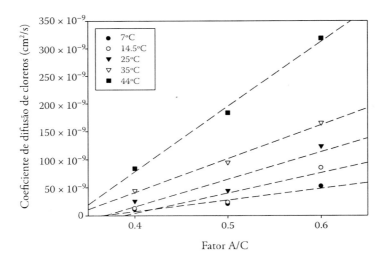

Figura 4.7 Influência do fator A/C nos coeficientes de difusão de cloretos de pastas de cimento Portland endurecido. (De Page, C. L. et al., Cement and Concrete Research, 11, 1981, 395–406.)

A tortuosidade é grandemente controlada pelas distribuições de tamanho de partícula dos materiais usados na fração de cimento e pelo volume e morfologia dos produtos de hidratação do cimento formados. Como veremos na seção 4.3.5, o uso de materiais de pó fino, tais como o fumo de sílica (FS), tem por efeito aumentar a tortuosidade.

O principal fator que influencia a taxa de difusão de cloretos é a presença de fissuras. A difusão por fissuras pode ser vista exatamente da mesma forma que a difusão pelos poros, embora a largura das fissuras possa ser de muitas vezes a dos poros na pasta de cimento endurecida. Assim, as fissuras apresentam um caminho relativamente desimpedido para os cloretos pela cobrimento de concreto, e, portanto, o concreto fissurado apresenta coeficientes de difusão significativamente maiores que o material não danificado. A medição dos perfis de concentração em vigas reforçadas sob carga de flexão expostas a soluções de cloreto encontrou concentrações notavelmente mais altas nas zonas sob tensão [13]. Isso pode ser atribuído à densidade mais elevada e à maior largura de fissuras na zona de tensão. Em geral, é difícil separar a influência da largura e a densidade das fissuras na difusão, uma vez que muitos processos que atuam para formar fissuras produzem aumento tanto na largura das fissuras quanto em sua densidade. A figura 4.8 mostra a influência combinada da largura e da densidade das fissuras no coeficiente de difusão de cloretos pela expressão de ambos os parâmetros como um único termo – fator de espaçamento de fissuras (f) – que é definido como

$$f = \frac{l}{w}$$

onde l é a distância média entre fissuras ao longo de uma linha reta na superfície do concreto, e w é a largura média das fissuras.

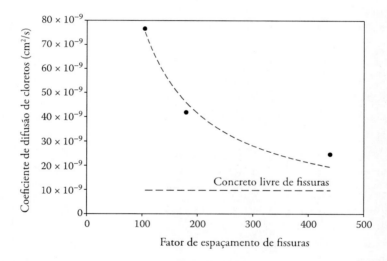

Figura 4.8 Coeficiente de difusão de cloretos versus fator de espaçamento de fissuras para concreto danificado por ataque de congelamento-degelo. (De Gérard, B. e J. Marchand, Cement and Concrete Research, 30, 2000, 37–43; Jacobsen, S. et al., Cement and Concrete Research, 26, 1996, 869–881.)

A relação mostrada na figura 4.8 pode ser descrita pela equação

$$\frac{D}{D_0} = \frac{D_1}{D_0 f} + 1$$

onde D é o coeficiente de difusão de cloretos (m²/s) de uma superfície de concreto contendo fissuras com fator de espaçamento f, D_0 é o coeficiente de difusão de cloretos do concreto se ele não contiver fissuras (m²/s) e D_1 é o coeficiente de difusão de cloretos em solução livre (m²/s) [14].

D/D_0 é a 'difusividade equivalente' – a proporção pela qual o coeficiente de difusão do concreto com fissuras excede o do concreto sem fissuras.

As larguras de fissuras têm uma influência maior sobre as taxas de difusão do que suas densidades [14]. O efeito da densidade das fissuras (em termos de espaçamento de fissuras) sobre a taxa de corrosão é mostrado na figura 4.9. Uma característica interessante desse gráfico é a queda na extensão da corrosão no menor espaçamento de fissuras. Isso foi atribuído ao fato das fissuras serem suficientemente estreitas (~0,12 mm) para permitirem que ocorresse uma 'autocura'. A 'autocura', ou 'cura autógena', refere-se ao preenchimento das fissuras como resultado da precipitação de cristais da solução [15]. Os principais compostos precipitados são o carbonato de cálcio e o hidróxido de cálcio, e a taxa com que a autocura ocorre depende da largura da fissura, da pressão da água e da temperatura.

Uma taxa mais rápida de crescimento de cristais é observada em fissuras mais estreitas [16]. Após a formação inicial de cristais de $CaCO_3$ e $Ca(OH)_2$, seu crescimento subsequente é controlado pela taxa de difusão de íons de cálcio. Contudo, onde há um fluxo de água pelo concreto como resultado de um gradiente de pressão, a taxa é acelerada, já que o depósito de íons de cálcio se torna dependente da taxa de fluxo, em vez da de difusão. O tipo de cimento, de agregado e o conteúdo de cálcio da água externa parecem desempenhar apenas um papel menor no processo de autocura, embora, onde a água do mar está presente, a formação de etringita e brucita também contribui para a autocura como resultado da presença de íons de magnésio e sulfato. Um aumento na temperatura leva a um aumento na taxa de autocura, pelo menos até 80°C [17].

Fatores ambientais que desempenham um papel na influência de difusão de cloretos incluem a concentração de íons de cloreto, os cátions associados aos cloretos e a temperatura.

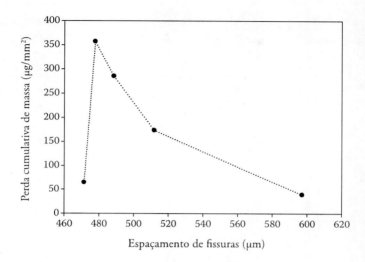

Figura 4.9 Perda cumulativa de massa versus espaçamento de fissuras em 24 meses para reforço de aço em vigas de concreto contendo fissuras artificiais. As vigas foram armazenadas em condições de alta umidade e tiveram uma solução de cloreto periodicamente espargida sobre elas. (De Arya, C. e F. K. Ofori-Darko, Cement and Concrete Research, 26, 1996, 345–353.)

Quanto aos processos de difusão, a taxa de transporte eleva-se com a temperatura. A dependência da temperatura pela difusão é descrita pela equação de Arrhenius:

$$D = D_0 e^{-\frac{E_A}{RT}}$$

onde D_0 é uma constante de difusão (m²/s), E_A é a energia de ativação para a difusão (J/mol), R é a constante dos gases (J/K mol) e T é a temperatura (K).

Esse efeito pode ser visto na figura 4.7. A equação é melhor usada numa forma modificada para produzir um fator de ajuste (F_T):

$$F_T = e^{\frac{E_A}{R}\left(\frac{1}{T_{ref}} - \frac{1}{T}\right)}$$

onde T_{ref} é uma temperatura específica em que um coeficiente de difusão tenha sido medido (D_{ref}) [20]. Assim, um coeficiente de difusão para uma dada temperatura pode ser calculado usando-se $F_T D_{ref}$.

A energia de ativação pode ser determinada a partir dos dados de difusão e é dependente do fator A/C (figura 4.10).

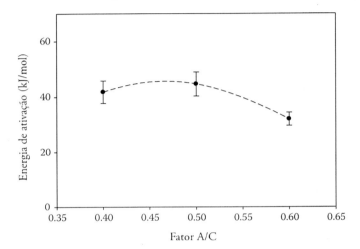

Figura 4.10 Energia de ativação como função do fator A/C. (De Page, C. L. et al., Cement and Concrete Research, 11, 1981, 395–406.)

A difusão é movida por um gradiente de concentração. Porém, o efeito da concentração externa de cloretos sobre a taxa de ingresso de cloretos é um tanto complexo – há um decréscimo no coeficiente de difusão de cloretos à medida que a concentração externa aumenta (figura 4.11). Esse decréscimo resulta de uma maior interação entre íons em concentrações mais altas, o que bloqueia seu movimento [15,21]. Embora esse declínio no coeficiente de difusão em altas concentrações seja um fenômeno importante, ele precisa ser visto em contexto. A figura 4.12 ilustra isso na forma de dois perfis de concentração: um para uma situação em que há uma alta concentração externa e um coeficiente de difusão baixo, e o outro para o cenário oposto. Embora o movimento de íons de cloreto no material seja mais lento para um coeficiente de difusão menor, a quantidade total de cloreto que penetrou o concreto ainda é muito maior para a concentração externa mais elevada.

Os sais de cloreto presentes influenciam as taxas de ingresso, com o cloreto de cálcio produzindo coeficientes de difusão mais altos que o cloreto de sódio. A razão para isso foi atribuída à presença de uma dupla camada elétrica nas superfícies dos poros no concreto [23].

Uma dupla camada elétrica é formada como resultado do desenvolvimento de carga eletrostática na superfície de produtos de hidratação, à medida que grupos em sua superfície se tornam ionizados. A carga negativa resultante da superfície atrai cátions dissolvidos para criar uma camada de fluido na superfície dos poros, mais rica desses íons. Consequentemente, o fluido dos poros mais afastados da solução dos poros contém uma concentração enriquecida de ânions. A situação para ingresso de cloretos através de difusão é mostrada de forma muito simplificada na figura 4.13. Quando íons de sódio estão associados a íons de cloreto, uma grande concentração de cátions é necessária para produzir uma densidade de carga positiva para corresponder à densidade de carga negativa da camada da superfície. Quando íons de cálcio estão presentes, uma concentração muito menor é necessária, como resultado da carga maior dos íons. Essa concentração reduzida produz uma interação reduzida entre os íons de cálcio, permitindo que eles se difundam numa taxa mais elevada, como discutido acima. A concentração de ânions no fluido dos poros deve ser balanceada com a concentração de cátions, de tal forma que a carga líquida seja zero – um requisito conhecido como princípio da eletroneutralidade. Isso também tem por efeito aumentar a taxa de difusão de íons de cloreto, já que esses íons seguem os cátions em difusão na dupla camada.

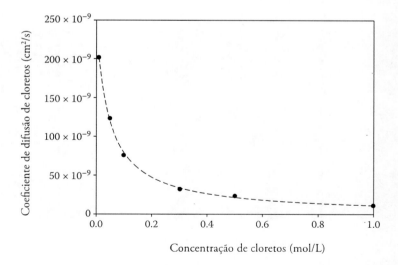

Figura 4.11 Influência da concentração externa de íons de cloreto no coeficiente de difusão de cloretos pelo concreto com um fator A/C de 0,4. (De Tang, L., Cement and Concrete Research, 29, 1999, 1469–1474.)

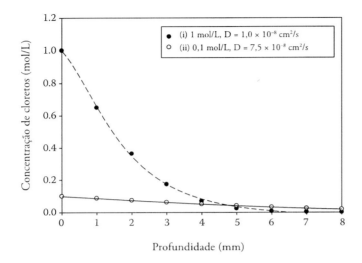

Figura 4.12 Perfis de concentração de cloretos calculados para dois cenários: (i) com uma concentração externa de íons de cloreto de 1 mol/L e um coeficiente de difusão (D) através do concreto de $1{,}0\times10^{-8}$ cm^2/s e (ii) com uma concentração de 0,1 mol/L e um coeficiente de difusão de $7{,}5\times10^{-8}$ cm^2/s.

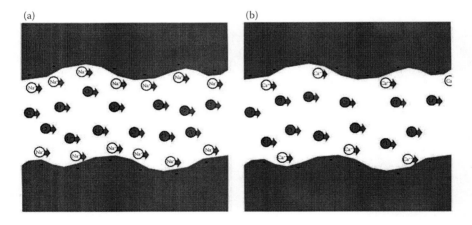

Figura 4.13 Configurações da dupla camada elétrica em poros de concreto onde íons de sódio (a) e cálcio (b) estão associados a íons de cloreto em difusão.

4.3.2.2 Fluxo

A taxa de fluxo de soluções contendo cloreto no concreto sob uma dada diferença de pressão é dependente da permeabilidade do material, a qual é fortemente influenciada pela estrutura de poros do concreto. As relações entre as características dos poros e a permeabilidade são discutidas em detalhes no capítulo 5. Porém, em resumo, essencialmente as mesmas características microestruturais que influenciam o coeficiente de difusão de cloretos também controlam a taxa de fluxo, com uma grande fração de volume de poros, grande diâmetro dos poros e baixa tortuosidade produzindo uma alta permeabilidade.

A fissuração também aumenta a taxa de fluxo pelo concreto, como mostrado na figura 4.14. Como discutido com relação ao processo de ingresso de cloreto por difusão, a autocura de fissuras ocorre, particularmente onde o gradiente de pressão é alto. O efeito da autocura na taxa de fluxo é ilustrado na figura 4.15.

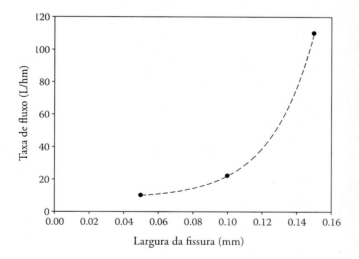

Figura 4.14 A influência da largura da fissura no fluxo da água por amostras de concreto danificado. (De Reinhardt, H.-W. e M. Jooss, Cement and Concrete Research, 33, 2003, 981–985.)

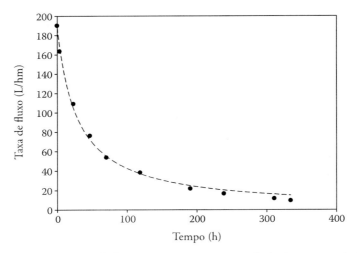

Figura 4.15 Mudança na taxa de fluxo com o tempo como resultado de autocura de fissuras em concreto mantido a 80°C. A largura média inicial da fissura é de 0,15 mm; o gradiente de pressão é de 1 MPa/m. (De Reinhardt, H.-W. e M. Jooss, Cement and Concrete Research, 33, 2003, 981–985.)

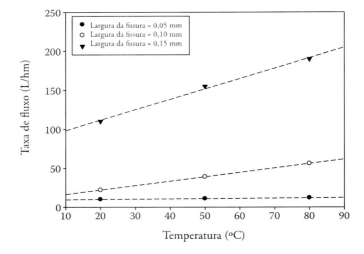

Figura 4.16 Influência da largura média da fissura e da temperatura na taxa de fluxo de água por amostras de concreto sob um gradiente de pressão de 1 MPa/m. (De Reinhardt, H.-W. e M. Jooss, Cement and Concrete Research, 33, 2003, 981–985.)

Condições ambientais externas que influenciam a taxa de ingresso de cloretos são a diferença de pressão entre o interior e o exterior do concreto, a concentração externa de cloretos e a temperatura. A viscosidade da água cai com o aumento da temperatura, reduzindo a resistência a seu fluxo pelo meio poroso. Entretanto, o efeito só é significativo onde fissuras estão presentes (figura 4.16).

Em ambientes marinhos, onde o cloreto de magnésio está presente, a formação de uma camada de brucita, $Mg(OH)_2$, e de vários componentes de carbonato de cálcio foi observada [25]. A formação dessa camada leva a uma redução na permeabilidade do concreto, como ilustrado na figura 4.17.

4.3.2.3 Ação capilar

Quando poros não saturados, na superfície do concreto, entram em contato com água, o processo de ação capilar leva o líquido para o interior. Claramente, se a água contiver cloretos dissolvidos, esse processo também atua como mais um mecanismo de ingresso.

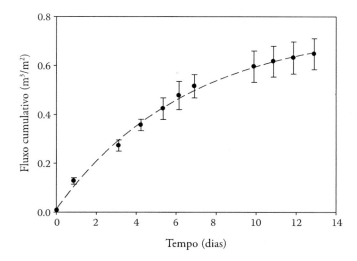

Figura 4.17 Fluxo cumulativo versus tempo para água do mar através de concreto sob um diferencial de pressão de 5,0 MPa. Uma densidade da água do mar de 1030 kg/m³ foi considerada na conversão desses dados. (De van der Wegen, G. et al., Materials and Structures, 26, 1993, 549–556.)

A taxa de absorção de água pelo concreto como resultado da ação capilar é dependente dos gradientes de saturação da fração do volume (θ) e da difusividade hidráulica (D) no concreto [27], como descrito pela equação

$$\frac{\partial \theta}{\partial t} = \nabla D \nabla \theta$$

onde θ é a saturação da fração do volume – a razão do volume de líquido para o volume total de concreto; t é o tempo (s); e D é a densidade hidráulica (m²/s).

A difusividade hidráulica é uma medida da habilidade do concreto de transmitir água por meio da ação capilar. Em muitos materiais porosos, a difusividade hidráulica é descrita pela equação

$$D = D_0 e^{\left(B\frac{(\theta-\theta_0)}{\theta_1-\theta_0}\right)}$$

onde D_0 é a difusividade hidráulica inicial (m²/s), B é uma constante dependente do material, θ_0 é a saturação da fração do volume inicial e θ_1 é a saturação da fração do volume na saturação completa.

Destarte, à medida que o conteúdo de água dos poros aumenta, o mesmo se dá com a difusividade hidráulica. Embora a situação para o concreto seja um tanto mais complexa – a microestrutura do concreto muda quando ele entra em contato com a água – a relação geral descrita na equação se mantém.

A ação capilar desempenha seu papel mais significativo em situações onde ocorrem umedecimento e secagem cíclicos. Tais situações incluem aquelas nas zonas atmosférica, úmida e de maré de estruturas costeiras e marítimas (figura 4.18) e em ambientes de autoestradas. O processo de ação capilar é relativamente rápido e, portanto, desempenha um papel importante no início do mecanismo de ingresso. Além do mais, a repetição desse processo, onde umedecimento e secagem cíclicos ocorrem, leva os cloretos a serem depositados nos poros do concreto durante a secagem, seguidos de um novo suprimento de cloretos durante o próximo período de umedecimento, potencialmente levando ao acúmulo de cloreto sob a superfície.

Em geral, o ingresso resultante de ciclos de umedecimento e secagem produz um perfil de concentração de cloretos ligeiramente modificado, em comparação com o que é observado na difusão, com um pico ocorrendo a alguma distância abaixo da superfície (figura 4.19). A razão para a forma deste perfil é possivelmente resultado da ocorrência de carbonatação durante a secagem, a qual, como será discutido na seção seguinte, leva à liberação de cloretos previamente ligados ao cimento.

Além da concentração de cloretos na água externa, o período de secagem parece desempenhar o papel mais importante no controle da taxa de ingresso, resultante de secagem mais rigorosa da porosidade levando a uma taxa mais elevada de absorção de água, na próxima vez que a superfície for molhada [30]. Com referência à equação da taxa de absorção discutida anteriormente, um maior grau de secagem leva a difusividade hidráulica e gradientes de saturação de fração de volume mais rápidos, que por sua vez levam a uma maior taxa de absorção.

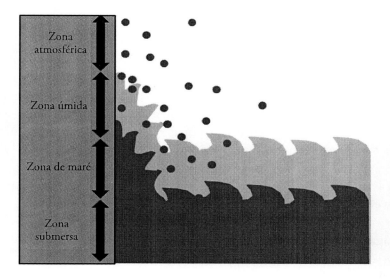

Figura 4.18 Diferentes zonas de exposição a cloretos para estruturas costeiras e marítimas.

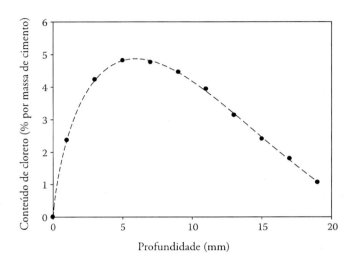

Figura 4.19 Perfil de concentração de cloretos resultante de umedecimento e secagem cíclicos. (De Polder, R. B. e W. H. A. Peelen, Cement and Concrete Composites, 24, 2002, 427–435.)

A própria taxa de secagem é parcialmente influenciada pela qualidade do concreto – especificamente o volume e a natureza de sua porosidade. Concreto com um pequeno volume de porosidade e uma estrutura de poros mais finos seca a uma taxa mais lenta. Assim, há uma maior oportunidade para o rápido ingresso de cloretos sob condições de umedecimento e secagem em concreto contendo volumes maiores de porosidade.

Deve-se enfatizar que, na maioria dos casos, uma combinação de mecanismos de ingresso estará operando simultaneamente.

4.3.3 Ligação de cloretos

À medida que os íons de cloreto se movem pelo concreto adentro, processos químicos atuam para remover alguns desses íons da solução, deixando-os, assim, indisponíveis para contribuir para o processo de corrosão. O processo de 'ligação de cloretos' envolve principalmente dois mecanismos: a formação do sal de Friedel e a imobilização dos íons que entram em contato com o gel de silicato de cálcio hidratado (CSH).

O sal de Friedel é uma fase hidratada do cimento AFm que pode ser formado no cimento hidratado que é levado a entrar em contato com íons de cloretos dissolvidos [25]. Sua fórmula geral é $3CaO \cdot Al_2O_3 \cdot CaCl_2 \cdot 10H_2O$, embora ferro e outros cátions possam substituir o alumínio, e outros ânions, como hidróxido e iodeto, possam tomar o lugar do cloreto.

O sal de Friedel é normalmente formado como resultado de uma reação com o produto de hidratação de cimento AFm, monossulfato:

$$3CaO \cdot Al_2O_3 \cdot CaSO_4 \cdot 12H_2O + 2Cl^- \rightarrow 3CaO \cdot Al_2O_3 \cdot CaCl_2 \cdot 10H_2O + SO_4^{2-} + 2H_2O^*$$

Outras fases AFm também são capazes de formar o sal de Friedel dessa maneira. A despeito de também ser um aluminato de cálcio hidratado, a etringita de fase AFt não é capaz de passar por reação similar, porque ela é mais estável que o sal de Friedel.

O mecanismo ou mecanismos que levam à ligação de cloretos pelo gel CSH ainda é tema de algum debate. Porém, geralmente se concorda que os íons de cloreto podem interagir com o gel de várias formas diferentes com diferentes 'forças' de ligação. Um mecanismo proposto envolve a interação de cloretos com o gel CSH através de quimissorção (adsorção envolvendo uma reação química) na superfície do gel, quimissorção nos espaços entre as camadas desordenadas que compõem a estrutura cristalina do gel e incorporação na trama cristalina do CSH, com força crescente de ligação [31].

Normalmente, cloretos quimissorvidos estão presentes em quantidades consideravelmente maiores que as dos incorporados na trama cristalina. A quantidade também é dependente da composição do gel, com uma razão maior de CaO para SiO_2 produzindo maior capacidade de ligação. Isso é visto como relacionado à estrutura do cristal do gel CSH, onde um conteúdo menor de SiO_2 leva à incorporação de um número maior de grupos de hidróxidos na superfície da camada de gel, que poderia, por sua vez, ser ocupada por íons de cloreto ou complexos de cloretos.

---

* O responsável pela revisão técnica da parte de química da obra sugere a reconsideração da equação, da forma abaixo, de modo a deixá-la "balanceada": $3CaO \cdot Al_2O_3 \cdot CaSO_4 \cdot 12H_2O + 6Cl^- \cdot 3CaO \cdot Al_2O_3 \cdot CaCl_2 \cdot 10H_2O + 3SO_4^{2-} + 6H_2O$ (N. do T.)

A capacidade de ligação das fases AFm é maior que a do gel CSH [32]. Contudo, um cimento Portland maduro provavelmente contém uma proporção consideravelmente maior de CSH que AFm, o que significa que a maior parte de cloreto é ligada pelo gel. De qualquer forma, à medida que o conteúdo de C_3A e, portanto, o potencial para formar fases AFm aumenta, a capacidade de ligação aumenta significativamente, particularmente acima de níveis de aproximadamente 8% por massa (figura 4.20). Além do mais, onde as proporções de produtos de hidratação se desviam daqueles produzidos por um cimento Portland típico (por exemplo, em concreto em que outros materiais cimentícios foram usados), o papel dominante do CSH não é necessariamente mantido.

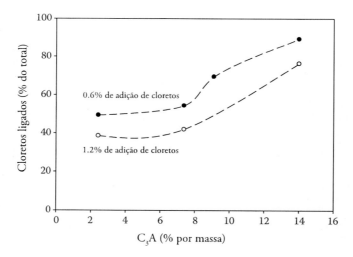

Figura 4.20 Influência do conteúdo de C_3A no cloreto ligado em pastas de cimento contendo adições de cloretos. (De Rasheeduzzafar Hussain, S. E. e S. S. Al-Saadoun, Cement and Concrete Research, 21, 1991, 777–794.)

O pH do fluido dos poros no concreto influencia sua capacidade de ligação com cloretos, com um pH mais baixo fornecendo uma maior capacidade. Foi sugerido que isso se deve aos íons OH^- e Cl^- competirem por localizações similares dentro e sobre a superfície dos produtos de hidratação [34]. Esse efeito é visto nas faixas de pH observadas em concreto relativamente jovem (12,5–14), que não foi exposto a processos que poderiam reduzir a concentração de OH^-. Quando ocorre uma queda no pH da solução dos poros abaixo de 12,5, o sal de Friedel se dissolve. A causa mais comum disso é a carbonatação (veja a seção 4.4), e o efeito é evidente no concreto exposto tanto a soluções contendo cloretos quanto a atmosferas que promovam carbonatação, onde o sal de Friedel está ausente na superfície, mas aparece em maiores profundidades [35]. A estabilidade do sal de Friedel também é comprometida pelo ingresso de sulfatos. Nesse caso, o sal de Friedel reage para formar etringita através da seguinte reação:

$$3CaO \cdot Al_2O_3 \cdot CaCl_2 \cdot 10H_2O + 3SO_4^{2-} + 2Ca^{2+} + 22H_2O$$
$$\rightarrow 3CaO \cdot Al_2O_3(CaSO_4)_3 \cdot 32H_2O + 2Cl^{-**}$$

Uma observação da taxa de difusão de cloretos no concreto exposto a sulfatos levou à conclusão de que o efeito desestabilizante dos sulfatos só tem efeito pronunciado onde a fração de cimento do concreto contém subprodutos cimentícios (tais como escória granulada de alto-forno [GGBS] ou cinza volante [CV]) juntamente com cimento Portland [36]. Isso reflete o maior conteúdo de aluminato de tais materiais, que produzem uma maior quantidade de sal de Friedel num ambiente contendo cloretos.

Os cátions associados a íons de cloreto também desempenham um papel importante na extensão em que a ligação ocorre. Para o cloreto de cálcio ($CaCl_2$), a seguinte reação ocorre:

$$3CaO \cdot Al_2O_3 \cdot CaSO_4 \cdot 12H_2O + CaCl_2 \rightarrow 3CaO \cdot Al_2O_3 \cdot CaCl_2 \cdot 10H_2O$$
$$+ CaSO_4 + 2H_2O^{***}$$

Porém, para o cloreto de sódio, a reação é

$$3CaO \cdot Al_2O_3 \cdot CaSO_4 \cdot 12H_2O + 2NaCl \rightarrow 3CaO \cdot Al_2O_3 \cdot CaCl_2 \cdot 10H_2O$$
$$+ Na_2SO_4 + 2H_2O^{****}$$

** O responsável pela revisão técnica da parte de química da obra sugere a reconsideração da equação, da forma abaixo, de modo a deixá-la "balanceada": $3CaO \cdot Al_2O_3 \cdot CaCl_2 \cdot 10H_2O + 9SO_4^{2-} + 6Ca^{2+} + 2H_2O \rightarrow 3CaO \cdot Al_2O_3(CaSO_4)_3 \cdot 32H_2O + 6Cl^-$

*** O responsável pela revisão técnica da parte de química da obra sugere a reconsideração da equação, da forma abaixo, de modo a deixá-la "balanceada": $3CaO \cdot Al_2O_3 \cdot CaSO_4 \cdot 12H_2O + 3CaCl_2 \rightarrow 3CaO \cdot Al_2O_3 \cdot CaCl_2 \cdot 10H_2O + 3CaSO_4 + 6H_2O$

**** O responsável pela revisão técnica da parte de química da obra sugere a reconsideração da equação, da forma abaixo, de modo a deixá-la "balanceada": $3CaO \cdot Al_2O_3 \cdot CaSO_4 \cdot 12H_2O + 6NaCl \rightarrow 3CaO \cdot Al_2O_3 \cdot CaCl_2 \cdot 10H_2O + 3Na_2SO_4 + 6H_2O$

Como visto na discussão sobre reações álcali-agregados, no capítulo 3, o sulfato de sódio (Na_2SO_4) produzido durante a reação gradualmente se converte em hidróxido de sódio, o qual atua para aumentar o pH das soluções dos poros. Isso tem por efeito reduzir a solubilidade do hidróxido de cálcio, limitando a quantidade de cálcio disponível para formar o sal de Friedel e, consequentemente, a capacidade de ligação do cimento.

Quando o cloreto de magnésio ($MgCl_2$) está presente, a troca de cátions ocorre da seguinte maneira:

$$MgCl_2 + Ca(OH)_2 \rightarrow Mg(OH)_2 + CaCl_2$$

O resultado final é que a quantidade de cloreto ligado é a mesma para o $CaCl_2$ [34].

Como discutido anteriormente, a formação de brucita no concreto em ambientes marinhos foi citada como razão para a redução na permeabilidade do concreto com o tempo. Por outro lado, a exposição ao sal descongelante cloreto de magnésio foi condenada pela deterioração de pavimentos de concreto através da formação de gel de silicato de magnésio hidratado, como ocorre durante o ataque de sulfato de magnésio (capítulo 3) [37]. É provável que ambos os efeitos ocorram simultaneamente no concreto submerso, e que a camada de brucita reduza a profundidade em que ocorre a formação do silicato de magnésio hidratado. Quando o concreto fica permanentemente submerso, é provável que a camada de brucita e outros minerais possam se formar até um ponto em que um nível elevado de proteção seja atingido. Em aplicações onde ocorre desgaste mecânico, tal como em pavimentos ou em zonas de maré, a camada é periodicamente rompida, sem nenhuma proteção melhorada e uma taxa acumulada de deterioração da superfície.

Quando o $CaCl_2$ está presente (seja porque o cloreto de cálcio está presente externamente, seja como resultado da reação acima), o oxicloreto de cálcio pode ser formado:

$$CaCl_2 + 3Ca(OH)_2 + 12H_2O \rightarrow 3CaO \cdot CaCl_2 \cdot 15H_2O^{*****}$$

[*****] O responsável pela revisão técnica da parte de química da obra sugere a reconsideração da equação, da forma abaixo, de modo a deixá-la "balanceada": $3CaCl_2 + 3Ca(OH)_2 + 12H_2O \rightarrow 3CaO \cdot CaCl_2 \cdot 15H_2O$

Embora essa reação contribua para a ligação de cloretos, foi proposto que esse composto pode também desempenhar um papel na expansão e fissuração [38].

A corrosão do aço induzida por cloretos pode até ocorrer na ausência de altas concentrações de oxigênio, levando à formação da 'ferrugem verde'. Este termo é usado para descrever a fougerite, um mineral de duplo hidróxido em camadas com fórmula

$$\left[Fe^{2+}_{1-x} Fe^{3+}_{x} Mg_y (OH)_{2+2y} \right]^{+x} \left[x/nA^{-n} \cdot mH_2O \right]^{-x}$$

onde A^{-n} pode ser uma faixa de diferentes ânions, incluindo o Cl^- [39]. A formação da ferrugem verde começa quando a camada passiva é destruída e ferro se dissolve como resultado da formação de complexos com cloreto. Sob condições de pH típicas do concreto e quando concentrações de oxigênio são baixas, o complexo se precipita como ferrugem verde. A ferrugem atua como mais um mecanismo de ligação de cloretos, embora a subsequente exposição ao oxigênio leve a sua decomposição e à liberação do cloreto de volta à solução [40].

4.3.4 Papel do cloreto na corrosão

Quando íons de cloreto atingem a superfície do reforço de aço, eles atuam para decompor a camada passiva na superfície e permitir que a corrosão progrida. Esse processo de 'despassivação' quase certamente envolve a formação de complexos de cloreto com o ferro da camada passiva [41], tal como da seguinte maneira:

$$Fe(OH)_2 + 6Cl^- \rightarrow FeCl^{-3}_{6} + 2OH^- + e^-$$

O complexo $FeCl^{3-}$ é solúvel na solução dos poros do concreto, e, assim, material é removido da camada passiva, atuando para comprometer sua influência protetora. A despassivação tende a ocorrer em pontos localizados na superfície do aço.

Para que a despassivação ocorra, e, portanto, para que a corrosão se inicie, uma concentração suficiente de íons de cloreto é necessária. Essa concentração 'limite', a forma do cloreto medido e a maneira pela qual a concentração é expressa são uma questão de algum debate.

A maneira menos ambígua de se medir a concentração de cloretos no concreto é medir a massa total de cloretos presentes. A BS 1881-124 [42] inclui uma técnica para a determinação dos cloretos totais pela digestão parcial de uma amostra do concreto reduzida a pó em ácido nítrico, que é fervida por um curto período de tempo e depois filtrada para remover partículas insolúveis de agregados. A concentração de cloreto na solução resultante é determinada através de titulação. Técnicas tais como a espectrometria de fluorescência por raios-X também podem ser usadas para determinação dos cloretos totais.

Embora o conteúdo total de cloretos do concreto seja facilmente determinado, a relevância desse valor é questionável, uma vez que uma proporção desses cloretos está ligada e, consequentemente, indisponível para tomar parte no processo de despassivação. Assim, a medição de cloretos 'livres' é considerada de maior significância. Contudo, a determinação de cloretos livres apresenta uma série de problemas.

Uma abordagem para se determinar o conteúdo de cloretos livres é por meio de técnicas do tipo de extração com água, que faz com que uma amostra em pó entre em contato com um volume de água e se determine a concentração de cloretos da solução resultante. Essa abordagem tende a superestimar a quantidade de cloretos livres numa amostra [43]. A principal razão para isso é que, no concreto intacto, os produtos de hidratação do cimento contendo cloretos que estão em equilíbrio com a solução dos poros. Qualquer técnica que faça com que uma amostra em pó entre em contato com um volume de água maior que o presente nos poros do concreto vai mudar esse equilíbrio, fazendo com que mais produtos de hidratação se dissolvam.

Independentemente dos cloretos medidos serem livres ou totais, a convenção é expressar a concentração como porcentagem por massa de cimento.

A alternativa à extração com água são os métodos de extração de soluções dos poros. Essas técnicas usam volumes intactos de concreto saturado, que são comprimidos de tal forma que a água é extraída e subsequentemente analisada. Geralmente se concorda que o resultado da extração provavelmente é mais representativo da realidade. No entanto, a extração de soluções de poros não deixa de ter suas desvantagens – requer aparato especializado, e produz um volume muito pequeno de solução de poros, o que significa que a preparação e a análise devem ser realizadas com cuidado.

O uso de uma concentração limite de cloretos é, em si, de validade questionável. Uma revisão da literatura compilou valores de concentrações de cloretos totais e livres considerados por estudos da literatura como sendo a concentração limite para corrosão [44]. As distribuições possuíam valores modais para o limite de cloretos em 0,8% e 0,6% de cloretos por massa de cimento para cloretos totais e livres, respectivamente. Entretanto, as distribuições cobrem uma faixa de valores bem ampla, sugerindo que fatores adicionais contribuem para a corrosão.

Outro parâmetro com grande influência para a corrosão é a concentração de íons OH^-, já que isso controla a formação da camada passiva no aço. Como os íons de cloreto e hidróxido efetivamente desempenham papéis opostos, com o primeiro destruindo a camada passiva e o último formando-a, foi proposto que a razão $[Cl^-]/[OH^-]$ fornece um meio melhor de identificação do ponto crítico além do qual ocorre a corrosão [45]. De fato, há uma escola de pensamento que considera a presença de haletos, tais como o cloreto, um pré-requisito essencial para a corrosão do aço com queda suficiente no pH tendo por efeito reduzir a razão $[Cl^-]/[OH^-]$ a níveis em que a corrosão ocorre na faixa de concentrações de cloretos que seriam encontradas na água potável.

Revisões da faixa de razões $[Cl^-]/[OH^-]$ limiares na literatura também indicam uma significativa difusão de valores – valores entre 0,12 e 3,00 foram publicados [46]. Ignorando-se alguns dos resultados mais excêntricos de tais estudos, é evidente que o limite de $[Cl^-]/[OH^-]$ fica em algum ponto por volta de 1,00. Contudo, a conclusão que deve ser tirada disso é que uma faixa muito mais ampla de parâmetros desempenha seu papel na determinação de quando a corrosão se inicia. Por essa razão, e porque a determinação da razão $[Cl^-]/[OH^-]$ representa um desafio muito maior que a determinação dos valores de cloretos totais, atualmente é este último parâmetro que é usado na imposição de limites a cloretos introduzidos no concreto através de materiais e água. Os limites estão definidos na EN 206 [47], com classes de 'conteúdo de cloretos' definidas para diferentes aplicações. Essas classes se referem a diferentes conteúdos de cloretos totais, e a interpretação, no Reino Unido, dessas classes é mostrada na tabela 4.1.

Deve-se enfatizar que, embora a corrosão possa ser iniciada pela presença de íons de cloreto, sua concentração tem pouca influência na taxa real de corrosão. Porém, a presença de íons de cloreto parece promover o surgimento de pontos.

Tabela 4.1 Limites de cloreto definidos para concreto na BS 8500-1

Uso do concreto	Conteúdo máximo de Cl⁻ (% por massa de cimento)
Nenhum reforço de aço ou metal embutido, com exceção de dispositivos de elevação da resistência à corrosão	1,00
Contendo reforço de aço ou outro metal embutido, curado sem calor	0,40
Contendo reforço de aço ou outro metal embutido, curado sem calor, exposto a quantidades significativas de cloretos externos	0,30
Contendo reforço de aço ou outro metal embutido, curado sem calor, feito com cimento Portland resistente a sulfatos, em concordância com a BS 4027	0,20
Contendo reforço de aço ou outro metal embutido, curado com calor	0,10
Contendo reforço de aço pré-estressante pré-tensionado	0,10
Construção de escritório interno pós-tensionado	0,40
Contendo aço pré-estressante pós-tensionado ou aço pré-estressante não ligado	Nenhuma diretriz fornecida – depende do tipo de estrutura, método de construção e exposição
Estruturas estratégicas em ambientes com intensidade de cloretos, por exemplo, pontes	Consultar a especificação do projeto

Fonte: British Standards Institution. BS 8500-1:2006: Concrete – Complementary British Standard to BS EN 206 – BS. Method of Specifying and Guidance of the Specifier. London: British Standards Institution, 2006.

4.3.5 Proteção contra a corrosão induzida por cloretos

4.3.5.1 Proporções de misturas e profundidade de cobrimento.

Há uma série de abordagens na formulação de misturas de concreto, que podem ser usadas para se reduzir o risco de corrosão induzida por cloretos no concreto reforçado. Da discussão dos mecanismos de ingresso de cloretos, pode-se deduzir que as seguintes estratégias limitam a taxa em que os cloretos penetram no concreto:

- Redução do volume de porosidade capilar;
- Redução do diâmetro dos poros;
- Aumento da tortuosidade, da área da superfície e/ou da constritividade da porosidade.

Cada estratégia é melhor conseguida pela engenharia da fração de cimento. O meio mais direto de se reduzir a porosidade capilar do concreto é simplesmente reduzir o fator A/C. Comumente, isso também reduz os diâmetros dos poros e aumenta a tortuosidade, apesar de numa extensão limitada. As duas últimas estratégias são melhor alcançadas pela combinação de tamanhos de partículas da fração de cimento que produz uma porosidade 'refinada'. Isso é mais comumente conseguido pelo uso de combinações de cimento Portland com componentes de cimento que sejam mais finos que o PC e que passem por reações pozolânicas ou hidráulicas latentes (CV, GGBS, FS, etc.). O efeito combinado da mistura melhorada dos materiais na fração de cimento e a produção de produtos de hidratação do cimento resultam tanto num diâmetro de poros reduzido quanto em constritividade e normalmente numa tortuosidade e área de superfície aumentadas.

O uso de outros componentes do cimento pode também aumentar a capacidade de ligação de cloretos do concreto. Isso pode ocorrer de duas maneiras. Primeiro, quando o componente do cimento contém um nível mais elevado de Al_2O_3 que o PC, quantidades maiores do sal de Friedel são formadas na exposição aos cloretos. Os materiais que entram nessa categoria incluem a GGBS, a CV, e o metacaulim (MC). Segundo, o uso de materiais cimentícios com conteúdo mais alto de SiO_2 normalmente leva à formação de mais gel de CSH durante a hidratação, o que pode aumentar a proporção de cloretos imobilizados, embora deva-se destacar que a razão CaO/SiO_2 é reduzida, reduzindo, assim, um tanto a capacidade de ligar cloretos por unidade de massa do gel.

264 Durabilidade do Concreto

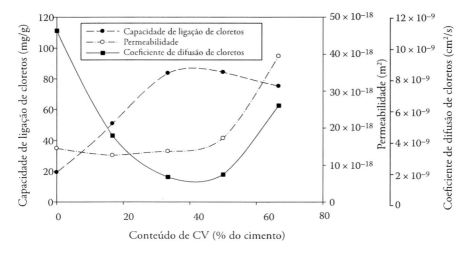

Figura 4.21 Influência do conteúdo de CV na capacidade de ligação de cloretos, na permeabilidade ao ar e no coeficiente de difusão de cloretos de concreto com um fator A/C fixo de 0,55. (De Dhir, R. K. et al., Cement and Concrete Research, 27, 1997, 1633–1639.)

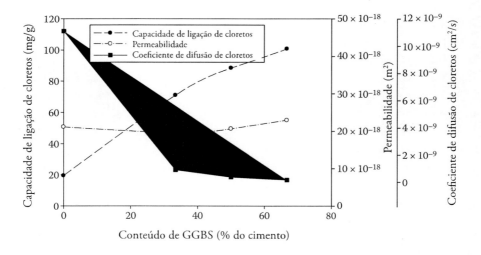

Figura 4.22 Influência do conteúdo de GGBS na capacidade de ligação de cloretos, na permeabilidade ao ar e no coeficiente de difusão de cloretos de concreto com fator A/C fixo de 0,55. (De Dhir, R. K. et al., Cement and Concrete Research, 26, 1996, 1767–1773.)

As figuras 4.21 e 4.22 mostram como a permeabilidade ao ar, a capacidade de ligação de cloretos e o coeficiente de difusão de cloretos mudam com níveis crescentes de CV e GGBS. Embora a permeabilidade seja usada na descrição do comportamento de meios porosos sob um diferencial de pressão, ela é usada aqui como meio mais geral de descrição da habilidade de um material de resistir a ingressos em geral, já que, como vimos (e será mostrado em mais detalhes no capítulo 5), os parâmetros que influenciam o fluxo e a difusão estão intimamente relacionados.

No caso de CV, um aumento nas quantidades desse material leva a níveis aumentados de ligação de cloretos e um coeficiente de difusão reduzidos de até aproximadamente 40% da massa total de cimento. Além desse ponto, a ligação de cloretos diminui e a permeabilidade aumenta, com consequente aumento no coeficiente de difusão. No caso de GGBS, os aumentos na ligação de cloretos e diminuições na permeabilidade persistem até níveis mais elevados, como acontece com as reduções resultantes no coeficiente de difusão. Fica evidente, a partir de ambas as figuras, que a ligação de cloretos desempenha papel significativo na redução da taxa de ingresso de cloretos.

A situação para a CV é um tanto diferente. A figura 4.23 plota a proporção de cloretos ligados em pastas de cimento contendo níveis crescentes de CV. A capacidade de ligação de íons cai à medida que aumenta o conteúdo de CV. A razão para isso supostamente está parcialmente relacionada com o conteúdo elevado de SiO_2 da CV, cuja presença reduz o potencial para formação do sal de Friedel e a razão Ca/Si de qualquer gel de CSH formado. Contudo, outro fator possível é que, ao menos, de acordo com um modelo para a estrutura do gel de CSH [49], íons Al^{3+} são necessários para balancear a incorporação de íons Cl^- na estrutura. A redução do Al_2O_3 na fração do cimento, causada pela introdução da CV, pode, consequentemente, comprometer ainda mais a capacidade de ligação de cloretos do CSH.

A despeito da queda na capacidade de ligação de cloretos, a CV protege o reforço de aço contra a corrosão induzida por cloretos. A conclusão a ser tirada deve ser, então, que o desempenho melhorado resulta inteiramente do refinamento da porosidade, da redução das taxas de ingresso de cloretos e também da possibilidade de aumento da resistividade elétrica.

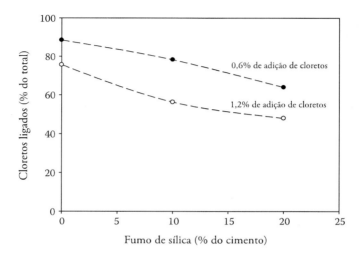

Figura 4.23 Influência do conteúdo de CV nos cloretos ligados em pastas de cimento contendo adições de cloretos. (De Hussain, R. S. E. e A. S. Al-Gahtani, Cement and Concrete Research, 21, 1991, 1035–1048.)

O importante papel desempenhado pela fração de cimento na ligação de cloretos significa que o conteúdo aumentado de cimento fornece maior proteção contra a corrosão induzida por cloretos.

Ao considerar formas pelas quais o reforço pode ser protegido contra a corrosão induzida por cloretos, vale ter em mente que, num ambiente rico em cloretos, é inevitável que cloretos eventualmente cheguem ao aço. Assim, um dos meios mais diretos de se prolongar o período de tempo antes da corrosão ser iniciada é simplesmente colocar uma profundidade adequada de concreto entre o reforço e o ambiente externo.

A seleção de proporções apropriadas de mistura e profundidades de cobrimento é detalhada por um dos padrões britânicos complementares à BS EN 206 – a BS 8500-1 [48]. O padrão define uma série de classes de exposição para cloretos. Essas são as seguintes:

- Corrosão induzida por cloretos que não da água do mar:
    - XD1: umidade moderada;
    - XD2: úmida, raramente seca;

- XD3: úmida e seca em ciclos;
- Corrosão induzida por cloretos da água do mar:
  - XS1: exposta a sal transportado pelo ar, mas não em contato direto com a água do mar;
  - XS2: permanentemente submersa;
  - XS3: zonas de maré, de impacto e de spray.

O número em cada classe de exposição denota o nível de agressão apresentado por cada tipo de exposição, com um valor mais alto indicando condições mais agressivas. As classes de exposição XS são consideradas mais agressivas que as XD para um dado nível de agressão. Ambientes em que umedecimento e secagem cíclicos ocorrem são considerados os mais agressivos, primariamente porque oferecem a maior oportunidade de exposição do reforço tanto a cloretos quanto ao oxigênio.

A BS 8500-1 fornece combinações de fatores A/C máximos, forças compressivas mínimas de cubo (ou cilindro), tipos apropriados de cimento e profundidades mínimas de cobrimento para se prover proteção adequada à vida útil especificada, pretendida para as estruturas (seja ≥50 ou ≥100 anos). Ambientes mais agressivos exigem menores fatores A/C, forças maiores, conteúdos maiores de cimento e maiores profundidades de cobrimento. No entanto, alguma flexibilidade é permitida através da seleção de um cimento apropriado. Por exemplo, quando uma vida útil pretendida de ≥100 anos seja necessária num ambiente XS3 e uma profundidade de cobrimento de 50 seja usada, um PC com 6% a 35% de CV, 6% a 20% de GGBS ou calcário ou 6% a 10% de FS podem ser usados, com um fator A/C máximo de 0,40, uma mínima força de cubo característica de 45 N/mm^2 e um conteúdo de cimento mínimo de 380 kg/m^3. Alternativamente, um fator A/C máximo de 0,45, uma mínima força de cubo característica de 35 N/mm^2 e um conteúdo mínimo de cimento de 360 kg/m^3 podem ser usados se o cimento for mudado para uma combinação de PC com 36% a 55% de CV ou 66% a 80% de GGBS.

4.3.5.2 Inibidores de corrosão e outros ingredientes de misturas

Ingredientes inibidores de corrosão são agentes que aumentam o nível limitante de cloretos necessário para causar despassivação e também retardar a taxa de corrosão, uma vez que a despassivação tenha ocorrido. O nitrato de cálcio, $Ca(NO_3)_2$, foi o primeiro composto a ser percebido como agente inibidor de corrosão no concreto, embora agora tenha-se demonstrado que uma ampla faixa de agentes apresenta propriedades inibidoras. Estes incluem outros sais de nitrato, tais como o de sódio; outros compostos inorgânicos, tais como o sulfato de estanho (II); o molibdato de sódio e o fluorfosfato de sódio; e compostos orgânicos como o ácido malônico, o glicerofosfato dissódico, o 5-hexil-benzotriazol, o nitrito de diciclohexilamônio e compostos de amina [53–58].

Em geral, acredita-se que os inibidores de corrosão operam como inibidores anódicos ou catódicos [59]. Os inibidores anódicos incluem o nitrato de cálcio e de sódio. Estes atuam pela oxidação do $Fe(OH)_2$ na camada passiva, a qual (como discutido na seção 4.3.4) é vulnerável à dissolução na presença de cloretos, resultando em $Fe(OH)_3$, que é consideravelmente mais estável. Essa reação remove íons de nitrito da solução, exaurindo, por fim, a quantidade disponível. Assim a razão de $[Cl^-]$ para $[NO_2^-]$ é significativa, com um valor crítico de $[Cl^-]/[NO_2^-]$ proposto como sendo de aproximadamente 0,4, onde o $[Cl^-]$ é expresso em termos de quilogramas por metro cúbico de concreto e o $[NO_2^-]$ é expresso em litros de solução de nitrito de cálcio por metro cúbico de concreto [60].

Os inibidores orgânicos são eficazes através dos mecanismos catódicos, pela formação de uma camada protetora na superfície do aço, limitando a extensão em que os cloretos e o oxigênio podem chegar ao reforço.

No caso de compostos de estanho e molibdato, acredita-se que eles atuam pela precipitação de uma camada muito fina do metal na superfície do aço, o que leva à formação de uma camada passiva mais estável.

O uso de ingredientes inibidores de corrosão não é atualmente coberto por qualquer padrão britânico, embora a Concrete Society tenha publicado diretrizes sobre as dosagens apropriadas para uma dada concentração prevista de cloretos na superfície do reforço [60]. De qualquer forma, esta é limitada ao nitrito de cálcio, uma vez que seu registro mais longo de sucesso permite maior confiança no fornecimento da diretriz.

Muitos compostos inibidores de corrosão também podem ser aplicados à superfície do concreto para oferecer proteção após o assentamento e endurecimento ter ocorrido, potencialmente um longo tempo após isso ter acontecido.

Ingredientes à prova de umidade também podem fornecer algum nível de proteção contra o ingresso de cloretos. De fato, formulações contendo uma combinação de inibidores e agentes à prova de umidade foram demonstrados como eficazes [59]. Ingredientes à prova de umidade são discutidos em maiores detalhes no capítulo 5.

4.3.5.3 Materiais alternativos de reforço

Barras de aço de reforço para o concreto são necessárias para se obter uma tensão apropriada e produzir resistência. Na maioria dos casos, elas também precisam ser fusíveis e capazes de ser dobradas (e, possivelmente, redobradas) durante a montagem do reforço, sem serem danificadas. Em certas aplicações, a resistência à fadiga também pode ser necessária [61]. A questão da fusibilidade é significativa, já que a inclusão de níveis mais altos de carbono e metais outros que não o ferro (principalmente manganês, cromo, molibdênio, vanádio, níquel e cobre) produz aço não fusível. Como resultado, o padrão britânico para aço fusível de reforço (BS 4449) impõe um limite no conteúdo de carbono de 0,24% por massa [62]. Assim, por essa razão, e por razões de economia, aços puros com menor conteúdo de carbono têm tendido a serem favorecidos sobre os outros tipos.

No entanto, como a questão da corrosão do reforço resulta da relativa suscetibilidade do aço-carbono, há, ao invés, um claro argumento lógico para o uso de reforço feito de aços que sejam menos inclinados à corrosão ou para uso de materiais completamente diferentes.

Aços resistentes à corrosão assumem uma série de formas, sendo a mais óbvia a do aço inoxidável. O aço inoxidável é fabricado de várias formas, definidas pela composição química e pelos regimes de aquecimento e resfriamento a que eles são submetidos. As três classificações mais comuns são martensítico, ferrítico e austenítico [63]. Os aços inoxidáveis martensíticos são ligas de ferro e cromo, que foram resfriados de acima da faixa crítica. Eles são tipicamente menos resistentes à corrosão que outros tipos de aço inoxidável, e são normalmente considerados inconvenientes para uso em construção. Os aços ferríticos também são ligas de ferro-cromo, mas não são resfriados. Novamente, esses aços têm uma resistência relativamente baixa à corrosão e podem apresentar problemas quando fundidos, a menos que o conteúdo de nitrogênio seja suficientemente alto. Por esta razão, o padrão britânico para barras de reforço de aço inoxidável (BS 6744) exclui os aços martensíticos e ferríticos ao exigir conteúdos mínimos de níquel [64].

Os aços inoxidáveis mais convenientes para uso como barras de reforço são os austeníticos, que são ligas de ferro-níquel-cromo. Esses aços são altamente resistentes à corrosão e fusíveis. Porém, a fusão deve ser realizada com cuidado, já que o efeito do calor excessivo pode enfraquecer o aço pela reversão do trabalho de endurecimento que é usado para fortalecer os aços inoxidáveis. Além do mais, a camada de óxido formada durante a fusão – escama de fusão – aumenta a suscetibilidade da fusão à corrosão [65]. Várias exigências precisam ser satisfeitas quando se funde reforço de aço inoxidável – a superfície deve estar limpa, a solda deve ser de uma composição mais próxima possível do aço, a fonte de calor para a fusão deve ser cautelosamente controlada (possivelmente usando-se técnicas de entrada de baixo calor, tal como fusão de resistência) e a escama de fusão deve ser removida usando-se técnicas tais como jateamento ou a aplicação de pasta decapante ácida [66]. Como resultado, a diretriz do Reino Unido sobre o uso de reforço de aço inoxidável sugere que fusão só deve ser feita quando essas atividades puderem ser realizadas de uma forma altamente controlada, tal como numa fábrica de pré-moldados. A junção de barras sem fusão é possível usando-se abraçadeiras de aço inoxidável.

Quando o reforço de aço inoxidável é usado, a Eurocode 2 inclui provisão para uma redução no cobrimento de concreto, $\Delta c_{dur,st}$, que é deixada para definição particular de países individuais, embora uma recomendação de 0 mm seja incluída. A UK National Annex [8] aconselha que essa recomendação seja acolhida, a menos que consulta à literatura especialista justifique uma redução, citando a diretriz da Concrete Society como exemplo [66]. Essa diretriz sugere que, onde se possa assegurar boa mão de obra, em particular, na produção de concreto pré-moldado, uma redução no cobrimento de concreto e possivelmente no diâmetro das barras (com aumento apropriado na força do aço, onde necessário) é possível. O documento recomenda um cobrimento mínimo de 40 mm em ambientes altamente corrosivos. O padrão britânico para pedra moldada permite que o cobrimento seja reduzido de 40 para 10 mm, onde o aço inoxidável austenítico seja usado no lugar do aço-carbono [67].

O aço inoxidável não é usado para aplicações pré-estressantes.

Aços inoxidáveis convencionais são aços de alta liga, que exigem adições >4% de outros metais. No entanto, um grupo adicional de possíveis candidatos para o reforço de aço são os aços de fase dupla e duplex de baixa liga. Esses são aços que passaram por sequências de tratamento de calor e resfriamento de maneira tal a produzir uma microestrutura consistindo de partículas de martensita (aço de fase dupla) ou austenita (aço duplex) numa matriz de ferrite. O material resultante é resistente à corrosão em consequência da ausência de carbonetos (tal como a cementita, Fe_3C) que, como discutido anteriormente, são catódicos na presença de ferrite. Resultados de experimentos simples em que aço de martensita de fase dupla foi embutido em concreto e exposto a um ambiente corrosivo juntamente com amostras contendo reforço de aço maleável convencional indicam maior resistência à corrosão [68].

Aços aclimáveis são aços de baixa liga que apresentam maior resistência à corrosão atmosférica pela formação de uma camada de superfície protetora de ferrugem. A maior resistência à corrosão induzida por cloretos foi relatada, com base na ausência de fissuras em amostras reforçadas usando-se tal material [69]. Contudo, o aço aclimável não é destinado ao uso em aplicações onde concentrações de cloretos sejam altas. Assim, a conveniência do aço aclimável como reforço é incerta e não é coberta por nenhum padrão britânico.

Outro meio de se evitar a corrosão do aço de reforço é eliminá-lo por completo pelo uso de reforço de polímeros reforçados com fibras (FRP). Esses são grades, cabos e barras compostas, que consistem de fibras contínuas de alta resistência impregnadas com uma resina de polímero. As fibras são mais comumente de vidro, de carbono ou de aramida. Mais recentemente, a fibra de basalto, fabricada pela extrusão de rocha derretida de basalto, também se tornou mais amplamente disponível. As resinas de polímero usadas são normalmente ésteres de vinil e epóxis.

A força de tensão do reforço de FRP depende da razão do volume de fibra para resina e da força das fibras, mas as forças são tipicamente similares ou maiores que as das barras de reforço de aço, que são normalmente produzidas para forças de tensão finais de 500 a 900 N/mm^2 [62]. As barras de reforço de fibra de vidro composta tipicamente têm forças de tensão finais entre 500 e 600 N/mm^2, enquanto as de fibra de carbono são em geral consideravelmente mais fortes (2000–2500 N/mm^2). No entanto, a rigidez desses compostos normalmente é menor que a do aço – de 40 kN/mm^2 para fibras de vidro a 140 kN/mm^2 para as de carbono, comparadas com aproximadamente 200 kN/mm^2 para as de aço. Essas diferenças nas propriedades mecânicas exigem mudanças na abordagem para o projeto de estruturas de concreto usando reforço de FRP, em relação às feitas usando-se aço. Além disso, diferentemente do aço, o reforço de FRP não é dúctil e é mais fraco em compressão que em tensão. Uma diretriz sobre o projeto usando reforço de FRP foi publicada pela Institution of Structural Engineers in the United Kingdom [70].

Do ponto de vista da durabilidade, a ausência do risco de corrosão induzida por cloretos implica na profundidade de cobrimento e qualidade do concreto não serem mais tão enfaticamente determinadas pela natureza do ambiente em que a estrutura fica exposta, mas pelos requisitos estruturais, o diâmetro da barra usada e o tamanho máximo do agregado. A diretriz também destaca que cobrimento adicional é necessária quando a proteção do reforço de FRP contra fogo é exigida, já que os compostos são consideravelmente mais vulneráveis aos efeitos do calor que o aço [71]. Entretanto, o documento também enfatiza que, onde o fogo é uma consideração significativa do projeto, o reforço de FRP não é recomendado. Outra diferença do reforço de FRP é que a ligação entre o reforço em sua forma ordinária e a matriz de cimento é fraca, em comparação com o aço. Essa questão é superada por muitos fabricantes pela cob da superfície com partículas de areia, que melhoram a ligação.
A junção de barras de FRP é conseguida pelo uso de abraçadeiras.
Compostos de FRP também foram usados com sucesso como tendões préestressantes. Além das modificações nos requisitos de cobrimento, a principal questão para estruturas de concreto usando esses materiais é a de deformação – sob tensão, tendões de FRP se deformam até falharem, com o nível de carga determinando o tempo antes da falha ocorrer. Essa questão, somada ao fato de que o vidro passa por corrosão de estresse, implica nos compostos reforçados com fibra de vidro não serem convenientes para esse tipo de aplicação. Os compostos de fibra de carbono e aramida são convenientes, embora o nível máximo de pré-estresse deva ser limitado a 50%–60% da capacidade final para tendões de fibra de carbono e a 40%–50% para fibras de aramida para vidas de projeto que excedam 100 anos [72].

4.3.5.4 Cobrimento de reforço

Barras de aço de reforço podem ser produzidas com cobrimentos protetores especificamente projetadas para protegê-las contra a corrosão. Esses cobrimentos assumem duas formas: uma camada de material impermeável que atua como barreira física entre o aço e o ambiente exterior, e cobrimentos sacrificiais. O primeiro tipo de proteção é normalmente conseguido pela aplicação de uma camada de resina epóxi. Uma preocupação com o reforço coberto com epóxi é que danos à camada protetora permitem que a corrosão ainda ocorra. A figura 4.24 mostra como níveis crescentes de danos à camada de epóxi levam a taxas crescentes de corrosão.

Incorre-se mais frequentemente em danos durante a dobra do reforço, durante a construção, embora isso possa ser minimizado ao se assegurar que os raios das dobras sejam maiores que três vezes o diâmetro da barra e usando-se mandris com uma luva de nylon [60]. Uma garantia maior de dano mínimo é conseguida onde os cortes e dobras sejam realizados pelo fabricante. Os danos podem também ocorrer como resultado de arranhões durante a fixação, e, portanto, arames de amarração e espaçadores cobertos com plástico são recomendados. Os danos ao cobrimento de epóxi podem ser reparados pela aplicação com escova de resina epóxi às áreas danificadas. Isso exige procedimentos de inspeção minuciosa para assegurar que todas as áreas danificadas sejam localizadas.
Na produção de concreto pré-moldado, e possivelmente no sítio, também é possível pré-fabricar o reforço e subsequentemente cobri-lo com epóxi.

Foi proposto que a combinação de reforços cobertos e não cobertos conectados no mesmo elemento estrutural apresenta um risco significativo à durabilidade. Já foi mencionado que uma baixa razão de superfície anódica para catódica leva a uma taxa acelerada de corrosão. A lógica por trás dessa questão é que, se cloretos chegarem primeiro às barras cobertas e o cobrimento estiver danificada, as barras não cobertas atuarão como cátodo, e a baixa razão de áreas de superfície levará à rápida corrosão das partes danificadas do aço coberto.

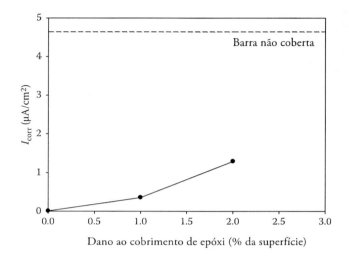

Figura 4.24 Corrente de corrosão (I_{corr}) de barras de reforço cobertas com epóxi com níveis crescentes de danos à superfície. (De Erdogu, S. et al., Cement and Concrete Research, 31, 2001, 861–867.)

O reforço galvanizado é produzido pelo cobrimento da superfície do aço com uma fina camada (normalmente na faixa de 10–250 μm de espessura) de zinco. Isso é feito expressamente para criar uma célula de corrosão galvânica na superfície do aço, mas uma na qual o zinco é mais anódico dos dois metais, o que significa que o aço fica sem ser corroído. Sob condições de concentrações relativamente baixas de cloretos e dentro da faixa de pH típica de soluções de poros de concreto, o zinco é apassivado e, assim, também atua como barreira física impedindo que cloretos atinjam o aço. O nível de passivação é significativo – a concentração de cloretos necessária para causar despassivação do zinco é mais alta, e o metal permanece apassivado a valores de pH ligeiramente mais baixos. Além do mais, os produtos da corrosão do zinco são não expansivos e parecem bloquear os poros, o que significa que a fissuração é reduzida, aumentando a proteção ao aço [74].

De qualquer forma, a proteção do aço pela camada sacrificial é geralmente finita. Isso se deve à proteção contra corrosão do zinco ser perdida em níveis elevados de cloretos (>1% por massa de cimento) e a níveis menores de pH, e, depois que a camada sacrificial é perdida, a corrosão do aço pode acontecer.

4.3.5.5 Fibras

A presença de fibra de aço, de vidro ou de polímero no concreto normalmente tem por efeito melhorar a qualidade da superfície, oferecendo, assim, maior resistência ao ingresso de cloretos. Fibras de aço, e outras fibras com alta rigidez, têm o benefício adicional de controlar a fissuração, geralmente levando a menores larguras de fissuras que seriam formadas no concreto sem fibras. O uso de fibras no concreto é mais discutido no capítulo 5.

4.3.5.6 Coberturas de superfície

Coberturas de superfície fornecem uma camada adicional de proteção entre o ambiente externo e o reforço. Embora uma ampla faixa de coberturas de superfície esteja disponível para concreto, quando a proteção contra o ingresso de cloretos é a prioridade – em partes de uma estrutura onde umedecimento e secagem cíclicos sejam prováveis de serem experimentados – o tipo mais comum é o impregnante hidrofóbico. Essas formulações são normalmente baseadas em compostos de silano e tornam hidrofóbicos a superfície e os interiores de poros próximos a ela, restringindo, destarte, a extensão em que os cloretos podem penetrar na superfície. Os silanos têm o benefício adicional de ter pouca influência na aparência da superfície, ao mesmo tempo que permitem que o concreto 'respire' – permitindo que o vapor d'água escape do interior do concreto pela superfície.

O uso de silanos é compulsório em pontes de concreto, no Reino Unido. Detalhes dos requisitos para proteção de pontes com silanos são dados no Highways Agency Design Manual for Roads and Bridges [75]. Somente produtos baseados em isobutil (trimetóxi) silano estão presentemente aprovados. O manual aconselha a aplicação em partes de pontes com maior probabilidade de entrarem em contato com cloretos, incluindo píeres, colunas, cruzetas, pilares, vigas de tabuleiro, sofitos, paredes de suporte e muros de contenção dentro de 8 m da lateral da rodovia; píeres, colunas, cruzetas, pilares, encaixes de suporte, paredes de lastro e pontas de tabuleiro com uma junta de tabuleiro acima; parapeitos e pedestais de parapeito; e superfícies de tabuleiros não protegidas pela impermeabilização dos tabuleiros.

O manual recomenda que novas estruturas tenham silanos aplicados antes de sua primeira exposição a sais descongelantes, uma vez que a taxa de ingresso na exposição inicial a soluções contendo cloretos é em geral relativamente alta devido à ação capilar.

Além disso, coberturas de barreiras e seladores bloqueadores de poros reduzem o ingresso de cloretos. Essas coberturas são discutidas em mais detalhes no capítulo 6.

4.4 Carbonatação

A carbonatação é uma reação entre produtos de hidratação de cimento no concreto e o dióxido de carbono atmosférico (CO_2), que deixa o reforço de aço vulnerável à corrosão. O nível crescente de CO_2 na atmosfera da terra é atualmente uma grande preocupação do ponto de vista ambiental, com a origem da maior parte desse gás, agora, derivando de atividades humanas que envolvem a queima de combustíveis fósseis. Do ponto de vista da carbonatação do concreto, os níveis são ainda relativamente baixos – a atmosfera atualmente contém aproximadamente 390 partes por milhão por volume (ppmv) de CO_2. Entretanto, concentrações locais de CO_2 em ar amostrado de áreas urbanas têm-se mostrado um tanto mais elevadas (até ~700 ppmv) [76], sendo as localizações em grande proximidade de várias fontes industriais e agriculturais de CO_2 significativamente mais altas. Por exemplo, a fumigação de silos graneleiros de concreto usando-se CO_2 pode usar níveis em excesso de 70% por volume [77].

4.4.1 Reação de carbonatação

As reações químicas que ocorrem durante a carbonatação podem ser quebradas em dois estágios: a dissolução de CO_2 em água e a reação do produto de dissolução com produtos de hidratação dentro da fase de cimento do concreto.

Quando o CO_2 entra em contato com a água, o ácido carbônico (H_2CO_3) é formado:

$$CO_2 + H_2O \rightleftarrows H_2CO_3$$

Quando a água em questão é o fluido dentro de um poro do concreto, o ácido carbônico reage com a portlandita para formar carbonato de cálcio:

$$Ca(OH)_2 + H_2CO_3 \rightarrow CaCO_3 + 2H_2O$$

O gel de CSH também passa por carbonatação. Isso, inicialmente, tem por efeito reduzir a razão de Ca/Si do gel, à medida que mais cálcio é convertido em $CaCO_3$. Porém, além de um certo ponto, o gel de CSH é destruído, deixando o gel de sílica em seu lugar [79].

O $CaCO_3$ pode assumir uma série de formas estruturais, sendo as mais comuns a calcita, a vaterita e a aragonita. A variedade de $CaCO_3$ formada durante a carbonatação é dependente das condições em que a reação ocorreu. Em baixas concentrações de CO_2 típicas dos níveis atmosféricos atuais, a formação de vaterita e aragonita parece ser favorecida [78]. A vaterita e a aragonita são metaestáveis e sofrem enfim uma transformação em calcita, um processo que é acelerado por concentrações maiores de CO_2 [79]. Em concentrações mais elevadas de CO_2, a calcita juntamente com quantidades menores de vaterita são observadas, o que supostamente reflete essa transformação acelerada.

O processo de carbonatação leva a uma redução no pH, a qual, como discutida anteriormente, leva à destruição da camada passiva em torno do aço, uma vez que o pH caia abaixo de cerca de 11,5. Contudo, a queda no pH evolui como uma frente que progride na cobertura do concreto com o tempo. A figura 4.25 mostra como quantidades de portlandita e carbonato de cálcio variam com a profundidade após um período de carbonatação, juntamente com o efeito no pH da solução dos poros.

A figura 4.26 mostra a maneira típica pela qual a frente de carbonatação progride com o tempo. O progresso da frente de carbonatação é o meio mais comum de expressão da extensão em que a carbonatação ocorreu. Isso primariamente por ter a maior relevância quando se considera a carbonatação em termos de profundidade de cobrimento até o reforço. Porém, é também porque o meio mais direto de monitoração da carbonatação é pela aspersão de uma superfície de concreto recém-fissurada com uma solução de timolftaleína ou fenolftaleína. Esses são indicadores de pH cuja cor muda em torno do pH onde ocorre a despassivação. No caso da timolftaleína, a mudança na cor (de incolor para azul) ocorre dentro da faixa de pH de 9,3 a 10,5, enquanto a fenolftaleína muda de incolor para cor-de-rosa dentro da faixa de 8,2 a 10,0. Assim, onde a carbonatação ocorreu, a frente é visível como uma transição brusca da cor natural do concreto (carbonatado) para colorido (não carbonatado).

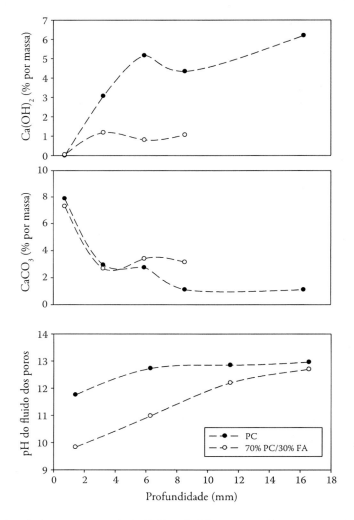

Figura 4.25 Perfis de concentração de Ca(OH)$_2$ e CaCO$_3$ por pastas de cimento contendo cimento Portland (PC) ou uma combinação de PC e cinza volante (CV) na fração de cimento, expostas a uma atmosfera de CO$_2$ e a influência em níveis reduzidos de Ca(OH)$_2$ no pH. (De McPolin, D. O. et al., Journal of Materials in Civil Engineering, 21, 2009, 217–225.)

A taxa de avanço da frente de carbonatação é claramente algo útil de se poder expressar. Mas, devido à natureza não linear da relação entre profundidade e tempo, a expressão da taxa em distância por unidade de tempo não é possível. Contudo, como a taxa de carbonatação é dependente da taxa de difusão de CO_2 no concreto, tal como com todos os processos dirigidos por difusão, um gráfico de profundidade versus a raiz quadrada do tempo produz uma linha reta. O gradiente dessa linha reta dá uma medida da taxa, cujas unidades são em milímetros por ano^{0,5} ou similar. Isso recebeu uma série de nomes, no passado, mas será chamado, aqui, de coeficiente de carbonatação.

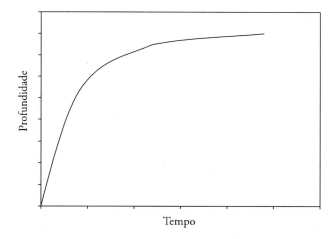

Figura 4.26 Gráfico típico da profundidade da frente de carbonatação com o tempo.

Do ponto de vista da corrosão do reforço, a queda no pH é significativa por duas razões. Primeiro, vimos que a estabilidade da camada passiva na superfície do aço é dependente de um pH alto, e uma vez que a frente de carbonatação chega a essa região, a despassivação começa a ocorrer. Segundo, a solubilidade do sal de Friedel é dependente do pH e aumenta com a redução deste [35]. Assim, à medida que a carbonatação progride no concreto em que cloretos estão simultaneamente permeando, um aumento nas concentrações de íons de cloretos no fluido dos poros é observado por trás da frente de carbonatação [81]. Desta forma, a carbonatação na presença de cloretos leva a um aumento na razão [Cl⁻]/[OH⁻] (veja a seção 4.3.4).

4.4.2 Fatores que influenciam as taxas de carbonatação

Os três fatores ambientais que têm o maior impacto na taxa de carbonatação são a concentração de CO_2, a umidade relativa e a temperatura.

Para entender a influência dos fatores ambientais na taxa de carbonatação, é importante, primeiro, considerar os processos que estão ocorrendo. Estes podem ser decompostos no movimento das moléculas de CO2 no concreto pela rede de poros e a reação dessas moléculas com $Ca(OH)_2$ e outros produtos de hidratação. O transporte de massa de CO_2 para o concreto ocorre pela difusão e é, portanto, principalmente governado pela natureza da porosidade do concreto. Uma molécula de CO_2 que penetre o concreto, inicialmente se encontra na zona por trás da frente de carbonatação, onde há uma ausência de produtos de hidratação capazes de passar pela carbonatação, e qualquer umidade presente nos poros do concreto é saturada com relação a CO_3^{2-}. Destarte, não há mecanismo presente para remover o CO_2 do ar nos poros, e a molécula fica livre para continuar seu processo de difusão.

Conforme o processo de difusão continua, e supondo-se que esta molécula em particular prossegue cada vez mais para dentro do concreto, ela alcança uma zona em que a água presente não está saturada com relação a CO_3^{2-}. Essa é a frente de carbonatação, e a água está subsaturada porque $Ca(OH)_2$ e CSH estão presentes e CO_3^{2-} está sendo removido da solução pela reação de carbonatação. Se imaginarmos neste ponto que nossa molécula de CO_2 entra em contato com a superfície de uma gotícula ou película de água num poro, ela se dissolverá para formar H_2CO_3. Este se dissocia em $2H^+$ e CO_3^{2-}, e o íon de carbonato se difunde pela água até entrar em contato com um íon de cálcio, que tenha se dissolvido de um produto de hidratação, para formar $CaCO_3$. A precipitação de $CaCO_3$ sólido leva a água a se tornar subsaturada com relação a cálcio, permitindo que mais produto de hidratação se dissolva.

A taxa em que o $CaCO_3$ é produzido é normalmente considerada como uma reação de primeira ordem descrita pela equação

$$\frac{d[CaCO_3]}{dt} = k\left[Ca^{2+}\right]\left[CO_3^{2-}\right]$$

onde os colchetes denotam concentração (mol/L), e k é um coeficiente da taxa de reação (L/mol s).

O efeito geral dos processos descritos acima é mostrado na figura 4.27, onde um poro idealizado que se estende da superfície exterior do concreto até o interior contém ambas as fases de gás e líquida, com a fase líquida (água) presente como uma camada na superfície do poro, a qual inicialmente é composta de produtos de hidratação (nesse desenho simplificado, somente $Ca(OH)_2$). Juntamente com este poro, os perfis de concentrações de minerais relevantes, CO_2 na fase de gás e espécies químicas dissolvidas na água dos poros estão plotados.

Assim, a taxa em que a frente de carbonatação se move pelo concreto será influenciada pela taxa de difusão de CO_2 pela rede de poros, pela taxa de difusão de CO_3^{2-} pela água e pela taxa de reação. O coeficiente de difusão de CO_2 pelo concreto tipicamente fica na faixa de 1×10^{-9} a 1×10^{-7} m²/s, enquanto que é de aproximadamente $9,5 \times 10^{-9}$ m²/s a 25°C para o CO_3^{2-} na água.

Entretanto, dado que a menor distância entre a superfície de uma gotícula ou película de água nos poros do concreto e os produtos de hidratação que marcam as paredes dos poros é extremamente pequena em relação à distância entre a superfície exterior do concreto e a frente de carbonatação, mesmo após um período relativamente curto de carbonatação, é a difusão de CO_2 pelo sistema de poros que determina a taxa de carbonatação sob um dado conjunto de condições ambientais.

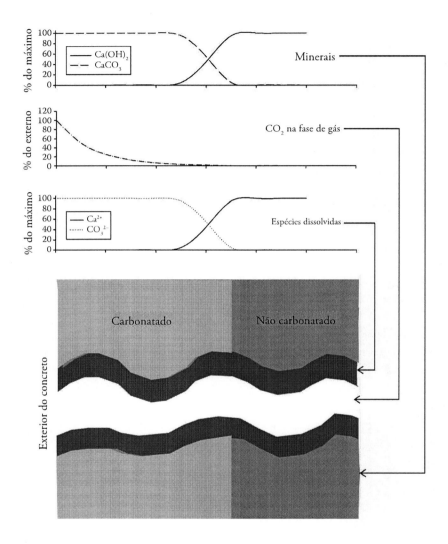

Figura 4.27 Perfis de concentração de diferentes substâncias através da extensão de um poro partindo da superfície do concreto em carbonatação.

A concentração de CO_2 no ar em contato com o concreto influencia a carbonatação de duas maneiras. Primeiro, como o movimento de CO_2 no concreto é resultado de difusão, um gradiente de concentração mais alto entre o exterior e o interior do concreto leva a uma maior taxa de difusão (veja o capítulo 5). Segundo, uma concentração mais alta produz uma taxa de reação mais alta. Como discutido anteriormente, a concentração de CO_2 também determina as proporções de vaterita e calcita formadas. No entanto, há pouca evidência a sugerir que isso tem qualquer influência significativa sobre a taxa em que a frente de carbonatação progride.

A umidade relativa do ar em contato com o cimento determina a quantidade de umidade nos poros do concreto. Isso é significativo por duas razões. Primeiro, a reação de carbonatação precisa de água, já que sem ela o ácido carbônico não pode ser formado. Portanto, a baixas umidades relativas, a falta de umidade nos poros limita a extensão em que a reação de carbonatação pode ocorrer. Segundo, conforme a umidade relativa aumenta, igualmente aumenta a quantidade de água condensada nos poros do concreto. Essa água atua para limitar o volume dos poros preenchido pelo ar e consequentemente o coeficiente de difusão das moléculas de CO_2 (figura 4.28). Como resultado, a alta umidade relativa também limita a taxa de carbonatação.

O efeito geral é que a taxa ótima de carbonatação é observada em aproximadamente 55% (figura 4.29).

Como visto anteriormente para íons de cloreto, os coeficientes de difusão são dependentes da temperatura, de uma forma descrita pela equação de Arrhenius. Isso vale para o CO_2, embora a temperatura também desempenhe um papel na influência da carbonatação por um meio diferente. A constante da taxa de uma reação química é dada por outra forma da equação de Arrhenius (veja a seção 4.3.2):

$$k = Ae^{-E_a/RT}$$

onde A é uma constante. Desta forma, à medida que a temperatura aumenta, pode-se esperar que a taxa de reação também aumente. Contudo, a solubilidade de ambos, CO_3^{2-} e $Ca(OH)_2$ (e outros produtos de hidratação) diminui com o aumento da temperatura. Isso tem por efeito reduzir a taxa de reação, já que ela é dependente das concentrações tanto do CO_3^{2-} quanto do Ca^{2+}. Assim, há uma queda na taxa de carbonatação a temperaturas acima de 60°C [83].

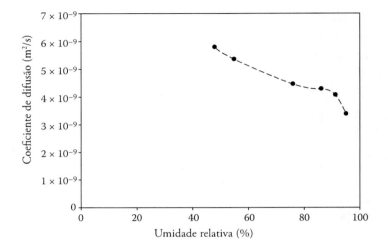

Figura 4.28 Coeficiente de difusão de CO_2 pelo concreto com um fator A/C de 0,4 através de uma faixa de umidades relativas. (De Houst, Y. F. e F. H. Wittmann, Cement and Concrete Research, 24, 1994, 1165–1176.)

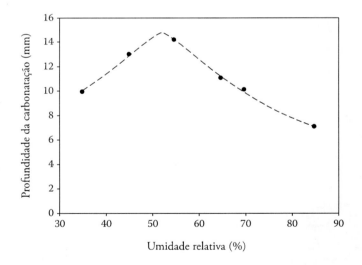

Figura 4.29 Profundidade da carbonatação de concreto de PC após 5 dias de exposição a uma atmosfera com 50% de CO_2 como função da umidade relativa. (De Papadakis, V. G. et al., ACI Materials Journal, 88, 1991, 363–373.)

No final, porém, deve-se enfatizar que, como resultado da natureza da difusão e da natureza da influência da temperatura no coeficiente de difusão, o impacto geral nas taxas de carbonatação é relativamente pequeno, como ilustrado na figura 4.30.

Dada a importância da difusão no processo de carbonatação, a natureza da porosidade desempenha um importante papel na definição da taxa de carbonatação, com a porosidade, a tortuosidade e a constritividade totais tendo influências similares às daquelas discutidas para a difusão de cloretos. O papel da fração de porosidade do volume total é melhor ilustrado pelo exame da influência da taxa de A/C no coeficiente de difusão de CO_2 (figura 4.31) e a taxa de avanço de uma frente de carbonatação (figura 4.32).

Como foi anteriormente discutido, no caso da redução da taxa de ingresso de cloretos, a manipulação da tortuosidade e da constritividade pode ser conseguida pela inclusão de materiais como escória, CV e FS, cuja presença atua para refinar a estrutura de poros do concreto. O mesmo vale para a carbonatação, mas, neste caso, há uma troca significativa na forma de conteúdo reduzido de $Ca(OH)_2$.

A quantidade de $Ca(OH)_2$ presente no concreto desempenha um papel importante no controle da taxa em que a frente de carbonatação progride. Isso porque níveis mais elevados de $Ca(OH)_2$ exigem quantidades maiores de CO_2 com que reagir, e, assim, um período de tempo mais longo é necessário para que moléculas suficientes de gás sejam fornecidas pela difusão.

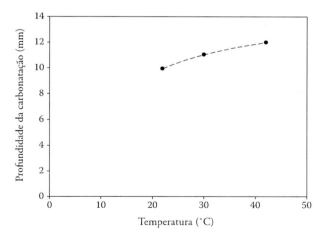

Figura 4.30 Profundidade da carbonatação de concreto de PC após 5 dias de exposição a uma atmosfera de 50% de CO_2 com uma umidade relativa de 65% como função da temperatura. (De Papadakis, V. G. et al., ACI Materials Journal, 88, 1991, 363–373.)

Os níveis reduzidos de Ca(OH)$_2$ resultantes da presença de componentes de cimento que não Portland, significa que a quantidade de CO$_2$ necessária para fazer a frente de carbonatação avançar uma dada distância é reduzida. A tortuosidade mais elevada, a constritividade mais baixa e possivelmente a porosidade total menor obtidas pelo uso de tais materiais atuam contra isso, mas o efeito geral é, em alguns casos, a produção de uma resistência mais pobre à carbonatação. Isso é mostrado na figura 4.33, onde a taxa de carbonatação é plotada contra a porcentagem de PC na fração de cimento de misturas de concreto contendo GGBS, CV, FS e MC. Embora a plotagem não dê nenhuma indicação direta da contribuição de cada material que não o PC para a redução do coeficiente de difusão efetivo, ela inclui dois materiais diferentes usados em níveis idênticos – FS e MC. Portanto, do gráfico podemos ver que FS – o mais fino dos dois materiais – produz uma taxa mais baixa de carbonatação, indicando sua superioridade em termos de redução da taxa de difusão de CO$_2$.

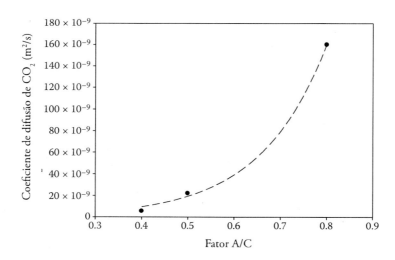

Figura 4.31 Coeficiente de difusão de CO$_2$ versus fator A/C para pastas de PC como função do fator A/C. (De Houst, Y. F. e F. H. Wittmann, Cement and Concrete Research, 24, 1994, 1165–1176.)

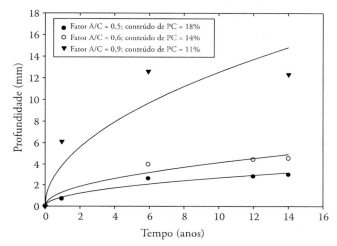

Figura 4.32 Profundidade da carbonatação versus tempo para concreto exposto a uma atmosfera poluída como função do fator A/C e conteúdo de cimento. (De Currie, R. J. Carbonation Depths in Structural Quality Concrete. Watford, United Kingdom: Building Research Establishment, 1986.)

Embora esse conflito entre $Ca(OH)_2$ e o refinamento dos poros seja parcialmente dependente da natureza específica do material usado, normalmente onde o constituinte não PC é usado em níveis abaixo de aproximadamente 15% a 20% por massa da fração total de cimento, o equilíbrio entre os coeficientes de difusão reduzida e $Ca(OH)_2$ reduzido é mantido, oferecendo desempenho comparável ou melhor que uma mistura com apenas PC [86].

Em termos mais gerais, pela mesma razão, o conteúdo de PC de uma mistura de concreto também influi com relação às taxas de carbonatação, com um conteúdo mais elevado de PC resultando numa taxa mais lenta de avanço da frente de carbonatação. Durante o planejamento da mistura, para se manter uma dada operabilidade, uma redução no fator A/C para melhorar a durabilidade do concreto normalmente tem por efeito aumentar o conteúdo de PC.

Como para a difusão de cloretos, a presença de fissuras pode aumentar consideravelmente a taxa de difusão de CO_2. A figura 4.34 mostra a influência da largura e profundidade de fissuras na taxa de carbonatação. A largura das fissuras tem uma influência muito maior que sua profundidade.

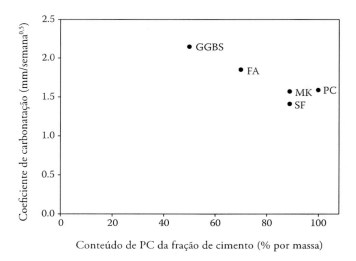

Figura 4.33 Taxa de carbonatação como função do conteúdo de PC em misturas de argamassa contendo combinações de PC e GGBS, CV, FS e MC, todos com um fator A/C de 0,42. (De McPolin, D. O. et al., Journal of Materials in Civil Engineering, 21, 2009, 217–225.)

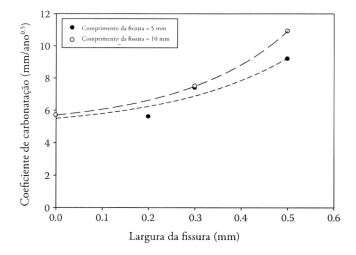

Figura 4.34 Influência da largura e profundidade da fissura na taxa de carbonatação de argamassa de PC contendo fissuras artificiais expostas a uma atmosfera de 10% de CO_2. (De Schutter, G., Magazine of Concrete Research, 51, 1999, 427–435.)

4.4.3 Mudanças nas propriedades físicas

A carbonatação tem por efeito alterar a natureza do concreto em que está ocorrendo. Em particular, a reação de produtos de hidratação com CO_2 leva a uma redução na porosidade total e na média do tamanho dos poros, como resultado da precipitação de cristais de $CaCO_3$ nos poros. Esse efeito é apresentado nas figuras 4.35 e 4.36, que mostra a redução na porosidade total e na média do tamanho dos poros, respectivamente. Também parece que a precipitação preferencial de $CaCO_3$ ocorre em poros maiores [88]. A reação de carbonatação produz água, que também atua para limitar a mobilidade de CO_2 nos poros do concreto, muito embora até a umidade nos poros ser equilibrada com relação à umidade relativa externa.

A formação de $CaCO_3$ durante a carbonatação, normalmente, também, produz um ligeiro aumento na força. Contudo, de maior significância do ponto de vista da durabilidade é o encolhimento por carbonatação.

O mecanismo por trás do encolhimento por carbonatação não foi completamente resolvido. Ele certamente não é resultado de uma diferença no volume do produto da reação com relação aos reagentes, uma vez que o $CaCO_3$ produzido durante a carbonatação ocupa um volume maior que o $Ca(OH)_2$ que o gerou.

Uma das explicações mais comumente citadas é que cristais de $Ca(OH)_2$ no concreto estão sob compressão, como resultado do encolhimento por secagem [89]. À medida que o $Ca(OH)_2$ se dissolve durante a carbonatação, um espaço vazio é deixado para trás, o que permite que o material que envolve os cristais se contraiam nesse espaço. Um mecanismo alternativo que foi proposto é que a carbonatação do gel de CSH leva a sua desidratação e mudanças estruturais, o que leva ao encolhimento [90].

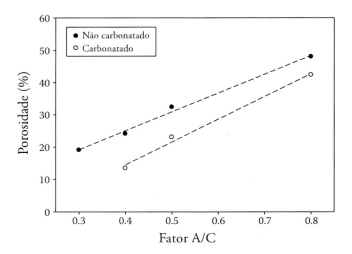

Figura 4.35 Redução na porosidade de pastas de cimento Portland com uma faixa de fatores A/C. (De Houst, Y. F. e F. H. Wittmann, Cement and Concrete Research, 24, 1994, 1165–1176.)

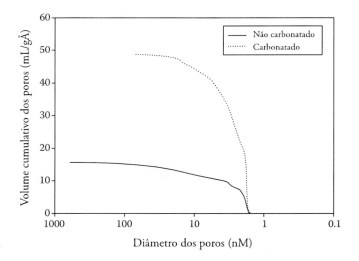

Figura 4.36 Mudança na distribuição de tamanhos de poros, medidos usando-se análise BET, numa argamassa de cimento Portland como resultado da carbonatação. (De Dewaele, P. J. et al., Cement and Concrete Research, 21, 1991, 441–454.)

A figura 4.37 plota uma curva de encolhimento para concreto submetido a carbonatação. A magnitude da mudança dimensional resultante da carbonatação é potencialmente significativa. A capacidade de esforço de tensão – o nível de esforço capaz de causar fissuras – do concreto é de aproximadamente 0,015% ou menos, e a carbonatação é capaz de criar tais esforços. Como a carbonatação progride da superfície externa, a fissuração ocorre como resultado dos estresses causados pela diferença no volume das partes carbonatada e não carbonatada do concreto. A fissuração ocorre na forma de rede de fissuras finas na superfície.

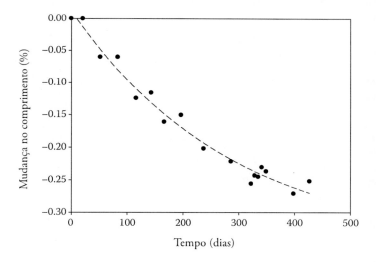

Figura 4.37 Encolhimento por carbonatação em prismas de concreto de PC expostos a uma atmosfera de 15% de CO_2. (De Jerga, J., Construction and Building Materials, 18, 2004, 645–652.)

O efeito geral da carbonatação nas características de permeação do concreto é complexo. A redução na porosidade significa que há uma maior resistência ao ingresso de mais CO_2 e outras substâncias. Entretanto, onde ocorrem fissuras, o coeficiente de difusão de CO_2 em andamento pela camada carbonatada aumenta. Em geral, um fator A/C reduzido não só limita a taxa de carbonatação, mas também provavelmente reduz a extensão da fissuração.

4.4.4 Evitando a carbonatação

Os coeficientes de difusão de íons de cloretos e CO_2 pelo concreto são tipicamente da ordem de dezenas. No entanto, a carbonatação é geralmente considerada uma ameaça menor. A principal razão para isso é que as concentrações de CO_2 atmosférico tipicamente encontradas são significativamente menores do que podem ser encontradas em ambientes contendo cloretos.

Levando-se em conta o papel do $Ca(OH)_2$ e do CSH na limitação da taxa de avanço da frente de carbonatação, a descrição convencional da segunda lei de difusão de Fick pode ser modificada para fornecer uma equação que produza a profundidade teórica da carbonatação (d) no tempo t:

$$d = \sqrt{2Dt\left(\frac{C_1}{C_0}\right)}$$

onde D é o coeficiente de difusão da camada carbonatada (m²/s), C_1 é a concentração externa de CO_2 (m³ CO_2 /m³ de ar) e C_0 é a quantidade de CO_2 necessária para a completa carbonatação do volume de concreto sob consideração (m³ CO_2/m³ de concreto) [92].

Como discutido anteriormente, D é dependente das características dos poros da camada carbonatada, da umidade relativa e da temperatura. C_0 é determinado primariamente pelos conteúdos de $Ca(OH)_2$ e CSH do concreto e é, portanto, dependente do conteúdo de cimento e de sua composição e grau de hidratação. Na realidade, D pode flutuar significativamente como resultado de mudanças nas condições atmosféricas e o possível desenvolvimento de fissuras ao longo do tempo.

Para fins de exemplo, e supondo para fins de simplicidade que apenas o $Ca(OH)_2$ está envolvido na carbonatação, uma mistura de concreto contendo 350 kg/m³ de PC, que foi hidratado para fornecer um conteúdo de $Ca(OH)_2$ de 22% por massa, precisa reagir com aproximadamente 25 m³ de CO_2 a 20°C e pressão atmosférica. Se um valor de D de 5,0 × 10^{-9} m²/s for usado, isso dá uma profundidade de carbonatação de aproximadamente 10 mm após 20 anos.

Portanto, a taxa de avanço da frente de carbonatação é tipicamente lenta. O coeficiente de carbonatação nesse exemplo seria de 2,2 mm/ano^{0,5}. Uma revisão de levantamentos de estruturas, em que a profundidade da carbonatação foi medida, indica uma ampla faixa de coeficientes de carbonatação entre <0,1 e 15 mm/ano^{0,5}, embora os valores mais altos tipicamente tenham sido observados em estruturas onde concreto muito fraco ou de baixa qualidade estava presente [85].

Embora tenha-se mostrado que muitos parâmetros influenciam a taxa de avanço da frente de carbonatação, alguns a influenciam mais que outros. Ao se estabelecer os parâmetros que são mais influentes, as melhores estratégias para proteção do reforço contra a corrosão induzida por carbonatação podem ser identificadas. O exame da equação acima indica que a redução do coeficiente de difusão de CO_2 pelo concreto e o aumento do nível de produtos de hidratação disponíveis para carbonatação são alcançados pela redução do fator A/C e aumento do conteúdo de PC, respectivamente. Porém, em termos da sensibilidade do valor de d a esses parâmetros, o fator A/C tem uma influência muito maior. Isso é ilustrado na figura 4.38, que plota a profundidade da carbonatação em 20 anos para uma faixa de conteúdos de cimento e fatores A/C, calculados usando-se a equação acima e a mesma abordagem que no cálculo anterior. A relação entre o fator A/C e o coeficiente de difusão mostrado na figura 4.31 foi usado. A influência da profundidade da cobertura de concreto também pode ser vista pela redisposição da equação para se obter uma descrição do tempo necessário para se atingir uma profundidade d:

$$t = \frac{d^2}{2Dt\left(\frac{C_1}{C_0}\right)}$$

Usando-se essa equação, a influência da profundidade da cobrimento pode ser vista, como mostrado na figura 4.39, que plota o tempo que leva para se alcançar uma dada profundidade usando-se valores fixos de fator A/C e conteúdo de PC. Assim, o fator A/C e a profundidade de cobrimentos são os parâmetros sob o controle do engenheiro mais eficazes na proteção contra a corrosão induzida pela carbonatação. Isso é refletido na maneira pela qual se lida com a proteção contra carbonatação nos padrões.

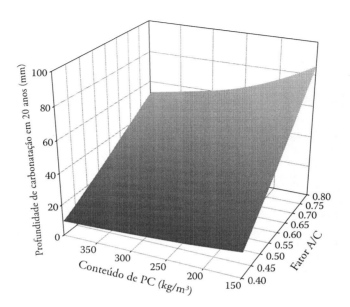

Figura 4.38 Influência teórica do conteúdo de PC e fator A/C na profundidade da carbonatação, após um período de 20 anos.

A BS EN 206 [47] define quatro classes de exposição para situações em que o concreto é exposto ao ar e a corrosão induzida por corrosão é uma possibilidade. Essas são as seguintes:

- XC1: seca ou permanentemente úmida;
- XC2: úmida, raramente seca;
- XC3: umidade moderada; e
- XC4: umedecimento e secagem cíclicas.

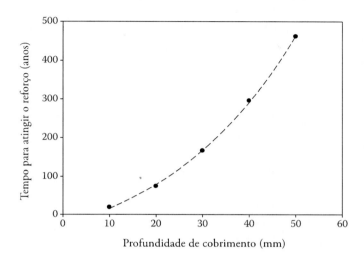

Figura 4.39 Influência teórica da profundidade de cobrimento no tempo que leva para se atingir o reforço para concreto contendo 350 kg/m^3 de PC com um fator A/C de 0,4.

As XC3 e XC4 são as condições de exposição mais agressivas, como resultado da importância do papel desempenhado pela umidade relativa. Nenhuma diretriz adicional é fornecida para concreto enfrentando esses tipos de exposição. Porém, o anexo do Reino Unido a esse padrão, a BS 8500-1 [48], fornece os tipos de cimento, os fatores A/C máximos e profundidades de cobrimento mínimas, os conteúdos e resistências do cimento apropriados. Esses requisitos são menos exigentes que para as classes de exposição a cloretos. Por exemplo, para as condições mais agressivas de carbonatação com um requisito de vida útil para uma estrutura de 100 anos, a menor profundidade de cobrimento é de 30 mm, para o que as seguintes exigências são feitas:

- Qualquer tipo de cimento que não uma combinação de cimento Portland e 36% a 55% de CV;
- Um conteúdo mínimo de cimento de 340 kg/m;
- Um fator A/C máximo de 0,45; e
- Uma força de cubo mínima de 50 N/mm^2.

Em comparação, a menor profundidade de cobrimento para a classe mais agressiva de exposição a cloretos (XS3) é 45 mm. Duas séries possíveis de exigências são definidas, mas as menos exigentes, ao menos do ponto de vista da economia, são as seguintes:

- Cimento Portland com 21% a 35% de CV ou 36% a 65% de GGBS;
- Um conteúdo mínimo de cimento de 380 kg/m;
- Um fator A/C máximo de 0,40; e
- Uma força de cubo mínima de 40 N/mm².

Deve-se notar que a carbonatação e o ingresso de cloretos podem ocorrer simultaneamente. Esse é mais provável de ser o caso sob as classes de exposição XD1, XD3, XS1 e XS3 discutidas anteriormente para a corrosão induzida por cloretos, já que essas provavelmente permitem que os níveis de umidade no concreto estejam dentro da faixa em que a carbonatação é mais pronunciada. No entanto, a maior qualidade do concreto necessário para resistência ao ingresso de cloretos e as maiores profundidades de cobrimento implicam na improbabilidade da carbonatação apresentar um problema maior em tais condições.

A BS 8500-1 exige conteúdos mais elevados de cimento para ambientes crescentemente agressivos. Dado o papel menor desempenhado por esse parâmetro, argumentou-se a possibilidade de remoção da exigência para um conteúdo mínimo de cimento com relação ao número de aspectos de durabilidade, incluindo resistência à carbonatação [93].

Outras opções para proteção contra a carbonatação incluem muitas das detalhadas para corrosão induzida por cloretos – ingredientes inibidores de corrosão, reforço resistente à corrosão, fibras e coberturas de superfície. Contudo, embora impregnantes hidrofóbicos sejam favorecidos para ambientes contendo cloretos, tais coberturas são de pouco valor em condições de carbonatação. O que é exigido, no caso da carbonatação, são coberturas que sejam capazes de bloquear os poros na superfície do concreto, para evitar o movimento de penetração de moléculas de CO_2. Muitas coberturas e tintas são comercializadas especificamente como sendo anticarbonatação e são tipicamente baseadas em elastômeros que são capazes de permanecer intactos a despeito da fissuração do concreto subjacente.

As coberturas anticarbonatação mais comumente encontradas contêm elastômeros de acrilato, que têm o benefício adicional de permitir a passagem do vapor d´água [94]. Ao permitir que o concreto 'respire' desta forma, os problemas com o ataque de congelamento-degelo podem ser reduzidos.

REFERÊNCIAS

1. Hudson, K. Building Materials. London: Longman, 1972, pp. 535–554.
2. Curtis, K. E. e K. Mehta. A critical review of deterioration of concrete due to corrosion of reinforcing steel: Durability of concrete. Proceedings of the 4th CANMET/ACI International Conference, 1997.
3. Enevoldsen, J. N., C. M. Hansson, e B. B. Hope. The influence of internal relative humidity on the rate of corrosion of steel embedded in concrete and mortar. Cement and Concrete Research, v. 24, 1994, pp. 1373–1382.
4. Hussain, R. R. e T. Ishida. Influence of connectivity of concrete pores and associated diffusion of oxygen on corrosion of steel under high humidity. Construction and Building Materials, v. 24, 2010, pp. 1014–1019.
5. Lopez, W., J. A. Gonzalez, e C. Andrade. Influence of temperature on the service life of beams. Cement and Concrete Research, v. 23, 1993, pp. 1130–1140.
6. Chung, L., S.-H. Cho, J.-H. J. Kim, e S.-T. Yi. Correction factor suggestion for ACI development length provisions based on flexural testing of RC slabs with various levels of corroded reinforcing bars. Engineering Structures, v. 26, 2004, pp. 1013–1026.
7. British Standards Institution. BE EN 1992-1-1:2004: Eurocode 2 – Design of concrete structures: Part 1-1. General rules and rules for buildings. London: British Standards Institution, 2004, 230 pp.
8. British Standards Institution. U.K. National Annex to Eurocode 2: Design of concrete structures – Part 1-1. General rules and rules for buildings. London: British Standards Institution, 2005, 26 pp.
9. Torres-Acosta, A. A., S. Navarro-Gutierrez, e J. Terán-Guillén. Residual flexure capacity of corroded reinforced concrete beams. Engineering Structures, v. 29, 2007, pp. 1145–1152.
10. Everett, L. H. e K. W. J. Treadaway. Deterioration due to corrosion in reinforced concrete. Building Research Establishment Information Paper

IP12/80. Garston, United Kingdom: Building Research Establishment, 1980, 4 pp.
11. Page, C. L., N. L. Short, e A. El Tarras. Diffusion of chloride ions in hardened cement pastes. Cement and Concrete Research, v. 11, 1981, pp. 395–406.
12. Moukwa, M. Penetration of chloride ions from seawater into mortars under different exposure conditions. Cement and Concrete Research, v. 19, 1989, pp. 894–904.
13. Francois, R. e J. C. Maso. Effect of damage in reinforced concrete on carbonation or chloride penetration. Cement and Concrete Research, v. 18, 1988, pp. 961–970.
14. Gérard, B. e J. Marchand. Influence of cracking on the diffusion properties of cement-based materials: Part 1. Influence of continuous cracks on the steady-state regime. Cement and Concrete Research, v. 30, 2000, pp. 37–43.
15. Chatterji, S. Transportation of ions through cement-based materials: Part 1. Fundamental equations and basic measurement techniques. Cement and Concrete Research, v. 24, 1994, pp. 907–912.
16. Edvardsen, C. Water permeability and autogenous healing of cracks in concrete. ACI Materials Journal, v. 96, 1999, pp. 448–454.
17. Reinhardt, H. -W. e M. Jooss. Permeability and self-healing of cracked concrete as a function of temperature and crack width. Cement and Concrete Research, v. 33, 2003, pp. 981–985.
18. Jacobsen, S., J. Marchand, e L. Boisvert, L. Effect of cracking and healing on chloride transport in OPC concrete. Cement and Concrete Research, v. 26, 1996, pp. 869–881.
19. Arya, C. e F. K. Ofori-Darko. Influence of crack frequency on reinforcement corrosion in concrete. Cement and Concrete Research, v. 26, 1996, pp. 345–353.
20. Slater, D. e B. N. Sharp. The design of coastal structures. In R. T. L. Allen, ed. Concrete in Coastal Structures. London: Thomas Telford, 1998, pp. 189–246.
21. Zhang, T. e O. E. Gjørv. Effect of ionic interaction in migration testing of chloride diffusivity in concrete. Cement and Concrete Research, v. 25, 1995, pp. 1535–1542.
22. Tang, L. Concentration dependence of diffusion and migration of chloride ions: Part 2. Experimental evaluations. Cement and Concrete Research, v. 29, 1999, pp. 1469–1474.

23. Chatterji, S. Transportation of ions through cement-based materials: Part 3. Experimental evidence for the basic equations and some important deductions. Cement and Concrete Research, v. 24, 1994, pp. 1229–1236.
24. Reinhardt, H.-W. e M. Jooss. Permeability and self-healing of cracked concrete as a function of temperature and crack width. Cement and Concrete Research, v. 33, 2003, pp. 981–985.
25. Buenfield, N. R. e J. B. Newman. The permeability of concrete in a marine environment. Magazine of Concrete Research, v. 36, 1984, pp. 67–80.
26. van der Wegen, G., J. Bijen, e R. van Selst. Behaviour of concrete affected by seawater under high pressure. Materials and Structures, v. 26, 1993, pp. 549–556.
27. Hall, C. Barrier performance of concrete: A review of fluid transport theory. Materials and Structures, v. 27, 1994, pp. 291–306.
28. Polder, R. B. e W. H. A. Peelen. Characterisation of chloride transport and reinforcement corrosion in concrete under cyclic wetting and drying by electrical resistivity. Cement and Concrete Composites, v. 24, 2002, pp. 427–435.
29. Hong, K. e R. D. Hooton. Effects of cyclic chloride exposure on penetration of concrete cover. Cement and Concrete Research, v. 29, 1999, pp. 1379–1386.
30. Birnin-Yauri, U. A. e F. P. Glasser. Friedel's salt, $Ca_2Al(OH)_6(Cl,OH).2H_2O$: Its solid solutions and their role in chloride binding. Cement and Concrete Research, v. 28, 1998, pp. 1713–1723.
31. Beaudoin, J. J., V. S. Ramachandran, e R. F. Feldman. Interaction of chloride and C-S-H. Cement and Concrete Research, v. 20, 1990, pp. 875–883.
32. Hirao, H., K. Yamada, H. Takahashi, e H. Zibara. Chloride binding of cement estimated by binding isotherms of hydrates. Journal of Advanced Concrete Technology, v. 3, 2005, pp. 77–84.
33. Rasheeduzzafar Hussain, S. E. e S. S. Al-Saadoun. Effect of cement composition on chloride binding and corrosion of reinforcing steel in concrete. Cement and Concrete Research, v. 21, 1991, pp. 777–794.
34. Tritthart, J. Chloride binding in cement: Part 2. The influence of the hydroxide concentration in the pore solution of hardened cement paste on chloride binding. Cement and Concrete Research, v. 19, 1989, pp. 683–691.
35. Suryavanshi, A. K. e R. N. Swamy. Stability of Friedel's salt in carbonated concrete structural elements. Cement and Concrete Research, v. 26, 1996, pp. 729–741.

36. Tumidajski, P. J. e G. W. Chan. Effect of sulphate and carbon dioxide on chloride diffusivity. Cement and Concrete Research, v. 26, 1996, pp. 551–556.
37. Lee, H., R. D. Cody, A. M. Cody, e P. G. Spry. Effects of various de-icing chemicals on pavement concrete deterioration. Proceedings of the MidContinent Transportation Symposium, 2000, pp. 151–155.
38. Sutter, L., K. Peterson, S. Touton, T. van Dam, e D. Johnston. Petrographic evidence of calcium oxychloride formation in mortars exposed to magnesium chloride solution. Cement and Concrete Research, v. 36, 2006, pp. 1533–1541.
39. Trolard, F., G. Bourrié, M. Abdelmoula, P. Refait, e F. Feder. Fougerite: A new mineral of the pyroaurite–iowaite group: Description and crystal structure. Clays and Clay Minerals, v. 55, 2007, pp. 323–334.
40. Sagoe-Crentsil, K. K. e F. P. Glasser. "Green rust," iron solubility, and the role of chloride in the corrosion of steel at high pH. Cement and Concrete Research, v. 23, 1993, pp. 785–791.
41. Hoar, T. P. e W. R. Jacob. Breakdown of passivity of stainless steel by halide ions. Nature, v. 216, 1967, pp. 1299–1301.
42. British Standards Institution. BS 1881-124:1988: Testing Concrete – Part 124. Methods for Analysis of Hardened Concrete. London: British Standards Institution, 1988, 24 pp.
43. Haque, M. N. e O. A. Kayyali. Determination of the free chloride in concrete is not that simple. Transactions of the Institution of Engineers, Australia, Civil Engineering, v. 37, 1995, pp. 141–148.
44. Alonso, M. C. e M. Sanchez. Analysis of the variability of chloride threshold values in the literature. Materials and Corrosion, v. 60, 2009, pp. 631–637.
45. Page, C. L., N. R. Short, e W. R. Holden. The influence of different cements on chloride-induced corrosion of reinforced steel. Cement and Concrete Research, v. 16, 1986, pp. 79–86.
46. Alonso, C., C. Andrade, M. Castellote, e P. Castro. Chloride threshold values to depassivate reinforcing bars embedded in standardized OPC mortar. Cement and Concrete Research, v. 30, 2000, pp. 1047–1055.
47. British Standards Institution. BS EN 206: Concrete. Specification, Performance, Production, and Conformity. London: British Standards Institution, 2013, 98 pp.

48. British Standards Institution. BS 8500-1:2006: Concrete – Complementary British Standard to BS EN 206-1: Part 1. Method of Specifying and Guidance of the Specifier. London: British Standards Institution, 2006, 66 pp.
49. Richardson, I. G. e G. W. Groves. The incorporation of minor and trace elements into calcium silicate hydrate (CSH) gel in hardened cement pastes. Cement and Concrete Research, v. 23, 1993, pp. 131–138.
50. Dhir, R. K., M. A. K. El-Mohr, e T. D. Dyer. Developing chlorideresisting concrete using PFA. Cement and Concrete Research, v. 27, 1997, pp. 1633–1639.
51. Dhir, R. K., M. A. K. El-Mohr, e T. D. Dyer. Chloride-binding in GGBS concrete. Cement and Concrete Research, v. 26, 1996, pp. 1767–1773.
52. Hussain, R. S. E. e A. S. Al-Gahtani. Pore solution composition and reinforcement corrosion characteristics of microsilica-blended cement concrete. Cement and Concrete Research, v. 21, 1991, pp. 1035–1048.
53. Tommaselli, M. A. G., N. A. Mariano, e S. E. Kuri. Effectiveness of corrosion inhibitors in saturated calcium hydroxide solutions acidified by acid rain components. Construction and Building Materials, v. 23, 2009, pp. 328–333.
54. Sagoe-Crentsil, K. K., F. P. Glasser, e V. T. Yilmas. Corrosion inhibitors for mild steel: Stannous tin (SnII) in ordinary Portland cement, v. 24, 1994, pp. 313–318.
55. Andrade, C., C. Alonso, M. Acha, e B. Malric. Preliminary testing of Na2PO3F as a curative corrosion inhibitor for steel reinforcements in concrete. Cement and Concrete Research, v. 22, 1992, pp. 869–881.
56. Sagoe-Crentsil, K. K., V. T. Yilmaz, e F. P. Glasser. Corrosion inhibition of steel in concrete by carboxylic acids. Cement and Concrete Research, v. 23, 1993, pp. 1380–1388.
57. Monticelli, C., A. Frignani, e G. Trabanelli. A study on corrosion inhibitors for concrete application. Cement and Concrete Research, v. 30, 2000, pp. 635–642.
58. Nmai, C. K. Multifunctional organic corrosion inhibitor. Cement & Concrete Composites, v. 26, 2004, pp. 199–207.
59. Hansson, C. M., L. Mammoliti, e B. B. Hope. Corrosion inhibitors in concrete: Part 1. The principles. Cement and Concrete Research, v. 28, 1998, pp. 1775–1781.
60. The Concrete Society. Enhancing Reinforced Concrete Durability. Technical Report Number 61. Camberley, United Kingdom: The Concrete Society, 2004, 208 pp.

61. British Standards Institution. BS EN 10080:2005: Steel for the Reinforcement of Concrete – Weldable Reinforcing Steel: General. London: British Standards Institution, 2005, 74 pp.
62. British Standards Institution. BS 4449:2005+A2:2009: Steel for the Reinforcement of Concrete – Weldable Reinforcing Steel: Bar, Coil, and Decoiled Product – Specification. London: British Standards Institution, 2005, 34 pp.
63. Building Research Establishment. Stainless Steel as a Building Material. BRE Digest 349. Garston, United Kingdom: Building Research Establishment, 1990, 28 pp.
64. British Standards Institution. BS 6744:2001+A2:2009: Stainless Steel Bars for the Reinforcement of and Use in Concrete – Requirements and Test Methods. London: British Standards Institution, 2005, 28 pp.
65. Nurnberger, U. Corrosion behaviour of welded stainless reinforced steel in concrete: Corrosion of reinforcement in concrete construction. In Page, C. L., P. Bamforth, and J. W. Figg, eds., Proceedings of the 4th International Symposium, Cambridge, United Kingdom, July 1–4, 1996, pp. 623–629.
66. The Concrete Society. Guidance on the Use of Stainless Steel Reinforcement. Technical Report 51. Slough, United Kingdom: The Concrete Society, 1998, 56 pp.
67. British Standards Institution. BS 1217:2008: Cast Stone – Specification. London: British Standards Institution, 2008, 14 pp.
68. Trejo, D., P. Monteiro, e G. Thomas. Mechanical properties and corrosion susceptibility of dual-phase steel in concrete. Cement and Concrete Research, v. 24, 1994, pp. 1245–1254.
69. Winslow, D. N. High-strength low-alloy, weathering, steel as reinforcement in the presence of chloride ions. Cement and Concrete Research, v. 16, 1986, pp. 491–494.
70. The Institution of Structural Engineers. Interim Guidance on the Design of Reinforced Concrete Structures Using Fibre Composite Reinforcement. London: The Institution of Structural Engineers, 1999, 116 pp.
71. Wang, Y. C., P. M. H. Wong, e V. Kodur. Mechanical properties of fibrereinforced polymer reinforcing bars at elevated temperatures. SFPE/ASCE Specialty Conference: Designing Structures for Fire. Baltimore, Maryland, September 30–October 1, 2003, pp. 1–10.
72. Burke, C. R. e C. W. Dolan. Flexural design of prestressed concrete beams using FRP tendons. PCI Journal, v. 46, 2001, pp. 76–87.

73. Erdoğu, S., T. W. Bremner, e I. L. Kondratova. Accelerated testing of plain and epoxy-coated reinforcement in seawater and chloride solutions. Cement and Concrete Research, v. 31, 2001, pp. 861–867.
74. Yeomans, S. R. Corrosion of the Zinc Alloy Coating in Galvanized Reinforced Concrete. Corrosion/98 Paper 653. Houston, Texas: NACE, 1998, 10 pp.
75. The Highways Agency. Design Manual for Roads and Bridges: BD 43/03 – The Impregnation of Reinforced and Prestressed Concrete Highway Structures Using Hydrophobic Pore-Lining Impregnants. Norwich, United Kingdom: HMSO, 2003, 12 pp.
76. Grimmond, C. S. B., T. S. King, F. D. Cropley, D. J. Nowak, e C. Souch. Local-scale fluxes of carbon dioxide in urban environments: Methodological challenges and results from Chicago. Environmental Pollution, v. 116, 2002, pp. S243–S254.
77. Banks, H. J. Recent advances in the use of modified atmospheres for stored product pest control. Proceedings of the 2nd International Working Conference on Stored Product Entomology, 1978, pp. 198–217.
78. Anstice, D. J., C. L. Page, e M. M. Page. The pore solution phase of carbonated cement pastes. Cement and Concrete Research, v. 35, 2005, pp. 377–383.
79. Šauman, Z. Carbonization of porous concrete and its main binding components. Cement and Concrete Research, v. 1, 1971, pp. 645–662.
80. McPolin, D. O., P. A. M. Basheer, e A. E. Long. Carbonation and pH in mortars manufactured with supplementary cementitious materials. Journal of Materials in Civil Engineering, v. 21, 2009, pp. 217–225.
81. Kayyali, O. A. e M. N. Haque. Effect of carbonation on the chloride concentration in pore solution of mortars with and without fly ash. Cement and Concrete Research, v. 18, 1988, pp. 636–648.
82. Houst, Y. F. e F. H. Wittmann. Influence of porosity and water content on the diffusivity of CO_2 and O_2 through hydrated cement paste. Cement and Concrete Research, v. 24, 1994, pp. 1165–1176.
83. Liu, L., J. Ha, T. Hashida, e S. Teramura. Development of a CO_2 solidification method for recycling autoclaved lightweight concrete waste. Journal of Material Science Letters, v. 20, 2001, pp. 1791–1794.
84. Papadakis, V. G., C. G. Vayenas, e M. N. Fardis. Fundamental modelling and experimental investigation of concrete carbonation. ACI Materials Journal, v. 88, 1991, pp. 363–373.

85. Currie, R. J. Carbonation Depths in Structural Quality Concrete. Watford, United Kingdom: Building Research Establishment, 1986, 19 pp.
86. Malami, Ch., V. Kaloidas, G. Batis, e N. Kouloumbi. Carbonation and porosity of mortar specimens with pozzolanic and hydraulic cement admixtures. Cement and Concrete Research, v. 24, 1994, pp. 1444–1454.
87. De CSHutter, G. Quantification of the influence of cracks in concrete structures on carbonation and chloride penetration. Magazine of Concrete Research, v. 51, 1999, pp. 427–435.
88. Dewaele, P. J., E. J. Reardon, e R. Dayal. Permeability and porosity changes associated with cement grout carbonation. Cement and Concrete Research, v. 21, 1991, pp. 441–454.
89. Powers, T. C. A hypothesis on carbonation shrinkage. Journal of the Portland Cement Association Research & Development Laboratories, v. 4, 1962, pp. 40–50.
90. Swenson, E. G. e P. J. Sereda. Mechanism of the carbonation shrinkage of lime and hydrated cement. Journal of Applied Chemistry, v. 18, 1968, pp. 111–117.
91. Jerga, J. Physicomechanical properties of carbonated concrete. Construction and Building Materials, v. 18, 2004, pp. 645–652.
92. De Ceukelaire, L. e D. van Nieuwenburg. Accelerated carbonation of a blast-furnace cement concrete. Cement and Concrete Research, v. 23, 1993, pp. 442–452.
93. Dhir, R. K., P. A. J. Tittle, e M. J. McCarthy. Role of cement content in specifications for durability of concrete – A review. Concrete, v. 34, 2000, pp. 68–76.
94. Zafeiropoulou, T., E. Rakanta, e G. Batis. Performance evaluation of organic coatings against corrosion in reinforced cement mortars. Progress in Organic Coatings, v. 72, 2011, pp. 175–180.

Capítulo 5

Especificação e planejamento de concreto durável

5.1 Introdução

Em capítulos anteriores, os mecanismos da deterioração do concreto e as abordagens para controle e evitação de problemas associados à deterioração foram examinados. Embora isso seja útil, espera-se ser evidente que é bastante possível que uma estrutura de concreto seja ameaçada simultaneamente por mais de um tipo de mecanismo de deterioração. Além do mais, o planejamento do concreto não gira unicamente em torno da durabilidade – outras características são necessárias, tais como a resistência à compressão, para satisfazer requisitos estruturais e outros funcionais de um elemento de concreto. O processo de definição das características que o concreto deve ter para uma determinada aplicação é a 'especificação', e este capítulo objetiva examinar a abordagem tomada na especificação do concreto e de como essa especificação para durabilidade se encaixa nesse processo.

Entretanto, antes disso poder ser feito, é útil observar primeiro a maneira pela qual as substâncias podem passar através da superfície do concreto e se mover para seu interior, uma vez que esses processos são fundamentais para tantos aspectos de especificação para durabilidade tenham sido desenvolvidos. Além disso, como a especificação do concreto é bastante focada na seleção e no proporcionamento de materiais constituintes, uma revisão desses materiais também é apresentada.

Partindo-se da especificação, uma mistura de concreto pode ser planejada. Embora este livro não forneça uma metodologia detalhada para planejamento de misturas, ele delineia o processo geral e a forma de como alcançar os requisitos para durabilidade se encaixa nesse planejamento.

5.2 Concreto como meio permeável

O concreto é feito de partículas cuja distribuição de tamanhos cobre uma ampla faixa. Depois de misturado, compactado e endurecido, o produto parece ser uma única peça monolítica. No entanto, muito da estrutura original desse conjunto de partículas permanece, a despeito da transformação porque ela passou. Especificamente, o espaço entre as partículas permanece. Esse espaço toma a forma de uma rede interconectada de poros, a qual, até certo ponto, permite que substâncias penetrem o concreto e se movam através de seu volume. Além do mais, como vimos no capítulo 2, os estresses que o concreto experimenta têm o potencial de causar a formação de fissuras, que também atuam como caminho abaixo da superfície do concreto. Esta seção examina a natureza permeável do concreto, os mecanismos que permitem que substâncias ingressem nele e os fatores que influenciam a taxa desse ingresso.

5.2.1 Porosidade

O concreto é um material poroso – num estado seco, uma proporção de seu interior é ocupada por espaço vazio. A maior parte da porosidade está, em circunstâncias normais, na matriz de cimento. Essa porosidade pode ser dividida, em termos de dimensões, em duas categorias principais: porosidade capilar e porosidade de gel.

A porosidade capilar é o espaço deixado entre partículas de cimento, e tipicamente tem dimensões em torno da ordem de 1 μm de diâmetro. A porosidade capilar é definida principalmente pelo fator água/cimento (A/C) da mistura do concreto, do grau de hidratação do cimento e da distribuição de tamanhos de partículas do cimento. Quanto maior o volume de água em relação ao de cimento, maior o espaço entre as partículas de cimento, como ilustrado na figura 5.1.

A reação do cimento com a água causa a formação de produtos de hidratação nas superfícies dos grãos do cimento, enquanto o diâmetro dos grãos que não passaram pela reação diminui. Esses produtos de hidratação ocupam um volume maior que o cimento que não passou por reação e, em consequência, a formação de produtos de hidratação atua para reduzir a porosidade capilar (também mostrada na figura 5.1).

Capítulo 5 Especificação e planejamento de concreto durável   **307**

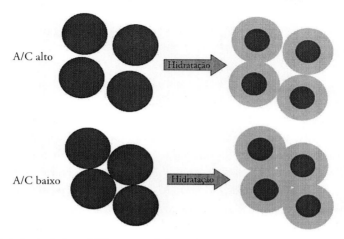

Figura 5.1 Influência do fator A/C na porosidade capilar.

Assim, um fator A/C baixo e um alto grau de hidratação do cimento levam a volumes menores de porosidade total e menores diâmetros de poros.

O tamanho das partículas também desempenha um importante papel, uma vez que partículas maiores têm volumes maiores de porosidade capilar e diâmetros de poros maiores, ainda quando intimamente comprimidas, como na figura 5.2. Essa figura também ilustra a importância da distribuição de tamanhos de partículas, já que a presença de partículas menores nos espaços entre partículas maiores atua para 'refinar' a porosidade.

O principal produto da hidratação do cimento, o gel de silicato de cálcio hidratado (CSH), contém poros com diâmetros principalmente na faixa de 1 a 100 nm. Desta forma, à medida que a hidratação do cimento prossegue, a proporção de porosidade capilar é reduzida, enquanto a porosidade do gel aumenta.

Entender a natureza da porosidade do gel – e, certamente, a porosidade capilar – é complicado pelo problema da medição – diferentes técnicas para medição da distribuição de tamanhos de poros fornecem resultados um tanto diferentes, e tem havido muito debate com relação ao que realmente está sendo medido. Os resultados de medições com uma das técnicas mais comuns – a porosimetria de mercúrio – são apresentados na figura 5.3, que mostra picos na distribuição de tamanhos de poros, correspondentes às porosidades capilar e do gel.

Outro fator que influencia a porosidade do concreto é a natureza da interface entre a pasta de cimento e as partículas de agregados. Tipicamente, essa região, conhecida como 'zona de transição interfacial' ou ZTI, tem uma porosidade mais alta que a massa da pasta de cimento. Isso é resultado do efeito parede, ilustrado na figura 5.4, onde partículas de cimento localizadas contra a superfície de uma partícula de agregado estão menos eficientemente comprimidas que em outras partes, levando a um volume mais alto de porosidade capilar e diâmetros de poros maiores nessa região (figura 5.5). Essa ilustração mostra um exemplo muito simplificado do efeito, uma vez que todas as partículas têm igual tamanho. Na verdade, outra característica do efeito parede é que partículas menores normalmente estão presentes em maiores proporções em maior proximidade da parede. As repercussões do efeito parede são mostradas na figura 5.6, que plota as distribuições de tamanhos de poros para concreto contendo quantidades crescentes de agregado.

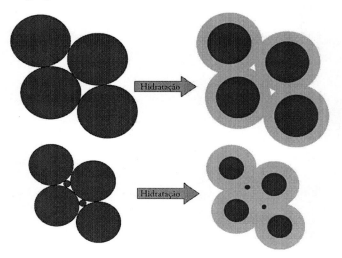

Figura 5.2 Influência do tamanho das partículas na porosidade capilar.

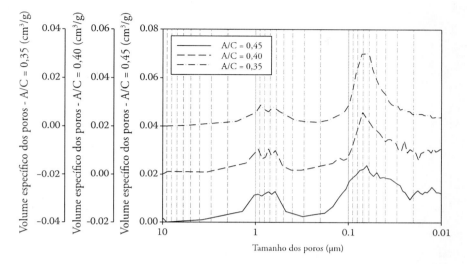

Figura 5.3 Distribuição de tamanhos de poros de três misturas de concreto com diferentes fatores A/C.

Figura 5.4 O efeito parede.

Embora a ZTI certamente contribua para as propriedades de permeação do concreto, estudos de sua influência geral comparada com a da porosidade do cimento em geral e de microfissuras indicam que essa contribuição é relativamente pequena [1].

310 Durabilidade do Concreto

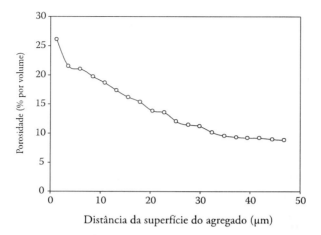

Figura 5.5 Volume da porosidade da matriz de cimento versus distância de uma partícula de agregado numa amostra de concreto com 1 ano. (De Scrivener, K. L. e K. M. Nemati, Cement and Concrete Research, 26, 1996, pp. 35–40.)

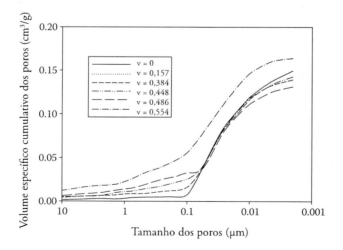

Figura 5.6 Plotagem da distribuição de tamanhos cumulativos de poros obtida usando-se porosimetria de mercúrio em argamassas contendo uma faixa de frações de volume (v) de agregado. (De Winslow, D. N. e D. C. Cohen, Cement and Concrete Research, 24, 1994, pp. 25–37.)

5.2.2 Fissuras

O concreto é um material quebradiço, o que significa que é tendente a fissuração. Além disso, é heterogêneo, sendo composto de uma mistura de diferentes materiais sólidos com poros que podem conter ar ou líquido. A natureza heterogênea do concreto implica em haver potencialmente pontos no material que são consideravelmente mais fracos que outros, e é a partir desses pontos que o crescimento de fissuras normalmente começa.

As fissuras são normalmente classificadas em termos de serem visíveis a olho nu (macrofissuras) ou visíveis somente ao microscópio (microfissuras). Esse sistema é, de certa forma, menos que ideal – as fissuras se apresentam numa faixa contínua de larguras, mas essencialmente todas se comportam de forma similar, tornando esse meio de classificação algo arbitrário. Além disso, dependendo de como são formadas, muitas fissuras no concreto têm uma ponta larga e se estreitam até uma outra menor, ou até sumirem. Contudo, a distinção é útil na descrição de como as fissuras tendem a se propagar no concreto – microfissuras estarão presentes num volume de concreto desde o ponto em que o cimento se firma. A aplicação de um estresse suficientemente alto faz com que mais microfissuras se formem, e as já existentes aumentem. Portanto, microfissuras são futuras macrofissuras. Algumas das causas da fissuração foram discutidas nos capítulos 2, 3 e 4.

Do ponto de vista da durabilidade, as fissuras são importantes por duas razões principais. Primeira, a presença de fissuras permite que substâncias deletérias para o concreto ou seu reforço ingressem numa taxa mais rápida. Isso é discutido em maiores detalhes nas seções subsequentes. Segunda, o aparecimento de macrofissuras de largura suficiente marca o fim da manutenibilidade de uma estrutura. Esse evento é discutido em maiores detalhes no capítulo 7.

5.2.3 Absorção

Quando um tubo estreito (capilar) entra em contato com a superfície de um líquido, forças intermoleculares entre as duas substâncias atuam para fazer o líquido subir por seu interior. O líquido sobe o capilar até atingir uma altura em que um equilíbrio seja alcançado entre aquelas forças e a força da gravidade da massa do líquido:

$$h = \frac{2\gamma \cos \theta_C}{\rho g r}$$

onde h é a altura do líquido (m), γ é a tensão superficial ar-líquido (N/m), θ_C é o ângulo de contato entre o líquido e o material da parede capilar, ρ é a densidade do líquido (g/m^3), g é a força do campo gravitacional (N/g) ou a aceleração causada pela gravidade (m/s^2) e r é o raio do capilar (m).

Esse processo é conhecido como 'capilaridade' ou 'ação capilar'. A matriz de cimento endurecido do concreto (e do agregado, onde ele é poroso) é mais complexa que o tubo idealizado descrito acima, uma vez que os poros estão altamente interconectados, e têm raios variáveis, como também é variável a composição da superfície. De qualquer forma, a ação capilar faz com que o concreto absorva água da maneira descrita pela equação

$$V = AS\sqrt{t}$$

onde V é o volume cumulativo de água absorvida (m^3) no tempo t (s), A é a área úmida (m^3)* e S é a sorvidade do concreto (m/s^{0,5}).

5.2.4 Fluxo

Quando existe um gradiente de pressão de fluido (normalmente água) através de uma profundidade do concreto, ocorre fluxo. O transporte de massa por fluxo é descrito pela lei de Darcy:

$$Q = kA\left[\frac{(p_1 - p_2)}{\mu L}\right]$$

onde Q é a descarga total pelo concreto (m^3/s), k é a permeabilidade (m^2), A é a área de seção transversal pela qual o fluxo ocorre (m^2), $p_1 - p_2$ é a diferença de pressão (Pa), μ é a viscosidade do fluido (Pa s) e L é a distância pela qual existe diferença de pressão (m).

---

* Provavelmente ocorreu um erro de digitação, aqui, haja vista que a medida de área é em unidades quadradas. (Nota do Tradutor)

A taxa de fluxo de um fluido no concreto sob uma dada diferença de pressão é dependente da permeabilidade do material. A permeabilidade, cuja unidade é o metro quadrado, pode ser definida em termos da estrutura de poros do material usando-se a equação

$$k = \frac{r_e P_e^2}{S_e}$$

onde r_e é o raio efetivo dos poros do material (m), P_e é a porosidade efetiva e S_e é a área efetiva de superfície interna de um sólido poroso (m^{-1}) [4].

Porosidade 'efetiva', nesse contexto, significa a porosidade que é capaz de contribuir para o fluxo do fluido. Claramente, a equação representa uma simplificação exagerada da situação no concreto, onde a porosidade se faz presente em toda uma faixa de tamanhos de poros.

Onde uma fissura está presente, a permeabilidade da fissura, $k_{fissura}$, pode ser descrita usando-se a equação

$$k_{fissura} = \xi l w$$

onde ξ é um parâmetro de aspereza, l é o comprimento da fissura na superfície (m) e w é a largura da fissura (m) [5].

Assim, à medida que a fissura se torna mais larga, sua permeabilidade aumenta. A permeabilidade de fissuras é algo diferente da permeabilidade do todo, uma vez que na equação para a taxa de fluxo, A é igual a lw. Portanto, o fluxo pelo concreto é significativamente influenciado pela presença de uma fissura.

5.2.5 Difusão

A difusão ocorre quando existe um gradiente de concentração para uma dada substância entre o interior do concreto e o ambiente externo. O processo de difusão é descrito pela primeira lei de Fick:

$$-j = D\frac{dc}{dz}$$

onde j é o fluxo por unidade de área (g m^{-2} s^{-1}), D é o coeficiente de difusão (m^2 s^{-1}) e dc é a diferença de concentração (g/L) ao longo de uma distância dz (m).

Na realidade, a situação para o concreto não é tão simples, uma vez que muitas substâncias de interesse do ponto de vista da durabilidade interagem com seus constituintes. Além do mais, essas interações podem causar alterações na porosidade, a qual, por sua vez, pode causar alterações na microestrutura do concreto (fissuração, precipitação de produtos de reação, etc.) Essas alterações produzem uma mudança no coeficiente de difusão com o tempo.

Na ausência de fissuras, o coeficiente de difusão de uma substância no concreto é muito dependente da natureza de sua porosidade. O coeficiente de difusão efetiva de uma substância através de um meio poroso pode ser descrita usando-se a equação

$$D_e = \varepsilon \frac{\delta}{\tau^2} D^*$$

onde D_e é o coeficiente de difusão efetiva (m^2/s), ε é a fração do volume de porosidade, δ é a constritividade, τ é a tortuosidade e D^* é o coeficiente de autodifusão da substância (m^2/s) [6].

O termo constritividade é necessário, na equação acima, porque a difusão de um íon é desacelerada quando os poros num sólido poroso se tornam mais estreitos em alguns pontos, ao longo de sua extensão. Isso é uma situação inevitável, no concreto, onde os poros formados entre os grãos de cimento flutuam significativamente em diâmetro. A constritividade pode ser descrita usando-se a equação

$$\delta = \frac{\left(A_{max} A_{min}\right)^{1/2}}{A_{mean}}$$

onde A_{max} é a área máxima de seção transversal de um poro (m²), A_{min} é a mínima (m²) e A_{mean} é a média (m²) [7].

À medida que o tamanho máximo dos poros se aproxima de seu tamanho mínimo, a constritividade aumenta, levando a coeficientes de difusão mais altos.

Tortuosidade se refere à extensão em que o caminho de poros interconectados através da matriz de cimento do concreto, entre dois pontos, se desvia de uma linha reta. Ela é descrita pela equação

$$\tau = \frac{l_e}{l}$$

onde l_e é a extensão média dos poros de um lado a outro de um volume de material (m), e l é a distância através do volume do material (m) [7].

Na realidade, esse meio de expressão da tortuosidade é exageradamente simplificado, de vez que a equação trata os poros como canais individuais percorrendo um material, enquanto os poros na pasta de cimento endurecido são, na verdade, redes interconectadas compostas dos interstícios entre grãos de cimento hidratado. A tortuosidade é grandemente controlada pela distribuição do tamanho original das partículas dos materiais que compõem a matriz de cimento e pela natureza dos produtos de hidratação de cimento formados. Em geral, a presença de material mais fino leva a uma maior tortuosidade.

5.3 Cimento

As principais propriedades dos materiais usados como constituintes da fração de cimento do concreto, que influenciam a durabilidade, são sua composição química, distribuição de tamanhos de partículas e a cinética das reações, e a contribuição para a resistência que esses componentes produzem. A ênfase posta nas Eurocodes e padrões relacionados está nas combinações de materiais cimentícios em que o clínquer de cimento Portland (PC) é universalmente presente. Isso reflete o fato de que, embora outros cimentos hidráulicos (tais como os de aluminato de cálcio e de sulfoaluminato de cálcio) estejam disponíveis, a grande maioria das construções de concreto na Europa é feita usando-se clínquer de PC como componente cimentício fundamental. Por essa razão, o PC e os materiais que podem ser usados em conjunto com o clínquer de PC são exclusivamente cobertos nesta seção.

Cimento para concreto é coberto pela BS EN 197-1 [8]. O padrão define 27 cimentos comuns, que são agrupados em cinco tipos principais:

1. CEM I
   - PC
2. CEM II
   - Cimento Portland–escória: clínquer de PC e entre 6% e 35% de escória granulada de alto-forno (GGBS)
   - Cimento Portland–fumo de sílica (FS): clínquer de PC e entre 6% e 10% de FS
   - Cimento Portland–pozolana: clínquer de PC e entre 6% e 25% de pozolana natural ou pozolana natural calcinada
   - Cimento Portland–cinza volante (CV): clínquer de PC e entre 6% e 35% de CV de silício ou calcária
   - Cimento Portland–xisto queimado: clínquer de PC e entre 6% e 35% de xisto queimado
   - Cimento Portland–calcário: clínquer de PC e entre 6% e 35% de calcário
   - Cimento Portland–composto: clínquer de PC e uma combinação múltipla de qualquer dos materiais mencionados acima, totalizando entre 6% e 35%
3. CEM III
   - Cimento de alto-forno: clínquer de PC e entre 36% e 95% de GGBS
4. CEM IV
   - Cimento Pozolânico: clínquer de PC e entre 11% e 55% de uma combinação múltipla de CV, pozolana natural, pozolana natural calcinada, CV de silício e CV calcária
5. CEM V
   - Cimento composto: clínquer de PC e entre 18% e 50% de uma combinação múltipla de pozolana natural, pozolana natural calcinada e CV de silício

Os cimentos CEM II são ainda mais subdivididos em produtos que são descritos usando-se um sistema de especificação com a forma geral CEM II/W–X Y Z. W é a letra A, B e, no caso do cimento de escória, C, que indica a extensão em que o componente não PC está presente, com o A denotando um conteúdo menor. X é uma letra que indica que o constituinte não Portland é

S	GGBS
D	CV
P	pozolana natural
Q	pozolana natural calcinada
V	CV de silício
C	CV calcária
L e LL	calcário
M	composto

Y é a classe de resistência do cimento e pode ser 32.5, 42.5 ou 52.5, onde o número representa a resistência mínima do cimento em newtons por milímetro quadrado (quando testado de acordo com a BS EN 196-1 [9]) em 28 dias. Z denota se o cimento é de resistência inicial normal (N) ou de alta resistência inicial (R).

No caso dos CEM III, IV e V, o sistema de especificação simplesmente assume a forma CEM III/W Y Z.

Quando múltiplas combinações de materiais que não o clínquer de PC estão presentes (ou seja, composto de Portland, cimentos pozolânicos e cimentos compostos), uma lista desses materiais na forma de suas letras alocadas (p.ex., S-V-L) deve ser fornecida antes do Y no nome.

Os cimentos descritos acima são produtos que podem ser adquiridos do fabricante. No entanto, tais combinações de materiais também podem ser produzidas no estágio de produção do concreto, pela simples combinação deles na mistura. Essa abordagem é coberta pela BS EN 8500-2 [10] e abrange combinações que incluem CV, GGBS e calcário.

Nas seções seguintes, o PC (CEM I) e uma série de outros materiais cimentícios mais comumente encontrados no Reino Unido são discutidos.

5.3.1 Cimento Portland

O PC é fabricado através da queima de uma mistura em pó de calcário e argila ou xisto, num forno rotatório em que as temperaturas normalmente atingem 1450°C. O clínquer resultante é pulverizado com uma pequena quantidade de gesso (ou outra forma de sulfato de cálcio) e possivelmente uma quantidade ainda menor de um constituinte adicional menos significativo, como o calcário.

A BS EN 197-1 exige que, para o produto ser considerado PC, dois terços do clínquer (por massa) deve conter uma combinação de silicato tricálcio ($3CaO \cdot SiO_2$) e silicato dicálcio ($2CaO \cdot SiO_2$), que são respectivamente conhecidos, nos acrônimos da química de cimentos, como C_3S e C_2S. Além disso, a razão de CaO para SiO_2 deve ser maior que 2,0. A composição química típica do PC é indicada num diagrama ternário SiO_2–Al_2O_3–CaO, na figura 5.7.

Além do C_3S e do C_2S, o clínquer também contém aluminato tricálcio ($3CaO \cdot Al_2O_3$) e aluminoferrito tetracálcio ($4CaO \cdot Al_2O_3 \cdot Fe_2O_3$). Em termos de acrônimos, estes são conhecidos como C_3A e C_4AF, respectivamente.

O PC é hidráulico, o que significa que seus compostos constituintes (ou 'fases') passam por uma reação com água para gerar produtos que agem para ligar os constituintes sólidos do concreto. Essas reações de hidratação são delineadas na figura 5.8, com um gráfico que indica as quantidades típicas dos produtos que evoluem ao longo de um período de 28 dias, mostrado na figura 5.9.

As fases de silicato de cálcio passam por uma reação com água para produzir o gel de CSH e hidróxido de cálcio, $Ca(OH)_2$. O gel de CSH compõe a maior proporção do PC maduro endurecido (~50%–70% por massa numa pasta madura) e tem a maior contribuição para sua força e rigidez. Tipicamente, o gel de CSH se forma em torno do grão de cimento original, estendendo-se para fora, no espaço entre cada grão. A composição química do gel de CSH é um tanto variável. A razão de Ca para Si pode variar consideravelmente – entre aproximadamente 0,6 e 1,7 [11]. Esse parâmetro desempenha seu papel na definição de alguns aspectos da durabilidade química (veja os capítulos 3 e 4). Tipicamente, a razão Ca/Si da maior parte do gel de CSH num PC maduro, que não passou por interações químicas com outros materiais, fica entre 1,0 e 1,6, embora haja variação local [12].

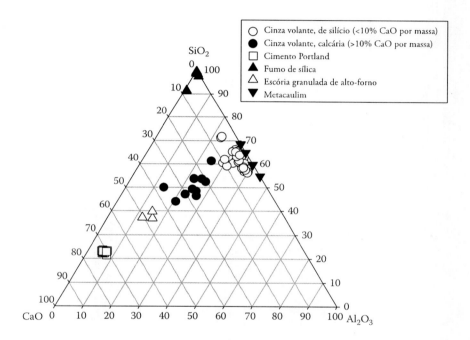

Figura 5.7 Diagrama ternário mostrando os resultados de análises químicas de vários componentes do cimento. (De Hubbard, F. H. et al., Cement and Concrete Research, 15, 1985, 185–198; Shehata, M. H. e M. D. A. Thomas, Cement and Concrete Research, 36, 2006, 1166–1175; de Larrard, F. et al., Materials and Structures, 25, 1992, 265–272; Buchwald, A. et al., Journal of Materials Science, 42, 2007, 3024–3032; Velosa, A. L. et al., Acta Geodynamica et Geomaterialia, 6, 2009, 121–126; Hobbs, D. W., Magazine of Concrete Research, 34, 1982, 83–94; Dhir, R. K. et al., Development of a Technology Transfer Programme for the Use of PFA to EN 450 in Structural Concrete. Technical Report CTU/1400. London: Department of Environment, 2000; além de dados do próprio autor.)

$$\left.\begin{array}{l} C_3S \\ C_2S \end{array}\right\} + \text{água} \longrightarrow \text{gel de CSH + hidróxido de cálcio}$$

$$\left.\begin{array}{l} C_3A \\ C_4AF \end{array}\right\} + \text{água + gesso} \longrightarrow AFt$$

$$AFt + C_3A + C_4AF \longrightarrow AFm$$

Figura 5.8 Esboço das reações das quatro fases do clínquer de PC com água (CSH = silicato de cálcio hidratado).

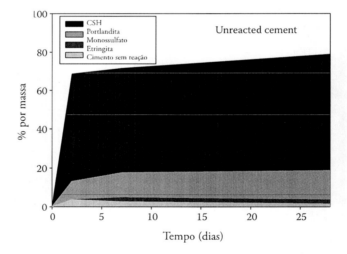

Figura 5.9 Evolução dos produtos de hidratação do cimento numa pasta de PC ao longo de um período de 28 dias (CSH = silicato de cálcio hidratado). (De Dyer, T. D. et al., Journal of Materials in Civil Engineering, 23, 2011, 648–655.)

O $Ca(OH)_2$ também desempenha papéis importantes na durabilidade do concreto – ele é a fonte de íons hidróxido que leva ao pH potencialmente alto nos fluidos dos poros do concreto. Isso tem relevância numa série de áreas de durabilidade química, particularmente na corrosão do aço (capítulo 4) e na reação álcali-sílica (capítulo 3). Embora o hidróxido de cálcio só seja levemente solúvel em água, ele atua como fonte de cálcio durante o ataque de sulfatos (capítulo 3). O $Ca(OH)_2$ normalmente está presente em aproximadamente 20% a 25% por massa em pastas de cimento Portland maduro que não passou por reações químicas com substâncias externas.

O C_3A e o C_4AF, na presença de gesso, reagem com a água para formar a fase AFt. AFt é o acrônimo para aluminoferrito-tri e tem a fórmula química geral $[Ca_3(Al,Fe)(OH)_6 \cdot 12H_2O]_2 \cdot X_3 \cdot xH_2O$. O X_3 é o constituinte que empresta o termo 'tri' ao nome, e pode ser CO_3^{2-}, $H_2SiO_4^{2-}$ ou SO_4^{2-}, embora na hidratação do PC na ausência de influências químicas externas, o sulfato fornecido pelo gesso implica na fase Aft formada ser a etringita ($[Ca_3(Al, Fe)(OH)_6 \cdot 12H_2O]_2 \cdot 3CaSO_4 \cdot 7H_2O$ ou $3CaO \cdot (Al,Fe)_2O_3(CaSO_4)_3 \cdot 32H_2O$). A formação de etringita no concreto maduro está associada ao ataque de sulfatos, o que pode apresentar uma séria ameaça à durabilidade do concreto (veja o capítulo 3). Contudo, sua formação na vida inicial do concreto é desejável e não apresenta qualquer problema.

Outros íons que compõem a fase AFt podem ser substituídos por outros. O Al^{3+} e o Fe^{3+} podem ser substituídos por metais quimicamente similares. Além do mais, o silício pode substituir o Ca^{2+} e o Al^{3+}. Esse é o caso da taumasita, que também pode desempenhar um papel importante no ataque de sulfatos e que é mais discutida no capítulo 3.

Depois que a fonte do componente ou componentes X é exaurida e a hidratação do cimento continua, a fase AFt começa a ser convertida em fases de aluminoferrito-mono (AFm). Esta tem a fórmula geral $[Ca_2(Al,Fe)(OH)_6] \cdot X \cdot xH_2O$. Aqui, X pode ser uma faixa mais ampla de constituintes, incluindo $1/2 SO_4^{2-}$, $1/2 CO_3^{2-}$, Cl^- e $1/2 H_2SiO_4^{2-}$. Durante o processo 'normal' de hidratação do cimento, a etringita é convertida em monosulfato – $3CaO \cdot Al_2O_3 \cdot CaSO_4 \cdot 12H_2O$. Porém, quando outras espécies químicas são introduzidas, seja nos constituintes da mistura, seja no estado endurecido, a partir de fontes externas, uma faixa mais ampla de fases AFm é encontrada. De particular relevância para a durabilidade do concreto é o sal de Friedel ($[Ca_2(Al,Fe)(OH)_6] \cdot Cl \cdot xH_2O$ ou $3CaO \cdot Al_2O_3 \cdot CaCl_2 \cdot 10H_2O$), que age para imobilizar íons cloreto no concreto (capítulo 4). Tipicamente, a massa total das fases AFt e AFm presentes não são mais que 10% a 15% numa pasta de PC madura.

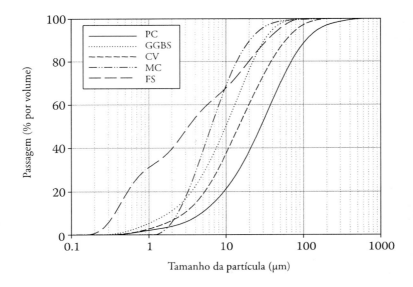

Figura 5.10 Distribuições de tamanhos de partícula de PC, GGBS, CV, MC e FS.

O tamanho das partículas de PC depende em parte da classe de resistência, uma vez que uma distribuição de tamanhos de partículas menores produz uma taxa mais rápida de reação. Contudo, as distribuições de partículas de cimento tipicamente têm um tamanho médio de partícula de aproximadamente 20 µm. Um exemplo de distribuição de tamanhos de partículas de PC é mostrado na figura 5.10.

5.3.2 Escória granulada de alto-forno

A escória de alto-forno é um coproduto da fusão de minério de ferro para produzir o ferro metal. Ela resulta da adição de calcário ao alto-forno para remover impurezas de silício, magnésio e alumínio presentes no minério. A escória flutua na superfície do ferro fundido e pode ser separada. Quando isso é feito, normalmente ela é rapidamente resfriada por aspersão de água. Isso produz grânulos de vidro, cuja subsequente pulverização resulta na GGBS, que pode ser usada como componente de cimento no concreto.

A BS EN 197-1 exige que dois terços do material seja vítreo. Em termos químicos, ela também exige que a escória tenha um conteúdo de CaO, MgO e SiO_2, que, no total, componha ao menos dois terços do material por massa e que a razão $(CaO + MgO)/SiO_2$ seja maior que um. As composições químicas típicas da GGBS são mostradas na figura 5.7.

A GGBS passa pelo que se conhece como 'reação hidráulica latente'. Isso significa que ela reage com a água para produzir o gel de CSH e as fases AFm e AFt discutidas na seção 5.3.1, mas a reação é dita latente porque não se inicia sem exposição a condições de alto pH – a 'ativação'. Assim, a presença de PC é necessária para oferecer essas condições. A reação da GGBS é mais lenta que a do PC – tipicamente, ela não atinge uma taxa significativa até vários dias após a mistura. Isso significa que o desenvolvimento de resistência do concreto que contém escória é tipicamente mais lento que o de uma mistura contendo PC como único componente do cimento. Mas, em idades posteriores (>28 dias), a resistência tipicamente é comparável à do PC.

Numa pasta de cimento madura, composta de PC e GGBS, a quantidade de gel de CSH é normalmente maior que no PC sozinho, com uma razão Ca/Si média menor. Como o PC é a única fonte de $Ca(OH)_2$, a quantidade desse composto é inferior, como resultado da 'diluição' do PC pela GGBS. Além disso, há quantidades um tanto mais altas das fases AFm e possivelmente AFt.

Os requisitos de GGBS são cobertos pela BS EN 15167-1 [21]. Em termos de propriedades do material, o padrão define os níveis máximos de certos constituintes químicos, incluindo cloretos e sulfatos, bem como os requisitos para tempo de fixação e 'índice de atividade'. O índice de atividade é uma medida da reatividade da escória e é medida determinando-se as resistências em 7 e em 28 dias de uma argamassa (preparada e testada de acordo com a BS EN 196-1) contendo uma mistura de 50%:50% por massa de GGBS e PC, e outra contendo 100% de PC como fração de cimento, ambas com um fator A/C de 0,5. O índice de atividade é a razão da resistência da argamassa de GGBS–PC para a da argamassa de PC expressa como uma porcentagem e deve ser de 45% em 7 dias e 70% em 28 dias.

A GGBS é normalmente um tanto mais fina que o PC, como ilustrado na figura 5.10.

5.3.3 Cinza volante

O carvão queimado nos fornos de estações de força alimentadas a carvão contém impurezas de minerais inorgânicos, tais como argilas. As temperaturas envolvidas são suficientemente altas para fundir essas partículas de argila, que depois se solidificam à medida que são rapidamente resfriadas com a exaustão dos gases da estação. A liberação na atmosfera das pequenas partículas esféricas e ocas resultantes não é aceitável, do ponto de vista ambiental, e, portanto, tecnologias de controle de poluição, tais como filtros tipo bolsa, ciclones e precipitadores eletrostáticos, são usados para capturar esse material – a CV.

As partículas esféricas de CV ('cenosferas') consistem de uma mistura de vidro de aluminossilicato e minerais cristalinos tais como mulita e quartzo. Adicionalmente, partículas de minerais cristalinos podem existir juntamente com as esferas. A composição química da CV é indicada no diagrama ternário da figura 5.7. O gráfico indica que o material pode ser subdividido em duas subcategorias, com base no conteúdo de cálcio. A CV calcária é cinza que contém mais de 10% de CaO e resulta da queima de lignita ('carvão marrom') ou de carvões sub-betuminosos. A CV de silício contém menos de 10% de CaO e resulta da queima de carvão betuminoso e antracito. No Reino Unido, a CV de silício é a norma, embora cinzas calcárias sejam comumente encontradas em outras partes, incluindo a América do Norte e vários países europeus.

5.3.3.1 CV de silício

Em geral, aceita-se que a parte vítrea da CV é o constituinte com propriedades cimentícias. No caso da CV de silício, isso resulta de uma reação pozolânica – uma reação com $Ca(OH)_2$ produzida durante a hidratação do PC. A reação é mais lenta que a da GGBS, embora, novamente, em etapas mais avançadas, a resistência possa corresponder à do PC para um dado fator A/C. Tal como para com a GGBS, os produtos da reação são o gel de CSH e os aluminatos de cálcio hidratados. Uma pasta de cimento madura contendo PC e CV contém mais gel de CSH (com uma razão Ca/Si média menor) e quantidades mais altas de AFm. O conteúdo de $Ca(OH)_2$ é menor, tanto como resultado da diluição do PC quanto porque o $Ca(OH)_2$ é consumido na reação pozolânica.

A BS EN 450-1 [22] cobre os requisitos da CV de silício para uso no concreto. O padrão define os limites para as características do material. Muitos dos limites impostos à composição química (tabela 5.1) estão relacionados com a durabilidade: o conteúdo de Cl é limitado para evitar problemas relacionados com a corrosão do reforço (capítulo 4); o conteúdo de SO_3 é limitado para evitar o ataque de sulfatos; e os limites de álcalis são parcialmente definidos para evitar problemas com a reação álcali-sílica (capítulo 3).

O padrão também impõe limites a várias outras características, especificamente, a finura, o índice de atividade, a integridade, exigências de água e perda por ignição. No caso da CV, a finura é medida em termos da massa de cinza retida numa trama de 45 μm quando peneirada úmida. O padrão define duas categorias de cinza: a categoria N (finura ≤ 40% por massa) e a categoria S (≤12% por massa). Uma distribuição de tamanhos de partículas para uma cinza de categoria N é mostrada na figura 5.10.

O índice de atividade é determinado da mesma maneira que para a GGBS, com exceção de que uma combinação de 75% de PC:25% de CV é usada. Os limites definidos pelo padrão são de 75% e 85% da resistência de referência em 28 e 90 dias, respectivamente.

Uma característica da CV que torna tolerável sua menor resistência em etapas mais iniciais é sua influência benéfica na manutenibilidade. Para se conseguir as mesmas características de manutenibilidade que o concreto, contendo apenas PC como componente de cimento, a CV exige menos água, permitindo assim uma redução no fator A/C, com consequente melhoria na resistência. Por essa razão, a BS EN 450-1 define um requisito de água para a cinza de categoria S. Isso é determinado estabelecendo-se a água necessária para se atingir o mesmo fluxo que uma argamassa de referência composta somente de PC (medida usando-se uma tabela de fluxo de acordo com a BS EN 1015-3), numa argamassa contendo 70% de PC:30% de CV por massa como componentes do cimento. O padrão exige que ≤95% por massa de água seja necessária com relação à argamassa de referência.

O conteúdo de carbono da CV limita os benefícios à manutenibilidade. Por essa razão, o padrão também limita a perda por ignição (perda de massa após aquecimento a 975°C por 1 h) a menos de 9,0% por massa, e no Reino Unido, a cinza deve ter um valor de perda por ignição de menos de 7,0% para ser considerada de uso em concreto.

Tabela 5.1 Limites à composição química para CV na BS EN 450-1

Constituinte	Limite (% por massa)	Método
Cl	≤0,10	BS EN 196-21
SO_3	≤3,0	BS EN 196-2
CaO livre	≤2,5	BS EN 451-1
CaO reativo	≤10,0	BS EN 197-1
SiO_2 reativo	≥25	BS EN 197-1
$SiO_2 + Al_2O_3 + Fe_2O_3$	≥70	BS EN 196-2
Álcalis totais	≤5,0 de Na_2O equivalente	BS EN 196-21
Óxido de magnésio	≤4,0	BS EN 196-2
Fosfato solúvel	≤0,01	BS EN 450-1

A BS EN 450-1 foi revisada para incluir a prática mais recente de co-combustão – a queima de produtos descartados – especificamente, biomassa, carne animal, lama de papel e esgoto, coque de petróleo e combustíveis de descartes de combustíveis líquidos e gasosos. O principal objetivo desse aspecto da atualização foi assegurar que a composição de CV derivada de fábricas em que a co-combustão é praticada não seja demasiadamente desviada das composições de cinza derivada puramente de carvão. O padrão limita a contribuição para a massa total de cinza provinda de combustíveis de co-combustão em 20% por massa e que combustíveis líquidos e gasosos (que não têm qualquer contribuição para a massa final da cinza) componham o máximo de apenas 20% da mistura total de combustível da estação de força numa base calorífica.

5.3.3.2 CV calcária

Os requisitos para a CV calcária são cobertos pela BS EN 197-1. Ela define a cinza como tendo um conteúdo de CaO reativo de ≥10,0% por massa e de SiO_2 de ≥25.0% quando o conteúdo de CaO reativo ficar entre 10,0% e 15,0%.

As reações cimentícias da CV calcária situam-se em algum lugar entre as de uma pozolana, tal como CV, e um material hidráulico. Por essa razão, o padrão exige que, se o conteúdo de CaO da cinza exceder 15,0%, ela deve ser capaz de atingir uma resistência de 10,0 N/mm² em 28 dias, quando usada como único componente do cimento, numa argamassa preparada de acordo com a BS EN 196-1. Os produtos de hidratação são similares aos da CV de silício e da GGBS.

5.3.4 Fumo de sílica

O FS é um subproduto do fabrico de silício, para a indústria eletrônica, e de ligas de ferro silício, que são usadas nas indústrias de ferro e aço. O processo de fabricação envolve a redução de quartzo (SiO_2) usando-se uma fonte de carbono, tal como o coque de petróleo ou carvão vegetal, num forno. Uma parte da matéria-prima é volatilizada no forno como SiO, que é oxidado em contato com o ar para formar finas partículas de SiO_2 amorfo. Essas partículas são capturadas pelos sistemas de controle de poluição.

A composição do FS é muito próxima do SiO_2 puro (figura 5.7). O FS passa por uma reação pozolânica tal como a CV. No entanto, a ausência de Al_2O_3 implica no produto da reação ser exclusivamente o gel de CSH, com uma razão de Ca/Si média menor que no PC maduro endurecido.

As partículas de FS são extremamente finas, com tamanhos médios tipicamente na faixa de 100 a 1000 nm (figura 5.10).

O FS para uso em concreto é coberto pela BS EN 13263-1 [23]. Em termos químicos, ela exige que o material contenha ≥85% por massa de SiO_2. Ela também impõe limites ao Si elementar (Si que não está quimicamente combinado com outros elementos), ao óxido de cálcio livre, aos sulfatos, à perda por ignição e aos cloretos. Os álcalis totais devem ser declarados para permitir que o conteúdo total de álcalis do concreto seja determinado quando reações álcali-agregado forem uma preocupação.

Há também exigências em termos de finura (expressas em termos de superfície específica) e índice de atividade. Tipicamente, o FS é altamente ativo e, consequentemente, os requisitos de índice de atividade são de que barras de argamassa feitas com 90% de PC e 10% de FS como fração de cimento devem atingir ao menos a mesma resistência que a mistura de referência de 100% de PC numa idade de 28 dias.

5.3.5 Calcário

O pó de calcário pode ser obtido como subproduto do processamento do calcário, moído especificamente para uso como componente de cimento ou moído juntamente com clínquer de PC. A distribuição de tamanhos de partículas obtida depende do processamento usado e dos requisitos da aplicação, mas tamanhos médios um pouco abaixo dos do PC são típicos.

O calcário consiste grandemente de $CaCO_3$, mas pode conter outros minerais. Ele às vezes é chamado de completador inerte, o que significa que ele não passa por nenhuma reação cimentícia. Embora isso seja essencialmente verdade – ele não faz nenhuma contribuição para o desenvolvimento de resistência através de reações químicas – sua presença leva à formação de fases AFm contendo íons carbonato – monocarbonato e semicarbonato – em vez de monossulfato.

As exigências impostas ao calcário na BS EN 197-1 são que ele deve conter ao menos 75% de carbonato de cálcio, menos de 1,20% de argila e menos de 0,50% de carbono orgânico. Duas categorias de calcário, dependendo do conteúdo de carbono orgânico, estão definidas: LL (≤0,20%) e L (≤0,50%).

5.3.6 Pozolanas

As pozolanas são subdivididas em duas subcategorias: as pozolanas naturais e as pozolanas naturais calcinadas. As pozolanas naturais são materiais que passam por reações similares às da CV e do FS, mas que obtiveram essas características através de processos naturais. Tipicamente, tais materiais se originam de processos vulcânicos e podem ser vidros vulcânicos ou materiais derivados da ação do clima ou de processos hidrotérmicos sobre eles, de tal maneira a levar à formação de zeólitos. Outro exemplo de pozolana natural é a terra diatomácea, cujas partículas são esqueletos individuais de algas – diátomos e similares. Os esqueletos consistem de sílica amorfa hidratada, que é pozolânica. Não há fontes viáveis de pozolanas naturais no Reino Unido, embora haja muitas fontes em outras áreas, incluindo locais em torno do Mediterrâneo, Canadá e Oriente Médio.

As pozolanas naturais calcinadas são minerais, ou misturas de minerais, que foram propositadamente tornados pozolânicos por processamento térmico. No Reino Unido, o metacaulim (MC) é o mais comumente encontrado deles. Ele é produzido pela calcinação da argila de caulim a temperaturas em torno das quais a caulinita começa a se decompor termicamente (600°C–900°C). O material resultante é principalmente amorfo e tem uma composição essencialmente igual à da argila que foi usada para produzi-lo (veja a figura 5.7). Na presença de PC em hidratação, ele gera produtos de hidratação similares aos produzidos pela CV, embora ele seja tipicamente usado em menores quantidades que a CV.

As partículas de MC produzidas são essencialmente do mesmo tamanho que as da argila que as formou e ele é, portanto, tipicamente um material relativamente fino (figura 5.10).

A BS EN 197-1 exige que as pozolanas tenham um conteúdo de SiO_2 reativo de ≥25% por massa.

5.4 Agregados

Em muitos aspectos da durabilidade do concreto, os agregados desempenham um papel importante. Não só ele está envolvido diretamente em certos processos que comprometem a durabilidade (por exemplo, abrasão e RAS), mas também pode introduzir substâncias químicas (em particular, cloretos, sulfatos e álcalis) que podem contribuir para outros problemas. Além disso, como discutido anteriormente, a presença de agregado cria uma ZTI, a qual pode auxiliar no ingresso de substâncias danosas.

Os padrões relacionados com agregados são discutidos nas seções seguintes, com ênfase nos requisitos para durabilidade.

5.4.1 Agregado natural

O padrão principal que cobre agregados para uso em concreto é a BS EN 12620 [24]. Ela abrange os agregados naturais, fabricados e reciclados (ARs) e inclui limites a certas características do material, bem como exigências sobre o fornecimento de informações a esse respeito. Ela também contém detalhes sobre as ações necessárias para se assegurar a conformidade de um agregado com o padrão. As características são as seguintes:

- Gradação
- Forma das partículas
- Teor de conchas
- Conteúdo de finos
- Qualidade de finos
- Resistência à fragmentação
- Resistência ao desgaste
- Resistência a polimento e abrasão
- Densidade das partículas e absorção de água
- Densidade maciça
- Resistência a congelamento-degelo
- Encolhimento por secagem
- Reatividade álcali–sílica
- Requisitos químicos

A BS EN 12620 define como as características devem ser medidas e expressas, mas só fornece limites reais em certos casos. Destarte, fica a critério do especificador ou do produtor do concreto (veja a seção 5.6) determinar as características que são necessárias. Entretanto, a British Standards Institution também produziu um Published Document, PD 6682-1 [25], que oferece limites sugeridos para certas características de concreto produzido no Reino Unido.

Os requisitos de gradação são definidos para agregado grosso, agregado fino, agregado natural graduado de 0/8 mm, agregado misto e agregado de preenchimento.

As características relevantes do ponto de vista da durabilidade são a resistência à fragmentação, ao desgaste, a polimento e abrasão de superfície; resistência a congelamento-degelo; encolhimento por secagem; reatividade álcali-sílica; e vários requisitos químicos.

A resistência à fragmentação, ao desgaste, a polimento e abrasão de superfície, todos fornecem alguma indicação da resistência à abrasão (RA) que um material agregado atribui ao concreto. Os requisitos de RA de pisos e revestimentos de concreto são cobertos pela BS 8204-2 [26]. O padrão usa a abordagem de definição dos requisitos para a RA do agregado em termos de resistência à fragmentação.

A resistência à fragmentação é medida usando-se o teste de Los Angeles (LA), que envolve o carregamento de um tambor giratório com uma quantidade de agregado cujas partículas estão dentro de uma estreita faixa de tamanhos (10–14 mm) e onze bolas de aço, e girando-se o tambor a uma taxa padrão constante. O tambor tem um 'braço' em sua circunferência interna, que atua para agitar o conteúdo, levando a colisões violentas entre as partículas de agregado e as bolas de aço. Ao final do teste, o agregado é peneirado usando-se uma peneira com furos de 1,6 mm que, antes do tempo de agitação no tambor, teria retido todas as partículas do agregado. A quantidade ainda retida na peneira após o teste é usada para calcular um coeficiente de LA. Um alto nível de retenção fornece um baixo coeficiente de LA, o que denota uma alta resistência à fragmentação. O teste de LA é descrito na BS EN 1097-2 [27].

A PD 6682-1 sugere que um coeficiente de LA máximo de 40 é apropriado para a maioria das aplicações de concreto, e valores inferiores só devem ser exigidos para aplicações de muito alto desempenho, se for o caso.

A resistência a polimento e abrasão de superfície se aplica a RA de agregados usados em superfícies de autoestradas. Ambos os tipos de resistência são medidos usando-se as técnicas descritas na BS EN 1097-8 [28].

As medições do valor de pedra polida (VPP) e do valor de abrasão de agregado (VAA) são discutidas no capítulo 2. No Reino Unido, a Highways Agency inclui exigências para VPPs ou VAAs para diferentes condições de estradas e tráfego no Design Manual for Roads and Bridges [29].

A resistência a congelamento-degelo de agregado é quantificada na BS EN 12620, em termos dos resultados dos métodos de teste da EN 1367-1 ou da EN 1367-2 [30,31]. Ambos os métodos envolvem a medição da quantidade de fragmentação resultante da exposição dos agregados a condições que causam expansão dentro da porosidade nas partículas do agregado. No caso do método da EN 1367-1, isso é conseguido pela exposição a ciclos de congelamento e degelo, enquanto a

EN 1367-2 usa pressão de cristalização causada pela precipitação de sulfato de magnésio da solução. É o segundo desses testes que tem a maior significância, em termos da especificação do concreto, no Reino Unido, como será discutido posteriormente.

O encolhimento por secagem é expresso em termos do valor obtido usando-se um teste descrito na EN 1367-4 [32]. O teste não envolve uma medição direta do encolhimento do agregado, mas, ao invés, mede o encolhimento de prismas de concreto contendo uma massa fixa de agregado, cuja gradação recai numa série de limites. O encolhimento a partir de uma condição saturada é medido após a secagem num forno a 110°C. A BS EN 12620 exige que, quando o especificador o requeira, o encolhimento por secagem deva ser ≤0,075%.

A suscetibilidade de fontes de agregado a RAS não é trabalhada diretamente pela BS EN 12620, que remete o usuário aos padrões locais relevantes. No Reino Unido, a diretriz sobre RAS é fornecida pela BRE Digest 330 [33]. A diretriz recomenda o método de teste de RAS descrito na BS 812-123 [34], que envolve a preparação de prismas de concreto rico em cimento contendo o agregado sob investigação e a medição de sua expansão a uma temperatura de 38°C em umidade elevada. Expansão em excesso de 0,20% após 12 meses de teste indica uma reação expansiva, enquanto a expansão abaixo de 0,05% significa que o agregado é não expansivo. Existe uma área de incerteza entre esses limites, a qual é provisoriamente subdividida e rotulada de 'possivelmente expansiva' (0,10%–0,20%) e 'provavelmente não expansiva' (0,05%–0,20%). A BRE Digest 330 também recomenda maior investigação dos prismas de teste usando-se métodos petrográficos para confirmar se a RAS ocorreu. Uma versão modificada do método da BS 812-123 foi divisado especificamente para agregados de grauvaque [35].

Quando um agregado é tido como expansivo ou possivelmente expansivo, isso não significa que o material não pode ser usado em concreto, mas que as medições devem ser tomadas para controlar a reação (veja a seção 5.6.8).

Os requisitos químicos cobertos pela BS EN 12620 relacionados com agregados, em geral, são cloretos, sulfatos solúveis em ácido, enxofre total, 'constituintes que alteram a taxa de fixação e endurecimento do concreto' e 'teor de carbonato de agregados finos para superfícies de pavimento de concreto'. Desses, o conteúdo de cloretos, sulfatos, enxofre e carbonatos têm relevância direta para a durabilidade. O teste das características químicas de agregados é feito usando-se os métodos descritos na BS EN 1744-1 [36].

Nenhum limite é imposto aos cloretos, mas limites ao conteúdo total de cloretos no concreto são definidos nos padrões da especificação (veja o capítulo 4). A PD 6682-1 recomenda que sulfatos solúveis em ácido sejam limitados a ≤0.80% por massa. A BS EN 12620 limita o enxofre total, que não para escória de alto-forno resfriada a ar (veja posteriormente), a ≤1% por massa.

O conteúdo de carbonato é incluído porque pode ser necessário limitar o conteúdo de minerais de carbonato presentes em agregado fino usado para camadas de superfície, uma vez que esses constituintes estão mais sujeitos à abrasão.

5.4.2 Agregado reciclado

O AR é definido como 'agregado resultante do processamento de material inorgânico previamente usado em construção'. A BS EN 12620 contém requisitos especiais e diretrizes para o uso desse tipo de material. A principal razão para isso é que há riscos potencialmente mais altos associados a alguns constituintes de ARs, o que significa que uma abordagem mais rigorosa para a caracterização é necessária.
O padrão inclui um sistema para categorização de AR baseado em seus materiais constitutivos (p.ex., concreto, alvenaria, materiais betuminosos, etc.)

O conteúdo de cloretos do AR precisa ser determinado em termos de cloretos solúveis em ácido, em vez de cloretos solúveis em água, no agregado convencional. Esse provavelmente forneça um valor mais alto e, portanto, reflete uma abordagem mais conservadora para a aceitabilidade do material para uso em concreto reforçado. A abordagem é vista como correta com base no fato de ser improvável que cloretos ligados em cimento hidratado unido a partículas de AR sejam completamente liberados quando expostos apenas a água.

A BS EN 12620 destaca que, com relação à RAS, o AR deve ser visto como sendo potencialmente reativo, a menos que demonstrado o contrário, e que os usuários devem saber que a variabilidade imprevista do material é uma possibilidade.

No Reino Unido, a BS 8500-2 [10] faz distinção entre o AR (que é definido como agregado resultante do reprocessamento de material inorgânico previamente usado em construção) e o agregado de concreto reciclado (ACR, que é definido como AR composto principalmente de concreto triturado). O padrão fornece limites para a proporção de outros materiais que podem estar presentes (alvenaria, material leve menos denso que a água, asfalto, vidro, plásticos e metal) bem como limites ao conteúdo de finos e aos sulfatos solúveis em ácido (1,0% por massa para o ACR).

O padrão só cobre o uso de ACR e AR como agregado grosso, já que há entendimentos de que agregado fino pode conter quantidades excessivas de partículas de gesso provenientes de massa reboco. Porém, ele enfatiza que o uso de AR e ACR finos pode ser incluído na especificação de um projeto se determinadas fontes de materiais livres de sulfatos puderem ser asseguradas.

O padrão limita o uso de ACR para concreto com uma força de cubo característica de ≤ 50 N/mm^2. Ele também exclui o ACR do uso em ambientes em que a corrosão induzida por cloretos, ataque químico e formas mais agressivas de ataque de congelamento-degelo sejam ameaças prováveis.

Quando da especificação de concreto, a BS 8500-2 afirma que quando o uso de AR for permitido, necessário é que, além da conformidade com os requisitos detalhados anteriormente, o conteúdo máximo de sulfatos solúveis em ácido, o método usado para determinação do conteúdo de cloretos, uma classificação com relação à reatividade álcali-agregados, o método para determinação do conteúdo de álcalis e qualquer limitação ao uso de materiais sejam especificados.

A BS EN 206 [37], à qual a BS 8500-2 é um padrão complementar, é agora mais específica com relação a limites a AR. O padrão define requisitos para dois tipos diferentes de agregado reciclado – um somente conveniente para concreto com uma classe de resistência à compressão (em termos de força de cubo) de ≤ 37 N/mm^2 (Tipo B), e um conveniente para concreto de maior resistência (Tipo A). Limites são impostos às características e composição do AR, sendo as características relevantes, do ponto de vista da durabilidade, a resistência à fragmentação (um coeficiente de LA máximo de 50, necessário) e um teor de sulfatos solúveis em água de $\leq 0,7$% por massa. Os limites recomendados para os constituintes são definidos para maximizar o conteúdo de agregado de concreto reciclado e/ou pedra natural e agregado não ligado/hidraulicamente ligado, ao mesmo tempo limitando os níveis de constituintes mais prováveis de serem problemáticos: argila queimada, materiais betuminosos, vidro e gesso (veja o capítulo 3), e outros contaminantes (madeira, plástico, etc.) Limites mais estritos são definidos para o Tipo A. Os detalhes das categorias para diferentes constituintes de AR são listados na BS EN 12620.

Para condições não agressivas (Classe de Exposição X0 – veja a seção 5.7.4) o padrão recomenda um limite de 50% de substituição de agregado grosso. Sob as menos agressivas condições de carbonatação (XC1 e XC2), um limite de 30% é definido para o AR de Tipo A e de 20% para o de Tipo B. Para condições mais agressivas de carbonatação (XC3 e XC4) mais os menores níveis de agressão para ataque de congelamento-degelo, corrosão induzida por cloretos (que não da água do mar) e ataque químico (XF1, XD1 e XA3) um limite de 30% é definido para AR do Tipo A, enquanto o Tipo B não é recomendado. Acima dessas classes de exposição, o AR não é recomendado para nenhum tipo de AR.[**]

5.4.3 Escória de alto-forno resfriada a ar

Como discutido anteriormente, a granulação da escória de alto-forno produz um material vítreo granular. Ao se permitir que a escória resfrie lentamente, a cristalização dos aluminossilicatos de cálcio e silicatos de cálcio e magnésio ocorrem. O material resfriado é então triturado e peneirado para produzir agregado.

A BS EN 12620 contém exigências específicas para a escória de alto-forno resfriada a ar, em parte como resultado de problemas históricos oriundos da expansão do agregado. Portanto, esse padrão inclui exigências adicionais e modificadas para dar certeza de que a estabilidade do volume não será problema para uma dada fonte de escória.

A questão da instabilidade do volume é coberta por uma seção específica no padrão, intitulada Constituents Which Affect the Volume Stability of Air-Cooled Blast-Furnace Slag[***]. Esses dois componentes são o silicato bicálcico β

[**] Esta última frase parece confusa; a pretensão do autor deve ter sido dizer que o uso de agregado reciclado não é recomendado para qualquer outra situação. (Nota do Tradutor)

[***] [*] Constituintes que afetam a estabilidade do volume da escória de alto-forno resfriada a ar. (Nota do Tradutor)

e os sulfetos de ferro. O silicato bicálcico β é uma forma metaestável do silicato bicálcico (2CaO·SiO$_2$) que, ao longo do tempo, passa por uma transformação de fase para o mais estável silicato bicálcico β [38]. Essa transformação envolve um aumento de volume, que leva à desintegração de partículas de escória. Um método de teste para a presença da forma β é descrita na BS EN 1744-1, que envolve a inspeção de partículas divididas de escória sob luz ultravioleta.

O sulfeto de ferro (e o de magnésio) também causa desintegração, dessa vez através da hidrólise do sulfeto. Exemplo de tal reação de hidrólise é

$$FeS + 2H_2O \rightarrow Fe(OH)_2 + H_2S$$

Um método para se determinar o potencial para desintegração de sulfetos também é descrito na BS EN 1744-1, o qual envolve mergulhar partículas de escória na água por alguns dias e observar a extensão em que ocorre a desintegração. Os sulfetos também podem estar presentes em agregados naturais. No passado, foram encontrados problemas com agregados derivados de resíduos de mineração em Devon e Cornwall, no Reino Unido, que continham quantidades dos minerais de sulfeto piritas.

Os limites de sulfato impostos aos agregados de escória de alto-forno resfriada a ar são menos restritivos que os de outros agregados. Isso porque o enxofre tipicamente está presente no material numa forma que é menos disponível para reação. Como resultado, a BS EN 12620 define um limite mais alto, de 2% por massa, de enxofre total, e a PD 6682-1 segue estratégia similar para sulfatos solúveis em ácido (≤1,00% por massa).

5.4.4 Agregados leves

A BS EN 12620 não inclui agregado com densidade menor que 2000 kg/m³, excluindo, assim, os agregados leves. Ao invés, eles são cobertos pela BS EN 13055-1 [39], onde o uso pretendido é no concreto. O padrão divide os requisitos de agregados leves em duas categorias: física e química. As características físicas são as seguintes:

- Densidade
- Tamanho e gradação do agregado
- Forma da partícula
- Finos
- Gradação de enchimentos
- Absorção de água
- Conteúdo de água
- Resistência à trituração
- Porcentagem de partículas trituradas
- Resistência à desintegração
- Resistência a congelamento e degelo

Do ponto de vista da durabilidade do concreto, apenas a resistência à desintegração e a congelamento/degelo são de relevância direta.

A desintegração de agregado leve pode resultar da expansão de constituintes óxidos que estão potencialmente presentes em certos materiais. Um método para avaliação de qualquer problema potencial com a desintegração está incluído num anexo ao padrão. Esse método envolve a exposição do agregado a alta umidade, a pressão e temperatura elevadas. A análise de peneira é usada para se estabelecer a extensão em que a desintegração ocorreu.

Um método de teste para a resistência a congelamento-degelo também está incluído num anexo ao padrão. Ele envolve a exposição dos agregados a uma sequência de ciclos de congelamento-degelo, seguida de uma análise de peneira para se determinar o nível de deterioração. Não são definidos limites pelo padrão em nenhum dos casos de resistência, nem a desintegração, nem a congelamento-degelo – simplesmente é exigido que o desempenho dos agregados seja declarado pelo produtor.

Em termos da determinação das características químicas, os cloretos, sulfatos solúveis em ácido e enxofre total são exigidos da mesma maneira que para os agregados normais e pesados. A BS 8500-2 exige que o agregado leve deva ter um teor de sulfatos solúveis em ácido de ≤1%, medido usando-se uma técnica descrita na BS EN 1744-1. Há ainda uma exigência a respeito da declaração da presença de 'contaminantes orgânicos' que são equivalentes aos 'constituintes que alteram a taxa de fixação e endurecimento do concreto', na BS EN 12620, e determinados da mesma maneira.

Adicionalmente, a perda por ignição deve ser determinada e declarada para agregados leves que sejam cinzas recicladas, tais como cinza de fundo de forno de estações de força alimentadas a carvão. A BS 8500-2 exige que a perda por ignição do material a 950°C (novamente, seguindo uma técnica da BS EN 1744-1) deve ser inferior a 10% por massa.

O padrão afirma que a reatividade do agregado leve com relação à RAS deve ser determinada de uma maneira apropriada para o lugar de uso, quando necessário. Assim, o uso do método de teste da BS 812-123 também se aplica a agregado leve no Reino Unido.

Em certos casos, quando o ataque de congelamento-degelo é um problema potencial, é necessário especificar agregado resistente a congelamento-degelo. Quando o agregado é leve, a BS 8500-2 exige que o produtor seja capaz de demonstrar que o concreto resistente a congelamento-degelo pode ser produzido com o material.

5.5 Ingredientes de misturas

Uma série de ingredientes para uso em concreto tem capacidades específicas para melhorar o desempenho da durabilidade do concreto. Outros atribuem características ao concreto que têm aplicações mais gerais, mas que podem ser usadas para melhorar a durabilidade, de certa forma. Esses ingredientes são descritos abaixo. Quando eles tiverem por objetivo melhorar um aspecto específico da durabilidade do concreto, mais detalhes podem ser encontrados nos capítulos relevantes anteriores.

5.5.1 Superplastificantes e redutores de água

Os superplastificantes e redutores de água não atribuem nenhuma qualidade específica ao concreto para torná-lo mais resistente à deterioração física ou química. Porém, eles exigem discussão, neste capítulo, em virtude do papel muito importante que podem representar na produção de concreto durável.

Ambos os ingredientes têm por efeito reduzir a viscosidade da mistura fresca. Esse efeito pode ser usado na construção de concreto de várias formas – pode simplesmente ser usado para produzir uma mistura mais trabalhável ou, pela redução simultânea do conteúdo de água e de cimento de uma mistura de concreto, para produzir um material com a mesma trabalhabilidade e resistência, mas com um custo potencialmente menor. No entanto, quando a durabilidade é encarada, as substâncias são de máximo benefício em suas capacidades de redução de água.

A água fornece ao concreto sua fluidez, mas quanto maior a exigência de água, maior a quantidade de cimento necessário para se atingir um dado fator A/C. Os redutores de água rompem essa dependência e essencialmente permitem que a trabalhabilidade necessária seja alcançada numa ampla faixa de conteúdos de cimento e fatores A/C. Como veremos, a especificação do concreto para durabilidade frequentemente envolve a definição de limites em termos de conteúdo máximo de cimento e mínimo de fator A/C. Desta forma, esse grupo de ingredientes pode desempenhar um importante papel na produção de concreto dentro desses limites.

Os ingredientes redutores de água são tipicamente baseados em lignossulfonatos (que derivam do processo de fabricação de papel), ácidos hidroxicarboxílicos (produzidos por sínteses químicas ou bioquímicas) ou polímeros hidroxilados (fabricados a partir de polissacarídeos naturais). Todos funcionam pelo mesmo mecanismo – são absorvidos na superfície de partículas de cimento, no concreto fresco, e limitam a extensão em que essas partículas são atraídas umas pelas outras, pelas forças de van der Waals, reduzindo assim a viscosidade da pasta de cimento.

Muitos superplastificadores operam por um mecanismo similar, mas são consideravelmente mais eficazes. Tipicamente, um redutor convencional de água atinge uma concentração de saturação (a dosagem acima da qual não mais é possível redução de água) a aproximadamente 1% por massa do cimento. Em tal dosagem, o nível de redução de água é de aproximadamente 10%, comparado com uma mistura que não contenha nenhum ingrediente. No caso dos superplastificadores, a influência na viscosidade é de uma faixa maior, o que significa que dosagens mais altas podem alcançar níveis de redução de água de até quase 30%. Os superplastificadores são baseados em formaldeído naftaleno sulfonatado, melamina formaldeído sulfonada e poliacrilatos. Um grupo adicional mais recente de superplastificadores – éteres policarboxílicos (PCEs) – agem por um mecanismo diferente de 'estabilização espacial'. Isso envolve cadeias de polímeros sendo adsorvidas nas superfícies de partículas de cimento e evitando que as partículas se aproximem o suficiente para permitir as interações de van der Waals.

Em certas circunstâncias, os ingredientes de redução de água podem ter efeitos deletérios na durabilidade, na forma de fissurações resultantes do encolhimento por secagem, o qual é tipicamente exagerado em comparação com misturas do mesmo conteúdo de cimento sem ingredientes. O efeito é ainda maior onde as formulações contenham um ingrediente acelerador para compensar o efeito retardante dos redutores de água [20]. Isso normalmente não é problema no caso dos superplastificadores.

5.5.2 Agentes incorporadores de ar

Os agentes incorporadores de ar ajudam a introduzir e estabilizar bolhas microscópicas de ar na matriz de cimento do concreto. A presença de bolhas de ar atua para limitar significativamente o dano causado pelo congelamento e degelo cíclicos de água nos poros do concreto. A natureza, o mecanismo e o desempenho de agentes incorporadores de ar são discutidos em detalhes no capítulo 2.

5.5.3 Seladores de umidade

Seladores de umidade são ingredientes de mistura que deixam a superfície dos poros hidrofóbica. Isso é conseguido através de uma série de diferentes mecanismos. Os seladores mais comumente encontrados contêm ácidos graxos tais como o ácido oleico ($C_{17}H_{33}COOH$) e o esteárico ($C_{17}H_{35}COOH$). Estes reagem com os produtos da hidratação na superfície dos poros da maneira mostrada na figura 5.11. A reação de anexação deixa uma camada de cadeias de hidrocarbono hidrofóbico na superfície, o que faz com que a água que entre em contato com essa superfície adote um ângulo de contato elevado (figura 5.12). Como discutido na seção 5.2.3, isso reduz significativamente a extensão em que a ação capilar leva a água para os poros do concreto.

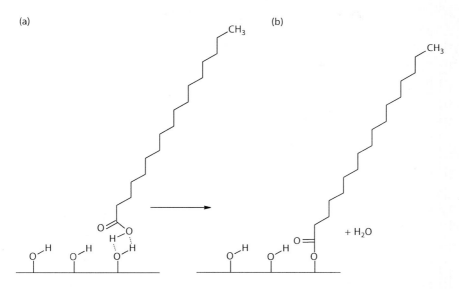

Figura 5.11 Adição de um ácido graxo à superfície de um produto de hidratação. (a) Interações eletrostáticas levam as moléculas de ácido graxo para bem perto dos grupos de hidróxido nas superfícies de produtos de hidratação do cimento; (b) Reação entre grupos de hidróxidos e ácidos graxos levam as moléculas a se fixarem à superfície através de uma ligação química, com a formação de uma molécula de água.

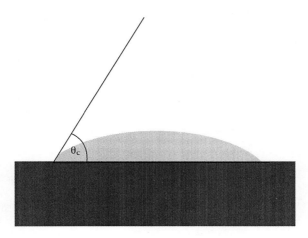

Figura 5.12 Ângulo de contato (θ_c) entre uma gotícula d'água e uma superfície sólida.

O selamento de umidade também pode ser conseguido pela introdução de ingredientes consistindo de emulsões de ceras. Essas emulsões são estabilizadas com emulsificadores tais como monoestearato de sorbitan, de modo que elas começam a coalescer nas condições de pH elevado produzidas pelo cimento em hidratação, assim depositando uma fina camada de cera hidrofóbica nas superfícies dos poros algum tempo após a mistura [40].

Adicionalmente, ingredientes contendo pós finos de partículas hidrofóbicas também podem ser usados. O uso de seladores de umidade também podem limitar o fluxo de água para o concreto, atuando sob um diferencial de pressão. Antes de a água poder penetrar o concreto, a pressão atuante na superfície do concreto deve exceder a pressão de entrada capilar (pec). Esta pressão precisa superar a diferença de pressão entre o fluido do lado de fora do concreto e o presente nos poros. Quando a durabilidade do concreto é o interesse, o fluido externo normalmente é água e o interno é ar. A pressão de entrada capilar é descrita pela equação

$$p_{ce} = \frac{-2\gamma \cos\theta_c}{r}$$

onde r é o raio do poro (m), γ é a tensão superficial da água (N/m) e θ_c é o ângulo de contato da água com a superfície do poro.

Deve-se notar que os processos que controlam a pressão de entrada capilar são essencialmente os mesmos que na absorção, e a equação é, portanto, intimamente relacionada com a equação da ação capilar da seção 5.2.3. Quando há um ângulo pequeno de contato, a pressão de entrada capilar é negativa e a ação capilar ocorre. Contudo, quando seladores de umidade são usados e o ângulo de contato é >90°, a superfície do concreto resiste à infiltração.

Resultados de cálculos usando esta equação são mostrados na figura 5.13. Embora esses resultados pareçam impressionantes, eles devem ser vistos em contexto – a pressão exercida por uma gota de chuva em vento de 80 km/h seria suficiente para permitir que a água penetrasse a superfície considerada no cálculo, na figura 5.13, com um raio de poro de 0,7 μm, mesmo que o ângulo de contato fosse de 120°.

Assim, é provável que seladores de umidade ofereçam resistência limitada à água a altas pressões hidrostáticas. Também deve-se notar que fissuras que se formam no concreto em seu estado endurecido não recebem o agente hidrofóbico na mesma extensão que os poros e, portanto, podem comprometer o efeito de selamento de umidade.

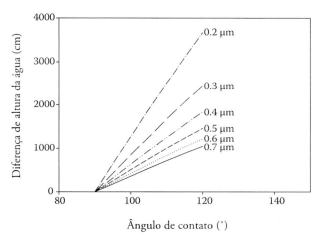

Figura 5.13 Diferença calculada de altura da água necessária para que a água passe por uma superfície de concreto com aberturas de poros de vários raios.

5.5.4 Inibidores de corrosão

Inibidores de corrosão são ingredientes que aumentam a concentração limite de cloretos necessária para iniciar a corrosão e que também limitam a taxa de corrosão após seu início. Eles são discutidos em maiores detalhes no capítulo 4.

5.5.5 Ingredientes redutores de expansão de álcali-agregados

Os ingredientes redutores de expansão de álcali-agregado são aqueles que limitam a extensão em que a expansão resulta das reações álcali-agregados. Eles são mais comumente baseados em torno de compostos de lítio, cuja presença no concreto age para evitar a formação do gel que surge durante essa reação. Esses ingredientes são discutidos em mais detalhes no capítulo 3.

5.6 Fibras

As fibras para uso em concreto podem assumir uma série de diferentes formas. Uma ampla variedade de materiais pode ser usada, incluindo aço, polímeros, carbono e vidro. As fibras estão disponíveis numa série de diferentes dimensões, em termos de largura, comprimento e uniformidade de perfil, e podem também ser fabricadas com diferentes características morfológicas, incluindo pontas em gancho e espiral.

A natureza das propriedades atribuídas ao concreto é dependente do material e das dimensões das fibras. As fibras de aço (com diâmetros na faixa de 0,4 a 1,4 mm e comprimentos entre 10 e 60 mm) e as assim chamadas 'fibras macrossintéticas' – fibras de polímero com dimensões similares – são capazes de oferecer firmeza adicional ao concreto [41]. Essa firmeza toma a forma de uma relação estresse–relaxamento em compressão e tensão, que lembra de perto a de um material dúctil. Deve-se enfatizar que isso não significa que o concreto torna-se dúctil pela presença de fibras – o concreto se fissura à medida que se deforma, mas a presença das fibras retarda o crescimento de fissuras e transmite o estresse pelas fissuras. Assim, é mais preciso afirmar que a capacidade de carga 'pós-fissuração' do concreto é melhorada.

Essa melhora tipicamente leva à formação de fissuras com menores larguras num elemento de concreto, o que tem benefícios na proteção do concreto contra o ingresso de substâncias químicas que podem danificar o concreto ou seu reforço de aço. Além do mais, em certos elementos estruturais, esses tipos de fibra podem ser usados em lugar de algum reforço de aço. Elementos estruturais convenientes são aqueles suportados por um substrato contínuo, tal como lajes suportadas pelo solo ou por colunas, ou lajes compostas sobre lastro de aço. Elementos de concreto projetado também são convenientes. Tais estruturas exigem quantidades mínimas ('nominais') de reforço, principalmente para controlar a fissuração, e é esse reforço que pode efetivamente ser substituído por fibras. Tipicamente, o nível máximo de dosagem de fibras de aço é de aproximadamente 1,00% por volume, enquanto para fibras macrossintéticas, é de aproximadamente 1,35%.

Os efeitos do endurecimento não são observados em qualquer extensão com as fibras de vidro ou microssintéticas (normalmente, dezenas de micrometros e até 25 mm de diâmetro), como resultado de sua rigidez inferior [42]. Estas são adicionadas em quantidades menores – fibras microssintéticas são tipicamente usadas numa dosagem máxima de 0,1% por volume, enquanto com as fibras de vidro, a dosagem máxima é ligeiramente mais alta – para controlar a fissuração resultante do encolhimento por secagem. 'Controlar', nesse contexto, significa um aumento no número de fissuras, mas estas com larguras menores, comparadas com o concreto sem fibras.

A presença de todos os tipos de fibra normalmente tem por efeito melhorar a qualidade da superfície, pela redução da exsudação na superfície e pela redução da extensão em que a fissuração plástica ocorre.

Adicionalmente, como discutido no capítulo 2, frequentemente se observa uma resistência melhorada a congelamento-degelo.

As propriedades das fibras de aço para uso no concreto são cobertas pela BS EN 14889-1 [43]. Como as fibras de aço não oferecem reforço estrutural, sua corrosão normalmente só é de maior preocupação do ponto de vista da estética. Em tais casos, fibras de aço inoxidável podem ser usadas.

As propriedades das fibras de polímero são cobertas pela BS EN 14889-2 [44]. A Eurocode 2 não cobre o uso de fibras em concreto. A BS EN 206 [37] contém requisitos básicos para o uso de fibras (e declaração de seu uso) em concreto. Ela também contém requisitos de testes para confirmar o tipo e o conteúdo de fibras.

5.7 Especificando concreto durável

A especificação do concreto é coberta pelo European Standard EN 206: Concrete: Specification, Performance, Production, and Conformity [37]. O padrão define as responsabilidades do especificador (em termos de especificação do concreto), do produtor do concreto (em termos da conformidade do produto e do controle de produção) e do usuário (em termos de colocação do concreto). O padrão tem padrões complementares nacionais, BS 8500-1 e BS 8500-2 [10,45], que cobrem o método de especificação do concreto e os requisitos do concreto e seus materiais constitutivos, respectivamente.

A BS EN 206 define três abordagens para especificação do concreto: 'concreto planejado', 'concreto prescrito' e 'concreto prescrito por norma'. A BS 8500-1 acrescenta duas outras estratégias para especificação: 'concreto designado' e 'concreto proprietário'. Antes de lidar com a especificação de concreto durável, é útil examinar o que são essas abordagens.

5.7.1 Concreto designado

Misturas designadas são misturas em que o especificador define para o produtor qual o papel que o concreto deve desempenhar numa estrutura; o produtor, então, desenvolve uma mistura para satisfazer os requisitos de desempenho para tal propósito. A BS EN 8500-1 lista 21 concretos designados. Alguns desses concretos são destinados a fins específicos, tais como pavimentação e fundações não reforçadas, enquanto outros são destinados a aplicações mais gerais.

O padrão define uma classe de resistência mínima, uma consistência requerida, na forma de classe de consistência, o fator A/C máximo, o conteúdo mínimo de cimento e os tipos de cimento permissíveis para cada mistura. A classe de resistência é a resistência à compressão de cubo ou cilindro característica a 28 dias. A resistência característica é a força abaixo da qual espera-se que 5% dos resultados de testes de resistência falhem. As classes de resistência são definidas na BS EN 206, com classes adicionais definidas na BS 8500-2. A classe de consistência é definida em termos dos resultados exigidos de uma medição específica da consistência do concreto (tal como abatimento do tronco de cone). As classes de consistência também são definidas na BS EN 206.

O uso de misturas designadas para elementos estruturais expostos a ambientes ricos em cloretos não é apropriado, e a especificação através de concreto designado, de concreto prescrito ou de concreto prescrito por norma é exigida.

Um produtor que queira fornecer concreto designado deve ter controle de produção credenciado e certificação de conformidade de produto por um terceiro.

5.7.2 Concreto planejado

O concreto planejado é descrito pela BS EN 206 como 'concreto para o qual as propriedades e características adicionais requeridas são especificadas ao produtor, que é responsável por fornecer um concreto em conformidade com aquelas'.

Misturas planejadas são tipicamente usadas para aplicações em que a especificação de uma mistura designada não é possível. Estas incluem concreto para elementos estruturais expostos a ambientes ricos em cloretos, concreto que exige uma resistência à compressão fora da faixa definida para misturas designadas (uma força de cubo entre 8 e 50 N/mm^2), concretos leves e pesados e concreto que use cimentos especiais para fins específicos.

As propriedades básicas que podem ser especificadas são as seguintes:

- Uma exigência de conformidade com a EN 206
- Resistência à compressão
- Condições de exposição a que o concreto estará sujeito durante o serviço
- Tamanho máximo do agregado
- Conteúdo de cloretos

No caso de concreto de mistura pronta e de mistura in loco, também é necessário definir a consistência exigida da mistura fresca e a densidade para misturas de concreto leve e pesado.

Além desses requisitos básicos, o especificador pode ter outros, além do escopo das propriedades básicas. Esses podem incluir exigência de materiais especiais, tais como agregados ou cimentos de baixo calor, teor de ar (quando o ataque de congelamento-degelo é preocupante), temperatura no estado fresco, a taxa de evolução da resistência, a extensão em que o calor evolui durante a hidratação do cimento, o retardo do enrijecimento (que pode ser necessário quando longos períodos de tempo são necessários entre a mistura e a colocação), a resistência à penetração de água, a força de tensão e a RA. Além disso, também se incluem requisitos técnicos relacionados com a forma como o concreto é usado depois que chega ao local da construção (colocação, acabamento de superfície, etc.)

5.7.3 Concreto prescrito, prescrito por norma e proprietário

O concreto prescrito é aquele cuja composição, em termos dos materiais usados e de suas proporções na mistura, são fornecidos a um produtor de concreto pelo especificador. O projeto da mistura pode ter sido executado pelo especificador ou por outrem. Uma variação do concreto prescrito é o prescrito por norma, no qual a composição é fornecida na forma de um padrão válido no local de uso.

O concreto proprietário é aquele cujo desempenho é definido em termos de medições feitas usando-se métodos de teste estipulados pelo especificador. O especificador consulta o produtor para identificar uma mistura de concreto conveniente que o produtor possa fornecer, sem nenhuma exigência de que o produtor revele as proporções da mistura ou os materiais usados.

A grande maioria do concreto especificado no Reino Unido é designada ou proprietária. Embora a durabilidade seja trabalhada na BS EN 206, ela permite que a especificação para durabilidade seja coberta por padrões complementares para países individuais. Este é o caso para o Reino Unido, onde a BS 8500-1 cobre explicitamente a especificação para durabilidade em termos de misturas designadas e planejadas. Assim, as ações necessárias para especificação de concreto durável são discutidas nas próximas seções exclusivamente nesses termos. Deve-se destacar que a maior parte do concreto proprietário será planejada por um produtor levando em conta o conteúdo relacionado com a durabilidade na BS 8500-1.

5.7.4 Especificação para durabilidade: concreto designado

O primeiro estágio para especificação para durabilidade para ambos os concretos, designado e planejado, é o estabelecimento das condições de exposição a que ele estará exposto. Estas são definidas tanto na BS EN 206 quanto na BS 8500-1 como uma série de classes definidas pelo tipo de ambiente a que o concreto estará exposto (tabela 5.2). Essas classes são divididas em seis categorias: 'nenhum risco de corrosão ou ataque' (X0), 'corrosão induzida por carbonatação' (XC), 'corrosão induzida por cloretos' (XD), 'corrosão induzida por cloretos de água do mar' (XS), 'ataque de congelamento-degelo' (XF) e 'ataque químico' (XA). Essas classes de exposição são autoexplicativas, com exceção da de 'ataque químico', que se refere ao ataque de sulfatos, ataque de ácido ou uma combinação de ambos. Essas categorias são, então, subdivididas em classes individuais, com um número mais alto denotando maior agressividade – isto é, a XS1 é menos agressiva que a XS3.

É possível que o concreto deva experimentar mais de um tipo de exposição, caso em que a especificação deve ser feita para cada classe de exposição. A exceção é o concreto que experimente um ambiente rico em cloretos em que a carbonatação também seja possível. Como discutido no capítulo 4, é provável que os requisitos para resistência a cloretos superem suficientemente os para carbonatação, e portanto, a exposição a cloretos deve ser especificada com exclusividade.

O concreto designado pode ser especificado para resistência contra carbonatação, ataque a congelamento-degelo e ataque químico. Os procedimentos necessários para tanto são delineados abaixo. A abordagem geral tomada é determinar a designação mínima apropriada para o concreto com base nos requisitos de durabilidade. Essa designação mínima é, então, comparada com os outros requisitos do concreto, tais como a resistência à compressão. Quando a designação para outros requisitos que não a durabilidade indicar uma qualidade mais elevada, esta designação será selecionada, já que ela oferecerá proteção adequada.

5.7.4.1 Carbonatação

O procedimento para especificação de concreto designado para resistência à carbonatação é delineado na figura 5.14. O processo é relativamente simples, começando com o estabelecimento da classe de exposição e a maneira pela qual o elemento de concreto será usado. Isso é definido em vários termos, tais como se haverá reforço presente, a configuração do elemento (p.ex., se ele é horizontal) e a maneira pela qual a água provavelmente entre em contato com ele. Em alguns casos, a classe de exposição pode não só ser apenas uma classe XC (como definido na tabela 5.2), mas também pode ser uma classe de congelamento-degelo (XF) em que ambos os tipos de exposição sejam aplicáveis.

Tabela 5.2 Classes de exposição definidas na BS EN 206

Classe de exposição	Ambiente
Nenhum risco de corrosão ou ataque	
X0	Para concreto sem reforço ou metal embutido: todas as exposições, exceto quando houver ataque de congelamento-degelo, de abrasão ou químico. Para concreto com reforço ou metal embutido: muito seco
Corrosão induzida por carbonatação	
XC1	Seco ou permanentemente úmido
XC2	Úmido, raramente seco
XC3	Umidade moderada
XC4	Úmido e seco em ciclos
Corrosão induzida por cloretos	
XD1	Umidade moderada
XD2	Úmido, raramente seco
XD3	Úmido e seco em ciclos
Corrosão induzida por cloretos de água do mar	
XS1	Exposto a sal transportado pelo vento, mas sem contato direto com a água do mar
XS2	Permanentemente submerso
XS3	Zonas de maré, de impacto da água ou de spray
Ataque de congelamento-degelo	
XF1	Saturação moderada da água, sem agente descongelante
XF2	Saturação moderada da água, com agente descongelante
XF3	Alta saturação da água, sem agente descongelante
XF4	Alta saturação da água, com agentes descongelantes ou água do mar
Ataque químico	
XA1	Ambiente químico levemente agressivo
XA2	Ambiente químico moderadamente agressivo
XA3	Ambiente químico altamente agressivo

Essa informação permite que uma designação mínima de concreto conveniente seja identificada juntamente com a profundidade nominal de cobrimento. Quando possível, o padrão apresenta uma série de diferentes combinações de designação de concreto e profundidade de cobertura, com designações de mais alta qualidade exigindo menos cobrimento. Quando reforço pré-estressado estiver presente, o especificador deve verificar no código de projeto relevante os detalhes sobre necessidade de uma quantidade adicional de cobrimento (Δc).

Neste ponto, o especificador tem toda a informação de que precisa, mas os detalhes dos requisitos da designação do concreto em termos de classe, consistência, máximo fator A/C, conteúdo mínimo de cimento e tipos de cimento permitidos são fornecidos ao produtor numa tabela (tabela A14), na BS 8500-1.

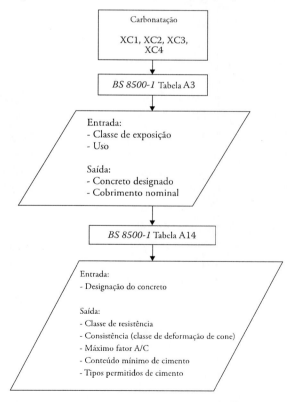

Figura 5.14 Abordagem para especificação de concreto designado para proteção contra corrosão induzida por carbonatação na BS 8500-1.

5.7.4.2 Ataque de congelamento-degelo

A especificação de concreto designado para resistência a congelamento-degelo é ligeiramente mais complexa que para a carbonatação, ao menos se houver reforço de aço presente. Quando esse reforço não está presente, a abordagem é simples – a classe de exposição é usada para identificar a designação mínima do concreto. A cobrimento não é uma preocupação nessas circunstâncias.

Entretanto, quando o aço está presente e o concreto é exposto a um ambiente de carbonatação, a referência à tabela A3 do padrão é necessária para identificar uma profundidade nominal de cobrimento, juntamente com uma possível modificação da designação mínima do concreto.

O procedimento para especificação é delineado na figura 5.15.

5.7.4.3 Ataque químico

Embora as classes de ataque químico (XA) sejam definidas na BS EN 206, a BS 8500-1 toma uma abordagem ligeiramente diferente ao traduzir as condições de exposição numa classe de ambiente químico agressivo para concreto (ACEC, no acrônimo em inglês), a qual fornece uma medida mais precisa da agressividade do que as classes de exposição. A ameaça de ataque químico pode provir de sulfatos na água do mar ou de sulfatos e/ou condições ácidas no solo.

Quando exposição à água do mar é a preocupação, nenhum sistema para seleção de uma mistura designada específica é fornecido. Contudo, o padrão contém requisitos para concreto planejado sem reforço (discutido na próxima seção), que podem ser traduzidos numa designação de concreto.

Quando o contato com condições agressivas no solo é a fonte de ataque químico, o especificador é solicitado a fornecer detalhes das condições do solo e da água do subsolo em termos de concentrações de magnésio e sulfatos – se a água do subsolo é estagnada ou corrente, se o sítio é área contaminada de resíduos industriais, e o pH da água do subsolo. Essa informação é usada para identificar a classe ACEC do local.

Na forma atual do padrão, se o concreto é reforçado, o especificador consulta uma tabela (A3) que fornece profundidades nominais de cobrimento e a designação mínima do concreto para ambientes menos agressivos. No entanto, o especificador é então direcionado para uma tabela maior (A9) que cobre todas as classes ACEC em maiores detalhes e repete os requisitos da tabela anterior, tornando a tabela A3 desnecessária.

Na tabela A9, a classe ACEC, a vida funcional pretendida e o gradiente hidráulico da água do subsolo são usados para identificar a designação mínima do concreto, juntamente com o menor cobrimento nominal permitido. Em certos casos, medidas protetoras adicionais (MPAs) são também necessárias. Essas são discutidas em maiores detalhes no capítulo 3.

O procedimento de especificação é delineado na figura 5.16.

5.7.5 Especificação para durabilidade: concreto planejado

A especificação de concreto planejado para durabilidade, na maioria dos casos, segue um procedimento similar àquele para concreto designado e é realizada juntamente com a especificação estrutural e outros requisitos. A principal diferença é que as saídas do processo são uma série de critérios que devem ser atendidos durante o processo de planejamento, em vez de uma designação. Os critérios sempre incluem um fator A/C máximo, um conteúdo mínimo de cimento e os tipos de cimento permitidos. Dependendo do tipo de exposição envolvida, a especificação de outros parâmetros pode também ser necessária, incluindo a classe de resistência à compressão mínima e a profundidade de cobrimento nominal.

A especificação de concreto planejado para durabilidade na BS 8500-1 cobre a exposição a cloretos, a carbonatação, o ataque de congelamento-degelo e o ataque químico. Os procedimentos são discutidos abaixo.

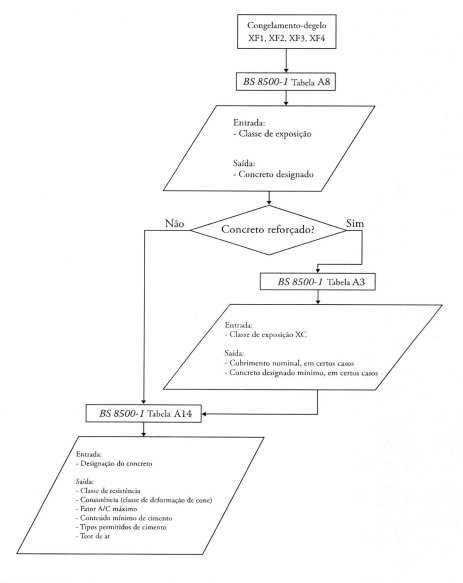

Figura 5.15 Abordagem para especificação de concreto designado para proteção contra ataque de congelamento-degelo na BS 8500-1.

Capítulo 5 Especificação e planejamento de concreto durável

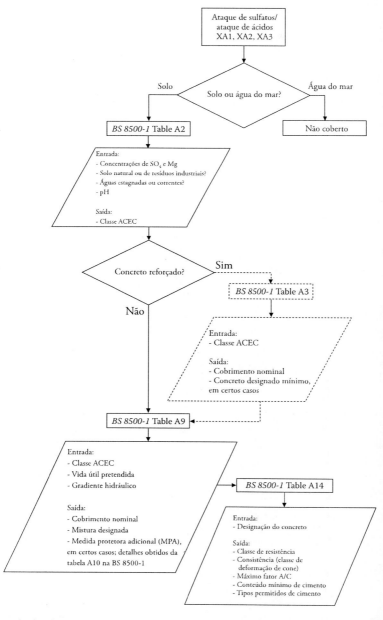

Figura 5.16 Abordagem para especificação de concreto designado para proteção contra ataque químico na BS 8500-1.

5.7.5.1 Cloretos e carbonatação

O procedimento para especificação de concreto designado para resistência à corrosão induzida por cloretos e carbonatação é mostrado na figura 5.17.

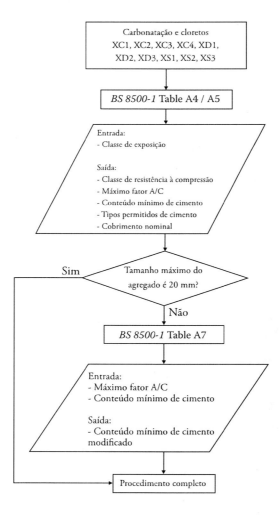

Figura 5.17 Abordagem para especificação de concreto planejado para proteção contra corrosão induzida por cloretos e carbonatação na BS 8500-1.

A classe de exposição é usada para se determinar fatores A/C máximos, conteúdos mínimos de cimento e classes mínimas de resistência à compressão, profundidades de cobrimento nominais e tipos de cimento. A abordagem tomada é, sempre que possível, oferecer ao especificador uma faixa de diferentes opções em termos de tipos de cimento e profundidades de cobrimento tais que considerações práticas, econômicas e estéticas possam ser usadas para se selecionar o cobrimento mais apropriado. Quando uma profundidade de cobrimento menor for selecionada, tipos de cimento mais resistentes, fatores A/C menores, conteúdos mais elevados de cimento e classes de resistência mais altas serão necessárias. Duas tabelas diferentes podem ser usadas para esse procedimento (A4 ou A5), dependendo do tempo de vida útil pretendido para a estrutura ser ≥ 50 anos ou ≥ 100 anos.

Quando os tamanhos máximos de agregados diferentes de 20 mm precisarem ser usados, uma modificação no conteúdo mínimo de cimento deve ser feita.

5.7.5.2 Ataque de congelamento-degelo

A especificação de concreto planejado para ataque de congelamento-degelo envolve a consulta a apenas uma tabela (figura 5.18). A classe de exposição é usada para se obter a classe de resistência mínima, o fator A/C máximo, o conteúdo mínimo de cimento e os tipos de cimento permitidos necessários e, em certos casos, a exigência de agregados resistentes a congelamento-degelo. O padrão toma a abordagem de oferecer ao especificador uma ou mais opções para cada classe de exposição – ou o concreto precisa conter ar incorporado (o volume do qual é definido pelo tamanho máximo do agregado), ou fator A/C menor e maior conteúdo de cimento e classe de resistência à compressão são necessários.

Agregados resistentes a congelamento-degelo são exigidos para as duas classes de exposição mais agressivas – XF3 e XF4. Os requisitos de resistência são em termos de sulfato de magnésio. A perda de massa de $\leq 18,0$ usando-se este teste é necessária para a classe de exposição XF4, enquanto uma perda de massa de $\leq 25\%$ é necessária para a XF3 [10].

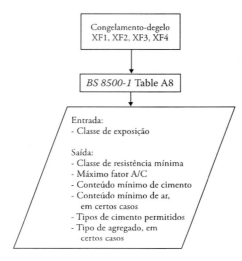

Figura 5.18 Abordagem para especificação de concreto planejado para proteção contra ataque de congelamento-degelo na BS 8500-1.

5.7.5.3 Ataque químico

A abordagem tomada para especificação de concreto planejado para ataque químico no solo segue o procedimento geral usado para o concreto designado (figura 5.19) – a classe ACEC é estabelecida a partir dos resultados da análise química do local e de outros detalhes, a qual é usada (juntamente com o gradiente hidráulico da água do subsolo e o tempo de vida útil pretendido para o concreto) para identificar a especificação necessária. Isso é feito primeiramente pelo estabelecimento da profundidade de cobrimento nominal, de uma classe química de design (DC, no acrônimo em inglês) e quaisquer MPAs necessárias. A classe DC e o tamanho máximo pretendido de agregado são, então, usados para se determinar o fator A/C máximo, o conteúdo mínimo de cimento e os tipos de cimento permitidos.

5.7.6 Especificação para RA

A BS EN 206 e a BS 8500-1 não cobrem RA. Ao invés, esta é tratada por um padrão separado – a BS 8204-2:2003: Screeds, Bases, and In Situ Floorings – Part 2. Concrete Wearing Surfaces: Code of Practice [25]. O processo de especificação envolve a identificação do nível de ação abrasiva na superfície do concreto em termos de uma de quatro classes de RA. Para as condições menos abrasivas (AR2 e AR4), o padrão fornece a classe de resistência mínima, o conteúdo mínimo de cimento, o agregado permitido e o método de acabamento de superfície. Para as condições mais abrasivas (AR0.5 e AR1), o padrão exige um concreto proprietário especialmente planejado. Para cada classe de RA, a profundidade máxima de abrasão permitida, medida com o método de teste de RA descrito na BS EN 13892-4, também é fornecida.

A BS 8204-2 exige que o agregado para aplicações em que RA seja necessária deve ter um coeficiente de LA ≤40. Quando o concreto é diretamente acabado – em outras palavras, quando o próprio concreto fornece a superfície de desgaste – isso é tudo de que se precisa. Porém, há a opção de aumentar a capacidade de desgaste do concreto pela aplicação de um tratamento de superfície. No caso das três condições menos abrasivas (AR1, AR2 e AR3), um screed de desgaste é aplicado, com a orientação das proporções que são fornecidas no padrão. Screeds de desgaste são discutidas em maiores detalhes no capítulo 6. Quando o nível mais alto de RA é necessário, se requer que acabamentos de aspersão sejam aplicados à superfície de um concreto com profundidade máxima de desgaste de 0,3 mm medida usando-se o teste da BS EN 13892-4.

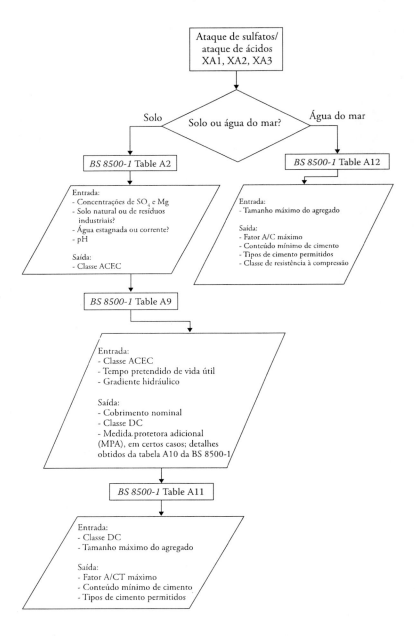

Figura 5.19 Abordagem para especificação de concreto planejado para proteção contra ataques químicos na BS 8500-1.

5.7.7 Especificação para o controle de reação álcali-sílica

Para os concretos planejado, designado e prescrito por norma, a BS EN 206 impõe responsabilidade ao produtor do concreto para que assegure que a reação álcali-sílica será minimizada. No caso de concreto prescrito, o padrão afirma que é responsabilidade do especificador assegurar que medidas adequadas foram tomadas. No entanto, a BS 8500-1 argumenta que um produtor está numa posição muito melhor para fazer isso e exige que ele seja exclusivamente responsável. A BS 8500-1 afirma que um produtor que siga a diretriz da BRE Digest 330 [33] seja visto como satisfazendo essa responsabilidade. Essa diretriz é discutida no capítulo 3.

Os aspectos das medidas necessárias para minimização da RAS exigem informações relacionadas com o conteúdo alcalino dos vários constituintes do concreto. A BS EN 8500-2 define como o conteúdo alcalino de vários materiais deve ser determinado, declarado e monitorado ao longo do tempo.

5.7.8 Especificação para controle de encolhimento por secagem

A BS 8500-2 [10] exige que o agregado não deve apresentar encolhimento de mais de 0,075% usando-se o teste da EN 1367 delineado na seção 5.4. Quando o agregado apresentar encolhimento que exceda esse limite, essa exigência não é necessária se o concreto foi planejado de maneira a levar em conta esse encolhimento, ou se não for esperado que o concreto passe por secagem. Como discutido no capítulo 2, a maioria dos agregados não sofre encolhimento significativo. Abordagens para o planejamento de concreto contendo agregados suscetíveis de encolhimento são o tema da BRE Digest 357 [46].

5.8 Planejamento de mistura de concreto

Uma série de metodologias foi publicada sobre o planejamento de concreto. A maioria segue uma sequência comum, com base no fato de que a resistência do concreto é em grande parte determinada pelo fator A/C e que a consistência é principalmente determinada pelo teor de água da mistura. A sequência começa pelo uso da resistência à compressão necessária para se estabelecer o fator A/C, depois a consistência necessária é usada para se estabelecer o teor de água, e vários parâmetros são, então, usados para se estabelecer primeiro a quantidade total de agregado necessário, seguido das proporções relativas de agregado fino e grosso.

Embora não seja a intenção deste capítulo fornecer uma descrição detalhada do processo de planejamento do concreto, é relevante examinar-se a maneira pela qual a especificação para durabilidade se encaixa no processo de planejamento. A metodologia de design em torno da qual essa discussão é baseada é o método da Building Research Establishment (BRE) [47], embora os mesmos princípios se apliquem a outros métodos. A sequência de planejamento usando o método da BRE é delineada na figura 5.20.

As características especificadas do concreto necessárias para o processo básico de planejamento são a classe de resistência à compressão e a classe de consistência. Em virtude da variabilidade inerente do concreto, o método da BRE usa a abordagem de definir uma margem acima de uma força característica especificada, além da qual deve ficar a força média corrente obtida pelo teste de rotina da saída de produção do concreto. No método da BRE, a margem é diretamente especificada ou calculada com base no desvio padrão do teste de compressão e da proporção especificada do resultado 'defectivo'. A BS EN 206 define a margem como sendo de cerca de duas vezes o desvio padrão esperado do resultado do teste provindo de uma fonte de produção.

Quando a questão é a durabilidade, o fator A/C máximo, o conteúdo mínimo de cimento e o tipo de cimento também terão sido especificados, como discutido anteriormente. Outra informação relacionada com os materiais também é necessária – o tamanho do agregado (tanto em termos do tamanho máximo do agregado grosso, quanto da finura do agregado fino) e o tipo de agregado (especificamente se ele é triturado ou não). Também é útil possuir um valor para a densidade do agregado grosso.

Os pontos cruciais onde o design é moldado pelos requisitos de durabilidade são quando o fator A/C e o conteúdo de cimento estão estabelecidos. Nesses pontos, é necessário comparar os valores obtidos a partir do processo de design com o fator A/C máximo e o conteúdo mínimo de cimento especificados. Quando o fator A/C exceder o valor máximo especificado ou o conteúdo de cimento ficar abaixo do valor mínimo especificado, os valores devem ser adotados.

O método da BRE também permite o design de concreto contendo dispersão de ar. Para compensar a redução na resistência experimentada quando ar disperso está presente, faz-se um ajuste para menos no fator A/C. O concreto com dispersão de ar é tipicamente mais trabalhável que uma mistura equivalente sem ar, e, portanto, um ajuste no conteúdo de água também é possível. Por fim, um ajuste na densidade do concreto é necessário quando a quantidade de agregado exigido é calculada.

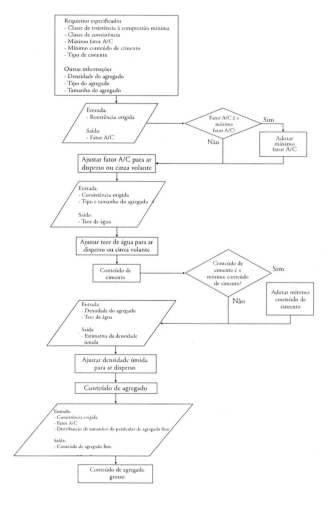

Figura 5.20 Delineamento do processo de design de mistura de concreto da BRE.

O uso de cimentos e combinações de cimento contendo CV de silício também está incluído. A abordagem tomada para o design usando CV é a do conceito de valor de k. Esse conceito é descrito na BS EN 206 e é um meio de seleção de um conteúdo apropriado de cimento (onde 'cimento', aqui, significa uma combinação de PC com CV), que leva em conta a contribuição menor que a CV dá para a resistência. Isso é feito afirmando-se que o fator A/C obtido do processo de design é igual a

$$\frac{\text{água}}{(\text{cimento} + k \times \text{adição})}$$

onde a adição é a quantidade (por massa) de CV, e k é o valor de k. O valor k é uma medida da contribuição que a CV é capaz de dar para o desenvolvimento da resistência. No caso da CV de silício em conformidade com a BS 3892 (agora, um padrão excluído), o método propõe um valor de k de 0,3. Destarte, quando o método de design identifica um fator A/C de, por exemplo, 0,45, usando-se este valor k e um conteúdo de CV de 35% da fração de cimento por massa, o conteúdo de PC da mistura (C) será

$$C = \frac{(100-f)W}{(100-0.7f)\left(\frac{W}{C}\right)}$$

onde f é a porcentagem por massa de CV na fração de cimento, W é a massa da água na mistura e A/C é o fator água-cimento obtido do processo de design.

O conteúdo de CV (F) será

$$F = \frac{fC}{100-f}$$

Como resultado, o fator água-cimento real (onde o cimento é composto tanto de PC quanto de CV) da mistura do exemplo seria de 0,34.

Um ajuste adicional do conteúdo de água também é necessário, resultando das capacidades de redução de água da CV.

O método da BRE também fornece diretriz sobre o design de concreto contendo GGBS. Contudo, como os aspectos do desempenho da GGBS são mais específicos da fonte, uma diretriz menos explícita é fornecida. Adicionalmente, é possível usar o método para design de concreto usando outros materiais, tais como CV e MC, desde que informações adequadas sobre o material estejam disponíveis. Estas devem incluir um valor k.

Um efeito da adoção da BS EN 450 para CV no Reino Unido é que o valor k pode variar de fonte para fonte numa maior extensão que anteriormente. Isso significa que o uso de um único valor k para CV, como aconselhado no método da BRE, não é mais válido. A BS EN 206 provê limites mínimos para valores k para CV usada em combinação com cimento CEM I. Ela também exige que quando a razão CV–PC (por massa) exceda 0,33, então a CV em excesso deve ser descontada na equação do valor k.

O padrão também aconselha que, quando o concreto está sujeito a classes de exposição XA2 e XA3 e a substância agressiva é sulfato, o conceito de valor k não é recomendado. Embora não haja meio fácil de traduzir as classes XA nas classes ACEC usadas pela BS 8500-1, provavelmente seja razoável dizer que isso significa qualquer classe ACEC em que a concentração de sulfato de um extrato de 2:1 água–solo seja maior que 500 mg/L.
A BS EN 206 também contém conselho relacionado com valores k para FS, o qual é essencialmente que um valor k de 2,0 deve ser usado (refletindo a maior atividade do FS). Quando o concreto for exposto a carbonatação ou ataque de congelamento-degelo, um fator k de 1,0 é usado. Tal como para a CV, quando a razão FS–PC exceder 0,11, o excesso será descontado na equação do valor k.

Um elemento importante do processo de design, que não é coberto na figura 5.20, é a necessidade da produção de misturas experimentais. Todas as regras e relações usadas para formar o método de design são baseadas em generalizações sobre a maneira pela qual os materiais se comportam no concreto, tanto no estado fresco quanto no endurecido, e é quase certo que uma mistura que tenha sido planejada usando-se essas relações não satisfará totalmente os requisitos especificados.

Assim, uma mistura experimental deve ser feita para se estabelecer desvios das propriedades previstas do concreto para permitir modificações. O método sugere fazer não só a mistura planejada, mas também misturas com fatores A/C levemente abaixo e acima do fator A/C do design. Espera-se que isso evite o longo processo de produção de uma segunda mistura experimental após a primeira. O teste da mistura experimental sempre incluirá uma medida de consistência (tal como o teste de deformação de cone) e medições de força de cubo. Contudo, pode também ser necessário testar para características de durabilidade, tais como resistência à abrasão.

5.9 Concreto especial

A especificação e os processos de design de concreto descritos se aplicam ao concreto 'normal', que não possui propriedades especiais apropriadas para aplicações mais especializadas. Quando tais materiais são necessários, requisitos adicionais para especificação e design são necessários. Alguns desses tipos especiais de concreto são discutidos abaixo.

5.9.1 Concreto auto-adensável

Depois de posto o concreto, ele deve ser compactado de tal forma que o material ainda fluido preencha por completo a forma ou o espaço que ele deve ocupar, e bolsas de ar no material sejam dirigidas para a superfície, deixando um material denso e homogêneo. A construção de concreto convencional normalmente usa vibração como meio de compactação, o que pode apresentar problemas práticos quando o acesso ao concreto é difícil. O ruído e a vibração transmitida da compactação também apresentam problemas de saúde e segurança. Além do mais, configurações complexas e congestionadas do reforço podem apresentar um obstáculo significativo a uma compactação eficiente.

A razão para a necessidade de compactação é que o concreto fresco é suficientemente viscoso para resistir à consolidação completa, depois de posto, e energia cinética adicional deve ser fornecida para forçá-lo a se mover. O concreto auto-adensável é um material cuja viscosidade foi reduzida o suficiente para permitir que ele flua em torno do reforço e preencha o espaço necessário sob seu próprio peso.

Essa redução na viscosidade é conseguida pelo uso de superplastificadores em combinação com uma proporção maior de material fino do que seria usado em concreto convencional – até aproximadamente 600 kg/m³. Esse material fino pode incluir PC, mas seu uso exclusivo seria economicamente proibitivo. Por essa razão, uma ampla faixa de outros pós é usada em combinação com o PC. Esses podem incluir pós de minerais inertes, tais como calcário, juntamente com materiais cimentícios como a CV, a GGBS e o FS.

Os níveis significativos de superplastificadores usados podem criar problemas com a segregação dos diferentes constituintes. Por essa razão, ingredientes conhecidos como modificadores de viscosidade são usados para melhorar a coesividade do concreto fresco.

A especificação de concreto auto-adensável não é coberta por nenhum dos padrões BS EN 206 ou BS 8500. Entretanto, há diretriz na forma da The European Guidelines for Self-Compacting Concrete, que foi desenvolvida pelos membros da indústria europeia de concreto [48]. Esta também provê alguma orientação geral sobre o design da mistura. Os requisitos básicos especificados são similares àqueles para o concreto normal. Porém, uma faixa de aspectos adicionais de desempenho relacionada à consistência e segregação também são requisitos básicos ou adicionais.

Com relação à durabilidade, as diretrizes são compatíveis com os procedimentos da EN 206 e da BS 8500 e se referem especificamente à EN 206 nessa questão.

5.9.2 Concreto de alta resistência

O concreto de alta resistência é definido pela BS EN 206 como concreto de peso normal tendo uma força característica de cubo mínima de 60 N/mm² ou concreto pesado de 55 N/mm² em 28 dias. Tipicamente, isso é conseguido através de elevado conteúdo de pó (quando o pó é o PC e outros materiais cimentícios e inertes, frequentemente incluindo FS) e de fatores A/C muito baixos. Superplastificadores são normalmente necessários para manter o teor de água tão baixo quanto possível.

A especificação de concreto de alta resistência é coberta pela BS EN 206, na qual as classes de resistência à compressão vão até uma força característica de cubo mínima de 115 N/mm^2. O padrão inclui requisitos adicionais para testes e inspeção dos materiais constituintes, do equipamento e dos procedimentos de produção usados, quando o concreto de alta resistência foi fabricado. Mas a especificação para durabilidade permanece a mesma.

O design de concreto de alta resistência é brevemente coberto num relatório técnico da Concrete Society [49]. Em geral, a diretriz recomenda o uso de métodos de convencionais de design, tais como o método da BRE, destacando que as relações de fator A/C versus resistência, usadas nesses métodos, ainda são aplicáveis. Contudo, por causa da alta coesividade das misturas de alta resistência, ela recomenda consistências mais elevadas de destino (deformação de cone de 100 mm é sugerida) para assegurar que a colocação e compactação serão possíveis.

5.9.3 Concreto espumoso

O concreto espumoso é usado em aplicações onde material leve que possua alguma capacidade de suporte de carga é necessário para preencher um espaço. Tais aplicações incluem o preenchimento maciço de espaço subterrâneo desativado, tais como esgotos e tanques, preenchimento de escavação por trás de muros de retenção, enchimento de certos aspectos estruturais e recuperação de valetas de acostamento de autoestradas. O material é disposto a partir de uma bomba, possivelmente por bombeamento à distância, e é planejado para fluir sem assistência para o espaço que deve preencher.

O material consiste de agregado fino; cimento, na forma de PC, possivelmente combinado com CV, GGBS ou FS; recheios de finos inertes; água; e um agente espumante. O agente espumante é um surfactante a partir do qual se fabrica a espuma ao se misturar com água e forçando ar por aberturas estreitas em contato com a solução ou espargindo a solução através de válvulas. A espuma é então combinada com os demais ingredientes para produzir uma pasta de cimento que é depois bombeada para aplicação.

A especificação de concreto espumoso atualmente não é coberta por nenhum padrão britânico ou europeu, mas diretrizes sobre a especificação foram publicadas pelo Transport Research Laboratory no Reino Unido [50]. Os requisitos básicos incluem materiais permitidos, densidade plástica (úmida), força de cubo e profundidade de despejo. Requisitos opcionais adicionais incluem trabalhabilidade, força máxima de cubo, resistência à segregação e durabilidade. A respeito de durabilidade, a especificação afirma que não é normalmente necessário especificar-se para resistência a congelamento-degelo, já que a grande quantidade de vazio do concreto espumoso torna-o extremamente resistente a esse tipo de deterioração. A diretriz sugere que, quando o ataque químico de substâncias no solo puder ser problemático, a especificação para resistência deve ser seguida à risca com a BS 5328-1. Esse padrão não é mais atual, mas a especificação para a BS 8500-1, como para o concreto convencional, é igualmente aplicável.

A resistência do concreto espumoso à carbonatação e ao ingresso de cloretos é geralmente inferior à do concreto convencional, mas o uso de reforço de aço em combinação com concreto espumoso é incomum.

O documento também fornece orientação adicional para o design de misturas.

5.9.4 Concreto leve e pesado

Em certos casos, a produção de concreto com densidade substancialmente menor ou maior que o concreto normal é desejável. O concreto leve é mau condutor de calor e, portanto, tem aplicações como material isolante e como componente resistente ao fogo em estruturas. Sua baixa densidade pode também ser útil onde cargas estruturais devam ser mantidas baixas. O concreto pesado pode ser usado em aplicações que incluem como coluna em aplicações de engenharia submersa e como escudo em usinas nucleares. Em ambos os casos, a modificação da densidade é normalmente alcançada pelo uso de agregados leves ou pesados, embora o concreto leve possa, em alguns casos, ser produzido por outros meios (tais como concreto espumoso).

A especificação de concreto leve e pesado é coberta pelos padrões BS EN 206 e BS 8500. Para o concreto pesado, não há diferença na maneira pela qual ele é especificado. No caso do concreto leve, uma classe de densidade deve ser especificada, e um conjunto diferente de classes de resistência à compressão especificamente para esse material é usado. Nenhum requisito especial para durabilidade é necessário.

Orientação sobre concreto leve foi publicada num documento produzido pela Institution of Structural Engineers e pela The Concrete Society [51]. Este inclui uma metodologia de design baseada em torno de uma combinação de dois métodos – o FIP Manual of Lightweight Aggregate Concrete [52] e a ACI 211-2-69: Recommended Practice for Selecting Proportions for Structural and Lightweight Concrete, que foi subsequentemente revisada [53].

A despeito de afirmar que não tem por objetivo o design de concreto pesado, o método de design da BRE é grandemente aplicável. A única deficiência significativa é que o sistema gráfico usado para estimativa da densidade úmida de uma mistura é configurado apenas para tratar densidades de agregados de até 2900 kg/m^3.

A densidade de agregados usados em concreto pesado é comumente de até 3900 kg/m^3 e, em certos casos, pode chegar a 8900 kg/m^3. Há, porém, potencial para estimativa da densidade úmida através de outros meios ou da extensão do sistema gráfico. Alternativamente, o documento da American Concrete Institute, ACI 211.1-91: Standard Practice for Selecting Proportions for Normal, Heavyweight, and Mass Concrete [54] pode ser usado.

REFERÊNCIAS

1. Wong, H. S., M. Zobel, N. R. Buenfeld, e R. W. Zimmerman. Influence of the interfacial transition zone and microcracking on the diffusivity, permeability, and sorptivity of cement-based materials after drying. Magazine of Concrete Research, v. 61, 2009, pp. 571–589.
2. Scrivener, K. L. e K. M. Nemati. The percolation of pore space in the cement paste/aggregate interfacial zone of concrete. Cement and Concrete Research, v. 26, 1996, pp. 35–40.
3. Winslow, D. N. e D. C. Cohen. Percolation and pores structure in mortars and concrete. Cement and Concrete Research, v. 24, 1994, pp. 25–37.
4. Meng, B. Calculation of moisture transport coefficients on the basis of relevant pore structure parameters. Materials and Structures, v. 27, 1994, pp. 125–134.

5. Reinhardt, H.-W. e M. Jooss. Permeability and self-healing of cracked concrete as a function of temperature and crack width. Cement and Concrete Research, v. 33, 2003, pp. 981–985.
6. van Brackel, J. e P. M. Heertjes. Analysis of diffusion in macroporous media in terms of a porosity, a tortuosity, and a constrictivity factor. International Journal of Heat and Mass Transfer, v. 17, 1974, pp. 1093–1103.
7. Curie, J. A. Gaseous diffusion in porous media: Part 2. Dry granular materials. British Journal of Applied Physics, v. 11, 1960, pp. 318–324.
8. British Standards Institution. BS EN 197-1:2011: Cement: Part 1. Composition, Specifications, and Conformity Criteria for Common Cements. London: British Standards Institution, 2011, 50 pp.
9. British Standards Institution. BS EN 196-1:2005: Methods of Testing Cement. Determination of Strength. London: British Standards Institution, 2005, 36 pp.
10. British Standards Institution. BS 8500-2:2006: Concrete: Complementary British Standard to BS EN 206-1 – Part 2. Specification for Constituent Materials and Concrete. London: British Standards Institution, 2006, 52 pp.
11. Chen, J. J., J. J. Thomas, H. F. W. Taylor, e H. M. Jennings. Solubility and structure of calcium silicate hydrate. Cement and Concrete Research, v. 34, 2004, pp. 1499–1519.
12. Taylor, H. F. W. Cement Chemistry, 2nd ed. London: Thomas Telford, 1997, 480 pp.
13. Hubbard, F. H., R. K. Dhir, e M. S. Ellis. Pulverised-fuel ash for concrete: Compositional characterisation of United Kingdom PFA. Cement and Concrete Research, v. 15, 1985, pp. 185–198.
14. Shehata, M. H. e M. D. A. Thomas. Alkali release characteristics of blended cements. Cement and Concrete Research, v. 36, 2006, pp. 1166–1175.
15. de Larrard, F., J.-F. Gorse, e C. Puch. Comparative study of various silica fumes as additives in high-performance cementitious materials. Materials and Structures, v. 25, 1992, pp. 265–272.
16. Buchwald, A., H. Hilbig, Ch. Kaps. Alkali-activated metakaolin-slag blends: Performance and structure in dependence of their composition. Journal of Materials Science, v. 42, 2007, pp. 3024–3032.
17. Velosa, A. L., F. Rocha, e R. Veiga. Influence of chemical and mineralogical composition of metakaolin on mortar characteristics. Acta Geodynamica et Geomaterialia, v. 6, 2009, pp. 121–126.

18. Hobbs, D. W. Influence of pulverised-fuel ash and granulated blast-furnace slag upon expansion caused by the alkali–silica reaction. Magazine of Concrete Research, v. 34, 1982, pp. 83–94.
19. Dhir, R. K., M. J. McCarthy, e K. A. Paine. Development of a Technology Transfer Programme for the Use of PFA to EN 450 in Structural Concrete. Technical Report CTU/1400. London: Department of Environment, 2000, 73 pp.
20. Dyer, T. D., J. E. Halliday, e R. K. Dhir. Hydration chemistry of sewage sludge ash (SSA) used as a cement component. Journal of Materials in Civil Engineering, v. 23, 2011, pp. 648–655.
21. British Standards Institution. BS EN 15167-1:2006: Ground Granulated BlastFurnace Slag for Use in Concrete, Mortar, and Grout – Part 1. Definitions, Specifications, and Conformity Criteria. London: British Standards Institution, 2006, 24 pp.
22. British Standards Institution. BS EN 450-1:2012: Fly Ash for Concrete – Definition, Specifications, and Conformity Criteria. London: British Standards Institution, 2012, 34 pp.
23. British Standards Institution. BS EN 13263-1:2005: Silica Fume for Concrete – Part 1. Definitions, Requirements, and Conformity Criteria. London: British Standards Institution, 2005, 28 pp.
24. British Standards Institution. BS EN 12630:2013: Aggregates for Concrete. London: British Standards Institution, 2013, 60 pp.
25. British Standards Institution. PD 6682-1:2009: Aggregates: Aggregates for Concrete: Guidance on the use of BS EN 12620. London: British Standards Institution, 2009, 34 pp.
26. British Standards Institution. BS 8204-2:2003: Screeds, Bases, and In Situ Floorings – Part 2. Concrete Wearing Surfaces: Code of Practice. London: British Standards Institution, 2003, 44 pp.
27. British Standards Institution. BS EN 1097-2:2010: Tests for Mechanical and Physical Properties of Aggregates – Part 2. Methods for the Determination of Resistance to Fragmentation. London: British Standards Institution, 2010, 38 pp.
28. British Standards Institution. BS EN 1097-8:2009: Tests for Mechanical and Physical Properties of Aggregates – Part 8. Determination of the Polished Stone Value. London: British Standards Institution, 2009, 34 pp.

29. Highways Agency. Pavement Design and Maintenance: Section 5. Pavement Materials: Part 1. Surfacing Materials for New and Maintenance Construction. In Design Manual for Roads and Bridges, v. 7, 2006, 20 pp.
30. British Standards Institution. BS EN 1367-1:2007: Tests for Thermal and Weathering Properties of Aggregates – Part 1. Determination of Resistance to Freezing and Thawing. London: British Standards Institution, 2007, 16 pp.
31. British Standards Institution. BS EN 1367-2:2009: Tests for Thermal and Weathering Properties of Aggregates – Part 2. Magnesium Sulphate Test. London: British Standards Institution, 2009, 18 pp.
32. British Standards Institution. BS EN 1367-4:2008: Tests for Thermal and Weathering Properties of Aggregates – Part 4. Determination of Drying Shrinkage. London: British Standards Institution, 2008, 18 pp.
33. Building Research Establishment. BRE Digest 330: Part 2. Alkali–Silica Reaction in Concrete: Detailed Guidance for New Construction. Watford: Building Research Establishment, 2004, 12 pp.
34. British Standards Institution. BS 812-123:1999: Testing Aggregates – Method for Determination of Alkali–Silica Reactivity: Concrete Prism Method. London: British Standards Institution, 1999, 18 pp.
35. British Cement Association. Testing Protocol for Greywacke Aggregates: Protocol of the BSI B/517/1/20 Ad Hoc Group on ASR. Crowthorne: British Cement Association, 1999, 8 pp.
36. British Standards Institution. BS EN 1744-1:2009: Tests for Chemical Properties of Aggregates – Chemical Analysis. London: British Standards Institution, 2009, 66 pp.
37. British Standards Institution. BS EN 206:2013: Concrete – Part 1. Specification, Performance, Production, and Conformity. London: British Standards Institution, 2013, 98 pp.
38. Juckes, L. M. Dicalcium silicate in blast-furnace slag: A critical review of the implications for aggregate stability. Transactions of the Institution of Mining and Metallurgy C, v. 111, 2002, pp. 120–128.
39. British Standards Institution. BS EN 13055-1:2002: Lightweight Aggregates: Part 1. Lightweight Aggregates for Concrete, Mortar and Grout. London: British Standards Institution, 2002, 40 pp.
40. Rixom, R. e N. Mailvaganam. Chemical Admixtures for Concrete, 3rd ed. London: Spon, 1999, 456 pp.

41. The Concrete Society. Guidance on the Use of Macrosynthetic Fibre–Reinforced Concrete. Technical Report Number 65. Camberley: The Concrete Society, 2007, 76 pp.
42. Bamforth, P. B. Enhancing Reinforced Concrete Durability: Guidance on Selecting Measures for Minimising the Risk of Corrosion of Reinforcement in Concrete. Camberley: The Concrete Society, 2004, 108 pp.
43. British Standards Institution. BS EN 14889-1:2006: Fibres for Concrete – Part 1. Steel Fibres: Definitions, Specifications, and Conformity. London: British Standards Institution, 2006, 30 pp.
44. British Standards Institution. BS EN 14889-2:2006: Fibres for Concrete – Polymer Fibres: Definitions, Specifications, and Conformity. London: British Standards Institution, 2006, 30 pp.
45. British Standards Institution. BS 8500-1:2006: Concrete – Complementary British Standard to BS EN 206-1: Part 1. Method of Specifying and Guidance of the Specifier. London: British Standards Institution, 2006, 66 pp.
46. Building Research Establishment. BRE Digest 357: Shrinkage of Natural Aggregates in Concrete. Watford: Building Research Establishment, 1991, 4 pp.
47. Teychenné, D. C., R. E. Franklin, e H. C. Erntroy. Design of Normal Concrete Mixes, 2nd ed. Watford: Building Research Establishment, 1997, 38 pp.
48. European Ready-Mixed Concrete Organisation. The European Guidelines for Self-Compacting Concrete: Specification, Production, and Use. Brussels, Belgium: European Ready-Mixed Concrete Organisation, 2005, 63 pp.
49. Concrete Society Working Party. Design Guidance for High-Strength Concrete. Concrete Society Technical Report 49. Slough: The Concrete Society, 1998, 168 pp.
50. Brady, K. C., G. R. A. Watts, e M. R. Jones. Specification for Foamed Concrete. TRL Application Guide AG39. Wokingham: Transport Research Laboratory, 2001, 60 pp.
51. The Institution of Structural Engineers. Guide to the Structural Use of Lightweight Aggregate Concrete. London: The Institution of Structural Engineers, 1987, 58 pp.
52. Fédération Internationale de la Précontrainte. FIP Manual of Lightweight Aggregate Concrete, 2nd ed. Glasgow, Norway: Surrey University Press, 1983, 259 pp.

53. American Concrete Institute. ACI 211-2R-98: Standard Practice for Selecting Proportions for Structural Lightweight Concrete. Farmington Hills, Michigan: American Concrete Institute, 1998, 20 pp.
54. American Concrete Institute. ACI 211.1-91: Standard Practice for Selecting Proportions for Normal, Heavyweight, and Mass Concrete. Farmington Hills, Michigan: American Concrete Institute, 1991, 38 pp.

Capítulo 6

Construção de estruturas de concreto duráveis

6.1 Introdução

Embora os materiais usados em estruturas de concreto e seu design desempenhem um papel essencial na garantia da durabilidade, uma série de atividades de construção *in situ* também pode ser necessária para se alcançar o desempenho de durabilidade apropriado. Algumas dessas atividades asseguram a consecução das propriedades potenciais de uma mistura de concreto através de boa prática – tal como seguir o uso de procedimentos de cura apropriados – enquanto outras envolvem o uso de técnicas específicas que melhoram o desempenho. Esses aspectos do processo de construção são discutidos nas próximas seções.

Uma vez que várias das técnicas examinadas influenciam as características de superfície do concreto, este capítulo inicia com uma discussão das características dessa zona. Depois, várias abordagens para o controle das características da superfície são examinadas, incluindo o uso de fôrmas de permeabilidade controlada, cura, técnicas de acabamento de superfície e tratamentos de proteção de superfície. Por fim, o uso de sistemas de proteção catódica – técnicas eletroquímicas que protegem o reforço de aço contra corrosão – é discutido.

6.2 Superfície de concreto

A proteção oferecida ao concreto por sua superfície difere daquela fornecida pelo interior por uma série de razões. Uma das principais é que o efeito parede (discutido no capítulo 5) faz com que uma maior proporção de material fino, como cimento, se posicione na superfície que está confinando o concreto fresco (por exemplo, a fôrma). Isso leva a razão agregado/cimento na superfície ser significativamente maior que em outras partes. Como a matriz de cimento do concreto é normalmente mais porosa que o agregado, o efeito disso é uma porosidade maior na superfície, como mostrado na figura 6.1.

A segregação de água do material sólido no concreto leva à formação de uma camada de água na superfície. O processo de segregação pode reduzir ligeiramente o fator água/cimento (A/C) da massa de concreto, com possíveis efeitos positivos. No entanto, quando a exsudação é significativa, o material na superfície tende a ter um fator A/C muito elevado. Isso leva à formação de 'nata de cimento' na superfície, que deixa uma fina camada de material fraco e desintegrável na superfície. Misturas de concreto que sejam inclinadas à exsudação tendem a ter menor conteúdo de cimento e cimentos mais grossos. Cimentos com elevado conteúdo de aluminato tricálcico tendem a exsudar menos.

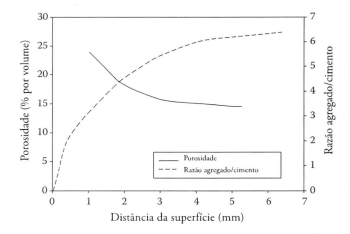

Figura 6.1 Alterações na porosidade e na razão agregado/cimento em profundidades crescentes no concreto. (De Kreijger, P. C., *Materials and Structures*, 17, 1984, 275–283.)

A evaporação de água atua contra o processo de exsudação. Se a taxa de evaporação corresponder ou exceder à de exsudação, então a nata de cimento não será formada.

6.2.1 Fôrmas de permeabilidade controlada

As fôrmas convencionais são normalmente feitas de materiais como madeira compensada ou aço e são tipicamente totalmente impermeáveis à água ou de permeabilidade muito limitada. Mais recentemente, fôrmas de permeabilidade controlada (FPC) foram desenvolvidas, as quais limitam os efeitos anteriormente discutidos.

A FPC consiste de duas camadas: uma camada de filtro e outra de drenagem. A camada de filtro normalmente é um tecido com furos, que permite a passagem de água, mas impede a de partículas de cimento. Por trás da camada de filtro, fica a camada de drenagem, que normalmente consiste de uma rede aberta de espaçadores plásticos que fornecem um meio para a água ser drenada.

Ao permitir que a água seja drenada da superfície do concreto, o fator A/C nessa zona é reduzido, levando a uma resistência e propriedades de permeação melhoradas. Como o ar também pode permear a camada de filtro, bolhas capturadas na superfície da fôrma, que do contrário levariam à formação de defeitos na superfície também podem escapar.

Os efeitos do uso de FPCs são ilustrados na figura 6.2, que mostra o conteúdo de cloretos do concreto feito com e sem FPCs e subsequentemente exposto a um ambiente rico em cloretos. Isso é resultado das propriedades de permeação melhoradas na superfície, e resultados similares são obtidos com relação a processos que envolvem o movimento de substâncias outras que não cloretos, tais como de carbonatação [2]. Além do mais, a resistência a processos de deterioração física também é melhorada, como mostrado na tabela 6.1 para ataque de congelamento-degelo.

A melhora da qualidade da superfície do concreto potencialmente suporta uma redução na profundidade de cobertura, em situações em que a proteção do reforço contra os efeitos do ingresso de cloretos ou da carbonatação define essa profundidade. Um método para cálculo da espessura equivalente de cobertura alcançada usando-se FPC foi proposto [3] usando-se a equação

$$C_{eq} = 1,49 C_{FPC}$$

onde C_{eq} é a espessura equivalente de cobertura (mm), e C_{FPC} é a espessura da camada externa do concreto resultante do uso de FPC (mm).

A partir daí, potenciais reduções na espessura podem ser deduzidas.

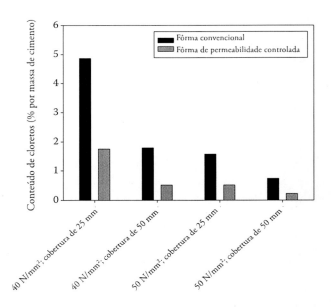

Figura 6.2 Conteúdo total de cloretos de concreto lançado em fôrma convencional e de permeabilidade controlada, e subsequentemente exposto a um regime de 3 h de umedecimento/9 h de secagem usando-se uma solução de 3,0 M NaCl. (De McCarthy, M. J. et al., *Materials and Structures*, 34, 2001, 566–576.)

Tabela 6.1 Valores médios de área de superfície escamada e perda de massa resultante de escamação obtidos de amostras de concreto feitas com e sem FPC, após exposição a 20 ciclos de congelamento-degelo

Forma	Proporção de área de superfície sofrendo escamação (%)	Perda de peso (mg/mm²)
Normal	66	1,5
FPC	17	0,4

Fonte: Cairns, J., *Magazine of Concrete Research*, 51, 1999, 73–86.

6.2.2 Acabamento de superfície

Embora a nata de cimento possa nem sempre representar um problema, ela claramente precisa ser evitada onde uma superfície horizontal de boa qualidade esteja sendo construída, tal como uma laje de piso ou pavimento. Em tais casos, o acabamento da superfície é realizado. O acabamento de uma superfície de concreto não endurecido pode ser feito usando-se várias técnicas e combinações de técnicas, tais como pelo uso de desempenadeira, de escova, de desempenadeira mecânica e de acabadora tipo helicóptero.

Uma vez que uma laje de concreto ou um pavimento tenha sido disposto e compactado, ele/a deve ser levado/a para a elevação correta e nivelado com um float, e suas bordas devem ser formadas usando-se uma desempenadeira para borda. Neste ponto, o acabamento mais básico da superfície que pode ser fornecido é um acabamento escovado ou batido.

O escovamento é usado onde a resistência a deslizamentos seja necessária. Uma superfície escovada (ou 'varrida') é conseguida pelo arrastamento de uma vassoura (idealmente, que seja especificamente para esta finalidade) sobre a superfície para deixá-la enrugada. O batimento envolve a marcação de vincos na superfície de concreto usando-se um batedor, ou *tamper*. Mais uma vez, a principal razão para o batimento é atribuir resistência a deslizamentos à superfície.

Se uma superfície mais lisa for exigida, a desempenadeira mecânica pode ser usada. A desempenadeira mecânica consiste de um disco rotatório ou um arranjo de lâminas retangulares reunidas num eixo central rotatório, que é empurrado sobre a superfície de concreto. A superfície móvel do disco ou as lâminas atua para alisar a superfície de concreto ainda plástico, fechando quaisquer aberturas.

O uso da desempenadeira mecânica no concreto altera a natureza da superfície, já que ela tende a trazer as partículas mais finas de cimento e areia para a superfície, à custa do agregado grosso, com implicações similares para as características da superfície conforme discutido anteriormente para o efeito parede.

Além do mais, do ponto de vista da durabilidade, é muito importante que o uso da desempenadeira mecânica seja procedido no momento apropriado. O procedimento correto é esperar até que toda a água de exsudação tenha evaporado e o concreto tenha enrijecido até certo ponto (tipicamente após ~3 h, usando-se cimentos convencionais e de acordo com as condições ambientais do Reino Unido). Quando esse procedimento é levado a cabo prematuramente, a água de exsudação é forçada para baixo da superfície e se acumula numa camada inferior, que, como resultado de um fator A/C mais elevado, é muito mais fraca e mais permeável.

O uso de desempenadeira mecânica deixa a superfície com uma textura granulada. Se for necessário uma superfície ainda mais lisa, a acabadora tipo helicóptero pode ser usada após a desempenadeira mecânica. Uma acabadora tipo helicóptero tem configuração similar à de uma desempenadeira mecânica, com exceção das lâminas que são menores e o acabamento resultante é muito menos texturizado que o resultante do uso da desempenadeira mecânica.

No estado endurecido, superfícies de concreto tais como pisos também podem ser polidas para oferecer aspecto propositadamente uniforme. Quando pisos de concreto precisam ter altos níveis de resistência à abrasão, um acabamento por aspersão de pó seco (dry shake) pode ser aplicado à superfície. Estes são uma mistura proprietária de cimento e agregados resistentes à abrasão. Eles são espargidos a seco sobre a superfície da laje fresca e alisados para criar uma superfície resistente à abrasão.

6.3 Cura

Em sua condição de recém-misturado, o concreto tem água adequada para hidratação do cimento até um fator A/C de 0,38 (ao menos quando o cimento Portland é o único cimento presente). Abaixo disso, ocorre o auto-ressecamento – a água livre é reduzida a tal ponto que a hidratação do cimento é interrompida. A despeito do fator A/C, quando superfícies de concreto são expostas à atmosfera, a água pode evaporar, deixando a quantidade de água livre insuficiente para a completa reação do cimento.

Os fatores que influenciam a taxa de evaporação incluem a temperatura ambiente, a umidade relativa, a temperatura do concreto, a velocidade do vento e a área de superfície exposta. Um diagrama de referência foi produzido pelo American

Concrete Institute (figura 6.3), que permite que a taxa seja estimada com base na maioria desses parâmetros. Deve-se também notar que a luz do sol incidente sobre uma superfície de concreto age para aumentar sua temperatura.

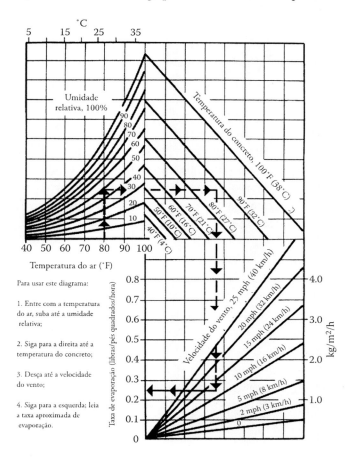

Figura 6.3 Diagrama para estimativa da taxa de evaporação da água do concreto. (De ACI Committee 308. *Standard Practice for Curing Concrete – ACI 308-92*. Farmington Hills, Michigan: American Concrete Institute, 1997, pág. 11; National Ready-Mixed Concrete Association. *Plastic Cracking of Concrete*. Silver Spring, Maryland: NRMCA, 1960, pág. 2; Menzel, C. A. Causes and prevention of crack development in plastic concrete. *Proceedings of the Portland Cement Association*. Shokie, Illinois: Portland Cement Association, 1954, pp. 130–136.)

O diagrama é baseado numa equação imaginada por Menzel [7], que foi subsequentemente simplificada para

$$E = 5([T_c + 18]^{2,5} - r \cdot [T_a + 18]^{2,5})(V + 4) \times 10^{-6}$$

onde E é a taxa de evaporação (kg/m^2/h), T_c é a temperatura do concreto (°C), T_a é a temperatura do ar (°C), R é a umidade relativa (%) e V é a velocidade do vento (km/h) [8].

A cura inadequada afeta tanto as propriedades mecânicas quanto as características de permeação do concreto, particularmente na superfície. Como todos os aspectos da durabilidade são influenciados por uma dessas propriedades, ou por ambas, o concreto durável deve ser bem curado. A figura 6.4 mostra a evolução da resistência à compressão sob diferentes condições de cura, tendo-se que a selagem do concreto e a cura por água (imersão em água) produzem resultados significativamente melhores em relação à cura por ar.

A figura 6.5 mostra perfis de sorvidade de água por concreto feito com cimento Portland (PC), escória granulada de alto-forno (GGBS) ou cinza volante (CV) após diferentes períodos de cura. A plotagem mostra que a superfície do concreto é a mais afetada pela cura inadequada (uma vez que esta é a zona da qual a água é inicialmente perdida) e que o concreto contendo CV e GGBS é mais sensível à cura. Isso é o resultado das reações mais lentas de tais materiais – quando a água é capaz de evaporar, as reações pozolânicas e hidráulicas latentes desses materiais ocorrem em momentos em que há menos umidade e, consequentemente, menos oportunidade para a formação de produtos de hidratação, em comparação com reações anteriores do PC.

A sensibilidade da CV e da GGBS à cura é também mostrada na figura 6.6, que apresenta medições de permeabilidade ao oxigênio para as mesmas misturas de concreto caracterizadas na figura 6.5. A influência da cura na difusão de espécies químicas pelo concreto é mostrada na figura 6.7, nesse caso para íons cloreto.

A resistência a formas físicas de deterioração também é comprometida pela cura pobre. As figuras 6.8 e 6.9 ilustram a influência da cura na resistência ao ataque de congelamento-degelo e à abrasão, respectivamente. A similaridade das relações mostradas nessas várias figuras é notável.

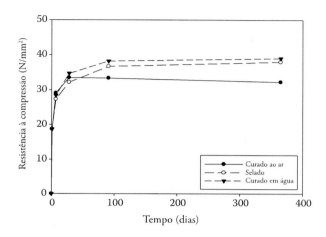

Figura 6.4 Evolução da resistência de cilindros de concreto de 100 mm sob diferentes condições de cura. Temperatura de cura = 20°C; umidade relativa para cura ao ar e cura selada = 50%. (De Aitcin, P.-C., *ACI Materials Journal*, 91, 1994, 349–354.)

Assim, sob condições em que a evaporação provavelmente ocorra em qualquer extensão, a cura é essencial. Cura refere-se a atitudes tomadas para se evitar que ocorra perda de água ou para se prover água adicional para substituir a que foi perdida.

A prevenção da evaporação pode ser conseguida por diversos meios. O mais básico deles é remover a fôrma em etapas posteriores. No entanto, isso pode apresentar problemas em termos de impedimento do uso da fôrma em outras partes, e pode ser restringido pela necessidade de remoção antecipada, em certos casos, para evitar problemas de contração térmica (veja o capítulo 2). Superfícies de concreto expostas podem ser cobertas por folhas plásticas ou papel de construção. Essas cobertas são normalmente eficazes, mas estão longe dos 100% de eficiência e são inclinadas à ruptura (por exemplo, por ventos fortes). Por esta razão, é essencial que se tenha grande cuidado em se prender tais cobertas à superfície de concreto.

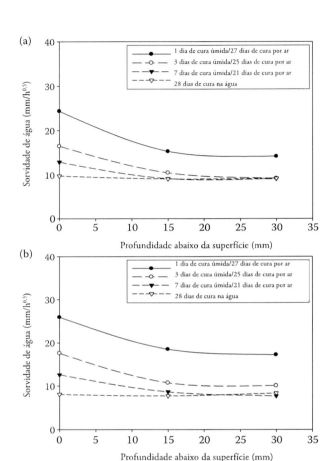

Figura 6.5 Valores de sorvidade de água obtidos de fatias tiradas de amostras de concreto feito de diferentes tipos de cimento sob diferentes regimes de cura. (a) 100% PC (fator A/C = 0,47); (b) 30% CV/70% PC (fator A/C = 0,49); (c) 50% GGBS/50% PC (fator A/C = 0,51). (De Ballim, Y., *Materials and Structures*, 26, 1993, 238–244.)

Quando a cura é crítica e apenas a retenção de água é necessária, uma membrana de cura (ou 'composto de cura') pode ser aplicada. Membranas de cura são formulações líquidas que são espargidas sobre as superfícies de concreto e subsequentemente formam uma camada sólida que impede que o vapor de água passe. Há uma série de diferentes produtos desse tipo comercialmente disponível, incluindo emulsões de ceras ou betume, soluções de polímero e soluções de compostos inorgânicos de silicato, tais como o silicato de sódio. As emulsões e soluções de polímero simplesmente atuam pelo depósito de uma camada sólida, depois que o componente líquido da formulação evapora. As soluções inorgânicas atuam pela reação com o cálcio solúvel do concreto para formar compostos de silicato de cálcio.

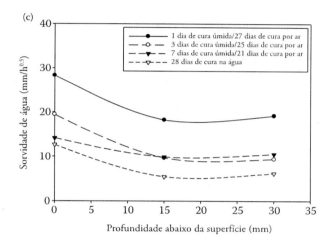

Figura 6.5 *(Continuação)* Valores de sorvidade de água obtidos de fatias tiradas de amostras de concreto feito de diferentes tipos de cimento sob diferentes regimes de cura. (a) 100% PC (fator A/C = 0,47); (b) 30% CV/70% PC (fator A/C = 0,49); (c) 50% GGBS/50% PC (fator A/C = 0,51). (De Ballim, Y., *Materials and Structures*, 26, 1993, 238–244.)

A eficiência das membranas de cura em reter água no concreto pode ser caracterizada usando-se um método descrito na *BS 7542* [11]. No Reino Unido, as membranas de cura devem ter uma eficiência maior que 75%. Algumas formulações de membranas estão disponíveis, as quais podem alcançar eficiências de mais de 90%. Tais formulações são conhecidas como grau 'super', enquanto a eficiência entre 75% e 90% é conhecida como grau 'padrão'.

Para que uma retenção ótima de água seja alcançada, é essencial que uma cobertura de membrana completa da superfície seja conseguida. Por esta razão, muitas formulações contêm uma tinta, que permite a confirmação visual disso. A tinta é fugidia, permitindo que a cor rapidamente desapareça após a aplicação.

Em aplicações onde grandes superfícies horizontais estão expostas à luz do sol, formulações contendo partículas aluminizadas refletivas ou um pigmento branco podem ser usadas. Essas membranas refletem a radiação solar e evitam um aumento da temperatura do concreto, o que, de outra forma, aceleraria a evaporação.

Uma desvantagem das membranas é que, se elas forem usadas em junções de construção ou superfícies que devam ser subsequentemente ligadas a outros materiais, elas precisam ser removidas após um período apropriado, o que tipicamente exige alguma forma de escarificação mecânica.

Técnicas de cura que fornecem água adicional incluem aspersão e alagamento. A aspersão é autoexplicativa, e o alagamento envolve a cobertura completa de superfícies horizontais com água. Adicionalmente, materiais absorventes saturados de água podem ser postos em contato com a superfície de concreto. Tecidos úmidos, como estopa, são mais comumente usados para isso, frequentemente em combinação com folhas de plástico para evitar a evaporação do tecido. Também é possível colocar outros materiais absorventes, ricos em água, contra a superfície de concreto. A orientação no Reino Unido sugere o uso de areia molhada em superfícies horizontais, enquanto nos Estados Unidos a orientação também sugere solo, pó de serra, palha ou capim úmidos [5].

A *EN 13670* [15] fornece requisitos para cura. Ela define uma série de Classes de Cura. Estas são numeradas de 1 a 4, correspondendo a períodos crescentes de cura. A Classe de Cura 1 envolve cura por 12 h. As Classes de Cura de 2 a 4 não são definidas em termos de períodos específicos de cura, mas em termos da proporção de resistência à compressão, que exige-se ter evoluído antes da cura poder ser interrompida. Essas são de 35%, 50% e 70% da resistência à compressão característica de 28 dias para as Classes 2, 3 e 4, respectivamente.

Capítulo 6 Construção de estruturas de concreto duráveis

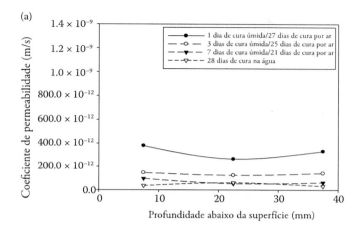

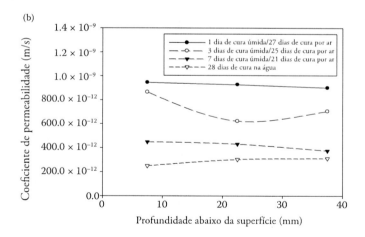

Figura 6.6 Valores de permeabilidade ao oxigênio obtidos de fatias tiradas de amostras de concreto feito com diferentes tipos de cimento sob diferentes regimes de cura. As misturas são as mesmas da figura 6.5. (De Ballim, Y., *Materials and Structures*, 26, 1993, 238–244.)

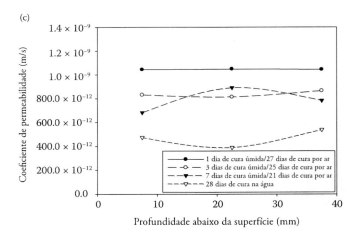

Figura 6.6 *(Continuação)* Valores de permeabilidade ao oxigênio obtidos de fatias tiradas de amostras de concreto feito com diferentes tipos de cimento sob diferentes regimes de cura. As misturas são as mesmas da figura 6.5. (De Ballim, Y., *Materials and Structures*, 26, 1993, 238–244.)

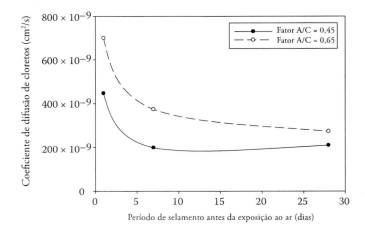

Figura 6.7 Coeficientes de difusão de cloretos obtidos de amostras de concreto após diferentes períodos de cura selada, seguida de exposição ao ar até uma idade de 28 dias. (De Hillier, S. R. et al., *Magazine of Concrete Research*, 52, 2000, 321–327.)

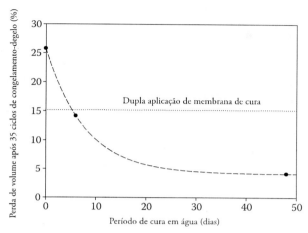

Figura 6.8 Influência do período de cura em água (e da aplicação de uma membrana de cura) na durabilidade de congelamento-degelo de amostras de concreto contendo escória de alto-forno. As amostras foram testadas numa idade de 55 dias, com o período de cura em água (20°C) ocorrendo primeiro, seguido de um período de cura ao ar a 20°C/65% de umidade relativa. (De Gunter, M. et al., Effect of curing and type of cement on the resistance of concrete to freezing in de-icing salt solutions. In J. Scanlon, ed., *ACI Special Publication SP-100: Proceedings of the Katharine and Bryant Mather International Symposium*. Detroit, Michigan: American Concrete Institute, 1987, pp. 877–899.)

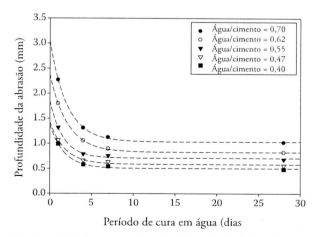

Figura 6.9 Influência do período de cura em água (20°C) na profundidade de abrasão de amostras de concreto com vários fatores A/C, testadas numa idade de 28 dias usando-se uma máquina de teste de abrasão com roda de aço giratória. (De Dhir, R. K. et al., *Materials and Structures*, 24, 1991, 122–128.)

6.4 Sistemas de proteção de superfícies

Um dos meios mais óbvios de prevenção da penetração de substâncias danosas no concreto é a aplicação de uma camada protetora na superfície do concreto. Tais tratamentos podem assumir uma série de formas. O mais simples deles é uma camada de película que forma uma camada protetora contínua na superfície do concreto (figura 6.10a). Porém, há benefícios potencialmente maiores se a substância usada for capaz de penetrar até abaixo da superfície, bloqueando assim os poros num volume de concreto localizado na superfície (figura 6.10b). Tais materiais são conhecidos como 'seladores de superfície' ou 'impregnantes'. Além disso, há tratamentos que podem ser aplicados às superfícies, os quais penetram até abaixo da superfície sem alterar a estrutura dos poros do material de nenhuma maneira, mas que atribuem um grau de hidrofobicidade às superfícies dos poros – os impregnantes hidrofóbicos (figura 6.10c).

Os sistemas de proteção de superfícies são cobertos por um único padrão – a *BS EN 1504-2* [16] – que define suas características necessárias.
Esta seção também examina brevemente o uso de sistemas de chapas protetoras.

6.4.1 Camadas de película para superfícies

Os sistemas de película para superfície baseados numa série de materiais estão disponíveis comercialmente. Eles incluem tanto formulações orgânicas quanto inorgânicas. Os sistemas orgânicos compreendem aqueles que são baseados em polímeros, incluindo polímeros e elastômeros fornecidos na forma de soluções em água ou solventes orgânicos e que são depositados à medida que o solvente evapora; sistemas resinosos, que endurecem depois de aplicados à superfície; alquidos (poliésteres modificados por ácidos graxos); betume; e oleorresinas (misturas de óleo/resina obtidas de várias plantas). Os sistemas inorgânicos incluem as formulações cimentícias e produtos de silicatos alcalinos, similares àqueles usados como membranas de cura discutidos anteriormente.

As formulações de películas também podem conter outras substâncias, incluindo pigmentos, plastificadores, preenchedores e modificadores de reologia.

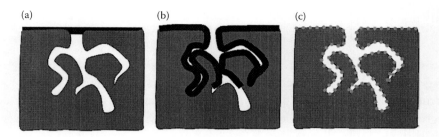

Figura 6.10 Diferentes tipos de proteção de superfícies: (a) película; (b) selador; (c) impregnante hidrofóbico.

A *BS EN 1504-2* identifica as principais características exigidas de tratamentos de superfície baseados na aplicação para a qual eles se destinam. Isso é feito pela definição de uma série de 'princípios' para a proteção do concreto. Esses princípios são os seguintes:

- Proteção contra ingresso
- Controle de umidade
- Resistência física crescente
- Resistência a químicos
- Resistividade crescente

O padrão identifica películas de superfície como sendo potencialmente convenientes para atender a todos esses princípios.

Para se estabelecer se um dado tratamento de superfície realiza uma dessas funções, há medidas de desempenho que o material deve satisfazer. Essas são conhecidas como 'requisitos de desempenho compulsório'. Adicionalmente, outros requisitos não compulsórios também podem ser definidos para certas aplicações em que tais características possam ser úteis. Independente da finalidade principal para uso de uma película de superfície, exige-se desempenho compulsório com relação à força de adesão (medida usando-se um teste de extração) e à absorção capilar (de água) e permeabilidade à água líquida características da superfície resultante.

A 'proteção contra ingresso' significa o impedimento da passagem de substâncias potencialmente danosas ao concreto ou ao reforço de aço, incluindo água, dióxido de carbono e íons cloreto. Os requisitos de desempenho compulsório para películas usadas para proteção contra ingresso no padrão são de permeabilidade ao dióxido de carbono e permeabilidade ao vapor de água.

O 'controle de umidade' refere-se primariamente a ações que evitam a passagem de água líquida para o concreto, enquanto permite que ele 'respire'. Embora as películas tenham sido tradicionalmente projetadas para selar completamente a superfície, frequentemente é desejável permitir que o vapor de água passe através da superfície. O aprisionamento de umidade abaixo da superfície de concreto normalmente é considerado indesejável, já que ele pode exacerbar os problemas de durabilidade relacionados com a água. A necessidade da permeabilidade ao vapor de água em certas aplicações levou à introdução e desenvolvimento de películas anticarbonatação. Essas são tipicamente formulações baseadas em elastômero acrilato que são altamente impermeáveis ao ingresso de dióxido de carbono, ao mesmo tempo em que permitem a passagem do vapor de água. *ABS EN 1504-9* [17] sugere que superfícies horizontais superiores não precisam ser permeáveis ao vapor de água, mas superfícies verticais e sofitos, sim. No padrão, o teste de uma película de superfície com relação à permeabilidade ao vapor de água é necessário para classificar a formulação como 'permeável' ou 'não permeável'.

Quando a película é aplicada para atribuir resistência física, o objetivo é oferecer desempenho com relação a impacto, abrasão e ataque de congelamento-degelo. Assim, os requisitos de desempenho compulsório são a resistência à abrasão e a impacto.

A 'resistência a químicos' se refere principalmente à resistência aos ataques de sulfatos e de ácidos. Assim, a resistência a ataques químicos graves é o requisito de desempenho compulsório adicional.

A 'resistividade crescente' é similar ao controle de umidade, uma vez que ela se refere ao tratamento de superfície para reduzir os níveis de umidade no concreto durante o serviço. Contudo, neste caso, isso é feito para se reduzir a condutividade elétrica do concreto. Essa é uma condição desejável onde a corrosão do reforço deva ser evitada, já que os processos eletroquímicos da corrosão do aço podem ser consideravelmente retardados se a resistividade do concreto for muito baixa. Destarte, os requisitos são idênticos aos do controle de umidade.

Outras características não compulsórias que podem ser desejáveis em certas aplicações também são incluídas: encolhimento linear, resistência à compressão, coeficiente de expansão térmica, resistência a choque térmico, capacidade de fechamento de fissuras, reação ao fogo, resistência a derrapagens/escorregões, resistência ao clima, comportamento antiestático e difusão de íons cloreto. Além disso, vários requisitos adicionais de desempenho de aderência são incluídos, bem como um meio adicional de determinação de resistência a ataques químicos. Em todos os casos, os métodos de teste para medição de cada requisito de desempenho são incluídos, da mesma forma que os critérios para aprovação em tais testes.

A qualidade de uma película é muito dependente da maneira pela qual ela é aplicada. A *BS 6150* [18] é um código de prática que cobre a seleção e aplicação de películas para uma série de diferentes superfícies, incluindo de concreto. Em geral, as películas apresentam melhor resultado quando aplicadas ao concreto seco, e orientações são fornecidas com relação a medidas que devem ser seguidas para assegurar isso. Inflorescências devem ser removidas das superfícies, e a pintura deve idealmente ser postergada até que a inflorescência tenha cessado. Além disso, o código de prática destaca a sensibilidade de algumas películas orgânicas a condições alcalinas na superfície do concreto e sugere a aplicação de primers resistentes a álcalis à superfície para melhorar o desempenho.

A vida útil de películas de superfície pode ser de até 20 anos, mas períodos de 10 a 15 anos são mais comuns, após o que a reaplicação é necessária [3].

6.4.2 Seladores de superfícies

As formulações de seladores de superfície são frequentemente baseadas em torno de formulações similares às de películas de superfície, sendo a principal distinção uma viscosidade muito menor, para maximizar a profundidade de penetração. Elas podem incluir soluções em solventes de epóxis, poliuretano e polímeros de acrílico. Em alguns casos (especificamente, epóxis e poliuretanos), um agente é necessário para curar os compostos, o qual é misturado à solução antes da aplicação. Mais recentemente, foram desenvolvidas formulações de poliuretano que curam em contato com a umidade. Também existem formulações inorgânicas, que são baseadas em compostos de silicofluoreto e silicato de sódio ou potássio.

Em termos dos princípios de proteção definidos na *BS EN 1504-2*, os seladores de superfície são eficazes em melhorar a proteção contra ingresso e de melhorar a resistência física. Tipicamente, seladores de superfície não podem ser usados para melhorar a resistência a químicos.

Quando o principal objetivo é a proteção contra ingresso, os requisitos de desempenho compulsório são a absorção capilar, a permeabilidade à água e a profundidade de penetração. Deve-se destacar que seladores de superfície também protegem contra a carbonatação, embora não na mesma extensão em que uma película anticarbonatação protege.

Seladores inorgânicos são, na maioria dos casos, inconvenientes para melhorar a proteção contra ingresso. A principal razão para o uso de tais formulações é melhorar a resistência física. Quando esse é o principal objetivo, a resistência à abrasão, a absorção capilar e a permeabilidade à água líquida são os requisitos de desempenho compulsório.

Durante e após a aplicação, os seladores não são tão sensíveis às condições da superfície, e, portanto, as exigências de preparação são normalmente menores. Entretanto, é importante que, quando a proteção contra ingresso for necessária, a aplicação seja suficiente para consegui-la.

6.4.3 Impregnantes hidrofóbicos

Impregnantes hidrofóbicos protetores de poros são líquidos aplicados à superfícies de concreto para tornar hidrofóbicos o interior e a superfície de poros próximos àquelas superfícies. Eles têm o benefício de ter pouco efeito sobre a aparência da superfície. Além disso, como não criam uma barreira física entre o concreto e o mundo exterior, eles permitem que o concreto 'respire'.

A maioria dos agentes hidrofóbicos usada em concreto são compostos de silano, e os mais comuns desses são os monômeros alquil trialcoxissilanos, tais como o isobutil (trimetóxi) silano (figura 6.11).

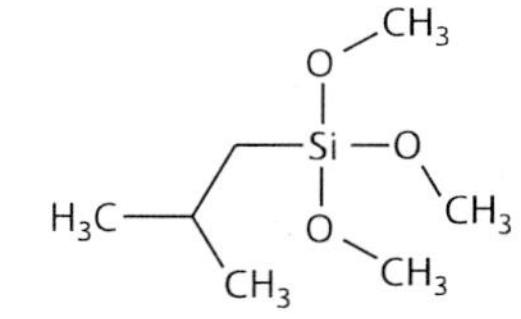

Figura 6.11 Estrutura química do isobutil (trimetóxi) silano.

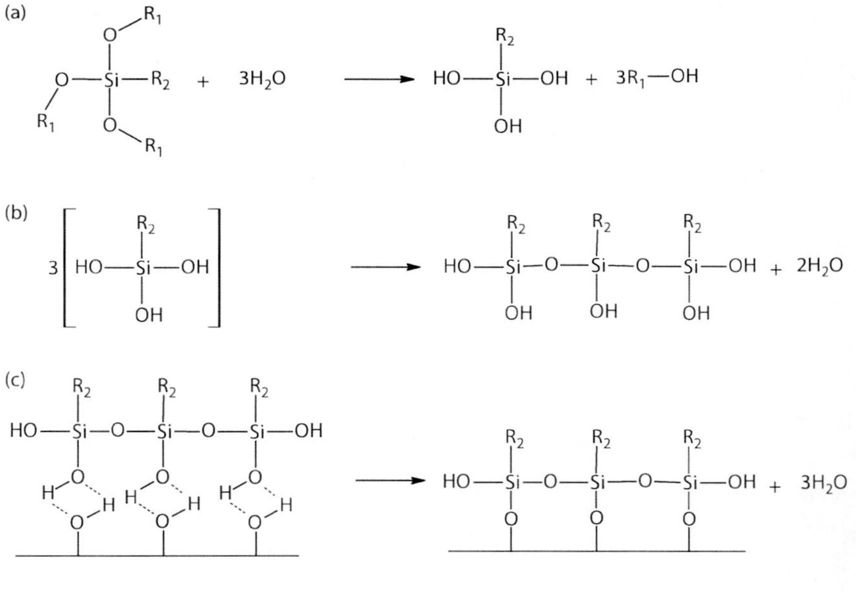

Figura 6.12 Reações que levam a aderência de compostos hidrofóbicos de silano às superfícies de concreto: (a) hidrólise; (b) condensação; (c) ligação a uma superfície.

A configuração estrutural básica da maioria dos compostos de silano usada para aplicações de proteção de concreto são três grupos metóxi (CH_3-O-) ou etóxi (CH_3-CH_2-O-) ligados a um átomo de silício, juntamente com um grupo alquil (CH_3-, CH_3-C_2-, etc). Na água, os grupos metóxi e etóxi (R_1 na figura 6.12^a) passam por hidrólise, de tal forma que se tornam separados do átomo de silício. A reação de hidrólise é catalisada por base e por ácido – ela ocorre numa taxa mais rápida sob condições de pH alto ou baixo. Isso é ideal no caso do concreto, já que a reação de hidrólise é iniciada ao se levar o silano a entrar em contato com o cimento alcalino endurecido. As moléculas hidrolisadas passam, então, por reações de condensação, levando à formação de cadeias curtas (oligômeros), como mostrado na figura 6.12b. Os oligômeros prendem-se a grupos hidroxila (OH) na superfície de produtos de hidratação do cimento através de pontes de hidrogênio, com ligações covalentes eventualmente se formando para ligar fortemente as moléculas à superfície (figura 6.12c).

O grupo alquil (R_2) é hidrofóbico, e a película resultante faz com que gotículas de água em contato com a superfície do concreto apresentem um ângulo de contato elevado, tipicamente de até aproximadamente 120°. O benefício disso é duplo. Primeiro, a água que cair sobre a superfície vai ter muito pouco contato com ela, reduzindo a extensão em que pode penetrar os poros do concreto. Segundo, onde os silanos tiverem penetrado mais fundo no concreto e tapado a superfície dos poros, a ação capilar (veja o capítulo 5) será essencialmente eliminada, uma vez que esta se baseia num baixo ângulo de contato, o que significa que a água não é puxada para o interior do concreto.

A *BS EN 1504-2* identifica impregnantes hidrofóbicos como apropriados para uso em aplicações onde a proteção contra ingresso, o controle de umidade e a resistividade crescente são resultados necessários. Em todos os casos, os requisitos de desempenho compulsório são a profundidade de penetração, a taxa de secagem e o teste para absorção de água e resistência a álcalis. A profundidade de penetração é claramente importante, já que ela define a extensão da proteção oferecida. Quando a profundidade de penetração é <10 mm, os impregnantes hidrofóbicos são identificados como sendo de Classe 1, enquanto as formulações de Classe 2 apresentam maiores profundidades de penetração.

Os impregnantes hidrofóbicos protetores de poros são aplicados por aspersão. No Reino Unido, o *Design Manual for Roads and Bridges* [19], da Highways Agency, exige que a superfície do concreto tenha secado naturalmente por 24 h até uma condição de superfície seca. A superfície deve também estar limpa e livre de resíduos de membranas de cura, poeira e detritos. A aspersão é feita em duas etapas, com um intervalo mínimo de 6 h entre as aplicações e uma cobertura de 300 mL/m^2 a cada aplicação.

O *Design Manual for Roads and Bridges* também afirma que se a aplicação for apropriadamente realizada, a hidrofobicidade da superfície permanecerá em efeito pelo menos por 15 anos, nas condições do Reino Unido. Porém, quando a superfície está sujeita a mecanismos de degradação, é provável que esse período seja reduzido.

6.4.4 Screeds

Os pisos, numa estrutura de concreto, podem estar localizados ao nível do solo, numa laje sobre o solo ou em níveis mais altos, como um piso suspenso por uma laje de concreto estrutural, uma combinação de unidades de concreto pré-moldado e uma laje estrutural ou um tabuleiro de metal composto. Em muitos casos, pode ser desejável que o acabamento seja feito diretamente na superfície do concreto (discutida na seção 6.2.2) de tal forma que a laje fique apropriadamente nivelada e resistente à abrasão. No entanto, em outros casos, pode ser necessário dispor-se um screed sobre a laje.

Um screed é uma camada de material – normalmente cimento, areia e água – que é aplicada a uma base de concreto para prover uma superfície nivelada (um 'screed de nivelamento'), para atuar como suporte para uma camada subsequente de piso ou como uma superfície de piso por si só. Quando o último desses três fins for o objetivo principal, o screed é conhecido como 'screed de desgaste', e a durabilidade se torna uma questão significativa, já que o screed precisa resistir à abrasão (capítulo 2). Em alguns casos, os screeds também podem ter de ser resistentes a ataque químico.

Os requisitos de materiais, design, execução, inspeção e manutenção de screeds são detalhados no código de prática – a *BS 8204-2* [20]. O requisito básico para cimento é que ele deve ter uma classe de resistência de 42,5 N ou uma quantidade adicional de cimento deve ser usada para equilibrar a baixa resistência. O código exige que o cimento usado num screed de desgaste deve ser cimento Portland CEM I, cimento resistente a sulfatos, cimento de aluminato de cálcio e vários cimentos Portland-escória ou combinações de cimento Portland e GGBS. O padrão também permite o uso de cimentos proprietários de endurecimento/secagem rápidos que não tenham padrões britânicos (British Standards). No caso de cimentos de aluminato de cálcio, o padrão enfatiza que o conselho do fabricante deve ser seguido.

Combinações também podem ser produzidas no misturador, usando-se cimento Portland e adições de CV, escória de alto-forno, finos de calcário, fumo de sílica ou metacaulim. O padrão também permite que outras adições sejam usadas, se sua conveniência puder ser demonstrada a partir de outras aplicações.

Os agregados para screeds de desgaste precisam ter um coeficiente de Los Angeles menor que 40 (capítulo 5). Além disso, eles precisam estar em conformidade com a *BS EN 12620 – Aggregates for Concrete* [21]. O agregado fino deve ser conforme a *BS EN 13139* [22] ou, senão, deve haver dados históricos demonstrando seu uso bem sucedido em screeds de desgaste.

Pigmentos e ingredientes químicos também podem ser adicionados. O padrão exige que eles não devem comprometer a durabilidade do screed.

Screeds podem ser usados de várias maneiras, em termos de como são unidos à base de concreto subjacente. Screeds 'ligados' são aqueles que são dispostos sobre a base de concreto endurecido, a qual foi tratada de forma a maximizar a ligação entre as duas camadas. Isso tipicamente envolve a remoção da nata de cimento e de sujeira da superfície de concreto usando-se uma técnica como ar comprimido, a remoção de detritos soltos resultantes desse processo, a umidificação e grauteamento da superfície imediatamente antes de se dispor o screed. Às vezes, um agente ligante é aplicado à superfície ou um ingrediente ligante é adicionado à camada de grauteamento.

Um screed 'monolítico'é aquele que é disposto sobre a camada de concreto enquanto ela ainda está num estado plástico (normalmente dentro de 3 h da mistura, embora isso dependa da temperatura ambiente e do cimento e ingredientes usados). É importante que não haja água de exsudação presente na superfície, uma vez que isso produziria uma camada de alto fator A/C na interface concreto–screed.

Screeds ligados e monolíticos são as estratégias de design favorecidas no código, já que a fissuração e o 'empenamento ou ondulação' resultantes do encolhimento por secagem do screed, tendem a ser reduzidos onde há uma boa ligação com o substrato. O encolhimento pode ser reduzido pelo uso de um screed com um baixo fator A/C. Para controlar o encolhimento, a inclusão de junções no design de um screed é necessária, com detalhes fornecidos no padrão.

Em alguns casos, uma boa ligação entre o screed e o concreto pode não ser possível. Isso poderia incluir situações em que o projeto exige que uma membrana à prova de umidade seja posta entre o concreto e o screed, ou quando a superfície de concreto foi contaminada com uma substância que impeça a união – óleo, por exemplo. Nessas circunstâncias, um screed 'não colado' é necessário. Em tais casos, a *BS 8204-2* exige que uma camada 'overslab' de concreto seja posta sobre a membrana sobre a qual o screed será então aplicado. A overslab precisa ter uma espessura entre 100 e 150 mm, sendo que uma maior espessura provê maior resistência ao empinamento ou ondulação (curling).

A camada overslab dispensa a aplicação de um screed – ela pode ser formulada e acabada de maneira a ser uma superfície diretamente acabada com capacidade de resistência à abrasão por si só. Os requisitos de resistência e de cimento mínimo da overslab são definidos no padrão.

Exemplos de configurações de superfícies de desgaste baseadas em cimento são mostrados na figura 6.13.

Quando um screed colado é usado, uma espessura de projeto de 40 mm é recomendada, com uma espessura mínima real (como resultado de excentricidades na superfície subjacente) de 20 mm. Espessuras em excesso de 40 mm são possíveis, mas aumentam o risco de desligamento do concreto subjacente como resultado de estresses do encolhimento por secagem. Screeds monolíticos devem ter uma espessura de 15 ± 5 mm.

Quando alta resistência à abrasão é necessária, um acabamento de aspersão de pó seco pode ser aplicado (veja a seção 6.2). A resistência a impacto também pode ser melhorada pelo uso de fibras de aço ou polímero na formulação do screed.

Bons acabamentos e cura de um screed de desgaste são essenciais. Técnicas de acabamento de superfície, tais como pelo uso de acabadora tipo helicóptero, são normalmente usadas para se compactar o screed e, assim, maximizar sua densidade. Após a disposição e o acabamento, um screed também pode receber aplicação de um selador inorgânico ou orgânico de superfície (endurecedor de superfícies), como discutido na seção 6.4.2.

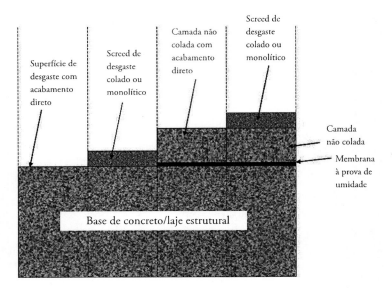

Figura 6.13 Diferentes configurações para superfícies de desgaste baseadas em cimento numa laje de concreto disposta sobre o solo.

Pisos suspensos oferecem um desafio adicional para criação de pisos, uma vez que sua deflexão pode produzir estresses em screeds baseados em cimento convencional, o que pode causar fissuração. Uma opção para tais pisos é o uso de screeds baseados em resinas sintéticas ou cimentos modificados com polímeros.

Cimentos modificados com polímeros são cimentos misturados com uma dispersão de polímero em água. Em alguns casos, o cimento pode ser fornecido como mistura de cimento e partículas de polímeros, ao qual a água é adicionada. À medida que a água livre é removida, tanto durante a hidratação do cimento quanto como resultado da evaporação, o polímero é depositado como uma matriz em meio à matriz convencional de produtos de hidratação formados pela hidratação do cimento. Tipicamente, polímeros tais como acrilatos, borracha de estireno butadieno e acetato vinil são usados.

A principal razão para uso de cimentos modificados com polímeros é a resistência de flexibilidade mais elevada que eles apresentam em relação ao cimento convencional. Em muitos casos, eles também podem melhorar a força de ligação e proporcionar superfícies mais resistentes a impacto e abrasão, o que é claramente desejável para os screeds.

Screeds baseados em cimentos modificados com polímeros são cobertos pelo código de prática, *BS 8204-3* [23]. Os materiais para uso em tais screeds são essencialmente os mesmos que para screeds baseados em cimento convencional. O código de prática usa uma abordagem de identificação de condições de serviço envolvendo diferentes níveis de abrasão e definindo proporções de mistura e espessuras de screed para preencherem tais condições. Em termos de espessura de screed, uma maior é exigida para condições mais abrasivas (entre 6 e 40 mm). Em termos de proporções de mistura, condições mais abrasivas são equilibradas pelo uso de menores razões de cimento para agregado e menores níveis de dispersão polímero/água (reduzindo assim, efetivamente, o fator A/C).

Antes de se dispor um screed modificado com polímeros, o código de prática exige que um agente de ligação seja aplicado à base de concreto subjacente. Este pode ser uma formulação de epóxi, mas também poderia ser uma dispersão de alta concentração do polímero usado no screed ou uma pasta de cimento modificada com uma dispersão de polímeros de alta concentração.

Screeds feitos de resinas sintéticas são normalmente baseados em torno de resinas epóxi, metacrilatos e poliuretanos. O código de prática para screeds baseados em resinas é a *BS 8204-6* [24]. Recentemente, screeds auto-niveladores baseados em resina têm crescido em popularidade. Esses são screeds de baixa viscosidade que fluem sobre a superfície a qual estão sendo aplicados, sem a necessidade de acabamento para a superfície.

Tanto os screeds baseados em cimentos modificados com polímeros quanto com resinas podem fornecer boa resistência a ataque químico, uma vez que são menos permeáveis. Isso é particularmente válido para os de resinas. Alternativamente, screeds baseados em cimento com aluminato de cálcio tendem a ser mais resistentes a ataque químico, em vez de produtos baseados em cimento Portland.

6.4.5 Películas protetoras

Há, agora, muitos sistemas de películas comercialmente disponíveis para concreto. As películas são normalmente fabricadas a partir de polímeros termoplásticos, tais como polipropileno e polietileno de alta densidade, embora também existam produtos de elastômero. Mais comumente, eles tomam a forma de folhas de polímero entre aproximadamente 2 e mais de 10 mm de espessura, que podem ser instaladas na fôrma, antes do lançamento e compactação. A maioria dos sistemas de folhas de película tem fixadores no concreto para assegurar uma boa ligação.

Depois que a fôrma é removida, folhas adjacentes são unidas por soldagem de extrusão– o polímero é plástico amolecido por aquecimento e é extrudado usando-se uma extrusora manual para aplicação na junção. As bordas da junção são simultaneamente amolecidas por um jato de ar quente da extrusora para melhorar a ligação entre o extrudado e a borda.

Películas pré-enformadas também podem ser usadas em aplicações de pré-moldado. Por exemplo, tubos pré-enformados podem ser colocados nos moldes para tubos de concreto e preenchidos com concreto, produzindo um tubo com interior selado.

Em virtude de sua espessura e boa resistência química, as películas são normalmente usadas em aplicações onde condições químicas muito agressivas são prevalentes ou onde seja necessária uma alta retenção de líquido. A expansão de películas a altas temperaturas ambientes pode representar um problema, e algumas películas são vendidas tanto em forma clara quanto escura. O reflexo da luz solar num material de cor clara torna-o menos inclinado à expansão térmica.

6.5 Proteção catódica

No capítulo 4, as abordagens para a elaboração de concreto e estruturas de concreto de maneira a minimizar a corrosão do reforço de aço foram examinadas. Estas giram principalmente em torno de se garantir que o concreto seja tão impermeável quanto possível, explorando-se a composição química do cimento, controlando-se as condições eletroquímicas no concreto ou usando-se materiais alternativos de reforço. Porém, outra abordagem para minimização da corrosão do reforço é a instalação de um sistema de proteção catódica, seja durante a construção, seja retrospectivamente. Normalmente, quando um sistema de proteção catódica é encaixado durante a construção, ele é conhecido como 'prevenção catódica'. Contudo, o termo 'proteção' será usado nesta seção para fins de simplicidade, à exceção de onde uma distinção deva ser feita.

Como discutido no capítulo 4, a corrosão do reforço de aço envolve o estabelecimento de uma célula eletroquímica na qual diferentes partes do mesmo artigo de aço se tornam o catodo e o anodo. As regiões anódicas do aço são corroídas.

A proteção catódica envolve a colocação do reforço numa estrutura de concreto dentro de um circuito de maneira tal que o aço se torna polarizado e atua como catodo. Como resultado, ele não passa por corrosão numa taxa significativa. Como provavelmente já está evidente, isso frequentemente não é tarefa trivial, e o custo da proteção catódica implica em que ela é normalmente limitada à infraestrutura crítica. Duas abordagens para a proteção catódica são possíveis: galvânica e de corrente impressa. Essas técnicas são discutidas nas próximas seções.

6.5.1 Proteção catódica por corrente impressa

A proteção catódica por corrente impressa envolve a conexão do reforço que deve ser protegido a um componente de carbono ou metal e a aplicação de uma corrente contínua entre o reforço e o componente, de tal forma que o reforço se torne o catodo de uma célula eletroquímica e o outro material condutor se torne o anodo (figura 6.14). Como é o anodo que passa por corrosão, o aço permanece intacto (ou, pelo menos, perde material numa taxa muito lenta). O anodo é feito de um material condutor inerte e, assim, não é vulnerável à corrosão.

O circuito é completado pela difusão de íons pela solução dos poros do concreto, com ânions tais como íons cloreto e hidróxido (se presentes) migrando do catodo para o anodo, e cátions (incluindo cálcio, sódio e potássio) movendo-se para o catodo. Isso pode ter um efeito positivo, já que pode reduzir concentrações de cloreto em torno do reforço (figura 6.15), reduzindo ainda mais a probabilidade de corrosão. Íons hidróxido adicionais são gerados no catodo pela reação

$$2H_2O + O_2 + 4e^- \rightarrow 4OH^-$$

406 Durabilidade do Concreto

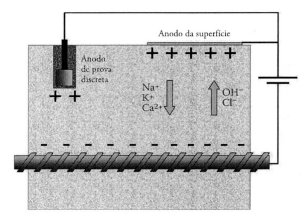

Figura 6.14 Proteção catódica por corrente impressa.

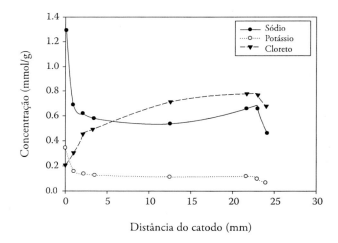

Figura 6.15 Concentrações de íons de sódio, potássio e cloreto numa amostra de concreto sujeita a polarização catódica. (De Sergi, G. e C. L. Page. *The Effects of Cathodic Protection on Alkali–Silica Reaction in Reinforced Concrete*. Crowthorne, United Kingdom: Transport and Road Research Laboratory, 1992, pág. 53.)

As alterações na química em torno do reforço fazem com que o anodo se torne polarizado – mesmo depois da corrente ser desligada, há uma diferença de potencial entre os eletrodos, com o aço sendo negativamente polarizado.

6.5.1.1 Anodos

Quando a proteção catódica deve ser usada no reforço de aço de um elemento estrutural do concreto exposto à atmosfera, materiais convenientes para o anodo incluem titânio, certas ligas de zinco ou alumínio, cerâmicas condutoras baseadas em titânio e carbono [26]. O anodo deve ser localizado de forma que uma corrente possa passar entre o catodo e ele. Isso é conseguido pelo embutimento do anodo no concreto ou por sua fixação a uma área relativamente grande da superfície do elemento.

O embutimento de anodos pode ser conseguido através da inserção de eletrodos de prova discreta (normalmente titânio ou cerâmicas de titânia) em furos no concreto e chumbados. Alternativamente, encaixes podem ser abertos no concreto, e faixas de malha de titânio podem ser inseridas e chumbadas de maneira similar. Ainda outra alternativa é que camadas similares da malha podem ser aplicadas numa superfície de concreto e sobrepostas com concreto, frequentemente aplicado através de aspersão.

A fixação de anodos à superfície pode ser conseguida pela pintura ou aspersão de uma camada do material anódico à superfície. Isso faz uso eficiente do material, uma vez que uma quantidade relativamente pequena é usada para cobrir uma grande área e também assegura um bom contato entre a superfície e o anodo. Tintas à base de carbono estão disponíveis para tais aplicações. Películas de ligas podem ser aplicadas usando-se técnicas de aspersão térmica, tais como aspersão por chama ou arco. Outra abordagem é aplicar um revestimento condutor composto de fibra de carbono baseado em cimento.

Não é incomum o uso de combinações de diferentes configurações de anodo.

Quando elementos de concreto reforçado estão localizados abaixo do solo ou submersos, condições diferentes são válidas, porque a água em volta do concreto, seja como meio em que o elemento está submerso, seja como umidade no solo, atua como condutor para a corrente entre o catodo e o anodo. Assim, os anodos não têm de estar fisicamente em contato com o concreto. Além do mais, um único anodo pode ser usado para proteger uma seção relativamente grande de uma estrutura.

Em situações submersas e abaixo do solo, os anodos podem ser feitos de uma série de materiais condutores, incluindo titânio coberto com platina, magnetita e ferro com um conteúdo elevado de silício. O uso de titânio isolado normalmente não é apropriado, uma vez que ele tem uma camada de óxido em sua superfície, a qual aumenta a resistência ao fluxo de corrente. Isso leva a uma situação em que uma voltagem excessivamente alta tem de ser aplicada nos eletrodos para se alcançar a densidade de corrente necessária, o que leva, por fim, à ruptura da camada de óxido – o 'potencial de colapso' do titânio é excedido – com este passando por corrosão local numa taxa significativa [27]. Ao invés, o anodo de titânio é coberto por uma camada de metal inerte com boa condutividade e manutenibilidade. Este foi, no passado, a platina. Essa abordagem também é economicamente viável, já que a platina sozinha seria excessivamente cara. Mais recentemente, o titânio coberto com uma camada de óxido de metal misto (OMM) veio a substituir o coberto com platina. Os óxidos de metal são normalmente baseados em misturas de óxido de irídio e rutênio.

Quando voltagens mais elevadas devem ser usadas, o que excederia o potencial de colapso do titânio (~8 V), anodos de tântalo cobertos com nióbio são usados. Orientação produzida sobre o assunto identificou as voltagens operacionais máximas para muitos tipos de anodo [26].
Quando eletrodos são enterrados no subsolo, frequentemente são cobertos com grânulos baseados em carbono que atuam para melhorar o fluxo da corrente.

6.5.1.2 Operação

A corrente necessária para evitar a corrosão numa estrutura equipada com um sistema de proteção catódica é expressa em termos de densidade de corrente – a corrente necessária por metro quadrado da área de superfície do aço a ser protegido. O British Standard para a proteção catódica de concreto reforçado (*BS EN ISO 12696* [28]) recomenda uma densidade de corrente de 0,2 a 2 mA/m^2 para concreto reforçado que seja livre de cloretos. Quando tiver ocorrido contaminação por cloretos, seja como resultado de ingresso a partir do ambiente, seja em estruturas em que o cloreto de cálcio tenha sido usado como ingrediente acelerador, uma densidade de 2 a 20 mA/m^2 é recomendada. O padrão também afirma que normalmente a prevenção catódica exige densidades de corrente na menor dessas duas faixas, independente de cloretos ingressarem no concreto.

6.5.1.3 Monitoramento

Para se determinar se um sistema de proteção catódica está tendo o efeito desejado, normalmente é necessário equipar, também, uma estrutura com um sistema de monitoramento. Isso envolve o embutimento de eletrodos de referência (normalmente eletrodos de junção dupla prata/cloreto de prata/cloreto de potássio) no concreto ou a tomada de leituras usando-se um eletrodo montado na superfície (normalmente um tipo similar de eletrodo ou um de manganês/dióxido de manganês/hidróxido de sódio). O eletrodo montado na superfície pode ser um dispositivo portátil que pode ser usado em múltiplos locais.

O monitoramento é normalmente feito pela medição da diferença de potencial entre o eletrodo de referência e o reforço, imediatamente após o desligamento da corrente de proteção catódica e novamente algum tempo após esse desligamento. O desligamento da corrente faz com que o aço se torne despolarizado – o potencial relativo ao eletrodo de referência se torna menos negativo – mas isso ocorre gradualmente. Portanto, essas duas medições dão uma indicação do potencial de corrosão se a proteção catódica não estivesse presente e uma indicação da extensão em que o sistema está melhorando a situação.

Um potencial de menos de (isto é, mais negativo que) −150 mV medido usando-se um eletrodo de Ag/AgCl/0,5-M–KCl provavelmente significa que as condições na superfície do reforço não estão sob corrosão. O tipo de eletrodo e a concentração de eletrólito (cloreto de potássio, Kcl, no eletrodo descrito acima) definem a magnitude do potencial medido e, quando um eletrodo diferente é usado, um fator de conversão é necessário. O padrão também fornece orientação sobre os outros sensores que podem ser usados como meio de se monitorar o desempenho com relação à proteção contra corrosão.

A *BS EN ISO 12696* define critérios mais estritos para a adequação da proteção catódica. Estes são qualquer um dos seguintes:

1. Uma medição de potencial mais negativo que −720 mV (usando-se um eletrodo de referência de Ag/AgCl/0,5-M–KCl) imediatamente após desligar-se a corrente;
2. Uma queda de potencial de >100 mV num período de 24 h; e
3. Uma queda de potencial de >150 mV num período maior.

Quando se encontre um sistema que não apresente desempenho adequado, pode ser necessário usar-se uma densidade de corrente maior. Embora isso seja possível, um sistema de proteção catódica só deve ser operado abaixo de tais condições por um período de tempo relativamente curto (questão de meses), e a densidade de corrente não deve ser excessivamente alta. Altas densidades de corrente podem levar a uma série de problemas, incluindo enfraquecimento dos materiais por hidrogênio do reforço, perda de ligação entre o reforço e o concreto e reação álcali-agregado (capítulo 3).

O enfraquecimento por hidrogênio é um processo que ocorre quando altas concentrações de gás hidrogênio estão presentes na superfície de aço. Tais átomos são suficientemente pequenos para poderem se difundir pelo aço sólido com relativa facilidade e tendem a ficar presos em limites de grãos. O acúmulo de hidrogênio nesses locais gradualmente leva à perda de força. O hidrogênio pode se formar se o potencial do reforço de aço exceder um nível conhecido como seu 'potencial de evolução do hidrogênio'. O enfraquecimento por hidrogênio normalmente só é preocupante para aços de alta tensão usados para reforço pré e pós-tensionado. Quando tal reforço está presente, a *BS EN ISO 12696* afirma que é necessário manter condições operacionais que não excedam um potencial de –900 mV medido usando-se um eletrodo de Ag/AgCl/0,5-M–KCl. O padrão também impõe um limite de 1100 mV para reforço de aço simples.

O movimento de íons de álcalis em direção ao anodo durante a proteção catódica do concreto reforçado leva ao acúmulo de íons de álcalis na superfície. Quando agregados estão presentes, os quais são vulneráveis à reação álcali-agregado (veja o capítulo 3), há a possibilidade de que a concentração limite acima da qual essa reação ocorre seja excedida a ponto de ser danosa. Experimentos demonstraram este caso [25]. No entanto, as densidades de corrente necessárias para se obter os altos potenciais necessários para causar a reação estavam, ao menos no período inicial do experimento, excessivamente além daqueles recomendados na *BS EN ISO 12696* – na maioria dos casos, aproximadamente 400 mA/m^2. Portanto, considera-se improvável que a proteção catódica apresente um risco com relação à reação álcali-agregado, desde que as condições operacionais ditadas no padrão sejam mantidas.

Outro fenômeno relacionado é a perda de aderência. Este também resulta do acúmulo de íons de álcalis no reforço catódico, o que leva à descalcificação do gel de silicato de cálcio hidratado na pasta de cimento endurecida. Isso causa um enfraquecimento da matriz de cimento (figura 6.16), o que produz uma perda na força da ligação entre o reforço e o concreto. Reduções na força de ligação de quase 35% foram observadas em experimentos de laboratório [29]. Mas, essas magnitudes de perda de aderência foram conseguidas usando-se densidades de corrente em excesso de 500 mA/m², e mais uma vez pode-se concluir que tais efeitos são improváveis se as condições operacionais forem mantidas dentro dos limites sugeridos.

A difusão de íons, hidróxido e cloreto, leva à reação seguinte, uma vez que os íons alcancem o anodo:

$4OH^- \rightarrow 2H_2O + O_2 + 4e^-$

$2Cl^- \rightarrow Cl_2 + 2e^-$

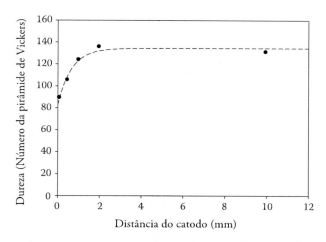

Figura 6.16 Medições de dureza tomadas ao longo de uma faixa de distância do catodo numa amostra de concreto tendo passado por polarização catódica. (De Rasheeduzzafar et al., *ACI Materials Journal*, v. 90, 1993, pp. 8–15.)

O efeito geral é a evolução de gás oxigênio e cloro. A evolução de gás pode apresentar um sério problema quando seu escapamento é impedido, seja por uma cobertura de superfície, seja simplesmente como resultado da saturação dos poros do concreto por água. Adicionalmente, a oxidação de íons hidróxido em água e oxigênio no anodo pode levar à queda de pH para condições ácidas, que pode atacar o concreto. Esses problemas são geralmente evitados pela limitação da densidade de corrente. Por exemplo, a *BS EN ISO 12696* recomenda limitar a densidade de corrente de longo prazo abaixo de 110 mA/m², quando titânio recoberto por OMM é usado. Densidades mais altas ainda podem ser usadas por curtos períodos de tempo – por exemplo, para configuração de condições de polarização – mas a duração deve ser limitada a curtos períodos.

6.5.2 Proteção catódica galvânica

A proteção catódica galvânica é uma forma passiva de proteção, no sentido de que uma diferença de potencial não precisa ser ativamente aplicada. Ao invés, a diferença de potencial é produzida pela conexão do aço do reforço a um eletrodo feito de um metal que é mais anódico (figura 6.17), levando à corrosão galvânica (como descrita no capítulo 4), em que o eletrodo mais anódico é corroído sacrificialmente e o aço permanece, em grande parte, inalterado. A ausência da necessidade de uma corrente elétrica aplicada implica em tais sistemas serem normalmente mais econômicos, quando comparados com os sistemas de corrente impressa.

Tal como no caso da proteção catódica por corrente impressa, a técnica pode ser aplicada a estruturas expostas à atmosfera e às enterradas ou submersas, e abordagens similares para localização do anodo são necessárias. O metal anódico é quase sempre o zinco, embora ligas de alumínio-zinco-índio sejam às vezes usadas.

Quando estruturas estão expostas à atmosfera, o anodo deve estar em contato com o concreto e tomar a forma de folha fixada à superfície, de malha aplicada à superfície e presa por fôrma permanente, de finas camadas aplicadas usando-se aspersão térmica, ou de blocos presos em cavidades rasas no concreto.

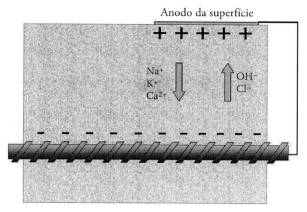

Figura 6.17 Proteção catódica galvânica.

No caso do zinco, os produtos da corrosão são o óxido e o hidróxido de zinco, cuja formação leva a um aumento líquido no volume. Destarte, quando um bloco embutido é usado, é importante que espaço suficiente seja deixado para esses produtos. Isso normalmente é conseguido pelo envolvimento dos blocos com um volume de material condutor de preenchimento que seja poroso e, assim, permita a formação dos produtos sem danos ao concreto. O preenchimento é normalmente baseado em carbono, para permitir que ele conduza eficientemente a corrente do anodo para as superfícies da cavidade.

Para otimizar a proteção proporcionada por um sistema de proteção catódica galvânica, um ativador deve também estar presente em torno do anodo. Estes são compostos que fazem com que formas solúveis dos produtos de corrosão sejam geradas. Estes podem ser compostos que aumentam o pH em redor para níveis muito altos (>14), onde o hidróxido se torna mais solúvel, ou sulfatos ou compostos de haletos, cuja presença leva à formação de sais cloreto e sulfato de zinco solúveis. O uso de haletos tem implicações na durabilidade, já que a natureza corrosiva de íons cloreto (discutida no capítulo 4) é claramente problemática. Como visto no capítulo 3, os sulfatos também podem representar problemas. Porém, anodos catódicos são normalmente fornecidos como um único produto com preenchimento apropriado e formulações ativadoras, com orientação sobre o uso apropriado.

Durante o serviço, o anodo é consumido como parte do processo de corrosão. Em tais aplicações, embora a intenção seja normalmente que os anodos durem pela vida útil pretendida da estrutura, anodos em folha e bloco podem ser substituídos como parte do programa de manutenção de uma estrutura, se forem excessivamente consumidos.

Quando as estruturas não estiverem em contato com a atmosfera, o anodo não precisa estar em contato com o concreto. Contudo, como a substituição é uma tarefa potencialmente mais desafiadora, o tipo, a forma e o volume do anodo devem ser selecionados para se assegurar que anodo suficiente restará ao final da vida projetada, de uma forma apropriada, para prover proteção adequada. Os materiais usados para esses anodos são tipicamente ligas de zinco, alumínio e magnésio.

A voltagem que se consegue pela proteção catódica galvânica é em torno de 1 V. Isso é menos que a que seria tipicamente aplicada num sistema de corrente impressa, e o efeito geral é que o nível de proteção é limitado. Sob condições de cloretos livres, isso é improvável de ser um problema maior, mas, quando cloretos estão presentes, a situação normalmente é a proteção galvânica atuar meramente como meio de retardar a corrosão, em vez de evitá-la.

O monitoramento do desempenho de sistemas de proteção catódica galvânica é normalmente feito pela medição da corrente entre o reforço e os anodos. Em alguns casos o potencial de corrosão do aço também pode ser medido, embora isso envolva a conexão de partes do reforço a um eletrodo de meia célula, o que pode não ser prático.

REFERÊNCIAS

1. Kreijger, P. C. The skin of concrete: Composition and properties. *Materials and Structures*, v. 17, 1984, pp. 275–283.
2. Cairns, J. Enhancements in surface quality of concrete through the use of controlled permeability formwork liners. *Magazine of Concrete Research*, v. 51, 1999, pp. 73–86.

3. Bamforth, P. B. *Concrete Society Technical Report 61: Enhancing Reinforced Concrete Durability*. Camberley, United Kingdom: Concrete Society, 2004, 161 p.
4. McCarthy, M. J., A. Giannakou, e M. R. Jones. Specifying concrete for chloride environments using controlled permeability formwork. *Materials and Structures* v. 34, 2001, pp. 566–576.
5. ACI Committee 308. *Standard Practice for Curing Concrete – ACI 308-92*. Farmington Hills, Michigan: American Concrete Institute, 1997, 11 p.
6. National Ready-Mixed Concrete Association. *Plastic Cracking of Concrete*. Silver Spring, Maryland: NRMCA, 1960, 2 p.
7. Menzel, C. A. *Causes and prevention of crack development in plastic concrete. Proceedings of the Portland Cement Association*. Shokie, Illinois: Portland Cement Association, 1954, pp. 130–136.
8. Uno, P. J. Plastic shrinkage cracking and evaporation formulas. *ACI Materials Journal*, v. 95, 1998, pp. 365–375.
9. Aitcin, P.-C. Effect of size and curing on cylinder compressive strength of normal and high-strength concretes. *ACI Materials Journal*, v. 91, 1994, pp. 349–354.
10. Ballim, Y. Curing and the durability of OPC, fly ash, and blast-furnace slag concretes. *Materials and Structures*, v. 26, 1993, pp. 238–244.
11. British Standards Institution. *BS 7542:1992: Method of Test for Curing Compounds for Concrete*. London: British Standards Institution, 1992, 12 p.
12. Hillier, S. R., C. M. Sangha, B. A. Plunkett, e P. J. Walden. Effect of concrete curing on chloride ion ingress. *Magazine of Concrete Research*, v. 52, 2000, pp. 321–327.
13. Gunter, M., T. Bier, H. Hilsdorf. Effect of curing and type of cement on the resistance of concrete to freezing in de-icing salt solutions. In J. Scanlon, ed., *ACI Special Publication SP-100: Proceedings of Katharine and Bryant Mather International Symposium*. Detroit, Michigan: American Concrete Institute, 1987, pp. 877–899.
14. Dhir, R. K., P. C. Hewlett, e Y. N. Chan. Near-surface characteristics of concrete: Abrasion resistance. *Materials and Structures*, v. 24, 1991, pp. 122–128.
15. British Standards Institution. *BS EN 13670:2009: Execution of Concrete Structures*. London: British Standards Institution, 2009, 76 p.

16. British Standards Institution. *BS EN 1504-2:2004: Products and Systems for the Protection and Repair of Concrete Structures – Definitions, Requirements, Quality Control, and Evaluation of Conformity: Surface Protection Systems for Concrete*. London: British Standards Institution, 2004, 50 p.
17. British Standards Institution. *BS EN 1504-9:2008: Products and Systems for the Protection and Repair of Concrete Structures – Definitions, Requirements, Quality Control, and Evaluation of Conformity: General Principles for Use of Products and Systems*. London: British Standards Institution, 2008, 32 p.
18. British Standards Institution. *BS 6150:2006: Painting of Buildings: Code of Practice*. London: British Standards Institution, 2006, 174 p.
19. The Highways Agency. *Design Manual for Roads and Bridges, Vol. 2 Highway Structures: Design (Substructures and Special Structures) Materials, Part 2. BD43/03: The Impregnation of Reinforced and Prestressed Concrete Highway Structures using Hydrophobic Pore-Lining Impregnants – BD43/03*. Norwich: HMSO, 2003, 14 p.
20. British Standards Institution. *BS 8204-2:2003: Screeds, Bases, and In Situ Floorings – Part 2. Concrete Wearing Surfaces: Code of Practice*. London: British Standards Institution, 2003, 44 p.
21. British Standards Institution. *BS EN 12620:2002: Aggregates for Concrete*. London: British Standards Institution, 2002, 60 p.
22. British Standards Institution. *BS EN 13139:2002: Aggregates for Mortar*. London: British Standards Institution, 2002, 44 p.
23. British Standards Institution. *BS 8204-3:2004: Screeds, Bases, and In Situ Floorings – Part 3. Polymer-Modified Cementitious Levelling Screeds and Wearing Screeds: Code of Practice*. London: British Standards Institution, 2004, 36 p.
24. British Standards Institution. *BS 8204-6:2008: Screeds, Bases, and In Situ Floorings – Part 6. Synthetic Resin Floorings: Code of Practice*. London: British Standards Institution, 2008, 52 p.
25. Sergi, G. e C. L. Page. *The Effects of Cathodic Protection on Alkali–Silica Reaction in Reinforced Concrete*. Crowthorne, United Kingdom: Transport and Road Research Laboratory, 1992, 53 p.
26. The Concrete Society. *Technical Report 73: Cathodic Protection of Steel in Concrete*. Camberley, United Kingdom: The Concrete Society, 2011, 105 p.
27. Cotton, J. B. Platinum-faced titanium for electrochemical anodes. *Platinum Metals Review*, v. 2, 1958, pp. 45–47.

28. British Standards Institution. *BS EN ISO 12696:2012: Cathodic Protection of Steel in Concrete*. London: British Standards Institution, 2012, 56 p.
29. Rasheeduzzafar Ali, M. G. e G. J. Al-Sulaimani. Degradation of bond between reinforcing steel and concrete due to cathodic protection current. *ACI Materials Journal*, v. 90, 1993, pp. 8–15.

Capítulo 7
Utilização, reparo e manutenção de estruturas de concreto

7.1 Introdução

Nos capítulos anteriores, os mecanismos de deterioração que agem para desafiar a durabilidade do concreto foram examinados, juntamente com as maneiras pelas quais os elementos estruturais de concreto podem ser projetados e fabricados para prover proteção apropriada. No entanto, a proteção adequada não foi necessariamente usada em estruturas de concreto construídas no passado, e muitos dos processos que comprometem a durabilidade eram desconhecidos antes de sua construção e só vieram à luz durante o serviço de tais estruturas. Além do mais, medidas protetoras podem falhar de formas imprevistas.

Deve-se reconhecer que tais estruturas inevitavelmente vão se deteriorar com o tempo, e o que é mais importante é que uma estrutura permanece capaz de cumprir sua função pelo tempo de vida útil pretendido. Entretanto, a função de uma estrutura pode mudar de uma forma que não poderia ser prevista por seus projetistas, ou pode ser desejável continuar-se usando uma estrutura além do tempo de vida útil pretendido, por questões econômicas ou práticas. Em tais casos, é essencial estabelecer-se a natureza e a extensão da deterioração para se permitir que se proceda um julgamento com relação à adequação de uma estrutura e se alguma coisa pode ser feita para retificar problemas ou melhorar o desempenho.

Este capítulo discute a maneira pela qual a capacidade de uma estrutura de satisfazer sua função muda com o tempo e em que ponto se determina que esta acabou. Em seguida, ele delineia de que forma uma estrutura pode ser apreciada em termos de desempenho e como se pode tentar predizer o desempenho futuro. Os métodos de teste que podem ser usados *in situ* e no laboratório para ajudar nessa apreciação são examinados, bem como algumas das medidas disponíveis para o engenheiro retificar problemas de durabilidade do concreto.

7.2 Utilização de estruturas

O colapso de uma estrutura é claramente um evento que deve ser evitado a todo custo, e também é claro que as estruturas devem ser projetadas com isso em mente. A despeito disso, colapsos estruturais ainda ocorrem, e tais eventos são bem divulgados como resultado de perda de vidas ou das dramáticas imagens que resultam. Contudo, uma forma muito mais comum de falha ocorre quando as estruturas alcançam um ponto de deterioração em que elas não mais podem realizar a função para a qual foram projetadas. Embora tais eventos sejam muito menos amplamente divulgados e as consequências sejam menos traumáticas, quando essa perda de 'utilização' ocorre dentro da vida útil pretendida de uma estrutura, uma falha no design e/ou na execução da estrutura terá evidentemente ocorrido.

7.2.1 Estados limites

A abordagem do 'estado limite' agora é comumente usada no projeto de estruturas e é uma das filosofias fundamentais por trás do processo de projeto descrito na *Eurocode 2* [1]. De acordo com tal sistema, um evento que tenha implicações para a segurança das pessoas ou da estrutura, tal como um colapso, implica que um estado limite último (ELU) foi excedido. A *EN 1990* [2] identifica os seguintes ELUs:

- 'Perda de equilíbrio da estrutura ou de qualquer parte dela, considerada como um corpo rígido';
- 'Falha por deformação excessiva; transformação da estrutura ou de qualquer parte dela num mecanismo; ruptura; perda de estabilidade da estrutura ou de qualquer parte dela, incluindo suportes e fundações'; e
- 'Falha causada por fadiga ou outros efeitos dependentes do tempo'.

Os pontos além dos quais uma estrutura deixa de satisfazer sua função são conhecidos como estados limites de serviço (ELSs). A *EN 1990* identifica uma série de ELSs. O primeiro deles é 'deformações que afetam a aparência, o conforto dos usuários, o funcionamento da estrutura (incluindo o funcionamento de máquinas ou serviços) ou que causem danos a acabamentos ou membros não estruturais'. Além disso, o padrão inclui 'vibrações que causem desconforto às pessoas ou que limitem a eficácia funcional da estrutura', bem como 'danos que possam afetar adversamente a aparência, a durabilidade, ou o funcionamento da estrutura'.

A *Eurocode 2* define três tipos de comportamento de estrutura de concreto reforçado que definem o fim da utilização: limitação de tensão, controle de fissuras e controle de deflexão.

'Limitação de tensão' se refere às tensões de manutenção em elementos estruturais abaixo de níveis definidos, com o objetivo de se reduzir a probabilidade de fissuração e deformação. A fissuração longitudinal de elementos é indesejável em virtude de tais fissuras provavelmente reduzirem a proteção ao reforço de aço fornecida pelo concreto e criar outros problemas de durabilidade. Em ambientes em que cloretos estão presentes ou em que o ataque de congelamento-degelo é uma possibilidade, o padrão recomenda que a tensão suportada por um elemento estrutural fique abaixo de 0,6 f_{ck} para evitar tal fissuração. f_{ck} é a resistência característica de cilindro do concreto. O padrão também destaca que, alternativamente, a fissuração longitudinal pode ser evitada por meio do confinamento do reforço transverso, ou a profundidade de cobertura pode ser aumentada nas zonas de compressão de um elemento para contrabalançar o efeito da fissuração na durabilidade.

O risco de fissuração também é controlado por um estresse máximo de tensão no reforço de 0,8 f_{yk}. f_{yk} é a força característica resultante do reforço. Quando o reforço toma a forma de tendões pré-estressados, o valor médio do estresse de tensão não deve exceder 0,75 f_{yk}. A *Eurocode 2* também recomenda a definição de critérios de utilização para manter as deformações dentro de magnitudes aceitáveis.

O 'controle de fissuras' é a limitação de larguras de fissuras cuja presença poderia 'incapacitar o funcionamento apropriado ou a durabilidade da estrutura, ou tornar sua aparência inaceitável'. Para membros reforçados e membros pré-tensionados com tendões não ligados, a largura de fissura em estado limite é 0,3 mm no anexo do Reino Unido à *Eurocode 2* [2]. Para tendões pré-estressados ligados, que são potencialmente mais sensíveis aos efeitos da corrosão, a largura de fissuras é limitada a 0,2 mm. Além disso, o projeto de membros pré-tensionados contendo tendões ligados deve ser verificado com relação à 'descompressão' sob a combinação quase permanente de cargas: deve-se estabelecer se as cargas que o membro vai experimentar durante o serviço serão suficientemente altas para exceder as cargas de tensão de qualquer um dos tendões, pondo assim o concreto sob tensão. Quando se descobre que regiões do concreto estão 'descomprimidas', deve-se assegurar que nenhum tendão ligado esteja nessas regiões, e que eles estejam pelo menos 25 mm dentro do concreto sob compressão. Isso objetiva assegurar que cargas de tensão não se estendam a profundidades que ameacem a durabilidade dos tendões.

A *Eurocode 2* inclui um método para cálculo da área mínima de reforço necessário para se conseguir o controle de fissuras apropriado. O padrão também inclui um método para estimativa de larguras de fissuras em membros. Esses métodos são delineados no capítulo 2. O método pode ser usado para se determinar o diâmetro mínimo de barra necessário para se conseguir larguras de fissuras abaixo dos valores de estado limite. Para se evitar a necessidade de cálculo, é oferecida uma tabela de diâmetros mínimos de barras de reforço para se conseguir larguras de fissuras suficientemente estreitas para dados níveis de estresse suportados pelo aço. A opção alternativa de limitação do espaçamento entre barras também é apresentada, com uma tabela similar oferecida para se determinar esta para um dado nível de estresse.

O padrão destaca que, quando nenhum efeito deletério for percebido pela presença de uma fissura, tal fissura é permitida.

A deflexão é limitada com base no fato dela prejudicar a função e a aparência de uma estrutura. O padrão provê orientação geral sobre valores limites para deflexão. Ele afirma que a utilidade e aparência gerais de uma estrutura provavelmente é comprometida quando a flexa numa viga, laje ou cantiléver excede 1/250 do vão sob cargas quase permanentes. Além do mais, ele sugere que uma deflexão além de 1/500 do vão tem o potencial de danificar as partes adjacentes de uma estrutura.

O padrão destaca que os limites apropriados para deflexão podem precisar ser menores que os previamente discutidos, quando movimento puder danificar as características de uma construção, tal como acabamentos de superfície e vidros. Ele também destaca que a perda de firmeza de tetos planos pode levar à formação de depressões que permitam o acúmulo de água da chuva.

Os estados limites cobertos pela *Eurocode 2* não precisam ser apenas aqueles definidos para uma estrutura. O projetista de uma estrutura especifica uma série de critérios de utilização que, depois, são acordados com o cliente. Outros critérios podem incluir vibração e abrasão de pisos de concreto.

7.2.2 Aspectos da durabilidade que influenciam a utilização

Deve-se notar que todos os ELSs definidos pela *Eurocode 2* estão, de alguma forma, relacionados com a durabilidade. Os estados limites de estresse estão parcialmente definidos para limitar a fissuração que, do contrário, comprometeria a eficácia do cobrimento na proteção do aço. As larguras de fissuras são primariamente limitadas pela mesma razão. Além do mais, embora a deflexão excessiva ou tensões excessivamente altas não necessariamente comprometam a durabilidade, elas podem ser resultado da deterioração do reforço.

A tabela 7.1 identifica a maneira pela qual os mecanismos de deterioração do concreto têm influência direta no comprometimento da utilização, juntamente com alguns dos principais efeitos secundários. Deve-se enfatizar que os efeitos secundários listados são uma simplificação exagerada – por exemplo, é provável que a formação e o crescimento de fissuras resultantes de reações álcali-agregados (RAA) tenham, na verdade, um efeito agravador, até certo ponto, em todos os mecanismos de deterioração que atuam como parte de uma estrutura.

7.2.3 Durabilidade e desempenho

Embora a deterioração de uma estrutura tenda a se tornar visualmente aparente, num momento posterior da vida útil, deve-se enfatizar que o processo de deterioração terá iniciado, potencialmente, enquanto ela ainda estava sendo construída. A figura 7.1a, ilustra como o desempenho de uma estrutura pode declinar com o tempo, em relação a qualquer um de seus limites de serviço. A primeira curva mostra um cenário em que o design e/ou a mão de obra é inadequado, levando a uma taxa de deterioração que leva o limite de serviço a ser excedido antes da vida útil pretendida ter sido alcançada.

O cenário ideal é aquele em que a deterioração acontece a uma taxa tal que o desempenho da estrutura não cai abaixo do limite de utilização, até depois da estrutura ter alcançado o final de sua vida útil pretendida. O meio mais desejável de se fazer isso é assegurar que tanto o design quanto a qualidade da construção sejam tais que o desempenho acima do limite de utilização seja mantido ao longo da vida útil partindo de um nível inicial de desempenho com ótima relação custo-benefício.

Tabela 7.1 Influências direta e secundária dos mecanismos de deterioração do concreto na utilização

Mecanismo de deterioração	Influência direta na utilização	Influência secundária na utilização
Encolhimento plástico	Formação de fissuras	Possível taxa aumentada de ingresso de cloretos e/ou carbonatação
		Possível taxa aumentada de ataque de sulfatos e/ou ataque de ácidos
Encolhimento autógeno/por secagem	Formação de fissuras Deflexão	Possível taxa aumentada de ingresso de cloretos e/ou carbonatação
		Possível taxa aumentada de ataque de sulfatos e/ou ataque de ácidos
Contração térmica	Formação de fissuras Deflexão	Possível taxa aumentada de ingresso de cloretos e/ou carbonatação
		Possível taxa aumentada de ataque de sulfatos e/ou ataque de ácidos
Ataque de congelamento-degelo	Aumento nos níveis de tensão resultante da perda de seção	Perda de cobertura levando a níveis mais elevados de estresse em membros estruturais
		Perda de cobertura levando a possível período reduzido por frente de cloretos e carbonatação alcançando o reforço
Abrasão/erosão	Aumento nos níveis de tensão resultante da perda de seção	Perda de cobertura levando a níveis mais elevados de tensão em membros estruturais
		Perda de cobertura levando a possível período reduzido por frente de cloretos e carbonatação alcançando o reforço

Ataque de sulfatos	Aumento nos níveis de tensão resultante da perda de seção	Perda de cobertura levando a níveis mais elevados de tensão em membros estruturais
Perda de cobertura levando a possível período reduzido por frente de cloretos e carbonatação alcançando o reforço
Reação álcali-agregados	Formação de fissuras
Deflexão	Possível taxa aumentada de ingresso de cloretos e/ou carbonatação
Possível taxa aumentada de ataque de sulfatos e/ou ataque de ácidos
Ataque de ácidos	Aumento nos níveis de tensão resultante da perda de seção	Perda de cobertura levando a níveis mais elevados de tensão em membros estruturais
Perda de cobertura levando a possível período reduzido por frente de cloretos e carbonatação alcançando o reforço
Ingresso de cloretos	Fissuração a partir da formação de produtos de corrosão
Deflexão pela corrosão do reforço	Taxa aumentada de ingresso de cloretos e/ou carbonatação
Possível taxa aumentada de ataque de sulfatos e/ou ataque de ácidos
Carbonatação	Fissuração a partir da formação de produtos de corrosão
Deflexão pela corrosão do reforço	Taxa aumentada de ingresso de cloretos e/ou carbonatação
Possível taxa aumentada de ataque de sulfatos e/ou ataque de ácidos
Ligação de cloretos reduzida

A manutenção de desempenho adequado, claro, também pode ser alcançada por meio do projeto superestimado, tal que o nível inicial de desempenho exceda em muito aquele que é exigido. É improvável que tal abordagem tenha uma baixa relação custo-benefício e normalmente seria vista como um desperdício. De qualquer forma, ela tem levado muitas das infraestruturas de todo o mundo a se manterem operáveis muito além dos períodos de serviço pretendidos.

7.2.4 Reparos para manutenção da utilização

A figura 7.1b ilustra como o reparo de uma estrutura pode permitir que ela permaneça operável a despeito de uma taxa excessiva de deterioração. Os reparos podem assumir a forma de frequentes reparos de pequena escala ou reabilitações maiores e infrequentes, mas a despesa adicional é provavelmente comparável, independente da estratégia adotada.

Realisticamente, porém, é provável que os reparos de alguma forma possam ser necessários durante a vida útil de uma estrutura. As seções seguintes examinam procedimentos de levantamento e alguns dos métodos de reparo disponíveis para o engenheiro.

7.3 Avaliação de estruturas

A necessidade de se avaliar uma estrutura pode surgir por uma série de razões. Essas podem incluir questões relacionadas com a deterioração da estrutura como resultado de exposição a seu ambiente normal ou de seu serviço, questões relacionadas com mão de obra ou projeto inadequado, uma mudança no uso de uma estrutura, alterações feitas à própria estrutura ou mudanças nas condições ambientais. Há, ainda, muitas situações em que uma avaliação seja uma exigência de compra, provisão de seguro ou por várias razões legais.

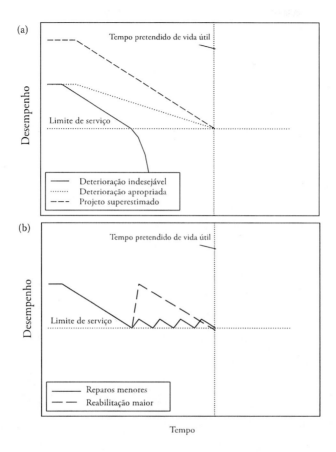

Figura 7.1 Mudanças no desempenho ao longo da vida útil de uma estrutura sem reparos (a) e com reparos (b).

7.3.1 Processo de avaliação

A abordagem para a avaliação delineada nesta seção é grandemente baseada na orientação [3] da Institution of Structural Engineers (ISE), com alguns componentes adicionais tirados de outras peças de orientação do Reino Unido. O procedimento geral que deve ser seguido na execução de uma avaliação é examinado, antes de alguns dos aspectos de avaliação de concreto numa estrutura serem discutidos.

A orientação do ISE afirma que uma avaliação deve estabelecer se uma estrutura é adequadamente segura e se ela permanecerá desta forma no futuro. Além disso, ela deve garantir se a estrutura satisfaz os requisitos de utilização. As tarefas que compõem uma avaliação típica são

- Estudo preliminar;
- Reconhecimento e inspeção do local;
- Teste e monitoramento;
- Avaliação; e
- Relatório,

embora esta sequência não seja necessariamente seguida, uma vez que testes e monitoramento podem ser necessários em vários estágios.

O início do estudo preliminar envolve a coleta do máximo de informação documentada possível relacionada com a estrutura. Esta informação inclui

- Se a estrutura é um monumento antigo ou construção tombada;
- Desenhos;
- Cálculos;
- Especificações;
- História da estrutura; e
- Informações explicativas.

Embora não seja necessariamente o caso de toda essa informação estar disponível, quanto mais recente for uma estrutura, mais provável é que documentos relevantes possam ser localizados. Isso deve ser particularmente válido para estruturas construídas após 1994, uma vez que nesse ano se deu a introdução das Construction (Design and Management) Regulations no Reino Unido, as quais exigem que se produza, durante a vida útil de um projeto, um *Health and Safety File of information*, fornecendo informação relevante para assegurar a saúde e a segurança dos envolvidos em atividades de construção e manutenção futuras, e que este seja entregue ao cliente depois de completado.

'Informação explicativa' é qualquer informação que, embora não sendo específica da estrutura em questão, forneça informação útil de apoio. Tal informação pode incluir padrões e códigos de prática contemporâneos, descrições de produto dos fabricantes e artigos e livros relacionados com os materiais ou técnicas que possam ter sido usados.

O estudo preliminar precisa, então, usar a informação coletada para identificar perigos que possam surgir durante uma inspeção da estrutura, considerando quem execute a inspeção, os usuários da estrutura e o público. Uma avaliação do risco apresentado por cada um desses perigos deve ser realizada.

O reconhecimento de um local envolve a determinação

- Das condições do local;
- De como se pode acessar o local; e
- Se materiais precisam ser removidos para expor as características estruturais cobertas por acabamentos.

Além disso, deve-se preparar um plano sistemático de como a inspeção deve ser feita. Esse plano deve conter informações sobre o levantamento de risco realizado anteriormente e pode incluir requisitos de vestimentas apropriadas e equipamento de proteção individual.

A inspeção envolve definitivamente a inspeção visual da estrutura, mas quase certamente também envolve a obtenção de medições das partes da estrutura. As dimensões podem ser fornecidas nos desenhos e plantas da estrutura obtidos durante o estudo de mês, mas pode haver uma variação significativa entre os projetos e a estrutura real, e, portanto, não se pode depender exclusivamente destes. A orientação da ISE também destaca que normalmente não é prática a obtenção de um conjunto completo de dimensões, e então, pelo estudo da informação disponível antes da inspeção, dimensões críticas para o desempenho da estrutura devem ser identificadas para verificação durante a inspeção.

A combinação da inspeção com o estudo de mesa deve atender aos seguintes aspectos adicionais:

- Arranjos estruturais;
- Materiais de construção;
- Condição da estrutura;
- Ações e cargas;
- Estabilidade lateral;
- Pressões e movimento do solo;
- Condições agressivas do solo;
- Efeitos térmicos;
- Mudanças de umidade;
- Deformação;
- Ingresso de umidade;
- Materiais deletérios;
- Infestações de fungos e insetos;
- Condições atmosféricas;
- Abrasão e erosão; e
- Vandalismo.

Discussões detalhadas de todos esses fatores são fornecidas na orientação. Contudo, do ponto de vista da durabilidade do concreto, é provável que se tiver ocorrido deterioração de uma forma que comprometa o desempenho estrutural e/ou a utilização, ela se manifestará visualmente de alguma maneira. As figuras 7.2, 7.3 e 7.4 são diagramas de fluxo que indicam como a informação da inspeção visual relacionada com a durabilidade do concreto pode ser interpretada e que investigação adicional é necessária para confirmar o provável mecanismo e estabelecer a extensão do problema.

Esses diagramas de fluxo foram adaptados das tabelas da orientação da ISE. Deve-se notar que eles se concentram exclusivamente nos problemas relacionados com a durabilidade, e o documento também fornece orientação sobre a interpretação de problemas relacionados com os aspectos do desempenho estrutural, incluindo detalhamento do reforço e possível sobrecarga de estruturas. Também é fornecida orientação para problemas únicos de tipos específicos de elementos estruturais, que não são incluídos nos diagramas de fluxo.

Embora esses diagramas sejam possivelmente úteis, deve-se enfatizar que tais métodos de diagnóstico são, no máximo, apenas prováveis de indicar ao avaliador a direção certa em termos de identificação de problemas. Isso se dá, em parte, por causa do relacionamento íntimo entre os diferentes mecanismos de deterioração. Por exemplo, a investigação de fissuras pode indicar corrosão do reforço. Porém, essa interpretação pode omitir mecanismos subjacentes que levaram o cobrimento de concreto a ser ineficaz – a fissuração resultando de reação álcali-sílica (RAS), por exemplo.

A inspeção visual também envolve o exame de elementos estruturais em busca de sinais de ELOs sendo excedidos ou próximo disso.

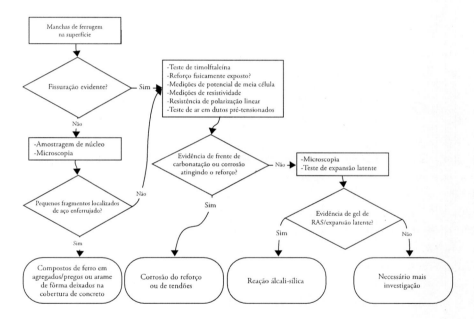

Figura 7.2 Diagrama de fluxo para diagnóstico de manchas de ferrugem, baseado na orientação da ISE. (De The Institution of Structural Engineers. *Appraisal of Existing Structures, 3rd ed.* London: The Institution of Structural Engineers, 2010.)

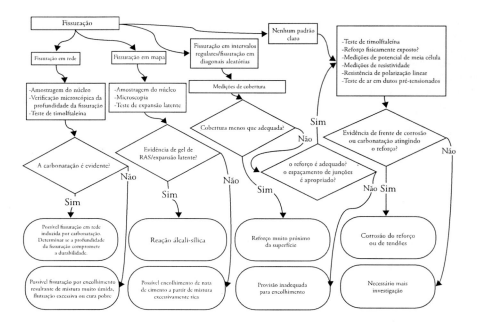

Figura 7.3 Diagrama de fluxo para diagnóstico de fissuração, baseado na orientação da ISE. (De The Institution of Structural Engineers. *Appraisal of Existing Structures, 3rd ed*. London: The Institution of Structural Engineers, 2010.)

O processo real de avaliação é dividido em quatro etapas, na orientação da ISE. Essas não são discutidas aqui em grandes detalhes, mas é útil delinear os papéis das diferentes etapas.

A primeira etapa de avaliação determina se quaisquer partes da estrutura apresentam sinais visíveis de deterioração, se os detalhes estruturais estão firmes e em boas condições, e se qualquer novo uso pretendido para uma estrutura irá impor cargas mais pesadas que as originalmente planejadas para ela. Quando não for provável que uma estrutura não será carregada além das cargas originalmente pretendidas e a deterioração puder ser remediada por meio de reparos, essa etapa poderá ser a única necessária da avaliação, e recomendações de reparo podem ser feitas. No entanto, quando for provável que as cargas excederão as originalmente previstas ou o reparo for problemático, o avaliador deve passar para a segunda etapa.

A segunda etapa da avaliação envolve análise estrutural para se estabelecer a robustez geral da estrutura e para avaliar a adequação de cada elemento estrutural individual. Quando se perceber que a estrutura tem um fator adequado de segurança com relação ao padrão relevante, ao código de prática ou à orientação, e a estrutura não apresentar indicações visuais de deterioração, ela poderá normalmente ser dada como segura após os cálculos de verificação. Se o coeficiente de segurança for calculado como sendo um ou menos, é possível que a estrutura esteja sobrecarregada. Porém, particularmente onde há pouca evidência visual de deterioração, é necessário verificar-se os cálculos antes de se planejar ação remediadora.

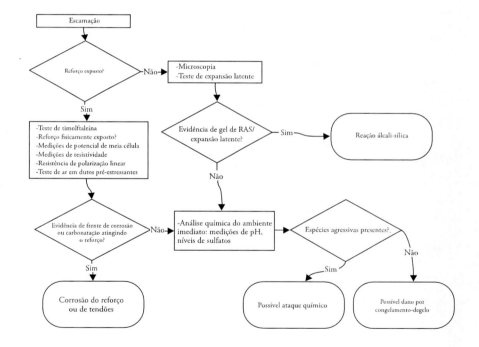

Figura 7.4 Diagrama de fluxo para diagnóstico de escamação, baseado na orientação da ISE. (De The Institution of Structural Engineers. *Appraisal of Existing Structures, 3rd ed.* London: The Institution of Structural Engineers, 2010.)

O terceiro resultado possível da avaliação da robustez é que o coeficiente de segurança exceda um valor de um, mas seja menor que o especificado nos códigos relevantes. Em tal caso, é necessário mais investigação para se determinar se isso apresenta algum problema. Há várias razões para um coeficiente de segurança poder espuriamente ser encontrado entre a unidade e os requisitos dos códigos de projeto.

Primeiro, é possível que as suposições feitas e as simplificações adotadas durante a análise estrutural estejam produzindo um resultado impreciso, e pode ser possível refinar o modelo matemático usado nos cálculos e revisar as suposições para se obter resultados mais precisos.

Segundo, é altamente provável que a resistência dos materiais da estrutura não sejam as mesmas que as usadas no processo de design original. Isso vale particularmente para o concreto, em que a resistência numa dada idade (tipicamente, 28 dias) terá sido especificada pelo designer. Mas é provável que o concreto continue a desenvolver resistência além dessa idade, o que significa que ele pode estar superando o desempenho suposto para fins de design. Assim, é aconselhável determinar-se a resistência real dos materiais numa estrutura, bem como o peso morto real, onde possível.

Destarte, a terceira etapa da avaliação, se necessária, envolve a revisão do modelo estrutural e medição *in situ* das resistências (e, possivelmente, de outras características) a fim de se revisar os coeficientes de segurança da estrutura. Deve-se enfatizar que, embora isso possa levar a uma redução nos coeficientes de segurança – e, possivelmente, à conclusão de que a capacidade calculada de uma estrutura é adequada – onde a qualidade da mão de obra ou dos materiais está abaixo do padrão, tiver ocorrido deterioração de materiais ou cálculos mais precisos indicarem menores coeficientes de segurança, o resultado oposto é inteiramente possível.

Se a estrutura deve ser destinada a novo uso, a terceira etapa também pode envolver o exame das novas cargas para determinar se estas são maiores e se a estrutura tem capacidade para elas. Essa avaliação também pode analisar os riscos apresentados pelo ambiente da estrutura, na forma de cargas de neve e vento, que poderiam fazer com que a capacidade de suporte de carga fosse excedido.

O processo de avaliação é mostrado na figura 7.5, que resume consideravelmente as árvores de decisão mais detalhadas fornecidas pela orientação da ISE.

7.3.2 Prevendo a deterioração futura

Uma última etapa da avaliação pode também ser solicitada ao engenheiro – a previsão do desempenho futuro. Esta envolve a projeção de como os mecanismos de deterioração atuando sobre a estrutura avançarão com o tempo. A previsão exige três componentes, se precisar ser bem sucedida: dados adequados sobre o estado atual da deterioração da estrutura, dados históricos adequados, relacionados com a forma como a estrutura foi usada e mantida, e modelos convenientes para projeção da deterioração futura. Embora seja provável que um programa de inspeção e teste apropriadamente detalhado lide adequadamente com o primeiro requisito, os dados históricos podem ser muito mais difíceis de se obter e podem estar incompletos. No entanto, o maior problema apresentado é que, mesmo quando um modelo adequado esteja disponível para previsão das taxas de deterioração, com mecanismos de deterioração que são não lineares com relação ao tempo, a extrapolação inteligível frequentemente só é possível com três ou mais pontos de dados. No caso de avaliação de uma estrutura, é provável que apenas dois pontos de dados estejam disponíveis: a condição inicial e a condição determinada pela inspeção ou teste. Além do mais, em alguns casos, o primeiro desses pontos é teórico, uma vez que será baseado no estado pretendido da estrutura, em vez de um estado real.

Em algumas situações, dados adicionais de avaliações anteriores podem existir, e nesse caso a previsão de um processo não linear pode ser possível. No entanto, deve-se tomar cuidado para assegurar que as informações previamente obtidas sejam compatíveis com as obtidas durante a avaliação presente. Por exemplo, técnicas usadas para medir características relacionadas com permeabilidade podem produzir resultados amplamente diferentes, e cabe ao engenheiro determinar se dois conjuntos de dados diferentes são compatíveis ou se um deles pode ser convertido numa forma que os torne compatíveis.

436 Durabilidade do Concreto

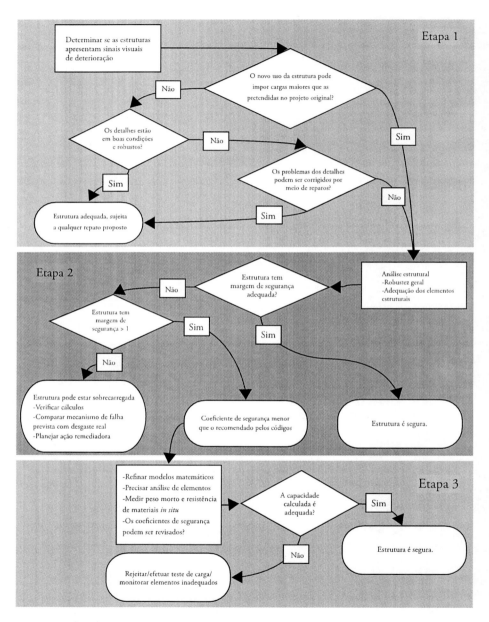

Figura 7.5 Árvore de decisão de avaliação de estruturas.

Em alguns casos, a natureza não linear dos mecanismos de deterioração pode ser superada por meio de testes e análise apropriados. Por exemplo, uma estimativa do coeficiente de difusão de uma substância química (tal como um sulfato ou cloreto) movendo-se pela cobertura de concreto pode ser obtido pela execução de uma análise química de amostras tiradas de profundidades progressivas do concreto para se obter perfis de concentração (veja a seção 7.5.1.1). Entretanto, em outros casos – a carbonatação é um bom exemplo – essa abordagem não pode ser adotada.

A abordagem real usada por um engenheiro para prever o declínio do desempenho de uma estrutura depende da quantidade de dados disponível e do teste da estrutura que pode ser realizado, e da importância dos elementos estruturais e dos mecanismos de deterioração atuando sobre eles. A tabela 7.2 fornece algumas indicações para possíveis modelos que podem ser usados na modelagem de deterioração, com referências às seções deste livro, quando relevante.

Também deve-se enfatizar que, quando múltiplos mecanismos puderem estar atuando sobre uma estrutura, impactos secundários na durabilidade podem ter de ser considerados, como delineado anteriormente, na tabela 7.1. Por exemplo, quando for percebida a ocorrência de RAS, a perda de resistência e rigidez resultante da reação álcali-sílica deve ser modelada. Contudo, a fissuração que essa reação produz vai reduzir a capacidade da cobertura de concreto de resistir ao ingresso de cloretos, com implicações possivelmente maiores na capacidade de suporte de carga. Assim, o aumento no coeficiente de difusão de cloretos também exige que a estimativa preveja seu impacto na taxa de ingresso de cloretos e sua subsequente influência na corrosão do reforço. Uma série de pacotes de software surgiu nos últimos anos, para tentar ajudar o engenheiro a fazer tais previsões, particularmente quando os ambientes chamados 'multiagressivos' estão presentes.

No projeto de comportamento de longo prazo de materiais, o uso de métodos estatísticos para indicar a faixa de confiança em que caem os valores previstos. O pequeno número de pontos de dados ao longo da linha de tempo da vida útil resultante de uma avaliação típica normalmente significa que tal opção não está disponível. Dadas as incertezas que envolvem as projeções de taxas de deterioração, qualquer previsão que for feita por um engenheiro deve ser qualificada como estimativa na documentação em que ela é apresentada.

Com exceção do encolhimento por secagem e da contração térmica, um aspecto dos mecanismos de deterioração do concreto que há muito não tem recebido atenção é a taxa em que as fissuras aumentam à medida que os processos que causam a fissuração progridem. Em particular, os processos de reação álcali-agregado, de fissuração a partir da formação de produtos de corrosão no reforço de aço e a formação de fissuras durante ataques de sulfatos e de congelamento-degelo exigem mais discussão.

O desenvolvimento de fissuras a partir de reações álcali-agregado é inicialmente um processo de desenvolvimento e alargamento de fissuras. Esse desenvolvimento é mostrado na figura 7.6, que plota a largura máxima das fissuras e a densidade das fissuras na superfície (expressa como o comprimento total das fissuras por área unitária de superfície). O gráfico mostra um aumento inicialmente rápido na densidade das fissuras, que rapidamente se estabiliza, com o alargamento das fissuras continuando de forma linear. Esses resultados também são usados para se calcular um fator de espaçamento de fissuras (veja o capítulo 4), que indica um rápido declínio inicial no fator de espaçamento, que se nivela num valor aproximado de 100. De fato, foi observado que o fator de espaçamento de fissuras raramente fica abaixo de 100, independente do mecanismo de fissuração e do grau de deterioração [4].

Tabela 7.2 Possível meio de previsão de taxas de deterioração e informações necessárias

Mecanismo de deterioração	Possíveis modelos	Informação necessária	
Desenvolvimento de fissuras			
Encolhimento por secagem	Equações da Eurocode 2 para previsão de largura e espaçamento médios de fissuras.	Estresse de tensão atuando sobre o elemento. Idade e histórico da estrutura. Fator de reforço. Módulo de elasticidade do concreto. Profundidade de cobrimento. Diâmetro do reforço.	Capítulo 2, seção 2.2.2

Capítulo 7 Utilização, reparo e manutenção de estruturas de concreto   **439**

Fissuração por reação álcali-agregado	Largura das fissuras normalmente aumenta linearmente com o tempo.	Largura das fissuras. Idade da estrutura.	Este capítulo
Fissuração por ataque de sulfatos	Veja o texto subsequente.	Resistência à compressão característica do concreto especificada no projeto. Resistência atual do concreto.	Este capítulo
Fissuração por corrosão do reforço	Veja o texto subsequente.	Detalhamento do reforço. Resistência atual do concreto. Taxa de corrosão a partir de medições atuais da corrosão. Dados de carbonatação/ penetração de cloretos se a fissuração não tiver iniciado.	Este capítulo
Ataque de congelamento-degelo	A perda de rigidez e resistência é aproximadamente linear com relação aos ciclos de congelamento-degelo experimentados. Perda de massa de mais longo prazo a partir da escamação normalmente tende a uma relação linear em relação ao número de ciclos de congelamento-degelo.	Dados de temperatura ambiente ao longo da vida da estrutura. Resistência à compressão característica do concreto especificada no projeto. Módulo de elasticidade/ resistência do concreto *in situ*.	Capítulo 2, seção 2.4.2
Abrasão	As taxas de abrasão são tipicamente constantes, considerando-se que a ação abrasiva permanece constante.	Profundidade da abrasão. Idade da estrutura. Histórico da ação abrasiva.	Capítulo 2, seção 2.5.1

Degradação química

Ataque de sulfatos	Segunda lei de Fick A perda de resistência é aproximadamente linear com relação ao tempo para ataque de sulfato convencional.	Perfil de concentração de sulfatos Idade da estrutura/histórico de exposição a sulfatos Resistência à compressão característica do concreto especificada no projeto Resistência atual do concreto	Capítulo 3, seção 3.2.3; este capítulo
Reação álcali-agregado	Perda de resistência e rigidez tipicamente segue a relação $y = (a + bt)/(c + t)$	Resistência à compressão característica do concreto especificada no projeto Resistência atual	Capítulo 3, seção 3.3.4
Ataque químico	Como a perda de superfície é causada por atrito mecânico, uma abordagem similar à da abrasão pode ser conveniente.	Profundidade da abrasão Idade da estrutura Histórico de ação abrasiva	Capítulo 3

Ingresso de cloretos

Difusão de cloretos	Segunda lei de Fick	Perfil de concentração de cloretos Profundidade de cobrimento Idade da estrutura/histórico de exposição a cloretos	Capítulo 5, seção 5.2.5
Ingresso de cloretos através de fluxo	Lei de Darcy	Pressão do fluido atuando sobre a superfície Medições de permeabilidade Profundidade de cobrimento	Capítulo 5, seção 5.2.4
Ingresso de cloretos através de absorção	Equação de ação capilar	Distribuição de tamanhos de poros do concreto Ângulo de contato entre água e concreto Profundidade de cobrimento Medições de absorção	Capítulo 5, seção 5.2.3

Carbonatação	Equação modificada da lei de Fick Influência de fissuras no transporte de massa	Concentração de CO_2 atmosférico local Tipo de cimento e, portanto, CO_2 necessário para reação completa Se possível, coeficiente de difusão de CO_2 Profundidade de cobrimento Largura das fissuras Densidade das fissuras Profundidade de fissuração	Capítulo 4, seção 4.4.4. Capítulo 4, seção 4.3.2 Capítulo 5, seções 5.2.3 e 5.2.4
Corrosão do reforço		Concentração de cloretos no reforço e mudança com o tempo Profundidade de carbonatação e mudança com o tempo Limite provável de cloretos Corrosão atual e outros parâmetros eletroquímicos	Este capítulo; capítulo 4

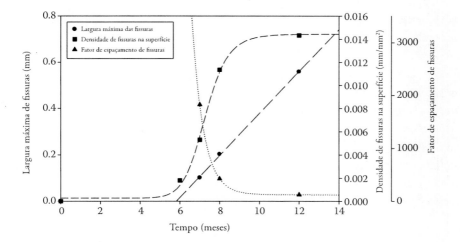

Figura 7.6 Aumento na largura máxima de fissuras e na densidade das fissuras (determinado usando-se análise de imagens em mapas publicados de fissuras) para vigas de concreto reforçado expostas a solução alcalina mista de 0,5 N a 38°C. O fator de espaçamento de fissuras também é estimado usando-se essas duas características. (De Fan, S. e J. M. Hanson, *ACI Structural Journal*, 95, 1998).

Dois pontos-chave podem ser deduzidos desses resultados. Primeiro, quando se descobre que uma superfície de concreto está fissurada como resultado de reação álcali-agregado, é mais provável que ela esteja num estágio em que a formação de novas fissuras foi desacelerada ou interrompida, e o aumento linear na largura das fissuras é o modo dominante de deterioração. Talvez, mais importante ainda, o fato do fator de espaçamento tender para um limite inferior, quando há incerteza com relação a como a evolução das fissuras progredirá, pode ser apropriado usar-se uma abordagem mais conservadora e considerar um fator de espaçamento de fissuras de 100.

O desenvolvimento de fissuras resultante de ataque de congelamento-degelo não é diferente daquele por reação álcali-agregado, no sentido de que a taxa em que novas fissuras são formadas é inicialmente alto e decresce gradualmente, ao mesmo tempo em que há um aumento firme na largura das fissuras. O processo é ilustrado na figura 7.7, que plota a largura máxima de fissuras e a distância média entre elas em relação ao número de ciclos de congelamento-degelo experimentado por amostras de concreto. Um aumento no número de fissuras resulta num declínio na distância média entre fissuras. O efeito das mudanças nesses parâmetros sobre o fator de espaçamento de fissuras também é plotado, e fica evidente que, tal como na reação álcali-agregado, ele tende para um valor de aproximadamente 100.

Deve-se enfatizar que essas relações estão plotadas em relação a ciclos de congelamento-degelo, em vez do tempo, e isso significa que a previsão de danos resultantes da ação do congelamento-degelo exige dados históricos da temperatura ambiente. Mesmo quando tais dados estão disponíveis, estes só serão de relevância limitada para uma dada estrutura, uma vez que refletirão as condições no macroclima em que a estrutura se encontra, em vez do microclima em sua vizinhança imediata. Isso significa que eventos de congelamento-degelo na vida da estrutura podem ser subestimados ou superestimados.

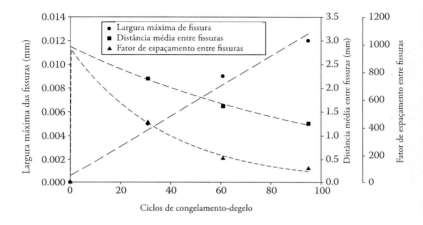

Figura 7.7 Aumento na largura das fissuras, redução na distância média entre elas e a influência no fator de espaçamento entre fissuras para concreto exposto a ciclos de congelamento-degelo. (De Gérard, B. e J. Marchand, *Cement and Concrete Research*, 30, 2000, 37–43.)

A formação de fissuras em superfícies de concreto resultantes da formação de produtos de corrosão no reforço de aço é, de alguma forma, um processo mais simples que os mecanismos previamente discutidos. Isso porque, como as forças expansivas derivam de uma área localizada (uma barra de reforço), o dano normalmente assume a forma de uma fissura única, ou possivelmente dupla – como mostrado na figura 7.8 – que subsequentemente se alarga.

Embora o desenvolvimento de fissuras por corrosão siga um curso relativamente simples, o processo de previsão de fissuração por corrosão torna-se mais complexo pelo fato de ser possível prever-se eventos antes da fissuração. A deterioração resultante da reação álcali-agregado e do ataque de congelamento-degelo normalmente só são identificados depois de a fissuração ter começado. Ao contrário, o início da fissuração por corrosão pode ser prevista, seja por meio de medições eletroquímicas, seja por meio de medições de perfis de ingresso de cloretos e ou frentes de carbonatação.

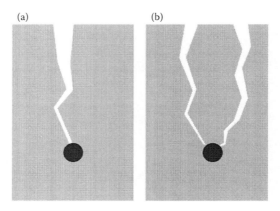

Figura 7.8 Formação de fissuras resultante da corrosão do reforço de aço.

Muitos modelos para previsão desse 'tempo até a fissuração por corrosão' – de complexidade variável – foram idealizados. Os parâmetros-chave que influenciam a duração são a taxa de corrosão, as propriedades mecânicas do concreto e a configuração do reforço com relação à superfície do concreto – em particular, a profundidade de cobrimento e a espessura da porosidade. Do ponto de vista de um engenheiro que tente prever o desempenho futuro de uma estrutura, a equação seguinte tem o benefício de usar características prováveis de serem obtidas a partir de medições no local, as quais podem ser conduzidas como parte da avaliação [6]:

$$t_{cr} = \left[\frac{7117.5(D+2\delta_0)(1+v+\Psi)}{iE_{ef}}\right]\left[\frac{2Cf_{ct}}{D} + \frac{2\delta_0 E_{ef}}{(1+v+\Psi)(D+2\delta_0)}\right]$$

onde t_{cr} é o tempo do início da corrosão até a fissuração por corrosão (h), D é o diâmetro da barra do reforço de aço (mm), C é o cobrimento de concreto (mm), δ_0 é a espessura da 'zona porosa' (μm), v é o coeficiente de Poisson do concreto (tipicamente, 0,18), i é a corrente de corrosão (μA/cm²), E_{ef} é o módulo de elasticidade efetivo do concreto (N/mm²), f_{ctm} é a resistência de tensão média do concreto (N/mm²), e Ψ é uma constante dependente de D, C, e δ_0.

Alguns desses parâmetros exigem maior explicação. A 'zona porosa' é o volume de concreto em torno de uma barra de reforço que é suficientemente poroso para acomodar a formação inicial de produtos de corrosão sem o desenvolvimento de estresse. A espessura dessa zona (δ_0) foi estimada entre 10 e 20 μm [7]. Como não há meio simples de se determinar isso, seja a partir de medições *in situ*, seja por meio de análise de laboratório, a abordagem idealizada pelos desenvolvedores do modelo foi usar ambos esses valores nos cálculos para obter uma faixa de tempo em que a ocorrência da fissuração seja estimada.

Se a corrosão já começou, a corrente de corrosão (i) pode ser obtida a partir de medições de resistência de polarização linear, como discutido na seção 7.4.5. Quando a corrosão ainda não tiver iniciado, a corrente de corrosão precisará ser estimada tão logo a corrosão se inicie. Essa não é uma tarefa fácil, uma vez que os valores podem variar consideravelmente, dependendo das condições ambientais. Contudo, usando-se uma abordagem conservadora, foi sugerido que, em geral, a corrente máxima de corrosão para corrosão induzida por cloretos é de aproximadamente 100 μA/cm², enquanto que a corrente máxima de corrosão para corrosão induzida por carbonatação é de 10 μA/cm² [8].

O módulo de elasticidade efetiva (E_{ef}) do concreto é uma medida de sua rigidez que leva em conta o fato de que, em períodos prolongados de carga, o concreto pipoca. Ele é definido pela equação

$$E_{ef} = \frac{E_c}{1+\varphi}$$

onde E_c é o módulo de elasticidade do concreto (N/mm²) e φ é o coeficiente de pipocamento (veja o capítulo 2, seção 2.2.2).

A *Eurocode 2* [1] fornece orientação sobre a estimativa do módulo de elasticidade a partir de medições (*in situ* ou baseadas em laboratório) da resistência à compressão usando-se a equação

$$E_{cm} = 22\left[\frac{f_{cm}}{10}\right]^{0.3}$$

onde f_{cm} é a resistência média à compressão de cilindro do concreto (N/mm²).

Da mesma forma, a *Eurocode 2* oferece diretriz para a estimativa da força de tensão (f_{ctm}). Quando a resistência média à compressão de cilindro (f_{cm}) do concreto é de 50 N/mm² ou menos, a força média de tensão pode ser estimada usando-se a equação

$$f_{ctm} = 0.30 f_{cm}^{2/3}$$

Quando a força é maior, uma equação diferente deve ser usada:

$$f_{ctm} = 2.12 \ln\left(1 + \left(\frac{f_{cm}}{10}\right)\right)$$

Ψ é definido pela equação

$$\Psi \frac{D^2}{2C(C + D + \delta_0)}$$

Depois que uma fissura tiver aparecido na superfície, sua largura tipicamente aumentará de maneira linear com relação ao tempo, como mostrado na figura 7.9. Com relação ao tempo para fissuração, muitos modelos foram desenvolvidos para descrever o crescimento de larguras de fissuras resultante da corrosão do reforço, usando-se técnicas que incluem análise de elemento finito e mecânica de fraturas, a maioria delas mostrando boa paridade com a realidade. Mais uma vez, a configuração do reforço e a taxa de corrosão são os fatores mais influentes. A equação citada aqui, novamente, foi escolhida primariamente com base no fato de que seus parâmetros podem ser obtidos a partir de medições no local [9]:

$$w = -(D + 2C) \frac{2m_s(1 - r_v) + 2\pi\rho_s\delta_0 D + \pi\varepsilon_{cr}\rho_s(D^2 + 2DC + 2C^2)}{(D^2 + 2DC + 2C^2)\rho_s}$$

onde w é a largura das fissuras (m), m_s é a massa de aço consumida pela corrosão (kg/m de barra de reforço), r_v é a razão da expansão volumétrica, ρ_s é a densidade do aço (7800 kg/m³), e ε_t é a capacidade de esticamento por tensão do concreto. Os demais parâmetros foram anteriormente definidos, mas nesta equação, todas as distâncias são em metros.

Se a corrosão já tiver começado, a massa de aço consumido pode ser aproximadamente estimada usando-se medições da corrente de corrosão e a lei de Faraday (veja a seção 7.4.5), desde que uma estimativa de quando a corrosão foi iniciada também possa ser feita.

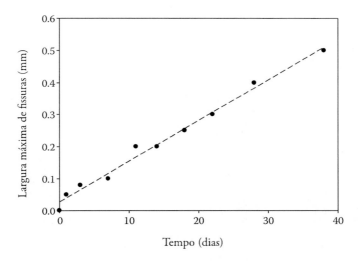

Figura 7.9 Aumento de fissuras resultante de corrosão do reforço induzida pela aplicação de uma corrente elétrica. (De Andrade, C. et al., *Materials and Structures*, 26, 1993, 453–464.)

A taxa de expansão volumétrica é a razão do volume de produtos de corrosão para o volume de aço que os formou. Esta pode variar, mas é tipicamente de aproximadamente 3 [10].

A capacidade de deformação por tensão é a deformação por tensão necessária para causar fissuração. Esta pode ser determinada a partir do módulo de elasticidade e da resistência à tensão do concreto, a qual, por sua vez, pode ser estimada a partir de medições *in situ* ou em laboratório da resistência à compressão (veja o capítulo 2, seção 2.2.2).

Todos os mecanismos de fissuração acima produzem danos que podem ser descritos em termos de fissuras discretas ou pelo menos em termos de sua distribuição (como através do fator de espaçamento de fissuras). Entretanto, no caso de ataque de sulfatos, a deterioração assume a forma da geração de grande número de microfissuras cuja identificação e medição são potencialmente muito mais problemáticas, algumas das quais somente mais tarde se tornam macrofissuras. Por esta razão, comumente se adota uma 'abordagem contínua de mecânica de danos' – em outras palavras, a fissuração é tratada como uma deterioração geral do concreto afetado pelo ataque de sulfatos, levando a uma redução na resistência e a um aumento na taxa em que ocorre o transporte de massa.

A estratégia para modelagem deste tipo de dano selecionada para este capítulo é a que é descrita por Sarkar et al. [12]. Esta é baseada em torno da estimativa de uma densidade de fissuras nucleadas (C_d), uma medida do quanto a microfissuração tem sido sustentada pelo concreto num elemento estrutural submetido à expansão como resultado de ataque de sulfatos [13]. A metodologia descrita pelos pesquisadores usa ajuste de curva para a curva tensão–deformação obtida a partir do concreto inicialmente não danificado para determinar constantes que descrevem a maneira pela qual as microfissuras começam a se formar sob carga. No entanto, a oportunidade de testar concreto não danificado de uma forma que permita que uma curva tensão–deformação completa seja obtida pode não estar disponível para o engenheiro. A estratégia usada aqui é combinar as relações descritas com outras descritas na *Eurocode 2* para dar uma equação que relacione a resistência do concreto no início do serviço e a resistência no momento da avaliação para a densidade de fissuras nucleadas:

$$C_d = 0.56\left(1 - \frac{f_{cm}^{10/3}}{f_{cm0}^{10/3}}\right)$$

onde f_{cm0} é a resistência média à compressão de cilindro do concreto no início do serviço da estrutura (N/mm^2).

Essa relação é válida por períodos de deterioração em que apenas microfissuras tenham se formado. Como mostrado no capítulo 2, seção 3.2.2, a perda de resistência é aproximadamente linear com relação ao tempo, quando a deterioração ocorre pelo ataque de sulfato convencional, o que auxilia na previsão de deterioração futura. O declínio na resistência por ataque de sulfato de magnésio normalmente não é um processo linear, o que torna problemática a previsão de danos futuros.

Será necessário estimar o efeito que o ataque de sulfatos tem sobre o movimento de íons sulfato (ou outras espécies químicas danosas) num elemento de concreto. Quando macrofissuras ainda não tiverem se formado, isso é descrito pela equação [12]

$$D_i = D_{i0}\left[\left(1+\frac{32}{9}C_d\right)\right]$$

onde D_i é o coeficiente de difusão de uma dada espécie química pelo concreto danificado (cm^2/s) e D_{i0} é o coeficiente de difusão da espécie química pelo concreto não danificado (cm^2/s).

A obtenção de um valor para D_{i0} apresenta alguns problemas. É possível conduzir testes de difusão em núcleos tirados de partes não danificadas de um elemento ou de outros elementos feitos do mesmo concreto. Porém, estes podem não estar presentes, a retirada de núcleos pode não ser permitida ou restrições orçamentárias podem proibí-la. Em tais casos, é possível localizar coeficientes de difusão medidos em misturas de concreto similar na literatura.

Quando macrofissuras tiverem se formado, a equação é modificada para

$$D_i = D_{i0}\left[\left(1+\frac{32}{9}C_d\right) - \frac{(C_d - C_{dc})^2}{(C_{dec} - C_d)}\right]$$

onde C_{dc} é o 'limite de percolação de condução' e C_{dec} é o 'limite de percolação de rigidez'. Os valores para C_{dc} e C_{dec} foram estimados em 0,182 e 0,712, respectivamente [14,15].

7.4 Testes *in situ*

O teste de elementos de concreto numa estrutura pode ser exigido por muitas razões diferentes. Ele pode ser exigido simplesmente para se determinar as características atuais do concreto e outros materiais numa estrutura, como parte de uma avaliação. Pode também ser exigido para confirmar os possíveis mecanismos de deterioração identificados como parte dos processos mostrados anteriormente nas figuras 7.2, 7.3 e 7.4 – processo às vezes conhecido como 'patologia de construção'. Por fim, como indicado na tabela 7.2, podem ser exigidas informações pertencentes a um processo de deterioração que serão necessárias na tentativa de se prever o progresso de deterioração no futuro.

Os testes podem ser feitos no local – testes *in situ* – ou num laboratório. Os testes *in situ* têm uma série de vantagens sobre os de laboratório, sendo a principal o fato de que o material não precisa ser removido de uma estrutura (na forma de núcleos, etc.) e, no caso de muitos métodos de teste, pouco ou nenhum dano é causado. Além do mais, quando facilidades de laboratório não estão prontamente disponíveis ou o transporte de amostras para um laboratório apresenta problemas práticos, o teste *in situ* pode ser a solução.

Os métodos *in situ* descritos abaixo são métodos com relevância direta para a durabilidade do concreto. Há uma ampla faixa de outras técnicas, em particular, as relacionadas com medições destrutivas e não destrutivas de resistência *in situ*. Tais medições provavelmente também desempenham um papel na avaliação de uma estrutura e podem mesmo ser necessárias para previsão do provável curso de deterioração futura. Além do mais, uma série de técnicas, incluindo radiográficas e de radar de pulso curto, podem oferecer dicas sobre a natureza da fissuração em elementos de concreto. O leitor será indicado para outras fontes para mais detalhes sobre esses testes [16].

7.4.1 Medição de cobrimento

Quando os processos que levam à corrosão do reforço estão sob investigação, normalmente é necessário saber a profundidade do cobrimento de concreto presente entre o ambiente externo e o aço, bem como a configuração das barras de reforço dentro de um elemento estrutural. Essa configuração e a profundidade nominal de cobrimento podem estar disponíveis para o engenheiro na forma de especificações e desenhos do projeto. Contudo, essa informação pode não estar disponível, e pode não ser prudente considerar uma paridade entre o projeto e a estrutura real, de modo que mais investigação normalmente será necessária.
A determinação da profundidade de cobrimento pode ser conseguida pela perfuração do concreto até que se alcance o aço, e uma indicação da configuração do reforço e das dimensões das barras usadas pode ser obtida por meio de um 'abrimento' mais extenso. No entanto, tais métodos são claramente destrutivos, e tal dano pode não ser aceitável e a retificação do dano ser dispendiosa.

Capítulo 7 Utilização, reparo e manutenção de estruturas de concreto   451

Vários dispositivos de medição de cobrimento estão disponíveis comercialmente, os quais usam indução de pulso eletromagnético para estimar a profundidade do cobrimento. A indução de pulso envolve a passagem de uma corrente alternada por uma bobina para criar um campo magnético alternado. Quando um objeto metálico se encontra dentro deste campo magnético, correntes opostas são geradas no objeto, o que induz um campo magnético na direção oposta ao primeiro campo, e que é medido na forma de uma mudança na voltagem em outra bobina. Essa mudança na voltagem pode ser usada como meio de estimativa da distância entre o objeto e a bobina.

A profundidade em que um medidor de cobrimento pode detectar metais varia de modelo para modelo, mas instrumentos com faixas de até 200 mm não são incomuns. Entretanto, qualquer outro material metálico ou magnético pode interferir nas medições de cobrimento. Tais materiais podem incluir fibras de aço e magnetita no agregado ou cinza volante. Os instrumentos modernos contêm múltiplas bobinas arranjadas em configurações que permitem não só a medição da profundidade, mas também a estimativa do diâmetro das barras de reforço. Quando a estimativa do diâmetro das barras é necessária, a profundidade máxima de cobrimento sobre a qual o medidor pode operar normalmente é um tanto encurtada. Sistemas mais avançados são capazes de construir um mapa do reforço à medida que ele é escaneado (figura 7.10).

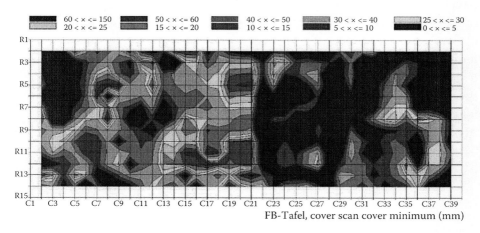

Figura 7.10 Exemplo de mapa de profundidade de cobrimento obtido usando-se um medidor de cobrimento. (De Reichling, K. et al., *Materials and Corrosion*, 64, 2013, no prelo.)

A maioria dos medidores de cobrimento consiste de um display ligado por um cabo a um dispositivo manual de prova em que as bobinas são alojadas. O dispositivo de prova é posto na superfície do concreto, e o display processa o sinal do sensor para fornecer uma medição da profundidade. As unidades normalmente também conterão um sistema para sensoreamento e compensação de temperatura, já que esta pode influenciar o resultado obtido.

Deve-se destacar que os resultados dos medidores de cobrimento devem ser vistos como estimativas, e quando a profundidade de cobrimento for crítica, a investigação física ainda pode ser até certo ponto necessária.

7.4.2 Absorção à superfície

Quando for necessário estabelecer a qualidade de uma superfície de concreto, com particular ênfase em sua capacidade de resistir à infiltração de água, o Ensaio de Absorção Superficial Inicial (ISAT, no acrônimo em inglês), descrito na *BS 1881-208* [18], é um dos métodos que podem ser usados para realização de tais medições.

O ISAT consiste de um tampo preso à superfície de concreto, com uma área de superfície mínima de 5000 mm², que é ligado a um reservatório de água, posicionado de tal forma que uma coluna de 200 mm de água seja mantida contra essa superfície (figura 7.11). O selamento entre o tampo e a superfície de concreto é conseguido com um vedante elastomérico. Depois de a água ser introduzida no tampo, o fornecimento de água do reservatório é periodicamente desligado usando-se uma torneira, e a água no tubo capilar se torna a fonte de água cuja taxa de absorção é medida pela taxa de movimento do menisco de água usando-se gradações marcadas no tubo. Depois que o equipamento foi calibrado, a taxa de movimento da água ao longo do capilar pode ser relacionada com a taxa de absorção (em milímetros por metro quadrado por segundo).

Capítulo 7 Utilização, reparo e manutenção de estruturas de concreto 453

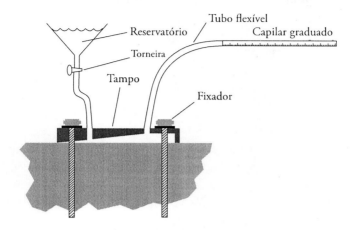

Figura 7.11 Diagrama esquemático do aparelho de ISAT.

Como a absorção superficial declina com o tempo, à medida que o concreto atinge um estado de saturação local, a taxa de absorção deve idealmente ser medida a três (e, às vezes, quatro) intervalos, a partir do início do teste: 10, 30, 60 e 120 min. Contudo, muitas vezes ocorre que, em virtude de um número maior de resultados de diferentes pontos numa estrutura serem considerados de importância primária, apenas leituras de 10 min serem tomadas.

Chegou-se à conclusão de que as medições de ISAT não são prontamente relacionadas com a sorvidade do concreto (veja o capítulo 5, seção 5.2.3) [19]. Foi desenvolvida uma orientação para fornecer um meio aproximado de se julgar a qualidade de uma superfície de concreto (mostrada na tabela 7.3), com as altas taxas de absorção equiparadas à baixa qualidade. No entanto, a qualidade só pode realmente ser avaliada de forma significativa por meio de comparação com outras superfícies de concreto.

Tabela 7.3 Diretriz para interpretação de resultados de ISAT

Valor a 10 min (ml/m2/s)	*Qualidade do concreto*
>1,00	Muito pobre
0,85–1,00	Pobre
0,70–0,85	Moderada

0,65–0,70	Boa
<0,65	Muito boa

O teste de ISAT apresenta uma série de problemas práticos, quando efetuado *in situ*. O primeiro é a maneira de se prender o tampo à superfície de concreto. Isso é melhor feito usando-se parafusos, mas também é claramente destrutivo e nem sempre prático. O padrão sugere o uso de argila de modelagem amolecida com graxa, como alternativa. O segundo problema principal é assegurar que as superfícies externas testadas estejam todas numa condição comparavelmente seca. O padrão afirma que o concreto deve ser protegido de água por 48 h antes dos testes e da luz solar direta por pelo menos 12 h.

O teste também pode ser feito no laboratório, onde as amostras podem ser secas em condições muito mais controladas. O padrão permite tanto a secagem em forno a 105°C quanto a secagem ao ar, sob condições interiores normais a 20°C. Temperaturas de 105°C levam à decomposição parcial de certos produtos de hidratação do cimento, e, portanto, a secagem ao ar é recomendada.

Embora a descrição do procedimento do ISAT pareça relativamente simples, a realidade de sua execução frequentemente não o é para um novato. Assim, praticar o teste antes de executá-lo no local é altamente recomendado.

Um meio simples de medição da absorção de água é pelo uso de um ensaio de proveta. O mais comumente encontrado desses é o ensaio do tubo de Karsten (ou RILEM), que é destinado ao uso em alvenaria, mas que pode ser usado em concreto. O aparelho é simples e consiste de um tubo transparente que pode ser fixado à superfície a ser testada usando-se massa de vidraceiro (figura 7.12). O tubo é enchido com água para dar uma coluna inicial de 100 mm, e o nível de água é medido a 5 min e, 15 min após o início do teste [20], com a coluna declinando à medida que o nível cai. O volume absorvido entre esses dois tempos é chamado de 'coeficiente de absorção de água' (Δ_{5-15}), que pode ser usado para se estimar a sorvidade (S) da superfície do concreto [21]:

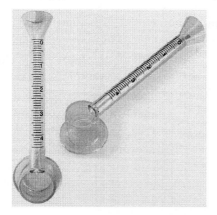

Figura 7.12 Tubos de Karsten para superfícies horizontais e verticais.

$$S = \frac{-\pi R^2 \left(\sqrt{15} - \sqrt{5}\right) + \sqrt{D}}{20 \dfrac{\pi R \gamma}{\theta_{cap}}}$$

onde R é o raio da zona de contato (cm), γ é uma constante (0,75), e γ_{cap} é o conteúdo de água do concreto numa condição saturada (m³/m³).

D é obtido da equação

$$D = \pi^2 R^4 \left(\sqrt{15} - \sqrt{5}\right) + 40 \frac{\pi R \gamma}{\theta_{cap}} \Delta_{5-15}$$

Esta abordagem exige uma estimativa de θ_{cap}. Esta pode ser determinada a partir das medições de sorvidade de água, embora estas exigiriam análise de amostras no laboratório, o que prejudica um tanto a finalidade do uso de um teste *in situ*. Entretanto, o uso de valores típicos para o concreto sob investigação produz resultados que provavelmente devam permanecer úteis quando os valores de sorvidade forem necessários para cálculos subsequentes.

Duas outras técnicas que podem ser usadas para medir as características de absorção superficial do concreto são os ensaios de Figg e de Autoclam. O ensaio de Figg inicialmente envolve a perfuração da superfície do concreto até uma profundidade de 40 mm. Uma vedação de silicone é posta na abertura do furo, e uma agulha hipodérmica fixada a uma seringa é usada para preencher o furo com água (figura 7.13). A seringa é tampada, tornando a única fonte de água um capilar graduado posicionado de forma a submeter o interior do furo a uma coluna de 100 mm. De maneira similar ao ensaio de ISAT, a taxa de absorção é determinada pela medição do tempo que leva para o menisco no capilar percorrer 50 mm.

O ensaio de Figg é de execução relativamente fácil, embora o furo precise ser subsequentemente reparado. O ensaio, em sua forma básica, claramente não mede as características da superfície real do concreto, embora uma câmara superficial seja agora fornecida como parte do kit de Figg, o que permite que medições sejam feitas diretamente na superfície.

Um sistema proposto para interpretação dos valores de absorção de água de Figg é mostrado na tabela 7.4.

O Autoclam envolve um dispositivo um tanto mais complexo, tecnicamente. Ele consiste de uma 'concha' – uma câmara que é fixada ao concreto por meio de um anel que é preso com resina epóxi (figura 7.14). A água pode ser introduzida e pressurizada na concha através de um êmbolo, e o movimento desse êmbolo pode ser automaticamente medido. A pressão dentro da concha é medida com um manômetro ou um transdutor de pressão conectado a um display digital.

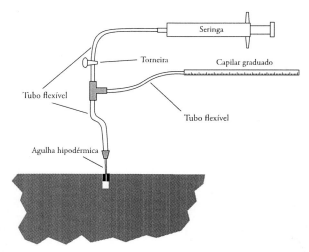

Figura 7.13 Diagrama esquemático do equipamento usado para o ensaio de absorção de água de Figg.

Tabela 7.4 Orientação sobre o relacionamento do tempo medido da absorção de água de Figg e os testes de permeabilidade ao ar da qualidade da proteção do concreto.

	Tempo medido (s)	
Absorção de água	*Permeabilidade ao ar*	*Qualidade da proteção*
<20	<30	Pobre
20–50	30–100	Não muito boa
50–100	100–300	Regular
100–500	300–1000	Boa
>500	>1000	Excelente

Fonte: Basheer, P. A.M., *Proceedings of the ICE: Structures and Buildings*, 99, 1993, 74–83.

O ensaio é realizado preenchendo-se a concha com água e aplicando-se uma pressão constante, usando-se o êmbolo automatizado. Dois níveis de pressão podem ser aplicados – 1 kPa para o ensaio de sorvidade e 150 kPa para o de 'permeabilidade à água'. Conforme a água se move para o concreto, o êmbolo se move para baixo, para manter a pressão, e o movimento do êmbolo é monitorado por um período de 15 min. Os resultados do teste são expressos como um 'índice de permeação', em metros cúbicos por minuto^{0,5}.

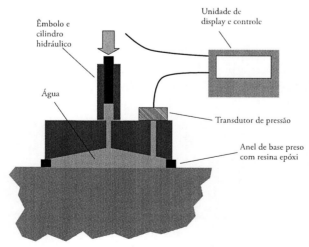

Figura 7.14 Diagrama esquemático do equipamento usado para o ensaio de Autoclam.

Tabela 7.5 Orientação sobre o relacionamento do índice de permeação obtido dos ensaios de água de Autoclam com a qualidade da proteção do concreto.

Tipo de teste			
Teste de sorvidade de água (m³ × 10⁻⁷/min)	Teste de permeabilidade à água (m³ × 10⁻⁷/min)	Teste de permeabilidade ao ar (ln(pressão)/min)	Qualidade da proteção
≤1,30	≤1,30	≤0,10	Muito boa
>1,30 ≤2,60	>1,30 ≤2,60	>0,10 ≤0,50	Boa
>2,60 ≤3,40	>2,60 ≤3,40	>0,50 ≤0,90	Pobre
>3,40	>3,40	>0,90	Muito pobre

Fonte: Basheer, P. A.M., *Proceedings of the ICE: Structures and Buildings*, 99, 1993, 74–83.

Foi destacado que a mudança na taxa de absorção de água com o tempo à pressão de ambos os testes é, na verdade, característica da absorção [23]. Orientação sugerida sobre a interpretação dos resultados é fornecida na tabela 7.5.

7.4.3 Permeabilidade

Tanto o ensaio de Figg quanto o de Autoclam discutidos acima podem ser configurados para medição da permeabilidade ao ar. No caso do ensaio de Figg, as alterações fundamentais são que a seringa seja substituída por uma bomba de vácuo e o capilar graduado por um manômetro. A bomba de vácuo é usada para reduzir a pressão no furo para −55 kPa, antes de ser isolada do sistema e desligada. A pressão medida no manômetro é monitorada até que o vácuo seja reduzido a −50 kPa como resultado do ar permeando pelos poros do concreto e se infiltrando no furo. O tempo que leva para a queda no vácuo é chamado de 'índice de permeabilidade ao ar'. A tabela 7.4 fornece detalhes de um sistema proposto para interpretação dos resultados.

O equipamento de Autoclam pode ser usado com ar, em vez de água. O ar é pressurizado pelo êmbolo e a queda de pressão de 50 kPa é monitorada por um período máximo de 15 min. A queda na pressão observada é expressa como outro 'índice de permeabilidade ao ar' – neste caso, o log natural da queda de pressão dividido pelo tempo decorrido. Orientação sobre a interpretação dos resultados é fornecida na tabela 7.5.

Há uma série de outros testes de permeabilidade ao ar, os quais operam sobre princípios muito similares [24]. Deve-se enfatizar que nenhum dos testes mede realmente a permeabilidade, mas caracterizam de fato como o ar passa pelo concreto sob um diferencial de pressão. Testes de núcleos em laboratório para obtenção de medições da real permeabilidade ao ar são possíveis.

Já se destacou que o modo de teste de permeabilidade à água do Autoclam é, na verdade, a medição da absorção. Mesmo no laboratório, a permeabilidade à água é uma tarefa desafiadora, já que a permeabilidade só pode ser medida depois que um material é completamente saturado com água, e a consecução dessa condição é problemática.

7.4.4 Potencial de meia célula

Na descrição da corrosão do reforço de aço, no capítulo 4, foi mostrado que, quando ocorre a corrosão, uma célula galvânica é configurada onde parte do reforço se torna anódica por natureza e corrói, enquanto outra, adjacente, se torna catódica e, portanto, não corrói. Quando tal célula se estabelece, uma diferença de potencial passa a existir entre as duas regiões do aço. Medições de potencial de meia célula determinam a magnitude dessa diferença de potencial, a qual pode ser usada para identificar áreas num membro de concreto reforçado onde é mais provável da corrosão apresentar problema.

Os principais componentes usados para a medição do potencial de corrosão de meia célula são um eletrodo de referência e um voltímetro. Tradicionalmente, eletrodos de cobre/sulfato de cobre têm sido usados para este fim, mas, mais recentemente, o desenvolvimento de eletrodos de prata/cloreto de prata de baixa manutenção tem estimulado uma mudança em direção a esses produtos [25]. O eletrodo de referência requer calibração regular antes do uso no local, e isso normalmente é feito com um eletrodo de calomel (mercúrio/cloreto de mercúrio) sob condições de laboratório.

A configuração para medição de corrosão de meia célula é mostrada na figura 7.15. Uma pequena extensão do reforço é exposta por meio de perfuração, após identificação da localização das barras usando-se um medidor de cobrimento. A barra é então perfurada e um parafuso auto-vedante é aparafusado no furo para atuar como conexão para o cabo do voltímetro. Normalmente é proveitoso expor duas extensões do reforço, relativamente distantes entre si, para verificar se elas estão eletricamente conectadas, usando-se o teste de continuidade de um multímetro.

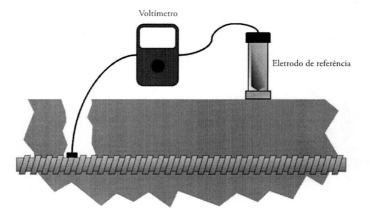

Figura 7.15 Circuito de potencial de meia célula.

O circuito é completado pela conexão do eletrodo de referência ao voltímetro, e levando-o a entrar em contato com a superfície do concreto. Para assegurar o contato entre o eletrodo e o reforço, a superfície deve ser bem umedecida com água. Uma solução detergente às vezes é usada para essa finalidade, em virtude de apresentar uma menor tensão superficial e provavelmente penetrar os poros do concreto com maior facilidade.

Normalmente, as medições de meia célula são tomadas marcando-se uma grade na superfície do concreto, colocando-se o eletrodo em cada interseção da grade e tomando-se uma leitura no voltímetro. Estas podem ser usadas para se construir um mapa de potenciais de meia célula medidos na superfície (figura 7.16).

A orientação sobre a interpretação de potenciais de meia célula foi desenvolvida na *ASTM C876* [26]. Esta é resumida na tabela 7.6.

Quando a exposição do reforço não for permitida, também é possível usar dois eletrodos de referência – um que permaneça estático e outro que seja movido para cada ponto da grade.

7.4.5 Resistência de polarização linear

No capítulo 4, afirmou-se que a corrente que passa pelo reforço de aço, que esteja passando por corrosão, fornece uma medida da taxa de corrosão. A massa real (em gramas) de um metal consumido por corrosão (m) no tempo t (em segundos) após a corrosão ter iniciado pode ser determinada usando-se a lei de eletrólise de Faraday:

$$m = \frac{MIt}{zF}$$

onde M é a massa molar do metal (g), I é a corrente de corrosão (A), z é a carga iônica de um íon do metal (elétrons removidos durante a ionização, e^-) e F é a constante de Faraday (96.485 C/mol).

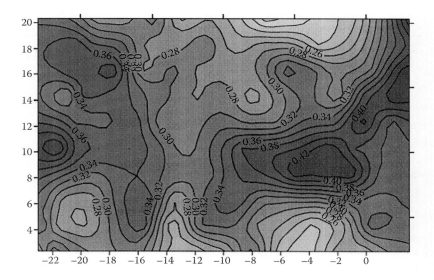

Figura 7.16 Exemplo de mapa de potencial de meia célula. (De U.S. Department of Transportation, Federal Highway Administration. *Highway Concrete Pavement Technology Development and Testing, Vol. 5: Field Evaluation of Strategic Highway Research Program (SHRP) C-206 Test Sites (Bridge Deck Overlays)*. McLean, Virginia, 2006, 41 p.)

Tabela 7.6 Relação entre o potencial de meia célula e o risco de corrosão

Potencial de meia célula (mV)	Risco de corrosão (%)
>−100	<10
>−250 ≤−100	10–90
≤−250	>90

Fonte: American Society for Testing and Materials. ASTM C876-09: Standard Test Method for Corrosion Potentials of Uncoated Reinforcing Steel in Concrete. West Conshohocken, Pennsylvania: American Society for Testing and Materials, 2009, 7 p.

No caso do aço maleável convencional, é válido tratar-se o material como sendo ferro, o que significa que M é igual a 56 g e z é igual a 2 (Fe → Fe^{2+} + 2e⁻; veja o capítulo 4, seção 4.2.2).

A corrente de corrosão pode ser determinada usando-se medições de resistência de polarização linear. Essa técnica envolve um eletrodo manual que é segurado contra a superfície do concreto e usado para se aplicar uma corrente externa que atua para alterar numa pequena quantidade a corrente no reforço, ΔI [25]. Isso causa uma variação ΔE no potencial de corrosão, E_{corr} (veja a seção 7.4.4). Como resultado desse processo de polarização, o aço na superfície do reforço apresenta uma mudança na resistência (R_p) em resposta à mudança na diferença de potencial. A corrente de corrosão na barra de reforço (I_{corr}) é dada pela equação

$$I_{corr} = \frac{B\Delta E}{\Delta I}$$

onde B é uma constante (mV).

Esta é a equação de Stern–Geary [28].
A configuração do eletrodo é mostrada na figura 7.17 – ela consiste de um eletrodo auxiliar em forma de anel com um eletrodo de referência posicionado no meio do anel. O eletrodo de referência é normalmente de cobre/sulfato de cobre. Este eletrodo é usado numa configuração de meia célula com o reforço (veja a seção 7.4.4) para medir ΔE e é, portanto, conectado, através de uma unidade de instrumentação, ao reforço, que deve ser descoberto em pontos localizados, para permitir isso.

Capítulo 7 Utilização, reparo e manutenção de estruturas de concreto **463**

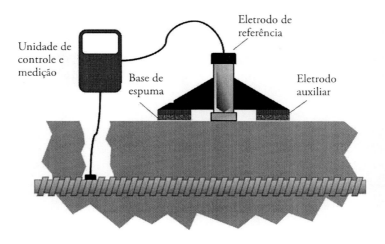

Figura 7.17 Diagrama esquemático do equipamento para medições de resistência de polarização linear.

Durante a medição, a unidade de instrumentação é usada para aplicar uma diferença de potencial conhecida (tipicamente ±10 mV), que é controlada usando-se uma medição de ΔE do eletrodo de referência. A corrente resultante no circuito entre o eletrodo auxiliar e o reforço também é medida pela instrumentação, a qual, então, usa os valores obtidos para determinar I_{corr} usando a equação acima. B depende do fato de o aço estar sofrendo corrosão, com um valor elevado indicando passivação. Quando o aço está sob corrosão, o valor é de aproximadamente 26 mV [29]. A abordagem normal é errar para o lado da cautela e considerar este valor.

A taxa de corrosão do aço pode ser prevista se a área do reforço puder ser estimada usando-se a equação

$$\Delta x = \frac{31,557,600.MI_{corr}}{zF\rho A}$$

onde Δx é a taxa de perda de diâmetro da barra de aço (mm/ano), ρ é a densidade do aço (7652 kg/m³), e A é a área da superfície do reforço (m²).

Isso supõe que a corrosão está ocorrendo numa taxa uniforme por toda a superfície do reforço. No capítulo 2, a possibilidade da não ocorrência dessa é discutida – o processo de surgimento de furos localizados (frequentemente promovido pela presença de íons cloreto) leva à corrosão localizada a uma taxa muito mais alta que a obtida com a equação acima. Assim, ela deve ser usada com cuidado, e outras técnicas devem ser usadas para explorar se o surgimento de furos pode estar ocorrendo, tais como a análise química para detecção de cloretos.

A tabela 7.7 também fornece um meio de interpretação dos valores de resistência de polarização linear usando a densidade de corrente de corrosão – a corrente de corrosão por unidade de área de superfície de reforço.

Tabela 7.7 Orientação sobre a interpretação de valores de resistência de polarização linear

Densidade de corrente de corrosão ($\mu A/cm2$)	*Taxa de corrosão*
<0.1	Irrelevante
0.1–0.5	Fraca
0.5–1.0	Moderada
>1.0	Alta

Fonte: Andrade, C. and C. Alonso, *Materials and Structures*, 37, 2004, 623–643.

7.4.6 Resistividade

No capítulo 4, a dependência que a corrosão tem da boa condutividade elétrica no concreto foi discutida. Essa relação levou à adoção, para o concreto, da técnica de Wenner [31], originalmente usada em aplicações de engenharia de solo. A técnica de Wenner usa quatro pontas de teste metálicas, carregadas com molas, montadas num suporte de forma tal que ficam igualmente espaçadas. Esse espaçamento é tipicamente de 50 mm. Esse aparelho é usado para medir a resistividade do concreto, a qual pode ser usada como indicação da taxa de corrosão, mas é normalmente melhor usada depois que as medições de potencial de corrosão de meia célula tiverem determinado que a corrosão provavelmente está em curso.

As pontas de prova são pressionadas contra a superfície do concreto, e uma corrente alternada de magnitude conhecida é passada entre as duas pontas externas através do concreto. As duas pontas internas são conectadas através de um voltímetro, que é usado para medir a diferença de potencial (V), em volts, entre elas. A resistividade (ρ), em quilo-ohms centímetros, do concreto é determinada usando a equação:

$$\rho = 2\pi\alpha \frac{V}{I}$$

onde α é a distância entre as pontas de prova (cm), V é a diferença de potencial (mV), e I é a corrente aplicada (μA).

Tipicamente, uma corrente de aproximadamente 250 μA é usada.

Deve-se enfatizar que resultados de medições de resistividade são muito dependentes da natureza do elemento estrutural sendo testado. Como a medição é de um volume de concreto próximo à superfície, os efeitos usuais de superfície (veja o capítulo 6), além dos efeitos de acabamento e cura (ou da falta deles), podem dar valores de resistividade que não sejam representativos da massa de concreto [32]. Defeitos que levam a níveis mais altos de porosidade, tais como fissuras e espaços com ar, têm efeito similar. A profundidade de cobrimento também pode desempenhar um papel em influenciar os valores obtidos.

Foi desenvolvida uma diretriz para interpretação das medições de resistividade em termos da taxa de corrosão relativa (tabela 7.8).

Tabela 7.8 Orientação para relacionamento da resistividade com a taxa de corrosão

Resistividade (kΩcm)	*Taxa de corrosão*
>20	Baixa
10–20	Baixa a moderada
5–10	Alta
<5	Muito alta

Fonte: Langford, P. and J. Broomfield, *Construction Repair*, 1, 1987, 32–36.

7.4.7 Resistência à abrasão

Quando a abrasão de uma superfície de concreto é evidente, numa estrutura, testes de abrasão *in situ* provavelmente não são necessários – medições de profundidade de abrasão devem bastar para se avaliar a escala do problema e podem ser úteis para previsão de como esta progredirá no futuro. No entanto, o teste de abrasão pode ser necessário quando uma estrutura for passar por uma mudança de uso.

O método do padrão britânico para teste de abrasão de screeds e pisos de concreto diretamente acabados é a *BS EN 13892-4* [34]. Ela usa um dispositivo por vezes chamado de 'máquina de desgaste acelerado da British Cement Association'. A máquina aplica uma carga de 65 kg à superfície do piso através de três rodas de aço enrijecido de 75 mm com eixos individuais fixos. Essas rodas dão 2.850 voltas num círculo fixo, e a profundidade da abrasão é medida usando-se um medidor de profundidade em oito pontos predeterminados no círculo.

Há outros testes de abrasão, muitos dos quais também podem ser realizados *in situ*. Alguns desses foram discutidos em mais detalhes na seção 2.5.2 do capítulo 2. Por sua natureza, os testes de abrasão são destrutivos, e reparos normalmente são necessários para preencher a zona de teste desgastada.

7.5 Testes em laboratório

7.5.1 Análise química

As técnicas disponíveis para análise química do concreto são extremamente variadas, indo dos simples métodos de produtos químicos úmidos até análises usando várias formas de espectrometria, cromatografia e gravimetria. A despeito dessa ampla variedade, faz-se necessário, em alguns casos, o uso de metodologias padrões para assegurar a compatibilidade de resultados com outros previamente obtidos. Isso muitas vezes é importante, já que diferentes metodologias analíticas, independente de sua precisão relativa, vão estar medindo coisas diferentes, em muitos casos.

Exemplo disso seria a medição de cloretos em concreto endurecido. Métodos de produtos químicos úmidos podem ser usados para isso, mas exigem a digestão da amostra de forma que os cloretos na amostra sólida sejam liberados na solução aquosa. A extensão em que os íons cloreto são liberados depende do método digestor usado – a exposição à água só libera cloretos em forma prontamente solúvel, enquanto que a digestão ácida certamente dissolve a maior parte dos produtos de hidratação do cimento, levando a concentrações mais elevadas de cloretos em solução. O tipo de ácido também é significativo – ácido nítrico diluído dissolve os produtos de hidratação e agregados calcários, mas não dissolve uma proporção dos cloretos presentes no agregado, enquanto o ácido fluorídrico provavelmente dissolve todos os constituintes sólidos. Isso pode ser importante, uma vez que pode acontecer do agregado conter quantidades de cloretos que de outra forma não estariam disponíveis, o que normalmente não seria de relevância do ponto de vista da durabilidade. De maneira similar, as técnicas de espectrometria que podem ser usadas para análise de amostras sólidas de concreto sem digestão, tais como a fluorescência por raios X, fornecem concentrações totais de cloretos.

No Reino Unido, a *BS 1881-124: Methods for Analysis of Hardened Concrete* [35] descreve uma série de métodos padrões para análise química de concreto. Os métodos estão delineados na tabela 7.9.

O padrão oferece orientação sobre o número apropriado de amostras e suas dimensões e massas mínimas para assegurar que a amostragem é representativa. As dimensões mínimas das amostras devem ser de pelo menos cinco vezes o tamanho máximo do agregado, enquanto a massa mínima das amostras é de 1 kg, com exceção de certos testes em que uma massa maior é necessária (veja os comentários na tabela 7.9). O número de amostras usadas depende do volume de concreto sob investigação: para um volume de menos de 10 m^3, de duas a quatro amostras são necessárias, as quais devem ser analisadas separadamente. Volumes maiores exigem mais de 10 amostras.

Em muitos casos, é útil obter-se outras informações relacionadas com os materiais constituintes originais, usados na produção de concreto numa estrutura. Em particular, se houver dados disponíveis relacionados com a composição química desses materiais, é provável que seja melhorada a precisão das deduções feitas a partir das análises químicas.

Uma série de métodos de teste descritos no padrão requer que o material esteja triturado na forma de pó. Este deve ser numa quantidade maior que 20 g, todo ele passando por uma peneira de 150 µm. Um procedimento para consecução disso é fornecido no padrão, como delineado na figura 7.18, embora deva enfatizar que, se os mesmos resultados puderem ser conseguidos com menos etapas, essa abordagem também é aceitável.

Como discutido no capítulo 4, a matriz de cimento do concreto passa por reações de carbonatação quando em contato com uma atmosfera contendo dióxido de carbono. Embora a carbonatação do concreto intacto leve dezenas de anos, a carbonatação de concreto em pó pode ocorrer muito mais rapidamente em virtude da maior área superficial. Por esta razão, o padrão recomenda a realização da moagem o mais rapidamente possível, para minimizar a carbonatação. Além disso, as amostras devem ser armazenadas de forma a minimizar a extensão em que a carbonatação possa ocorrer – armazenamento em bolsas ou contêineres com pouco ar, num ambiente em que a umidade atmosférica seja baixa (tal como um dissecante contendo sílica gel anidra), idealmente com concentrações reduzidas de dióxido de carbono (conseguido pelo uso de cal sodada ou mesmo uma atmosfera de puro nitrogênio).

Embora todas as medições descritas na *BS 1881-124* possam representar um papel na investigação dos aspectos de deterioração de uma estrutura, as subseções seguintes se concentram nos aspectos da química do concreto de particular relevância para a durabilidade do concreto.

Tabela 7.9 Métodos de análise descritos na *BS 1881-124*

Características	*Técnicas*	*Comentários*
Conteúdo de cimento e agregado	- Determinação de resíduo insolúvel: digestão com ácido clorídrico diluído, seguida de lavagem com cloreto de amônia, ácido clorídrico e água. Determinação gravimétrica do resíduo; - Determinação de sílica solúvel: análise da mistura de filtragem e lavagens da determinação de resíduos insolúveis usando análise gravimétrica após precipitação da sílica da solução ou espectrometria de absorção atômica;	Realizado na amostra reduzida a pó. O conhecimento da composição dos materiais originais é proveitoso para a precisão. Métodos adicionais para determinação de conteúdo de sulfetos, perda na ignição, e teor de dióxido de carbono também são oferecidos para prover mais informações, tais como o conteúdo de escória granulada de alto-forno.

Gradação de agregados	- Determinação de CaO: análise da mistura de filtragem e lavagens da determinação de resíduos insolúveis por titulação ou espectrometria de absorção atômica; - Cálculo de conteúdo de cimento e agregado. - Quebra de amostras de concreto em partículas de menos de 50 mm; - Separação em frações grossas e finas usando-se peneira de 5 mm; - Limpeza das frações em soluções ácidas para remoção do cimento; - Realização de uma análise de peneira da fração fina e cálculo das frações grossas e finas relativas.	Massa mínima das amostras: 4 kg.
Conteúdo original de água	- Determinação da porosidade capilar do concreto e agregado (quando disponível) pela absorção de 1,1,1-tricloretano no vácuo; - Determinação do conteúdo combinado de água de concreto e agregado (quando disponível) por métodos gravimétricos; - Determinação do conteúdo de cimento como descrito acima.	Requer, inicialmente, um bloco de concreto cortado do núcleo, ou similar, para medições de porosidade capilar. A amostra é depois pulverizada. Massa mínima da amostra: 2 kg.

Tipo de cimento

Análise de matriz	- Obtenção de fração fina por trituração; - Determinação de SiO_2, CaO, Al_2O_3 e FeO solúveis; - Correção de resíduo insolúvel (agregado) e água combinada e dióxido de carbono da carbonatação (medido usando-se perda na ignição);

Exame microscópico	- Análise comparativa com composições de cimento típico. - Superfície de superfície de concreto serrado, polida e tratada com solução de hidróxido de potássio ou vapor de ácido fluorídrico para produzir diferenças na cor, entre fases de cimento anidro em 'relíquias' não hidratadas de grãos de cimento; - Exame da superfície sob microscópio de luz refletida.	Requer um bloco de concreto cortado do núcleo ou similar. Requer a presença de 'relíquias' não hidratadas de grãos de cimento – pode não ser possível com o concreto maduro. O ácido fluorídrico é extremamente perigoso.
Tipo de agregado	- Exame de agregados expostos em superfície serrada ou quebrada, possivelmente com microscópio de baixa potência; - Tratamento de partículas expostas de agregado com ácido clorídrico diluído – a efervescência indica a presença de minerais de carbonato.	Requer um bloco de concreto cortado do núcleo ou similar.
Conteúdo de cloretos	- Digestão em ácido nítrico diluído fervente; - Titulação da solução resultante.	
Conteúdo de sulfatos	- Digestão em ácido clorídrico diluído fervente; - Medição gravimétrica de sulfatos através da precipitação de sulfato de bário.	
Conteúdo de óxido de potássio e sódio	- Digestão em ácido nítrico diluído fervente; - Análise de fotômetro de chama para detecção de sódio e potássio.	

7.5.1.1 Cloretos

A medição da quantidade de cloretos no concreto pode ser necessária por várias razões. A análise da massa de concreto pode ser necessária para se determinar se um acelerador baseado em cloretos foi usado durante o processo de construção. A análise do concreto em contato com o reforço de aço fornece ao engenheiro uma indicação da possibilidade de ingresso de cloreto do ambiente externo até um ponto que seja provável ter iniciado corrosão. Uma das maneiras mais poderosas pelas quais a análise de cloretos pode auxiliar na avaliação de uma estrutura é através da construção de perfis de cloretos, que podem ser usados para se estimar o coeficiente de difusão de cloretos. Isso é particularmente útil em situações em que os cloretos ainda não chegaram ao reforço de aço, mas sabem estar presentes no exterior de um elemento estrutural, porque isso permite a previsão de quando a corrosão provavelmente se iniciará.

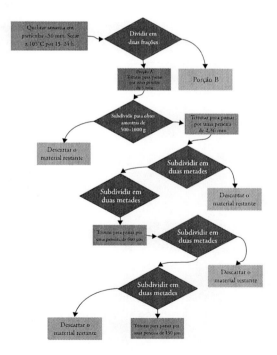

Figura 7.18 Procedimento da *BS 1881-124* para obtenção de amostra triturada de material para análise química de uma amostra de concreto.

A obtenção de perfis de cloretos exige a remoção incremental de quantidades de concreto da superfície, com as amostras resultantes passando por análise para detecção de cloretos de forma a se obter um gráfico de concentração *versus* profundidade (figura 7.19). A remoção de material pode ser feita *in situ* ou em núcleos obtidos de uma estrutura. Isso é melhor conseguido usando-se um instrumento de pulverização de perfil especificamente projetado para a tarefa, em que um disco abrasivo motorizado é usado para remover material e o pó resultante é coletado pela máquina. Isso tem a vantagem de permitir a remoção de material de uma área de superfície relativamente grande e de assegurar que a maior parte do material desbastado seja capturada. Contudo, resultados razoáveis são possíveis pelo uso de uma furadeira de impacto para perfurar profundidades progressivamente maiores e, a cada incremento, coletar o pó resultante, à medida que ele emerge, e removendo qualquer poeira restante no furo com uma escova. Serrar finas fatias de núcleos, usando uma serra de diamante convenientemente configurada também é uma opção possível, mas deve-se enfatizar que o contato com a água do resfriamento provavelmente retire uma parte dos cloretos solúveis.

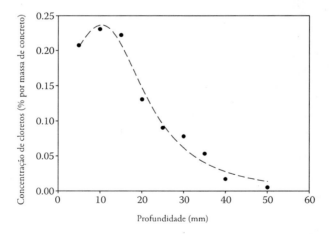

Figura 7.19 Perfil de concentração de cloretos obtido de um concreto num estaleiro exposto periodicamente à água rica em cloretos do estuário. (De Costa, A. and J. Appleton, *Materials and Structures*, 32, 1999, 252–259.)

Depois que cada amostra tiver sido analisada, um processo de ajuste de curva pode ser usado para ajustar a equação seguinte (que é uma forma da segunda lei de Fick) ao gráfico de perfil de cloretos:

$$c = erf\left(\sqrt{\frac{x}{4Dt}}\right)$$

onde c é a concentração de cloretos a uma profundidade x (m), D é o coeficiente aparente de difusão de cloretos (m²/s), e t é o período em que a estrutura foi exposta a um ambiente rico em cloretos (s).

Um valor de t pode normalmente ser estimado com relativa facilidade. Em muitos casos, ele pode simplesmente ser o período de serviço de um elemento estrutural, embora, em alguns casos, a exposição a cloretos possa ter sido periódica ou ter iniciado num ponto do tempo entre o início do serviço e o dia atual, o que pode complicar as coisas. Assim, durante o ajuste de curva, um valor fixo de t é usado, e D é refinado para se obter o melhor ajuste. D pode então ser usado para se calcular o tempo necessário para que a concentração de cloretos alcance o limite provável para corrosão na superfície do reforço, usando-se a mesma equação.

Deve-se notar que, como visto na figura 7.10, concentrações menores de cloretos podem ser observadas em profundidades próximas da superfície, comparadas com outras maiores no concreto. Como discutido no capítulo 4, seção 4.3.3, isso é em parte o resultado de uma queda no pH na superfície, o que ocorre por causa da carbonatação, por causa da perda de íons OH ou de uma combinação de ambos, na superfície. É necessário algum cuidado no uso de perfis de cloretos desse tipo, e pode ser aconselhável ignorar resultados da superfície imediata.

O termo da concentração na equação pode ser expresso de qualquer forma, mas é normalmente dado como uma porcentagem por massa de concreto ou como uma porcentagem por massa de cimento, onde o conteúdo de cimento em cada amostra é estimado a partir do conteúdo de cálcio e do conhecimento do cimento usado (ou mais provavelmente usado). Esta última abordagem é compatível com o meio normal de definição de limites de corrosão para cloretos, mas também é citada como oferecendo o valor mais preciso para D. Isso porque os cloretos, na maioria dos casos, estarão predominantemente se difundindo pela matriz de cimento e, como visto no capítulo 6, diferenças nos volumes relativos de matriz de cimento e agregado ocorrem entre a superfície do concreto e seu interior.

No capítulo 4, a ligação de íons cloreto pela matriz de cimento foi vista como fator importante na extensão do período antes que a corrosão se inicie. Há, portanto, algum valor em se determinar quanto cloreto está realmente num estado ligado através do perfil de cloretos (e, assim, mais significativamente, quanto está livre). Muitas abordagens diferentes foram propostas para medição da proporção de cloretos livres, a maioria das quais envolve a exposição da amostra à água e a análise das concentrações de íons cloreto na solução. Embora não haja nada de errado com essa abordagem, deve-se enfatizar que as condições de extração influenciam no resultado, e, destarte, diferenças na temperatura de extração e na razão água–sólidos, entre as metodologias levarão à obtenção de diferentes valores de cloretos livres.

O método mais comumente usado para estimativa de cloretos livres é o teste da American Society for Testing and Materials, que envolve o refluxo de uma mistura de água e concreto pulverizado (fator 1:5 de sólido para água) por 5 min antes do resfriamento e filtragem. O filtrado recebe a adição de uma quantidade de ácido nítrico e peróxido de hidrogênio, e é brevemente fervido e resfriado, antes da análise da solução resultante [37]. Essa abordagem pode ser usada para se calcular um valor de D mais intimamente relacionado com os cloretos não ligados – a difusividade de cloretos livres, que é questionavelmente mais útil na previsão de quando a corrosão provavelmente se iniciará. Porém, deve-se destacar que os resultados da extração de cloretos desta forma não representam uma medida absoluta das concentrações de cloretos livres.

Embora o método da *BS 1881-124* para análise de cloretos da solução resultante da digestão de concreto use titulação, uma série de outras técnicas são igualmente apropriadas para tal análise de soluções, incluindo a espectrometria de absorção atômica, a cromatografia por troca iônica, os métodos colorimétricos e a espectrometria de emissão por plasma acoplado indutivamente. Há uma série de kits para análise de cloretos, a maioria dos quais envolve uma tira ou palito que muda de cor em proporção à concentração de íons de cloreto a que ele é exposto. Além disso, a espectrometria de fluorescência de raios X pode ser usada para determinação do conteúdo total de cloretos de amostras pulverizadas de concreto sólido, embora isso inclua todos os cloretos presentes no agregado. Isso pode não ser problema quando se puder demonstrar que os agregados contêm poucas concentrações de cloretos, antes do serviço.

7.5.1.2 Sulfatos

É possível medir perfis de sulfatos em concreto da mesma maneira que com cloretos. No entanto, como o cimento Portland contém sulfato de cálcio, diferentemente do perfil de cloretos, um perfil de sulfatos não tende para zero, mas para uma linha base correspondente ao nível normal no concreto (figura 7.20). Isso significa que, antes do ajuste de curva, para se determinar o coeficiente aparente de difusão de sulfatos, é necessário subtrair essa concentração base dos dados do perfil. Também deve-se enfatizar que, como o concreto exposto a sulfatos se torna danificado, o coeficiente de difusão obtido é mesmo um coeficiente de difusão aparente. De qualquer forma, para a finalidade de estimativa das taxas de ingresso, é provável que se produzam valores utilizáveis.

A *BS 1881-124* usa a determinação gravimétrica de sulfatos pela precipitação de sulfato de bário de uma solução obtida por digestão em ácido clorídrico diluído. Técnicas alternativas similares às dos cloretos podem ser usadas para análise. Os resultados mostrados na figura 7.20 foram obtidos usando-se espectroscopia por decomposição induzida a laser [38].

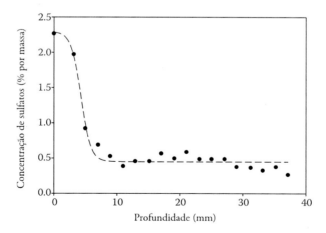

Figura 7.20 Perfil de concentração de sulfatos em concreto exposto a água numa empresa de tratamento de esgotos. (De Weritz, F. et al., *Construction and Building Materials*, 23, 2009, 275–283.)

7.5.1.3 Álcalis (sódio e potássio)

Do ponto de vista da durabilidade, a principal razão para a análise em busca de álcalis é para se determinar se os níveis de sódio e potássio podem ser suficientemente altos para induzir reações álcali-agregado. Apenas álcalis solúveis desempenham papel nessa reação, e, assim, as técnicas analíticas que determinam álcalis totais (tais como a fluorescência por raios X) provavelmente não são úteis em si mesmas. Os agregados podem conter níveis relativamente altos de álcalis na forma dos minerais feldspato, mica e argila, o que significa que uma análise de álcalis totais pode superestimar significativamente sua disponibilidade.

Portanto, a determinação de álcalis deve envolver uma digestão que possa remover o máximo dos álcalis na matriz de cimento, ao mesmo tempo que deixe o máximo de álcalis insolúveis nos agregados. Na *BS 1881-124*, tenta-se conseguir isso pela digestão em ácido nítrico diluído fervente. Deve-se enfatizar que essa abordagem ainda dissolve alguns dos álcalis nos minerais do agregado. Isso provavelmente não seja de todo indesejável – no capítulo 3, viu-se que álcalis em agregados inclinados à reação álcali-agregado gradualmente se dissolveram à medida que as partículas de agregados sucumbiram a essa reação. Assim, a superestimativa de álcalis solúveis dada pela digestão ácida dará uma indicação da disponibilidade futura de álcalis.

A *BS 1881-124* usa fotometria de chama como técnica analítica para o sódio e o potássio. Técnicas alternativas similares às apropriadas para cloretos e sulfatos também podem ser usadas para análise das soluções extraídas.

7.5.1.4 Carbonatação

A extensão da carbonatação num núcleo de concreto pode, em teoria, ser investigada por meio de análise química de amostras tiradas de profundidades progressivas, como discutido acima. Nesse caso, as técnicas de análise usadas seriam para se determinar as concentrações de portlandita, de carbonato de cálcio ou de CO_2 presentes como carbonatos. Técnicas para tal análise podem incluir a termogravimetria, a difração de raios X ou o método para determinação de dióxido de carbono da *BS 1881-124*. Contudo, há meios muito mais diretos de se determinar a profundidade da carbonatação: a aplicação de uma solução de

1% de timolftaleína por massa numa solução de 70% (por massa) de etanol em água [39] a uma superfície de concreto fraturada ficará azul se o pH exceder por volta de 10, mas permanecerá incolor abaixo desse valor de pH. Desta forma, uma demarcação muito clara entre o concreto carbonatado e o não carbonatado pode ser obtida.

A solução de timolftaleína é melhor aplicada como spray. É necessário usar várias medições de profundidade, já que há tipicamente alguma variação de profundidade de carbonatação em diferentes pontos, ao longo da frente de carbonatação, como resultado da ausência de homogeneidade no concreto.

Historicamente, a fenolftaleína tem sido usada para o mesmo fim, mas questões relacionadas com sua segurança, aliadas ao fato de que ela muda de cor em torno de um pH de 9,5 (o que poderia levar a uma subestimativa do risco de despassivação do aço, o que acontece a níveis de pH algo mais alto que isso), levou a uma mudança para a timolftaleína pela maioria dos praticantes.

7.5.2 Características de vazios de ar

O uso de agentes incorporadores de ar é altamente eficaz na proteção do concreto contra danos de congelamento-degelo. Como discutido no capítulo 2, a distribuição de bolhas como medida usando-se o 'fator de espaçamento' de bolhas de ar é um aspecto crucial da eficácia da incorporação de ar. Em certos casos, quando a deterioração como resultado do ataque de congelamento-degelo parece ter acontecido, pode ser necessário determinar o fator de espaçamento e, assim, estabelecer se a incorporação de ar foi adequada.

O fator de espaçamento, e outras características de vazios de ar, pode ser determinado usando-se um método descrito na *BS EN 480-11* [40]. O método usa um microscópio montado numa plataforma de percurso linear para contar bolhas na matriz de cimento de uma superfície polida de concreto. O procedimento envolve a movimentação do microscópio ao longo de uma série de linhas regularmente espaçadas e o registro da distância total percorrida pelo agregado, pelo cimento e pelo ar, bem como o número de bolhas de ar encontradas em cada linha do percurso.

O método usado para calcular o fator de espaçamento (L) é dependente da razão volumétrica da pasta de cimento para agregado (p/A), que é calculada usando-se a equação

$$\frac{p}{A} = \frac{T_p}{T_a}$$

onde T_p é a extensão total do percurso pela pasta de cimento e T_a é a extensão total do percurso pelo agregado.

Quando a razão p/A é menor que 4,342, o fator de espaçamento é calculado usando-se a equação

$$L = \frac{T_p}{4N}$$

onde N é o número total de vazios de ar encontrados.

Quando a razão p/A é maior, a equação usada é

$$L = \frac{3T_a}{4N}\left[1.4\left(1+\frac{p}{A}\right)^{1/3} - 1\right]$$

Várias outras características podem ser calculadas a partir dos resultados de testes, incluindo o conteúdo de ar, a frequência de vazios e a superfície específica.

7.5.3 Teste de expansão latente

Nos casos em que se suspeita de reação álcali-agregado, mas ela é identificada em estágios muito iniciais, ou em que sabe-se que agregado potencialmente suscetível à reação está presente, pode ser útil determinar a extensão em que a reação progredirá. Isso requer o teste de núcleos de uma estrutura sob condições prováveis de promover a reação, e a medição de mudanças dimensionais. O teste da reação álcali-agregado em amostras tiradas de uma estrutura em que a reação pode já ter começado é conhecido como 'teste de expansão latente', uma vez que é executado para se determinar o quanto mais de expansão é provável. Embora não haja padrão britânico para a expansão latente como resultado de reação álcali-agregado, o teste de reação álcali-sílica para determinação da reatividade do agregado, *BS 812-123* [41], pode com igual facilidade ser aplicado a núcleos tirados de uma estrutura, com algumas alterações menores.

O teste envolve a preparação de uma mistura padrão de concreto contendo o agregado sob investigação – e, normalmente, adições de sulfato de potássio para se obter um conteúdo alcalino padrão – e o lançamento de prismas de série de dimensões 75 × 75 × 300 mm com fixadores em cada ponta para permitir a medição de mudança de dimensões usando-se um comparador. Depois de removidos de seus moldes com uma idade de 28 dias, os prismas são armazenados em guardadores de amostras individuais sem ar, envoltos em tecido saturado de água dentro de uma bolsa de polímero a uma temperatura de 20°C por 7 dias, antes de serem transferidos para uma temperatura de 38°C. O comprimento das amostras é periodicamente medido por um período de pelo menos 12 meses.

A adaptação do método ao concreto tirado de uma estrutura é simples – núcleos com um diâmetro de 75 mm podem ser ajustados com fixadores comparadores fazendo-se furos em cada ponta e embutindo-se os fixadores usando-se resina epóxi. O concreto num núcleo claramente não seria o mesmo que a mistura padrão usada no padrão, a qual tem um conteúdo de cimento notavelmente alto. Além do mais, os níveis de álcalis no concreto seriam diferentes de uma mistura padrão. Isso provavelmente significa que as taxas de expansão seriam mais lentas que numa mistura padrão (que se expande com relativa lentidão). Assim, o teste de expansão latente só pode ser iniciado realisticamente quando há tempo suficiente disponível e bastante paciência da parte que requer a avaliação.

7.6 Produtos de reparo do concreto

Quando se faz necessário o reparo de uma estrutura como resultado da deterioração, um método apropriado deve ser planejado, e produtos convenientes de reparo devem ser selecionados. Os produtos de reparo de concreto são cobertos no Reino Unido pela série de padrões *EN 1504*. Nesses documentos, os produtos estão divididos nas seguintes categorias:

- Sistemas de proteção de superfície para concreto;
- Materiais de reparo estrutural e não estrutural;
- Colagem estrutural;
- Injeção de concreto;
- Ancoragem de barra de aço de reforço; e
- Proteção contra corrosão de reforço.

'Sistemas de proteção de superfície' são os mesmos que os sistemas descritos no capítulo 6 e, portanto, não são discutidos neste capítulo.

'Reparo estrutural' refere-se à remoção e substituição de concreto num elemento que subsequentemente precise suportar cargas. Materiais de 'reparo não estrutural' são usados para preencher furos ou cortes no concreto onde o material de reparo não estará sujeito a cargas e não estará em contato com o reforço – em outras palavras, o material de reparo está desempenhando um papel puramente cosmético. Em alguns casos, reparos 'semiestrutural' podem ser necessários – a falta de concreto é substituída por material que não está sujeito a cargas, mas está em contato com o reforço e deve oferecer proteção adequada contra corrosão do aço [43].

Uma série de diferentes produtos está disponível para reparos estruturais e não estruturais, incluindo produtos de reparo cimentício contendo cimentos normalmente encontrados em concreto convencional e produtos cimentícios modificados com polímeros, em que aditivos poliméricos foram incluídos para melhorar a adesão à superfície do concreto contra a qual eles são aplicados, e para atribuir características tais como encolhimento, que melhor combine com o concreto maduro sendo reparado. Esses aditivos incluem emulsões de borracha de butadieno estireno (SBR), as quais não só melhoram a força de adesão, mas também deixam o material de reparo relativamente resistente à permeação de água e ataque químico. Em alguns casos, materiais de reparo baseados em resinas poliméricas, tais como poliésteres e epóxis, podem ser usados, embora tenham sido frequentemente percebidos problemas de compatibilidade de propriedades.

A *EN 1504-3* [43] define os requisitos de desempenho que os materiais de reparo devem satisfazer. Essas características incluem resistência à compressão, capacidade adesiva, expansão/encolhimento restritos e coeficiente de expansão térmica. Vários requisitos de durabilidade também são definidos. A diferença crucial entre materiais apropriados para reparos estruturais e não estruturais é que um desempenho mais alto é exigido para o reparo estrutural.

Caso frequente é que, antes de um material de reparo ser usado, uma camada adesiva é aplicada primeiro, para melhorar a adesão entre o material de reparo e a superfície subjacente. Esses materiais de 'ligação estrutural' podem assumir muitas formas diferentes. Em sua forma mais simples, a camada pode simplesmente ser uma mistura fraca de cimento. No entanto, ligação superior muitas vezes é conseguida usando-se uma mistura fraca de cimento modificada com um látex (SBR, polivinil acetato, epóxi ou acrílico) ou uma resina epóxi [44].

Os requisitos de desempenho para materiais de ligação estrutural estão definidos na *EN 1504-4* [45]. Os requisitos dependem da aplicação para a qual o agente ligante é usado – os materiais também podem ser usados para colar reforço de placas em operações de melhora de resistência ou para colar materiais de reparo de concreto pré-moldado. Porém, quando o agente ligante é usado para colar argamassa ou concreto, os requisitos de desempenho incluem módulo de elasticidade em flexão e compressão, resistência à compressão e deformação, e coeficiente de expansão térmica.

A 'injeção de concreto' envolve a introdução de argamassa sob pressão em fissuras e vazios, de modo que o espaço seja completamente infiltrado. Os materiais de injeção de concreto normalmente são massas baseadas em epóxi ou poliuretano. Os requisitos de desempenho (na *EN 1504-5* [46]) dependem de como o material de preenchimento deva ser usado. Se há a pretensão de suporte de estresse através da fissura original – 'transmissão de força' – as características principais são adesão (tanto sob carga de tensão quanto de deformação) e estabilidade de volume. Em alguns casos, quanto mais movimentação é prevista, pode ser desejável que o material usado possua características de ductilidade. Em tais casos, os requisitos são adesão, alongamento e impermeabilidade à água. A impermeabilidade à água também é exigida do terceiro tipo de material de injeção – materiais expansivos, que se expandem depois de injetados.

Produtos de 'ancoragem' são usados para instalação de barras de reforço adicionais para fortalecer uma estrutura. O padrão exige que eles formem uma ligação adequadamente forte, a qual é definida em termos de um valor de teste de tração

[47]. Há, ainda, um limite para a quantidade de deformação que os materiais sofrerão. Da mesma forma que com os materiais de reparo estrutural, os de reforço de ancoragem normalmente são baseados em cimentos hidráulicos, resinas ou misturas de cimento e resina.

Os produtos de 'proteção contra corrosão do reforço' são demãos de primer aplicadas à superfície do reforço de aço exposto, antes do reparo de um elemento de concreto com produtos de reparo estrutural. Dependendo de sua natureza, eles podem ser aplicados com um pincel, um rolo ou com spray. São de duas categorias: películas de barreira, que atuam como camada impermeável na superfície do aço, e películas ativas, que oferecem alguma forma de proteção química [48]. As películas de barreira tendem a ser resinas poliméricas. As películas ativas normalmente atuam por um de três mecanismos. Primeiro, elas podem simplesmente conter constituintes alcalinos, incluindo cimento Portland, que ajuda a manter a passivação na superfície do aço. Isso pode ser importante quando um material de reparo polimérico estiver para ser posto em contato com o aço – tais materiais não são alcalinos e, portanto, não oferecem proteção contra a corrosão (além da proteção física contra o ingresso de substâncias corrosivas). Segundo, eles podem conter inibidores de corrosão (veja o capítulo 4). Terceiro, eles podem oferecer proteção galvânica. Os exemplos mais comuns de tais películas são os primers contendo zinco – partículas de zinco dispersas numa resina epóxi. As partículas de zinco desempenham o mesmo papel que a película de zinco no aço galvanizado – agindo como camada sacrificial que é corroída, em vez do próprio aço (veja o capítulo 4).

7.7 Métodos de reparo

Quando o concreto deve ser reparado, a consideração cuidadosa dos mecanismos de deterioração é necessária para assegurar que o reparo seja completamente eficaz. Parte chave de um procedimento de reparo deve ser, então, assegurar que os processos de deterioração sejam interrompidos, antes de o reparo ser feito. É importante que o material usado não aumente o mesmo problema de durabilidade que está sendo sanado pelo reparo. Além disso, o material do reparo deve ser compatível com os materiais originais aos quais está sendo aplicado, tanto quimicamente quanto em termos de suas características físicas – particularmente aqueles associados à alterações de dimensões.

Capítulo 7 Utilização, reparo e manutenção de estruturas de concreto   **483**

Em muitos casos, pode ser necessário remover concreto antes do reparo. Isso pode se dar porque o concreto está danificado de tal forma que mantê-lo no lugar não seja uma opção, ou porque ele esteja tão contaminado com substâncias agressivas que continuará a apresentar problema de durabilidade. Isso é particularmente válido para o concreto contaminado por cloretos: deixar concreto altamente contaminado no lugar e reparar uma área fissurada ou escamada levará a volumes de concreto com concentrações muito diferentes adjacentes uma à outra. Isso pode levar ao efeito de 'anodo incipiente', em que as partes contaminadas se tornam anódicas e uma célula de corrosão agressiva é estabelecida [42]. Quando a remoção de concreto comprometer a integridade estrutural, um suporte apropriadamente projetado será necessário até que o reparo esteja completo e o material do reparo seja capaz de suportar a carga exigida.

A *EN 1504-9* [49] descreve as diferentes abordagens que podem ser tomadas para uso de materiais de reparo e métodos de prevenção e reabilitação para lidar com problemas de durabilidade em estruturas de concreto. O padrão toma a abordagem de definir uma série de princípios para reparo, reabilitação ou proteção de um elemento estrutural e identifica meios pelos quais esses objetivos podem ser conseguidos. Cada um desses princípios é discutido abaixo.

7.7.1 Proteção contra ingresso

A evitação de que substâncias do ambiente externo penetrem o concreto pode ser conseguida de várias maneiras. A mais óbvia é a aplicação de vários tipos de proteção de superfície. – selantes de superfície, impregnantes hidrofóbicos e películas de superfície – os quais foram discutidos em detalhes no capítulo 6. De maneira similar, uma superfície de concreto pode ser impermeabilizada pela instalação de películas protetoras e mesmo de painéis externos.

Como as fissuras oferecem a rota mais fácil de infiltração, elas também devem receber atenção. O método usado depende grandemente da fissura estar viva – se ela passa por movimentação sob a influência de cargas e mudanças de temperatura. Quando este é o caso, as abordagens acima podem ser inapropriadas, e as fissuras provavelmente precisam de preenchimento. Elas podem ser preenchidas à mão, usando-se materiais de reparo estrutural, ou por injeção. A *EN 1504-9* também sugere o uso de bandagem. Bandagens, nesse contexto, são tiras de membrana de polímero, mais comumente usadas para selamento de junções onde movimento significativo é previsto. Elas podem ser usadas para cobrir fissuras de superfície usando-se um adesivo para prendê-las ao concreto.

Quando a fissuração é resultado de um processo em andamento, tal como a corrosão do reforço, o preenchimento das fissuras, embora ainda sendo provavelmente necessário, não resolverá o problema, e medidas adicionais também serão necessárias para interromper a reação em expansão. Medidas para corrosão são discutidas numa seção posterior.

Por fim, a possibilidade de conversão de uma fissura numa junção está incluída. O aparecimento de uma fissura pode muito bem ser um sinal de que as junções presentes são insuficientes. Assim, ao transformar uma fissura numa junção e selá-la apropriadamente, esse problema pode ser resolvido.

7.7.2 Controle de umidade

Dado o papel crucial que a água desempenha em muitos mecanismos de deterioração, reduzir a quantidade de umidade presente no concreto pode oferecer um meio eficaz de interrupção da degradação. Os métodos de proteção de superfície discutidos acima são provavelmente eficazes, juntamente com a instalação de painéis.

7.7.3 Restauração do concreto

A restauração do concreto quando ele quebrou de um elemento estrutural ou quando foi removido pode ser conseguida usando-se materiais de reparo estrutural ou não estrutural, conforme apropriado. Os materiais de reparo podem assumir a forma de concreto ou argamassa. Argamassas são frequentemente aplicadas à mão, mas também podem ser por spray. O concreto pode ser relançado na fôrma, de maneira similar ao elemento original, mas por spray também é possível.

O padrão também inclui a opção de reposição de todos os elementos estruturais, o que pode ser necessário se os danos forem muito extensos.

Outro meio de se conseguir a restauração do concreto, que não é mencionado no padrão, é pelo uso de reparos de painéis pré-moldados que sejam presos por argamassa e o espaço em torno do perímetro receba injeção com uma argamassa fina de preenchimento [50].

7.7.4 Reforço estrutural

O reforço estrutural pode envolver a adição de barras embutidas, barras ancoradas em buracos perfurados, barras externas ou placas ligadas externamente. O uso de tendões pré-estressados também é uma opção.

Outro meio de reforço de um elemento estrutural é por meio do relançamento de concreto ou argamassa para aumentar a seção transversal. O padrão também inclui o preenchimento de fissuras à mão ou por meio de injeção. Provavelmente, isso tenha apenas uma leve influência na resistência, na maioria dos casos, mas o padrão enfatiza a necessidade de se retornar uma estrutura fissurada reforçada a sua condição original.

Quando barras de reforço tiverem sido excessivamente corroídas, pode ser necessário removê-las e substituí-las.

7.7.5 Aumento da resistência física e química

'Resistência física', nesse contexto, significa resistência a impactos, abrasão e, em alguns casos, ao ataque de congelamento-degelo. Como anteriormente discutido, no capítulo 6, impregnantes hidrofóbicos não são apropriados para proteção contra tais processos, mas outras formas de proteção de superfície o são. O fornecimento de uma camada protetora adicional de concreto ou argamassa também é sugerida, tal como um screed num piso sujeito a abrasão.

A resistência química é melhorada através dos mesmos meios.

7.7.6 Preservando ou restaurando a passividade

A realcalinização e a extração eletroquímica de cloretos são técnicas que oferecem um meio de preservação e possivelmente de restauração da passividade em torno do reforço de aço. Esses métodos são discutidos em detalhes na seção 7.8.

Nos casos em que a contaminação por cloretos é grave ou a carbonatação está completa, o melhor meio de restauração de um ambiente de pH elevado em torno do reforço de aço pode ser remover o concreto por cima dele e substituí-lo por material novo. Quando isso é feito, há a opção de aumentar a profundidade de cobrimento.

Cobrimento adicional também pode ser aplicado ao concreto sob carbonatação, onde a frente de carbonatação ainda não atingiu o reforço. Isso fornecerá uma barreira adicional antes que a frente de carbonatação existente possa continuar a progredir. A mesma abordagem é menos aconselhável quando o ingresso de cloretos está ocorrendo, uma vez que os cloretos, já no concreto, continuarão a se difundir em direção ao reforço.

7.7.7 Aumentando a resistividade

Supondo-se que a mudança na estrutura de poros do concreto maduro seja difícil, o principal meio disponível para redução da resistividade do concreto é através da redução da umidade. Todas as opções identificadas como apropriadas para controle de umidade são convenientes para o aumento da resistividade.

7.7.8 Controle catódico e proteção catódica

Controle catódico refere-se a qualquer medida que limite a concentração de oxigênio no reforço, reduzindo, assim, o risco de corrosão. As abordagens incluem o uso de proteção de superfície (excluída a impregnação hidrofóbica, que permite o ingresso de oxigênio). O padrão também inclui a certificação de que o concreto esteja permanentemente saturado com água, o que é possível em certos casos.

Proteção catódica refere-se às técnicas eletroquímicas usadas para assegurar que o reforço de aço permaneça constantemente catódico e, assim, improvável de sofrer corrosão. As abordagens para consecução disso são discutidas em detalhes no capítulo 6.

7.7.9 Controle de áreas anódicas

A necessidade de controle de áreas anódicas surge de situações em que não é possível remover-se o concreto contaminado por cloretos. Como discutido anteriormente, isso pode levar à corrosão de anodo incipiente. Uma solução é tratar o aço exposto com proteção ativa contra corrosão do reforço, antes de restaurar o concreto. Outra solução é aplicar na barra uma película com proteção de barreira contra corrosão do reforço. No entanto, o padrão destaca que se esta abordagem for adotada, toda a barra de reforço deve ser exposta para que a película seja aplicada em toda ela, de vez que, como mostrado no capítulo 4, a aplicação incompleta ainda leva à corrosão. Além do mais, as barras devem ser completamente limpas de produtos da corrosão.

O uso de inibidores de corrosão também é uma opção (capítulo 4). Estes podem ser adicionados ao material de reparo usado para restauração, ou inibidores migratórios podem ser aplicados à superfície do concreto após a restauração (seção 7.8).

7.7.10 Planejando estratégias para reparo e reabilitação

Usando-se os princípios propostos na *EN 1504* e um entendimento dos mecanismos de deterioração, que foram examinados ao longo deste livro, um possível meio de reparo e reabilitação de elementos estruturais de concreto que tenham sofrido com problemas de durabilidade pode ser planejado. As opções possíveis são descritas na tabela 7.10. Deve-se enfatizar que nem todas as opções são necessárias para um dado reparo. Por exemplo, é improvável a necessidade de introdução de inibidores de corrosão tanto num material de reparo quanto na superfície do concreto após o reparo.

7.8 Reabilitação de estruturas de concreto

Há uma série de técnicas que podem ser usadas para redução da ameaça potencial de processos de corrosão induzidos por cloretos e por carbonatação, antes deles terem ocorrido. Deve-se enfatizar que o valor da aplicação dessas técnicas após a corrosão ter-se iniciado é questionável.

7.8.1 Extração eletroquímica de cloretos

A extração eletroquímica de cloretos é uma técnica que inverte o movimento de íons cloreto no concreto pela aplicação de uma diferença de potencial entre um eletrodo na superfície de concreto e o aço do reforço. A configuração necessária para tal não é diferente daquela para a proteção catódica por corrente impressa, como visto no capítulo 6, embora um eletrodo externo temporário seja usado e a voltagem usada seja um tanto mais alta. Tipicamente, uma voltagem de 10 a 40 V é apropriada, em comparação com as diferenças de potencial de algumas centenas de milivolts para a proteção catódica [51]. Uma densidade de corrente entre 1 e 2 A/m^2 é usual [52].

Tabela 7.10 Abordagens para o reparo de concreto danificado

Mecanismo de deterioração	*Ação*	*Razão para ação*
Ataque de congelamento-degelo	Remoção do concreto excessivamente danificado Substituição do concreto e/ou preenchimento de fissuras Proteção da superfície	Restauração do concreto Controle de umidade: a proteção limitará a quantidade de água infiltrando-se no concreto após o reparo Aumento da resistência física (quando a proteção de superfície for selador de superfície ou película de superfície)
Abrasão	Substituição do concreto Instalação de screed ou aplicação de proteção de superfície (selador de superfície ou película de superfície)	Restauração do concreto Aumento da resistência física
Ataque de sulfatos	Remoção do concreto excessivamente danificado Substituição do concreto Proteção da superfície	Restauração do concreto Extensão do período antes da deterioração se tornar inaceitável Controle de umidade: proteção limitará a quantidade de íons sulfato penetrando o concreto após o reparo. Aumento da resistência química (quando a proteção de superfície for selador de superfície ou película de superfície

Capítulo 7 Utilização, reparo e manutenção de estruturas de concreto **489**

Mecanismo de deterioração	Ação	Razão para ação
Reação álcali-agregado	Remoção do concreto excessivamente danificado Substituição do concreto e/ou preenchimento de fissuras Proteção da superfície	Restauração do concreto Controle de umidade: a proteção limitará a quantidade de água infiltrando-se no concreto após o reparo, o que levaria ao inchaço dos produtos da RAA
Corrosão induzida por cloretos	Remoção do concreto excessivamente contaminado Substituição do reforço corroído Aplicação ao aço de proteção contra corrosão do reforço Substituição do concreto, possivelmente com a inclusão de inibidor de corrosão Aplicação de inibidor migratório de corrosão Proteção da superfície Proteção catódica	Tentativa de redução das concentrações de cloretos no reforço a níveis que não induzirão à corrosão Restauração da capacidade de suporte de carga ao elemento estrutural Controle das áreas anódicas Restauração do concreto Inibidor pode evitar ou retardar a corrosão futura Controle de umidade: limitação do ingresso de cloretos após o reparo Aumento da resistividade: níveis reduzidos de umidade no concreto limitarão as taxas de corrosão Controle catódico (apenas para aplicação de película de superfície ou selamento de superfície) Limitação das taxas de corrosão
Ingresso de cloretos (corrosão ainda não iniciada)	Extração eletroquímica de cloretos Aplicação de inibidor migratório de corrosão Proteção da superfície Proteção catódica	Redução dos níveis de cloretos na cobertura de concreto Inibidor pode evitar ou retardar a corrosão futura Limitação do ingresso de íons cloreto no concreto Aumento da resistividade: níveis reduzidos de umidade no concreto limitarão as taxas de corrosão Controle catódico (apenas para aplicação de película de superfície ou selamento de superfície) Limitação das taxas de corrosão

Mecanismo de deterioração	Ação	Razão para ação
Corrosão induzida por carbonatação	Remoção do concreto carbonatado	Remoção do concreto de baixo pH em contato com o reforço
	Substituição do reforço corroído	Restauração da capacidade de suporte de carga do elemento estrutural
	Substituição do concreto, possivelmente com inclusão de inibidor de corrosão	Restauração do concreto Inibidor pode evitar ou retardar a corrosão futura Controle de áreas anódicas
	Aplicação ao aço de proteção contra corrosão do reforço	Inibidor pode evitar ou retardar a corrosão futura
	Aplicação de inibidor migratório de corrosão	Controle de umidade: umidade relativa reduzida no concreto para baixo de níveis ótimos para carbonatação
	Proteção da superfície (selador de superfície ou película de superfície)	Aumento da resistividade: níveis reduzidos de umidade no concreto limitarão as taxas de corrosão
	Proteção catódica	Controle catódico Limitação das taxas de corrosão
Carbonatação parcial (corrosão não se iniciou)	Realcalinização	Aumento do pH em torno do reforço
	Aplicação de inibidor migratório de corrosão	Inibidor pode evitar ou retardar a corrosão futura
	Relançamento de concreto com cobrimento adicional	Limitação da difusão de dióxido de carbono no concreto
	Proteção de superfície (selador de superfície ou película de superfície)	Controle de umidade: umidade relativa reduzida no concreto para níveis abaixo do ótimo para carbonatação
	Proteção catódica	Resistividade aumentada: níveis reduzidos de umidade no concreto limitarão as taxas de corrosão Controle catódico Limitação das taxas de corrosão

O princípio é muito simples. Quando uma diferença de potencial é estabelecida entre um eletrodo na superfície e o aço do reforço, íons negativos migram para o anodo. Ao fazer com que o eletrodo externo seja o anodo, os íons negativos se movem para a superfície do concreto. Em concreto contendo íons cloreto, os íons migratórios serão principalmente íons cloreto e hidróxido. Conforme esses íons passem para a superfície, íons hidróxidos serão formados no catodo.

A configuração básica para extração eletroquímica de cloretos é mostrada na figura 7.21. Um tanque é anexado à superfície do concreto. Uma malha de titânio ou aço é suportada dentro do tanque, e este é preenchido com uma solução eletrolítica (normalmente, hidróxido de cálcio). Em alguns casos, uma massa de gel de celulose contendo uma solução de eletrólito é usada, ao invés. Uma barra do reforço é descoberta em um ponto ao longo de sua extensão, e uma diferença de potencial é aplicada entre esta e a malha com uma fonte de força de corrente contínua. Como discutido no capítulo 6, quando íons cloreto atingem o anodo durante a proteção catódica, eles formam gás cloro. Contudo, quando o eletrólito está presente, forma-se cloreto de cálcio, ao invés, o qual pode ser removido por drenagem e renovação da solução do tanque.

Os efeitos da extração de cloretos são mostrados na figura 7.22, que plota a concentração de cloretos livres em diferentes profundidades de uma barra de reforço, contra o tempo. De acordo com esses resultados, em 120 h de tratamento, a concentração de cloretos ao longo da maior parte do concreto é significativamente reduzida. É importante notar que os níveis de cloretos livres inicialmente aumentam, o que significa que um tempo adequado de tratamento é essencial para assegurar que a situação não seja piorada. Tipicamente, um período de 2 a 6 semanas é necessário para tratar completamente o concreto [52].

Foram levantadas questões sobre possíveis efeitos colaterais das altas densidades de corrente durante a extração eletromagnética de cloretos. Essas questões são as mesmas que com a proteção catódica: exacerbação de potencial de reação álcali-agregado a partir da produção de íons hidróxido no catodo e deterioração devida à evolução de gás hidrogênio no catodo, na forma de fragilização do aço por hidrogênio e possível microfissuração do concreto. Experimentos projetados para investigação da reação álcali-agregado encontraram gel de álcali-sílica somente em amostras expostas a temperaturas elevadas (60°C) após a extração de cloretos, e concluíram que o risco sob condições normais era mínimo [53]. A despeito disso, foi proposto que, quando a reação álcali-agregado apresentar-se como risco, eletrólitos de lítio (tais como borato de lítio) devem ser usados como resultado da capacidade do lítio de controlar essa reação (veja o capítulo 3) [54].

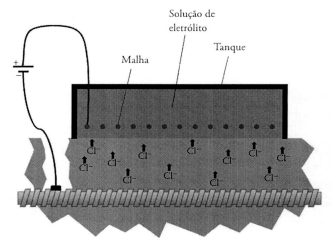

Figura 7.21 Diagrama esquemático da configuração para extração eletrolítica de cloretos.

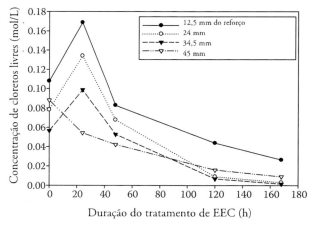

Figura 7.22 Concentrações de cloretos livres em diferentes distâncias de uma barra de reforço *versus* tempo de extração eletroquímica de cloretos (EEC). (De Concrete Repair Association. *Electrochemical Rehabilitation of Steel-Reinforced Concrete Structures*. Advice Note 4. Aldershot, United Kingdom: Concrete Repair Association, 2009.)

Como com a proteção catódica, a diferença de potencial aplicada ao concreto leva à polarização do aço. Isso significa que medições de potencial de corrosão de meia célula imediatamente após o tratamento não podem ser acreditadas [55], e o concreto deve ser deixado por vários meses para permitir que os potenciais de corrosão se estabilizem através da difusão de íons hidróxido no concreto e gás oxigênio do exterior [56].

7.8.2 Realcalinização

A realcalinização é outra técnica eletroquímica que é usada para produzir íons hidróxido no reforço (como ocorre durante a proteção catódica e a extração de cloretos) e causa a migração de íons de metais alcalinos para o aço, para passivar sua superfície. Ela é comumente usada em concreto carbonatado, quando os níveis de pH num elemento estrutural caíram, ou ameaçam cair, abaixo dos níveis que normalmente protegem o reforço de aço.

A diferença na operação é que o eletrólito usado é normalmente carbonato de potássio (K_2CO_3) ou carbonato de sódio (Na_2CO_3), que espera-se permear o concreto e aumentar mais os níveis de alcalinidade na solução dos poros do concreto. Além do mais, uma baixa densidade de corrente para extração de cloretos é usada (tipicamente, 0,5–1,0A/m^2) durante um período mais curto de tempo (3–10 dias) [52].

Em vez de usar uma fonte de força para gerar uma corrente entre o reforço e a superfície do concreto, um eletrodo sacrificial externo pode ser usado numa configuração similar àquela usada para a proteção catódica galvânica (veja o capítulo 6) [57]. A malha sacrificial é normalmente feita de liga de alumínio. O processo é consideravelmente mais lento que a técnica convencional.

A figura 7.23 mostra a mudança na concentração de várias espécies químicas no reforço, durante um período de tratamento. O aumento nos íons hidróxido na superfície é o resultado de sua produção na superfície do reforço. Contudo, o aumento no sódio é resultado da migração de íons do concreto e da solução de eletrólito usada no tratamento. Evidência de que o eletrólito Na_2CO_3 atingiu o reforço é o aumento (relativamente pequeno) na concentração de íons CO_3^{2-}.

A figura 7.24 mostra a mudança no pH produzida pela realcalinização (usando-se a técnica do anodo sacrificial) em diferentes profundidades numa amostra de concreto. Após o tratamento, o pH é consideravelmente mais alto na maioria das partes da amostra, e o mais alto em torno do reforço, principalmente devido à produção de íons hidróxido nesta zona. Também está plotada na figura 7.24 a concentração de sódio, mostrando clara evidência de sua migração da solução de eletrólito para o concreto.

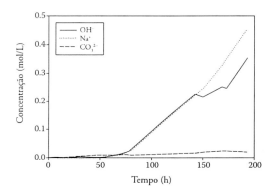

Figura 7.23 Mudança na concentração de espécies químicas no reforço de uma amostra de concreto carbonatado sofrendo realcalinização, usando-se um eletrólito de Na_2CO_3. (De Andrade, C. M. et al., *Materials and Structures*, 32, 1999, 427–436.)

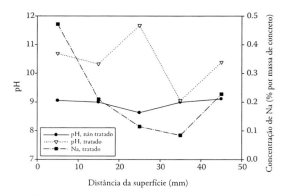

Figura 7.24 Perfis de pH numa amostra de concreto carbonatado não tratado e numa amostra realcalinizada após tratamento por 33 dias usando-se Na_2CO_3 como eletrólito com a técnica de anodo sacrificial. Concentrações de Na também estão plotadas. (De Tong, Y. Y. et al., *Cement and Concrete Research*, 42, 2012, 84–94.)

O pH em torno do reforço tipicamente diminui com o tempo, após o tratamento, como resultado da difusão de íons causada pelas diferenças em concentrações de espécies em diferentes localizações no concreto. Seja como for, parece que, quando o tratamento é feito corretamente, o pH deve se estabilizar em torno de 10,5, o que deve ser adequado para passivação [58].

Como para a remoção de cloretos, a polarização do aço do reforço pode, inicialmente, fornecer medições imprecisas, quando técnicas eletroquímicas são usadas para estimativa de taxas de corrosão imediatamente após o tratamento. A questão posta foi que, quando a corrosão já tiver iniciado, é improvável que a realcalinização repassive o reforço de aço. Isso é ilustrado pelos resultados, mostrados na figura 7.25, das medições de densidade de corrente de corrosão feitas em barras de aço corroídas e limpas, lançadas em concreto não carbonatado – a densidade de corrente de corrosão (I_{corr}) do aço corroído permanece alta, a despeito de estar envolvido por um ambiente alcalino. Assim, a realcalinização provavelmente só tem valor em elementos estruturais em que a corrosão ainda não se iniciou.

A realcalinização também pode ser realizada sem o uso de uma diferença de potencial. Um tanque de solução realcalinizante (na maioria dos casos, Na_2CO_3 ou K_2CO_3) é presa à superfície e deixada para se difundir pelo concreto. A permeação é claramente um processo mais lento, sob essas condições.

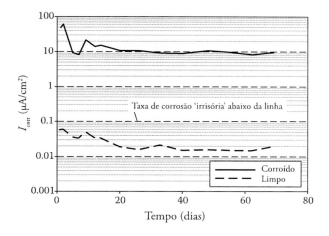

Figura 7.25 Densidade de corrente de corrosão (I_{corr}) de barras de aço corroídas e limpas lançadas em concreto não carbonatado. (De González, J. A. et al., *Materials and Corrosion*, 51, 2000, 97–103.)

7.8.3 Inibidores migratórios de corrosão

Os inibidores de corrosão já foram encontrados no capítulo 4, quando os mecanismos pelos quais esses aditivos agem foram explorados. Contudo, um novo desenvolvimento em tecnologia de inibidores de corrosão tem visto uso como agentes migratórios aplicados à superfície do concreto endurecido, o qual já pode conter cloretos ou ter sofrido carbonatação, e que permeia o concreto para atingir o reforço. Esses agentes são conhecidos como inibidores 'migratórios' de corrosão.

Os inibidores podem ser aplicados à superfície do concreto com um pincel ou com spray. A migração pode ser acelerada pela aplicação de uma diferença de potencial entre o reforço e a superfície em que o inibidor está presente. Isso é conseguido de maneira muito similar àquela da extração de cloretos e da realcalinização – o inibidor é preso à superfície num tanque, gel ou esponja saturada juntamente com uma malha metálica, que atua como anodo. O processo é conhecido como 'eletromigração'.

A figura 7.26 mostra perfis de concentração de um inibidor migratório de corrosão através do concreto. A forma do perfil é característica de difusão e apresenta um ponto importante – mesmo a aplicação de uma grande quantidade de inibidor na superfície leva apenas a uma quantidade relativamente pequena atingindo o reforço. Os melhores resultados são, portanto, normalmente conseguidos com múltiplas aplicações. A eficácia do procedimento também é dependente da profundidade de cobrimento e do fator água/cimento (A/C) do concreto, com um cobrimento raso e alto fator A/C produzindo maiores melhorias na resistência à corrosão [60].

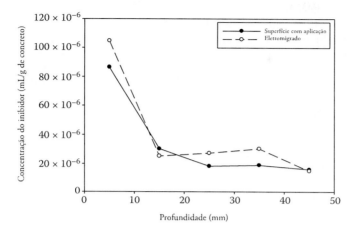

Figura 7.26 Perfis de concentração através de amostras de concreto tratadas com um inibidor de corrosão baseado em aminas. A aplicação na superfície foi feita por pintura da superfície superior do concreto com o inibidor a cada 3 semanas, por 300 dias. A eletromigração foi realizada usando-se uma densidade de corrente de 7,4 µA/cm² por 2 semanas. (De Holloway, L. et al., *Cement and Concrete Research*, 34, 2004, 1435–1440.)

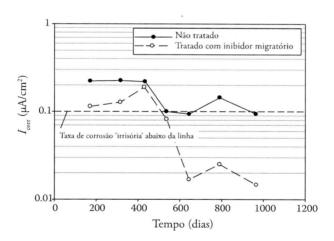

Figura 7.27 Densidade de corrente de corrosão (I_{corr}) de uma amostra de concreto reforçado mantida em ambiente marinho após tratamento com um inibidor migratório de corrosão, comparada com uma amostra não tratada. (De Morris, W. and M. Vázquez, *Cement and Concrete Research*, 32, 2002, 259–267.)

Um exemplo da influência que os inibidores migratórios de corrosão podem ter é mostrado na figura 7.27, que compara a densidade de corrente de corrosão de amostras tratada e não tratada num ambiente agressivo. A monitoração de mais longo prazo do desempenho de tais inibidores tem mostrado que seu efeito inibidor diminui com o tempo, o que significa que tais tratamentos são provavelmente melhores usados como um processo contínuo de manutenção [61].

REFERÊNCIAS

1. British Standards Institution. *BS EN 1992-1-1:2004: Design of Concrete Structures—General Rules and Rules for Buildings*. London: British Standards Institution, 2004, 230 p.
2. British Standards Institution. *BS EN 1990:2002: Eurocode—Basis of Structural Design*. London: British Standards Institution, 2002, 120 p.
3. The Institution of Structural Engineers. *Appraisal of Existing Structures, 3rd ed.* London: The Institution of Structural Engineers, 2010, 187 p.
4. Gérard, B. e J. Marchand. Influence of cracking on the diffusion properties of cement-based materials: Part 1. Influence of continuous cracks on the steady-state regime. *Cement and Concrete Research*, v. 30, 2000, pp. 37–43.
5. Fan, S. e J. M. Hanson. Effect of alkali–silica reaction expansion and cracking on structural behaviour of reinforced concrete beams. *ACI Structural Journal*, v. 95, 1998, pp. 498–505.
6. Bhargava, K., A. K. Ghosh, Y. Mori, e S. Ramanujam. Modelling of time to corrosion-induced cover cracking in reinforced concrete structures. *Cement and Concrete Research*, v. 35, 2005, pp. 2203–2218.
7. Thoft-Christensen, P. Stochastic modelling of the crack initiation time for reinforced concrete structures. In M. Elgaaly, ed., *ASCE Structures Congress: Advanced Technology in Structural Engineering*. Reston, Virginia: American Society of Civil Engineers, 2000, pp. 1–8.
8. Andrade, C., C. Alonso, J. A. Gonzalez, e J. Rodriguez. Remaining service life of corroded structures. *Proceedings of IABSE Symposium on Durability of Structures*, pp. 359–363.
9. Cao, C., M. M. S. Cheung, e B. Y. B. Chan. Modelling of interaction between corrosion-induced concrete cover crack and steel corrosion rate. *Corrosion Science*, v. 69, 2013, pp. 97–109.

10. Suda, K., S. Misra, e K. Motohashi. Corrosion products of reinforcing bars embedded in concrete. *Corrosion Science*, v. 35, 1993, pp. 1543–1549.
11. Andrade, C., C. Alonso, e F. J. Molina. Cover cracking as a function of bar corrosion: Part 1. Experimental test. *Materials and Structures*, v. 26, 1993, pp. 453–464.
12. Sarkar, S., S. Mahadevan, J. C. L. Meeussen, H. van der Sloot, e D. S. Kosson. Numerical simulation of cementitious materials degradation under external sulphate attack. *Cement and Concrete Composites*, v. 32, 2010, pp. 241–252.
13. Karihaloo, B. L. *Fracture mechanics and structural concrete.* Harlow, United Kingdom: Longman, 1995, 346 p.
14. Charlaix, E. Percolation threshold of a random array of discs: A numerical simulation. *Journal of Physics A: Mathematical and General*, v. 19, 1986, pp. L533–L536.
15. Sornette, D. Critical transport and failure in continuum crack percolation. *Journal Physique*, v. 49, 1988, pp. 1365–1377.
16. Bungey, J. H., S. G. Millard, e M. G. Grantham. *Testing of Concrete in Structures, 4th ed.* Boca Raton, Florida: CRC Press, 2006, 352 p.
17. Reichling, K., M. Raupach, J. Broomfield, J. Gulikers, V. L'Hostis, S. Kessler, K. Osterminski, I. Pepenar et al. Full surface inspection methods regarding reinforcement corrosion of concrete structures. *Materials and Corrosion*, v. 64, 2013 (in press).
18. British Standards Institution. *BS 1881-208:1996: Testing Concrete—Part 208: Recommendations for the Determination of the Initial Surface Absorption of Concrete.* London: British Standards Institution, 1996, 14 p.
19. Hall, C. Water movement in porous building materials: Part 4. The initial surface absorption and sorptivity. *Building and Environment*, v. 16, 1981, pp. 201–207.
20. RILEM TC 25-PEM. Recommended tests to measure the deterioration of stone and to assess the effectiveness of treatment methods. *Materials and Structures*, v. 13, 1980, pp. 175–253.
21. Hendrickx, R. Using the Karsten tube to estimate water transport parameters of porous building materials. *Materials and Structures* (in press) v. 46, 2013, pp. 1309–1320.
22. Basheer, P. A. M. A brief review of methods for measuring the permeation properties of concrete *in situ*. *Proceedings of the ICE: Structures and Buildings*, v. 99, 1993, pp. 74–83.

23. Leeming, M. B. *Standard Tests for Repair Materials and Coatings for Concrete—Part 2. Permeability Tests*. Technical Note 140. London: CIRIA, 1993, 63 p.
24. The Concrete Society. *Permeability Testing of Site Concrete*. Technical Report 31. Camberley, United Kingdom: The Concrete Society, 2008, 80 p.
25. The Concrete Society/Institute of Corrosion. *Electrochemical Tests for Reinforcement Corrosion*. Technical Report 60. Camberley, United Kingdom: The Concrete Society, 2004, 32 págs.
26. American Society for Testing and Materials. ASTM C876-09: *Standard Test Method for Corrosion Potentials of Uncoated Reinforcing Steel in Concrete*. West Conshohocken, Pennsylvania: American Society for Testing and Materials, 2009, 7 p.
27. U.S. Department of Transportation, Federal Highway Administration. *Highway Concrete Pavement Technology Development and Testing, Vol. 5: Field Evaluation of Strategic Highway Research Program (SHRP) C-206 Test Sites (Bridge Deck Overlays)*. McLean, Virginia, 2006, 41 p.
28. Stern, M. e A. L. Geary. Electrochemical polarization: A theoretical analysis of the shape of polarization curves. *Journal of the Electrochemical Society*, v. 104, 1957, p. 56–63.
29. Dhir, R. K., M. R. Jones, e M. J. McCarthy. Quantifying chloride-induced corrosion from half-cell potential. *Cement and Concrete Research*, v. 23, 1993, pp. 1443–1454.
30. Andrade, C. e C. Alonso. Test methods for on-site corrosion rate measurement of steel reinforcement in concrete by means of the polarization resistance method. *Materials and Structures*, v. 37, 2004, pp. 623–643.
31. Wenner, F. A method of measuring earth resistivity. *Bulletin of the Bureau of Standards*, v. 12, 1915, pp. 469–478.
32. Gowers, K. R. e S. G. Millard. Measurement of concrete resistivity for assessment of corrosion severity of steel using Wenner technique. *ACI Materials Journal*, v. 96, 1999, pp. 536–541.
33. Langford, P. e J. Broomfield. Monitoring the corrosion of reinforcing steel. *Construction Repair*, v. 1, 1987, pp. 32–36.
34. British Standards Institution. *BS EN 13892-4:2002: Methods of Test for Screed Materials—Part 4. Determination of Wear Resistance: BCA*. London: British Standards Institution, 2002, 12 p.
35. British Standards Institution. *BS 1881-124:1988: Testing Concrete—Part 124: Methods for Analysis of Hardened Concrete*. London: British Standards Institution, 1988, 24 p.

36. Costa, A. e J. Appleton. Chloride penetration into concrete in marine environment: Part 1. Main parameters affecting chloride penetration. *Materials and Structures*, v. 32, 1999, pp. 252–259.
37. American Society for Testing and Materials. *ASTM C1218/C1218M-99: Standard Test Method for Water-Soluble Chloride in Mortar and Concrete*. West Conshohocken, Pennsylvania: ASTM, 2008, 3 p.
38. Weritz, F., A. Taffe, D. Schaurich, e G. Wilsch. Detailed depth profiles of sulphate ingress into concrete measured with laser-induced breakdown spectroscopy. *Construction and Building Materials*, v. 23, 2009, pp. 275–283.
39. Vennesland, O. Documentation of electrochemical maintenance methods. In R. K. Dhir, M. R. Jones, e L. Zheng, eds., *Repair, Rejuvenation, and Enhancement of Concrete: Proceedings of the International Seminar*. London: Thomas Telford, 2002, pp. 191–198.
40. British Standards Institution. *BS EN 480-11:2005: Admixtures for Concrete, Mortar, and Grout—Test Methods: Determination of Air-Void Characteristics in Hardened Concrete*. London: British Standards Institution, 2005, 22 p.
41. British Standards Institution. *BS 812-123:1999: Testing Aggregates—Method of Determination of Alkali–Silica Reactivity: Concrete Prism Method*. London: British Standards Institution, 1999, 18 p.
42. The Concrete Society/Corrosion Prevention Association/Institute of Corrosion. *Repair of Concrete Structures with Reference to BS EN 1504*. Camberley, United Kingdom: The Concrete Society, 2009, 18 p.
43. British Standards Institution. *BS 1504-3:2005: Products and Systems for the Protection and Repair of Concrete Structures—Definitions, Requirements, Quality Control, and Evaluation of Conformity: Part 3. Structural and Nonstructural Repair*. London: British Standards Institution, 2005, 30 p.
44. Mailvaganam, N. P. *Effective Use of Bonding Agents*. Construction Technology Update 11. Ottawa, Canada: National Research Council of Canada, 1997, 4 p.
45. British Standards Institution. *BS EN 1504-4:2004: Products and Systems for the Protection and Repair of Concrete Structures—Definitions, Requirements, Quality Control, and Evaluation of Conformity: Part 4. Structural Bonding*. London: British Standards Institution, 2004, 32 p.
46. British Standards Institution. *BS EN 1504-5:2013: Products and Systems for the Protection and Repair of Concrete Structures—Definitions, Requirements, Quality Control, and Evaluation of Conformity: Part 5. Concrete Injection*. London: British Standards Institution, 2013, 44 p.

47. British Standards Institution. *BS EN 1504-6:2006: Products and Systems for the Protection and Repair of Concrete Structures—Definitions, Requirements, Quality Control, and Evaluation of Conformity: Part 6. Anchoring of Reinforcing Steel Bar*. London: British Standards Institution, 2006, 24 p.
48. British Standards Institution. *BS EN 1504-7:2006: Products and Systems for the Protection and Repair of Concrete Structures—Definitions, Requirements, Quality Control and Evaluation of Conformity: Part 7. Reinforcement Corrosion Protection*. London: British Standards Institution, 2006, 20 p.
49. British Standards Institution. *BS EN 1504-9:2008: Products and Systems for the Protection and Repair of Concrete Structures—Definitions, Requirements, Quality Control, and Evaluation of Conformity: Part 9. General Principles for Use of Products and Systems*. London: British Standards Institution, 2008, 32 p.
50. Odgers, D. *Practical Building Conservation: Concrete*. London: English Heritage, 2012, 308 p.
51. Concrete Repair Association. *Electrochemical Rehabilitation of Steel Reinforced Concrete Structures*. Advice Note 4. Aldershot, United Kingdom: Concrete Repair Association, 2009, 7 p.
52. Building Research Establishment. *Digest 444, Part 3: Corrosion of Steel in Concrete—Protection and Remediation*. Watford, United Kingdom: Building Research Establishment, 2000, 12 p.
53. Orellan, J. C., G. Escadeillas, e G. Arliguie. Electrochemical chloride extraction: Efficiency and side effects. *Cement and Concrete Research*, v. 34, 2004, pp. 227–234.
54. Bennett, J., T. J. Schue, K. C. Clear, D. L. Lankard, W. H. Hartt, e W. J. Swiat. *Electrochemical Chloride Removal and Protection of Concrete Bridge Components: Laboratory Studies*. Washington, D.C.: National Academy of Sciences, 1993, 188 p.
55. Fajardo, G., G. Escadeillas, e G. Arliguie. Electrochemical chloride extraction (ECE) from steel-reinforced concrete specimens contaminated by "artificial" seawater. *Corrosion Science*, v. 48, 2006, pp. 110–125.
56. Marcotte, T. D., C. M. Hansson, e B. B. Hope. The effect of the electrochemical chloride extraction treatment on steel-reinforced mortar: Part 1. Electrochemical measurements. *Cement and Concrete Research*, v. 29, 1999, pp. 1555–1560.
57. Tong, Y. Y., V. Bouteiller, E. Marie-Victoire, e S. Joiret. Efficiency investigations of electrochemical realkalisation treatment applied to carbonated reinforced

concrete: Part 1. Sacrificial anode process. *Cement and Concrete Research*, v. 42, 2012, pp. 84–94.
58. Andrade, C., M. Castellote, J. Sarría, e C. Alonso. Evolution of pore solution chemistry, electroosmosis, and rebar corrosion rate induced by realkalisation. *Materials and Structures*, v. 32, 1999, pp. 427–436.
59. González, J. A., A. Cobo, M. N. González, e E. Otero. On the effectiveness of realkalisation as a rehabilitation method for corroded reinforced concrete structures. *Materials and Corrosion*, v. 51, 2000, pp. 97–103.
60. Ngala, V. T., C. L. Page, e M. M. Page. Corrosion inhibitor systems for remedial treatment of reinforced concrete: Part 1. Calcium nitrite. *Corrosion Science*, v. 44, 2002, pp. 2073–2087.
61. Holloway, L., K. Nairn, e M. Forsyth. Concentration monitoring and performance of a migratory corrosion inhibitor in steel-reinforced concrete. *Cement and Concrete Research*, v. 34, 2004, pp. 1435–1440.
62. Morris, W. e M. Vázquez. A migrating corrosion inhibitor evaluated in concrete containing various contents of admixed chloride. *Cement and Concrete Research*, v. 32, 2002, pp. 259–267.

Índice

A

AAV 109
abatimento do tronco de cone 346
Abrasão 95, 488
abrasão de contrapisos 103
abrasão de pavimentos 103
absorção de água 13
absorção de água pelo gel 20
acabadora tipo helicóptero 382
acabamentos por aspersão 108
ação capilar 312
ACEC 147
acetado de cálcio-magnésio 74
acetato de potássio 74
acetato de uranilo 181
acetato vinil 402
ácido fluorídrico 470
ácido húmico 190
ácido malônico 268
ácido nítrico 189
ácidos hidroxicarboxílicos 339
Ácidos orgânicos 189
ácidos por natureza 190
ácido sulfúrico 128, 200
aço inoxidável 269
Aços aclimáveis 271
aços de alta liga 271
ACR 334
acrilatos 402
acrílico-estireno 208
acúmulo de água da chuva 422
AFm 321
agente espumante 368
agente inibidor de corrosão 268
agentes ativos aniônicos 79
agentes de incorporação de ar 79
agentes incorporadores de ar 477
agentes migratórios 496
Aggregate Abrasion Value 109

Agregado 92
agregado de concreto reciclado 334
agregado de grauvaque 184
agregado não reativo. 169
Agregados à base de silício 201
agregados triturados 64
água do mar 148
água residual 174
agulha hipodérmica 455
alagamento 388
álcalis 91
álcalis derivados de agregados 175
alquidos 392
alta permeabilidade 249
alternativa à extração com água 260
alumina 186
aluminato tricálcico 133, 150
aluminoferrite tetracálcico 135, 150
aluminoferrito-mono 321
ambiente químico agressivo para o concreto 147
análise de elemento finito 446
análise de imagens retroespalhadas 181
análise de peneira 337
andesita 178
anodo incipiente 483
antracito 324
AR 333
aramida 271
armazenamento 468
arrasto viscoso 86
aspersão 388
aspersão de pó seco 382
ataque de congelamento-degelo 169, 334, 379, 421
Ataque de congelamento-degelo 439, 488
ataque de sulfato 169

B

ataque de sulfatos 439
Ataque de sulfatos 488
ataque de taumasita 142
ataque químico 334, 399
Ataque químico 440
ativação 323
atividades agriculturais 190
aumento do pH. 156
aumento na retração plástica 13
ausência de carbonetos 271
austenita 271
austenítico 269
austeníticos 270
Autoclam 456
autocura 244, 249
avaliação da extensão do dano 180
avaliação da suscetibilidade 76

B

bactérias 128
bactérias redutoras de sulfatos 190
bactérias sulfuroxidantes 190
bactéria sulfuroxidante 126
Bandagens 483
basalto 178
base conjugada 191
batimento 381
benzotriazol 268
betume 386, 392
bicarbonato 142
bicarbonato de cálcio 143
biomassa 326
bolhas 80
bolhas de ar 184
bombeamento de concreto 88
borato de lítio 492
borracha 402
borracha de butadieno estireno 480
brucita 75, 153, 179, 258
butadieno estireno 208

C

calcário em pó 136
calcedônia 177
calcita 153, 154, 283
camada de drenagem 379
camada de filtro 379
camada de grauteamento 400
camada de óxido 233
camada passiva 233
camada sacrificial 274
câmara superficial 456
capacidade de deformação por tensão 447
capacidade de ligação 256
capilaridade 312
características físicas 336
características materiais 26
características químicas 337
carbeto de silício 104
Carbonatação 441
carbonatação da superfície 149
carbonato de cálcio 136, 244
carbonato de potássio 493
carvão marrom 324
carvões 324
cátions dissolvidos 152
cavitação 99
célula eletroquímica 405
cementita 232, 271
cenosferas 324
cerâmicas de titânia 407
chapas protetoras 392
chert 177
choque térmico 395
chuva ácida 190
cimento contendo fumo de sílica 61
cimento mais fino 43
cimento Portland 41
Cimento Portland 91
cimento resistente a sulfato 146
Cimentos modificados com polímeros

Índice 507

402
cinza silícica 171
cinzas pobres em cálcio 171
cinzas recicladas 338
cinzas ricas em cálcio 171
cinzas volantes 12
Cinzas volantes da classe C 171
Cinzas volantes pobres em cálcio 171
cinzas voláteis calcárias 171
cinza volante 135, 141, 145, 151, 170, 257
CIRIA 65
citrato de sódio 149
classe de cimento 147
classe de consistência 346
classe de resistência 346
classe química de design 358
Classes de Cura 388
classes de exposição 82, 205
classes de RA 359
clínquer de cimento Portland 146
cloreto de amônia 468
cloreto de cálcio 74, 246
cloreto de magnésio 74, 251, 258
cloreto de potássio 74
cloreto de sódio 74, 246
cloretos livres 474
cloretos solúveis em ácido 333
CO_2 144
CO_2 agressivo 144
CO_2 estabilizante 144
cobertura mínima nominal 205
cobertura nominal 147
cobrimento mínimo 270
cobrimentos sacrificiais 273
coeficiente da expansão térmica 56
coeficiente de autodifusão 314
coeficiente de carbonatação 279
coeficiente de deformação 50
coeficiente de difusão 241
coeficiente de difusão de cloretos 471
coeficiente de LA 331, 359

coeficiente de Los Angeles 400
coeficientes de difusão do sódio 176
colunas 168
completador inerte 328
comportamento antiestático 395
composição química do cimento Portland 28
composto de cura 386
compostos de amina 268
compostos de glicol 75
compostos de polímeros 54
compostos de silano 275, 396
compostos fenólicos 204
concentração 196
concentração de íons OH 261
concentração limite de cloretos 261
Concrete Society 268, 368
concreto de agregado exposto 109
concreto de alta força 42
concreto de GGBS 30
concreto diretamente acabado 107
concreto leve 369
concreto pesado 369
concreto planejado 346
concreto prescrito 346, 348
concreto projetado 344
concreto proprietário 346, 348
concreto texturizado transverso 109
Condições ambientais 251
condições de exposição 295
condições operacionais 410, 411
condutividades térmicas 54
condutividade térmica 54
congelamento-degelo 477
consistência 362
constante crioscópica 68
constante de difusão 245
constante de dissociação de ácidos 191
constritividade 241, 314
conteúdo alcalino de GGBS 172
conteúdo alcalino do concreto 155, 156
Conteúdo

de álcali 91
conteúdo de carbonato 333
conteúdo de carbono 325
conteúdo de cimento 147
conteúdo de cloretos 333
conteúdo de cloretos livres 260
conteúdo de sulfetos 468
contração do concreto, 10
contração térmica 438
controlar a fissuração 345
Controle catódico 486
controle da expansão 186
controle de fissuras 421
controle de umidade 394
corrosão de anodo incipiente 487
corrosão do reforço 439
corrosão galvânica 230, 412
Corrosão induzida por carbonataçã 490
corrosão induzida por cloretos 334
Corrosão induzida por cloretos 489
cristobalita 177
cromatografia 466
cromatografia por troca iônica 474
CSH 128, 254
cura autógena 244
cura inadequada 384
curva de encolhimento 291
curvas típicas de expansão 130
curva tensão–deformação 448
CV 12, 43, 91

D

dacito 178
DC 358
deflexão 422
deformação 272
Deformação 37
demãos de primer 482
densidade da corrente da corrosão 233
densidade de corrente 408
densidade de fissuras nucleadas 448
descalcificação 129, 188

descongelantes 74
desdolomitização 153
desempenadeira mecânica 381
desempenadeira para borda 381
desempenho compulsório 393
desempenho de agregados 109
desenvolvimento de pressões hidráulicas 81
desgaste 95
desgaste mecânico 258
desintegração de agregado leve 337
desintegração dos núcleos 169
determinação de álcalis 476
diagramas de fluxo 430
diâmetro das barras 270
diâmetro mínimo de barra 422
diâmetros dos poros 13
diátomos 328
diferença de potencial 409, 412, 459, 491
diferença de pressão 251
Difusão de cloretos 440
difusão de íons cloreto 395
difusividade de cloretos livres, 474
difusividade hidráulica 252
difusividade térmica 62
diluir o cimento Portland 185
dióxido de enxofre 128
Diretamente acabado 107
dissolução da portlandita 188
dissolução do gel de RAS 162
dodecil sulfato de sódio 79
dolomita 153, 179
dosagem de fibras de aço 344
dosagem péssima de LiOH 184
dry shake 108, 382
DSS 79
dupla camada elétrica 247
durabilidade química 318

E

efeito parede 308, 377, 381
elastômeros de acrilato 297

Índice 509

eletrodo de calomel 459
eletrodo de referência 409, 459
eletrodos de referência 409
eletrólito 231
eletrólitos de lítio 492
eletromigração 496
ELSs 420
ELU 420
embutimento de anodos 407
emulsões de ceras 386
encolhimento linear 395
encolhimento por carbonatação 289
encolhimento por secagem 289, 332, 345, 438
endurecedor de superfícies 401
energia de ativação 245, 246
Ensaio de Absorção Superficial Inicial 452
ensaio de Figg 455
ensaio do tubo de Karsten 454
entalpia molar de solução 198
enxofre total 333
equação 33, 34, 35, 37, 40, 56, 58, 59, 60, 62, 68, 69, 76, 86, 188, 191, 230, 252, 280, 292, 293, 312, 313, 314, 315, 384, 444, 462, 463, 464, 472, 478
equação de Arrhenius 245, 283
equação de Bernoulli 99
equação de Gauss–Laplace 16
equação de Kelvin 19
equação de Stern–Geary 462
equação de Young–Laplace 19
Equações 38
equipamento de Autoclam 458
Erosão 96
escama de fusão 270
Escória 92
escória granulada 12
escória granulada de alto-forno 136, 257
escovamento 381
Esgotos 190

esmectitas 178
espaçamento de fissuras 438
especificação do concreto 345
espectrometria 466
espectrometria de absorção atômica 474
espessura de screed 403
estabilidade do gel de CSH 209
estabilização espacial 340
estado limite último 420
estados limites de serviço 420
estimativa de larguras de fissuras 422
estresse 50
estresse de tensão 33
estrume 190
estudo preliminar 429
éteres policarboxílicos 340
etileno-glicol 74
etoxilatos de alquilfenol 79
etringita 128
evolução de gás 412
evolução do calor 47
exotérmicas 47
expansão térmica 395, 404
extensão da carbonatação 476
extração com água 260
extração de soluções dos poros 260
extração eletroquímica 485
extração eletroquímica de cloretos 491

F

fabrico de fertilizantes 189
fase AFt 321
fases de AFm 134
fases ferrita e cementita 232
fase U 132, 133
fator A/C 91, 105, 205, 241, 263, 382, 403
fator A/C péssimo 163
fator água/cimento 378
fator de ajuste 245
fator de durabilidade 77
fator de espaçamento 442, 477

fator de espaçamento de bolhas 81
fator de espaçamento de fissuras 243
fator de van't Hoff 68
Fatores ambientais 244
Fatores que influenciam a retração autógena 42
fatores restritivos 51
fechamento de fissuras 395
feldspato 176
fenóis 203
fenolftaleína 277
ferrita 232
ferrite 271
ferrítico 269
ferrugem verde 259
fibra de basalto 271
fibras de aço 345
fibras de polímero 345
fibras macrossintéticas 344
filossilicato 154
filossilicatos 178
fissuração longitudinal 421
fissuração por corrosão 443
Fissuras 130
fissuras discretas 447
Fissuras por retração plástica 11
flexa 422
fluorfosfato de sódio 268
fluorsilicatos de zinco e magnésio 209
força característica de cubo 367
força de deformação por flexão 168
força de empuxo 86
força de flexão 168
força média de tensão 446
forças de van der Waals 339
forças intermoleculares 24
formação da etringita 133
formação da taumasita 145
formação de etringita 141
formação de gesso e etringita 202
formação de taumasita 148
formaldeído naftaleno sulfonatado 340

fotometria de chama 476
FPC 378
fragilização do aço por hidrogênio 491
frente de carbonatação 277
fumo de sílica 12, 17, 30, 42, 136, 141, 145, 151, 199, 242
Fumo de sílica 92
fumo de sílica reduz 59
fusibilidade 269

G

gabarito estrutural 145
gel 258
gel de CSH 128, 142, 318
Gel expelido 167
gesso 202
GGBS 12, 43, 136, 141, 145, 186, 199, 257, 365
glicerofosfato dissódico 268
gradiente 196
gradiente de concentração 241
gradiente de estresse 33
gradientes de saturação 252
grau crítico de saturação 72
grau de umidade 18
grauteamento 400
gravimetria 466
grupos de silicato 153

H

hematita 171
hidratação do silicato tricálcio 47
hidrato de silicato de cálcio 18
Hidratos contendo ferro 193
hidráulico 318
hidroquinona 203
hidroxibenzeno 203
hidróxido de cálcio 193, 198, 244

I

impermeabilidade à água 481
impregnante hidrofóbico 275
impregnantes 392
impregnantes hidrofóbicos 392
incorporação de ar 79
indicadores de pH 277
índice de atividade 323, 325
índice de cavitação 100
indução de pulso eletromagnético 451
ingrediente de aceleração 240
Ingredientes à prova de umidade 269
ingredientes redutores 339
Ingresso de cloretos 489
inibidores anódicos 268
inibidores de corrosão 482, 487
inibidores orgânicos 268
injeção de concreto 481
injeção de resina 210
inspeção visual 204
instabilidade do volume 335
Institution of Structural Engineers 427
instrumento de pulverização de perfil 472
interrupção do processo de deterioração 196
íon de cloreto 240
íons alcalinos 152
ISE 427

J

Joseph Monier 229
junções de movimento 44

L

largura média das fissuras 40
lei de Darcy 69, 312
lei de eletrólise de Faraday 461
lei de Faraday 447
lei de Fick 313
Lei de Kleber 143
lei de Stoke 86
lignina sulfonatada 176
lignita 324
lignossulfonatos 339
Limitação de tensão 421

M

madeira compensada 54
magnesita 153
magnetita 171
magnitude máxima da retração 25
malha sacrificial 493
manchas de ferrugem 240
máquina de desgaste acelerado 466
martensita 271
martensítico 269
materiais usados como molde 54
mecânica de fraturas 446
medição de cobrimento 451
medidas protetoras adicionais 148, 353
melamina formaldeído sulfonada 340
melamina formaldeído sulfonatada 176
melhora na resistência 199
melhorar a resistência 201
membrana de cura 386
membrana de polímero 483
Menzel 384
metacaulim 30, 145, 199, 329
metacrilatos 403
métodos de teste 76
métodos in situ 450
micas 178
Microfibras 17
microscópio petrográfico, 180
minerais cristalinos 171
minerais de filossilicatos 178
minimização da RAS 361
Misturas 62
misturas de redução de retração 16
Misturas designadas 346
modificadores de reologia 392
modificadores de viscosidade 367

módulo de elasticidade 33
módulo de elasticidade efetiva 445
módulo de Young 28
molibdato de sódio 268
monitoração da carbonatação 277
monossulfato 150
MPAs 148, 353
mulita 171, 324

N

naftaleno formaldeído sulfonatado 176
nata de cimento 378, 381
natureza do agregado 13
nitrato de amônia 74, 189
nitrato de cálcio 268
nitrito de diciclohexilamônio 268
níveis de álcali 134
nível limitante de cloretos 267

O

obsidiana 178
oleato de sódio 79
oleorresinas 392
oligômeros 398
OMM 408
overslab 401
oxalato de cálcio 203
oxicloreto de cálcio 258
óxido de metal misto 408
óxido de sódio 155
óxidos de metal 408

P

patologia de construção 449
PCEs 340
pedra-pome 178
películas anticarbonatação 394
películas de barreira 482
penetração de água 93
perda de aderência 411
perda de água livre 41

perda de ar 86
perda de ar incorporado 87
perda de força 129
perda de material de superfície 96
perda na ignição 468
perda por ignição 325, 338
perfil de temperatura 62
perfis de cloretos 471, 473
período de secagem 253
píeres 275
pirocatecol 203
pirogalol 203
pó de calcário 328
poliacrilatos 340
poliacrilonitrila 208
poliésteres 208
poliestireno 208
polímeros 402
polímeros acrílicos 208
polímeros hidroxilados 339
polímeros termoplásticos 403
polimetilmetacrilato 208
Polished Stone Value 109
pontes de concreto 275
porosidade 57
porosidade capilar 306
porosidade do gel 307
porosimetria de mercúrio 307
portlandita 129, 154, 188
potenciais de meia célula 460
potencial 408
'potencial de colapso 408
potencial de colapso 408
potencial de evolução do hidrogênio 410
potencial padrão de eletrodo 230
pozolana rica em sílica 186
precipitação de brucita 154
precipitação de cristais 244
presença de haletos 261
pressão de capilaridade 31
pressão de cristalização 332
pressões de cristalização 129

prevenção catódica 404
primeira etapa de avaliação 432
princípio da eletroneutralidade 247
princípios de proteção 396
problemas práticos 454
processo de difusão 313
produção de silagem 190
produtos de hidratação 128
profundidade de penetração 398
propileno-glicol 74
Proteção catódica 486
proteção contra corrosão do reforço 482
proteção contra ingresso 393, 396
proteção de superfície 148
proteção do reforço de FRP contra fogo 272
protetores de poros 396
PSV 109

Q

quantidade adicional de cobrimento 351
quartzo 171
quartzo microcristalino tensionado 154
queima de produtos descartados 326
quimissorção 255
quimissorvida 41

R

rações mais finas de cinzas 28
raios das dobras 273
Rápidas taxas de contração 54
RAS 329, 431
razão A/C 58
razão agregado/cimento 377
razão de Ca/Si 145
razão degradada 188
razão de Poisson 28
reação álcali-agregado 439
Reação álcali-agregado 440, 489
reação álcali-agregado expansiva 165
reação álcali-sílica 431
reação ao fogo 395

reação de hidrólise 397
reação hidráulica latente 323
reação pozolânica 135, 162, 171
reações álcali-agregados 239
reações de hidratação 47, 318
realcalinização 485
Realcalinização 490
reatividade do agregado leve 338
reconhecimento de um local 429
redução da retração plástica 18
redução da umidade 486
redução de água 46
redução de quartzo 327
redução do conteúdo de cimento 45
redução do volume 10
redução na taxa de transpiração 17
redução na viscosidade 367
reduzir a porosidade capilar 263
reforço 38
reforço galvanizado 274
relatório 65
Reparo estrutural 480
requisitos básicos 369
requisitos de desempenho 480
resinas epóxi 208, 403
resinas poliméricas 480
resistência à abrasão 107, 109, 330
resistência à carbonatação 349
resistência à compressão 362, 395, 480
resistência a congelamento-degelo 331
resistência a derrapagens 395
resistência à fadiga 269
resistência à fragmentação 331
resistência ao clima 395
resistência a polimento e abrasão 331
resistência a químicos 394
resistência característica de cilindro 421
resistência física 394
Resistência física 485
resistência química 485
resistividade crescente 394
resorcinol 203, 204

Restrições internas 51
retração por secagem 63
rigidez de tensão 33
RILEM 454
Rochas vulcânicas 175

S

sais de ácidos graxos 79
sais de lítio 184
sais descongelantes 74
sal de Friedel 241, 254, 263, 322
salinidade média 175
SBR 480
scória granulada de alto-forno 151
screeds de baixa viscosidade 403
Screeds de desgaste 359
segregação 367
segunda lei de difusão 292
seladores de superfície 392
seleção de um cimento apropriado 267
Si elementar 327
silanol ácido 185
silanos 275
sílex 177
sílica amorfa hidratada 328
sílica de fumo 12
silicato bicálcico 335
silicato cristalino de lítio 184
silicato de cálcio alcalino 153
silicato de cálcio hidratado 128, 254, 307
silicato de magnésio hidratado 258
silicato de sódio 387
silicato dicálcico 135
silicatos de sódio e de potássio 208
silicato tricálcico 135
silício 142
singenita 150
sistema de monitoramento 409
Sistemas de proteção de superfície 480
sistemas inorgânicos 392
sistemas orgânicos 392
Sítios contaminados 147

sódio e potássio 170
sofitos 394
soldagem de extrusão 404
soluções ácidas 187
soluções de polímero 386
sprinkle 108
sub-betuminosos 324
sulfato de amônia 74
sulfato de estanho 268
sulfatos de alquila 79
sulfatos solúveis em ácido 333
sulfeto de hidrogênio 190
sulfetos de ferro 336
sulfonatos de alquilarilo 79
superfosfato 189
super-resfriada 68
super-resfriamento 67
surfactantes 79
Surfactantes 80

T

tamanho das bolhas 81
tamanho do agregado 107
taumasita 141
taxa de avanço da frente 279
taxa de degradação do concreto 132
taxa de difusão de cloretos 257
taxa de fluxo 249
taxa de secagem 254, 398
taxa ótima de carbonatação 283
Tecidos úmidos 388
técnica de reparo 210
técnica de Wenner 464
Técnicas de cura 388
temperatura 235, 283
tendões de FRP 272
tensão de superfície 19
termogravimetria 476
terra diatomácea 328
teste de abrasão 466
teste de Bohme 103
teste de Los Angeles 331

testes não destrutivos 180
timolftaleína 277
Tintas à base de carbono 407
tipo de sítio 110
tipos de rocha 56, 61
titulação 260
tortuosidade 241, 242
Tortuosidade 315
transmissão de força 481
transpiração 83
tratamentos de superfície 94
três fissuras 164
tridimita 177
turfa 127

U

umidade 182
umidade relativa 37, 283
ureia 74
uso de misturas de incorporação de ar 18
uso de reforço de aço 369
uso de silanos 275
uso de transporte de ar 185

V

VAA 331
valor de abrasão de agregado 331
Valor de Abrasão de Agregado 109
valor de pedra polida 331
Valor de Pedra Polida 109
valores k para CV 365
valor médio do estresse de tensão 421
vapor d´água 275
vaterita 283
velocidades de vento 53
vermiculitas 178
vidro manufaturado 178
vidros ácidos 178
vidros vulcânicos 328
vigas 168
Vigas preestressadas 169

voltagens operacionais 408
voltagens operacionais máximas 408
VPP 331

X

xisto queimado 316

Z

zeólitos 328
zona de transição interfacial 308
ZTI 308, 329

Impressão e acabamento
Gráfica da Editora Ciência Moderna Ltda.
Tel: (21) 2201-6662